“十三五”江苏省高等学校重点教材（2017-1-133）

电气控制与PLC技术

主　编　张　兵　蔡纪鹤
副主编　史建平　马金祥
参　编　庄志红　高　敏　秦月梅　邵春声

机械工业出版社

本书从实际工程应用和便于教学出发，主要介绍了电气控制中的典型电路、FX_{2N} 系列 PLC 原理及应用。全书共分 10 章，主要内容包括电气控制和 PLC 技术两大部分。电气控制部分内容包括常用低压电器、电气控制系统的基本电路、设计方法、电气控制在生产中的应用；PLC 技术部分内容包括可编程控制器基础，三菱 FX_{2N} 系列 PLC 基本指令、功能指令及其应用，PLC 的步进指令及编程方法，PLC 控制系统设计以及 PLC 特殊功能模块与通信。为了方便教学，每章开头有内容简介和学习目标，结尾有本章小结和适量的习题与思考题。

本书可作为普通高校自动化、电气工程及其自动化、机械等相关专业的教学用书。

本书配有电子课件和教学大纲，欢迎选用本书作教材的教师登录 www. cmpedu. com 注册下载，或发邮件至 jinacmp@ 163. com 索取。

图书在版编目（CIP）数据

电气控制与 PLC 技术/张兵，蔡纪鹤主编. —北京：机械工业出版社，2021. 5（2023. 12 重印）
“十三五”江苏省高等学校重点教材
ISBN 978-7-111-70115-6

Ⅰ. ①电… Ⅱ. ①张… ②蔡… Ⅲ. ①电气控制-高等学校-教材②PLC 技术-高等学校-教材 Ⅳ. ①TM571. 2②TM571. 6

中国版本图书馆 CIP 数据核字（2022）第 017766 号

机械工业出版社（北京市百万庄大街 22 号 邮政编码 100037）
策划编辑：吉 玲 责任编辑：吉 玲 王 荣
责任校对：陈 越 刘雅娜 封面设计：张 静
责任印制：郜 敏
北京富资园科技发展有限公司印刷
2023 年 12 月第 1 版第 3 次印刷
184mm×260mm · 20. 25 印张 · 510 千字
标准书号：ISBN 978-7-111-70115-6
定价：59. 80 元

电话服务
客服电话：010-88361066
010-88379833
010-68326294

网络服务
机 工 官 网：www. cmpbook. com
机 工 官 博：weibo. com/cmp1952
金 书 网：www. golden-book. com
机工教育服务网：www. cmpedu. com

前　言

为加快建设高水平本科教育，形成高水平人才培养体系，全面提高人才培养能力，常州工学院《电气控制与 PLC 技术》教材课题组根据本校相关专业的工程认证要求，以就业为导向，坚持必需、够用的原则，并结合行业发展、就业情况、原有教材应用反馈情况、教学内容的取舍情况以及课程体系改革要素等诸多因素，在“电气控制与 PLC 技术”课程原有教材的基础上编写了本书。

本书具有以下特色：

1. 符合《“十三五”江苏省高等学校重点教材建设实施方案》的要求，具有时代性、先进性、创新性，以培养造就一大批创新能力强、适应经济社会发展需要的高质量各类型工程技术人才和卓越工程师打下良好的基础为目标。

2. 特色鲜明，实用性强，方便读者自学。每章后都安排有相关习题，有助于读者巩固所学知识，将每个知识点紧密结合到相关学科、产业的应用，大量的应用实例可以提高读者的学习兴趣，适应不同基础的读者自学。

3. 重点突出、简明清晰、结论表述准确。为了使初学者在了解常用低压电器结构与动作原理的基础上，对工程电器实物有一定的感性认识，书中对各种电器既给出了结构图又给出了外形实物图；为了使读者全面掌握 PLC 技术，对日本三菱公司的 FN_{2N} 系列 PLC 的结构原理、指令系统及应用、控制系统程序分析与设计方法进行了深入的讲解。

4. 难易适中，适用面广，适合不同基础的读者学习和参考，以及普通高校教学使用。

5. 系统性强，强化应用，培养动手能力。本书在编写过程中，在确保电气控制与 PLC 基础知识讲解的基础上，调研并参考了相关行业专家的意见，特别适用于卓越工程师培养，有利于培养应用型本科人才。

本书共 10 章，第 1、2 章由张兵编写，第 3、4 章由马金祥编写，第 5 章由高敏编写，第 6 章由蔡纪鹤编写，第 7 章由邵春声编写，第 8 章由秦月梅编写，第 9 章由庄志红编写，第 10 章由史建平编写。

由于时间仓促，本书中的错误或不妥之处，恳请读者指正。

编　者

目　录

第1章 常用低压电器

内容简介：

本章主要介绍在电力拖动系统和自动控制系统中常用的且发挥重要作用的一些低压电器，如接触器、继电器、主令电器等的基本原理、结构、用途以及选用原则等内容；另外介绍它们的图形符号及文字符号，以便为电气控制电路设计打下基础。

学习目标：

1. 熟悉接触器、继电器等低压电器的结构、工作原理及用途。
2. 能正确画出各种常用低压电器的图形及文字符号。
3. 能正确选用各种常用低压电器。

1.1 概述

低压电器是现代工业过程自动化的重要基础器件，也是组成电气成套设备的基础配套元件，它对电能的生产、输送、分配与应用起着控制、调节、检测、保护、交换的作用。

1.1.1 低压电器的定义与作用

我国现行标准将工作电压交流1000V以下、直流1500V以下的电气线路中的电气设备称为低压电器。

低压电器在电路中的用途是根据外界信号或要求，自动或手动接通、分断电路。“开”和“关”是低压电器最基本、最典型的功能。

1.1.2 常用低压电器的分类

低压电器的用途广泛、种类繁多、功能多样，其规格、工作原理也各不相同，有不同的分类方式。本书重点介绍两种分类方式。

1. 按用途分类

1）控制电器：用于控制各种控制电路和控制系统的电器，如接触器、继电器、电动机起动器等。

2）配电电器：用于电能的输送和分配的电器称为配电电器。这类电器主要包括低压断路器等。

3）主令电器：用于自动控制系统中发送动作指令的电器，如按钮、转换开关等。

4）执行电器：用于完成某种动作和传动功能的电器称为执行电器，如电磁铁、电磁离合器、电磁阀、电磁抱闸等。

5）保护电器：用于对电路和用电设备进行保护的电器称为保护电器，如熔断器、热继电器、电压继电器和电流继电器等。

2. 按操作方式分类

1）自动电器：通过电磁（或压缩空气）做功来完成接通、分断、起动、反向和停止等动作的电器称为自动电器。常用的自动电器有接触器、继电器等。

2）手动电器：通过人力做功来完成接通、分断、起动、反向和停止等动作的电器称为手动电器。常用的手动电器有刀开关、转换开关和主令电器等。

1.2 常用低压电器的基本结构

电器一般由两个基本结构组成，即感受部分和执行部分。常用低压电器中大部分为电磁式电器。对于有触点的电磁式电器，其感受部分就是电磁机构，执行部分就是触点系统。

1.2.1 电磁机构

电磁机构是电磁式低压电器的关键部分，其工作原理是将电磁能转换成机械能，从而带动触点动作。

1. 电磁机构的结构形式

电磁机构由线圈、铁心和衔铁三部分组成，其结构形式按衔铁的运动方式一般可分为直动式和转动式（拍合式）两种，如图 1-1 和图 1-2 所示。

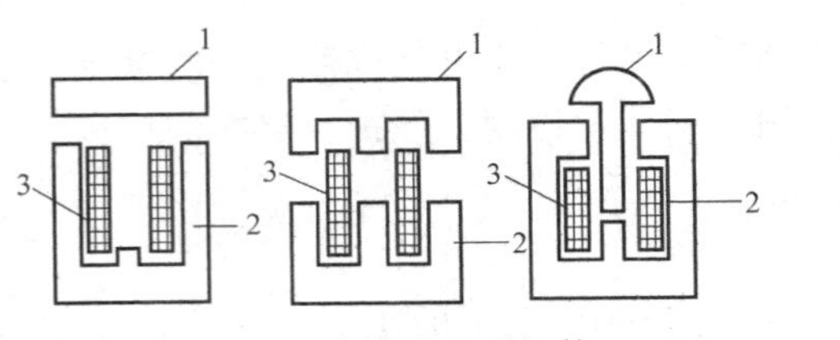

图 1-1 直动式电磁机构
1—衔铁 2—铁心 3—线圈

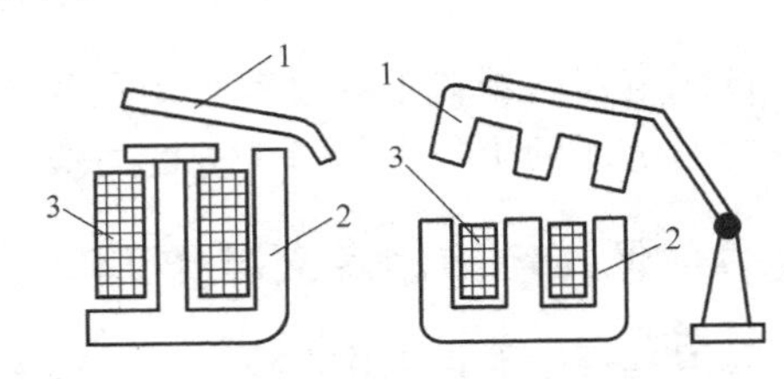

图 1-2 转动式电磁机构
1—衔铁 2—铁心 3—线圈

线圈按其通电种类可分为直流电磁线圈和交流电磁线圈两种。直流线圈铁心不发热，只有线圈发热，故直流线圈一般做成无骨架、高而薄的瘦高型，使线圈与铁心直接接触，以便散热。交流线圈除线圈发热外，由于铁心存在涡流和磁滞损耗，铁心也会发热，为了改善线圈和铁心的散热条件，线圈设有骨架，使铁心与线圈隔离，并将线圈制成短而厚的矮胖型以改善线圈和铁心的散热情况。相应的铁心和衔铁用硅钢片叠成，以减小铁损。

另外，根据线圈在电路中的连接形式，可分为串联线圈（电流线圈）和并联线圈（电压线圈）。串联线圈串接于电路中，流过的电流大，为了减少对电路的分压作用，串联线圈采用粗导线制造，匝数少，线圈的阻抗较小。并联线圈并联在电路上，为了减少电路的分流作用，需要较大的阻抗，一般线圈的导线细而匝数多。

2. 电磁机构的工作原理

电磁机构的工作原理是：当线圈通入电流后产生磁场，磁通经铁心、衔铁和工作气隙形成闭合回路，产生电磁吸力，衔铁在电磁吸力作用下产生机械位移使铁心吸合；衔铁复位时，复位弹簧将衔铁拉回原位。因此，作用在衔铁上的力有两个：电磁吸力和反力。电磁吸力由电磁机构产生，反力由复位弹簧和触点等产生。电磁机构的工作特性常用吸力特性和反力特性来表达。

（1）吸力特性

使衔铁吸合的力与气隙的关系曲线称为吸力特性。根据麦克斯韦公式，电磁吸力可按式（1-1）计算，即

$$F=\frac{B^2S}{2\mu_0} \tag{1-1}$$

式中，F 为电磁吸力（N）；B 为气隙中磁感应强度（T）；S 为磁极截面积（m^2）；μ_0 为空气磁导率，数值为 $4\pi\times10^{-7}$H · m。所以，式（1-1）可变为

$$F=\frac{10^7}{8\pi}B^2S\approx4\times10^5B^2S \tag{1-2}$$

因 $\Phi=B\cdot S$，即

$$F=4\times10^5\times\frac{\Phi^2}{S} \tag{1-3}$$

当铁心截面积 S 为常数时，F 与 B^2 成正比，即 F 与气隙磁通 Φ^2 成正比，反比于铁心截面积 S，即

$$F\propto\frac{\Phi^2}{S} \tag{1-4}$$

电磁机构的吸力特性反映的是其电磁吸力与气隙的关系，而励磁电流的种类不同，其吸力特性也不一样，以下对交、直流电磁机构的电磁吸力特性分别讨论。

1）交流电磁机构的吸力特性。交流电磁机构励磁线圈的阻抗主要取决于线圈的电抗（电阻相对很小），则

$$U\approx E=4.44f\Phi N \tag{1-5}$$

$$\Phi=\frac{U}{4.44fN} \tag{1-6}$$

式中，U 为线圈电压（V）；E 为线圈感应电动势（V）；f 为线圈外加电压的频率（Hz）；Φ 为气隙磁通（Wb）；N 为线圈匝数。

当频率 f、匝数 N 和外加电压 U 都为常数时，由式（1-5）可知，磁通 Φ 亦为常数，则由式（1-3）又可知，此时电磁吸力 F 也为常数，即 F 与气隙 δ 大小无关。这是因为交流励磁时，电压、磁通都随时间做周期性变化，其电磁吸力也做周期变化。因此，此处 F 为常数是指电磁吸力的幅值不变。实际上，考虑到漏磁通的影响，吸力 F 随气隙 δ 的减小略有增加。虽然交流电磁机构的气隙磁通 Φ 近似不变，但气隙磁阻 R_m 随气隙长度 δ 而变化。根据磁路定律，有

$$\Phi=\frac{IN}{R_m}=\frac{IN}{\dfrac{\delta}{\mu_0S}}=\frac{(IN)(\mu_0S)}{\delta} \tag{1-7}$$

式中，I 为线圈电流（A）；R_m 为磁阻（H^{-1}）；δ 为气隙长度（m）。

由式（1-7）可知，交流励磁线圈的电流 I 与气隙 δ 成正比。综上所述，交流电磁机构的吸力特性如图 1-3 所示。一般 U 形交流电磁机构的励磁线圈通电而衔铁尚未动作时，其电

流可达到吸合后额定电流的5~6倍，E形电磁机构则达到10~15倍额定电流，如果衔铁卡住不能吸合或者频繁动作，交流励磁线圈很可能因过电流而烧毁。所以在可靠性要求高或操作频繁的场合，一般不采用交流电磁机构。

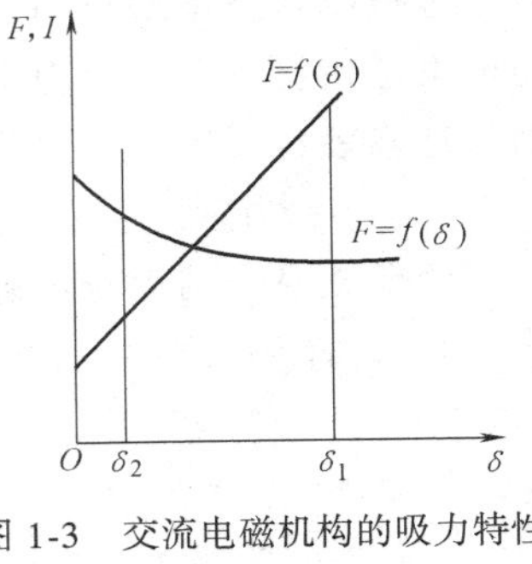

图 1-3 交流电磁机构的吸力特性

2）直流电磁机构的吸力特性。直流电磁机构由直流电流励磁。稳态时，磁路对电路无影响，所以可认为其励磁电流不受气隙变化的影响，即其磁动势 IN 不受气隙变化的影响。由式（1-7）和式（1-4）可知，此时

$$F \propto \Phi^2 \propto \left(\frac{1}{\delta}\right)^2 \qquad (1\text{-}8)$$

由式（1-8）可知，直流电磁机构的吸力 F 与气隙 δ 的二次方成反比，故其吸力特性为二次曲线形状。综上所述，直流电磁机构的吸力特性如图1-4所示。

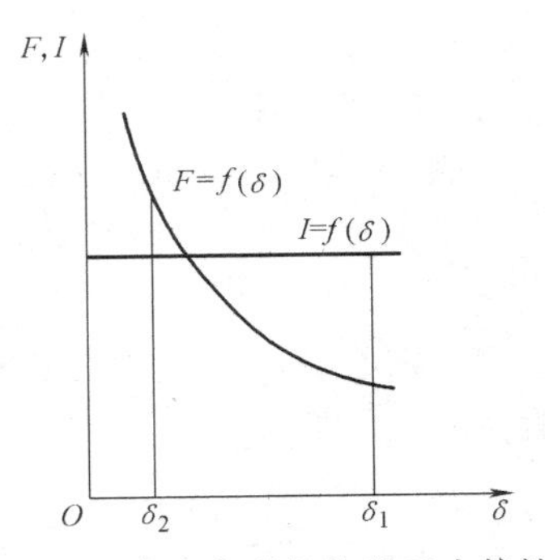

图 1-4 直流电磁机构的吸力特性

3）剩磁的吸力特性。由于铁磁物质有剩磁，它使电磁机构的励磁线圈失电后仍有一定的磁性吸力存在，剩磁的吸力随气隙 δ 的增大而减小。

（2）反力特性

电磁系统的反作用力与气隙的关系曲线称为反力特性。反作用力包括弹簧力、衔铁自身重力、摩擦阻力等。弹簧的反力与其机械形变的位移量 x 成正比，其反力特性可写成

$$F_{f1} = K_1 x \qquad (1\text{-}9)$$

自重的反力与气隙大小无关，如果气隙方向与重力一致，其反力特性可写成

$$F_{f2} = -K_2 \qquad (1\text{-}10)$$

考虑到常开触点闭合时超行程机构的弹力作用，上述两种反力特性曲线如图1-5所示。其中，δ_1 为电磁机构气隙的初始值；δ_2 为动、静触点开始接触时的气隙长度。由于超行程机构的弹力作用，反力特性在 δ_2 处有一突变。

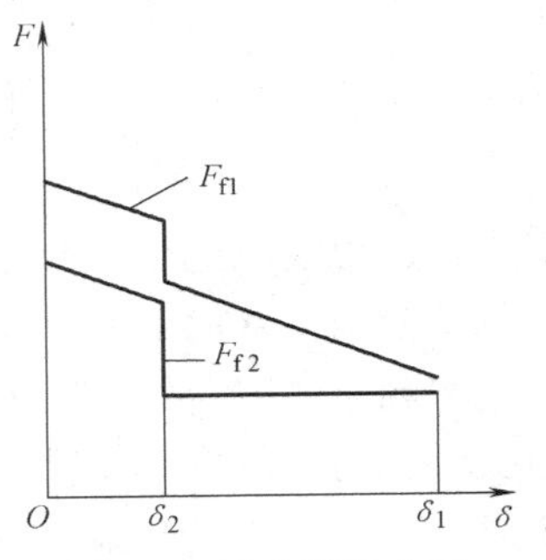

图 1-5 反力特性曲线

（3）吸力特性与反力特性的配合

为了使电磁机构能正常工作，其吸力特性与反力特性配合必须得当。在整个吸合过程中，吸力都必须大于反力，但也不能过大或过小。吸力过大时，动、静触点接触时以及衔铁与铁心接触时的冲击力也大，会使触点和衔铁发生弹跳，导致触点熔焊或烧毁，影响电器的机械寿命；吸力过小时，会使衔铁运动速度降低，难以满足高操作频率的要求。当切断电磁机构的励磁电流以释放衔铁时，其反力特性必须大于剩磁吸力，才能保证衔铁可靠释放。所以在特性图上，电磁机构的反力特性必须介于电磁吸力特性和剩磁吸力特性之间，如图1-6所示。

（4）交流电磁机构上短路环的作用

由于单相交流电磁机构上铁心的磁通是交变的，故当磁通过零时，电磁吸力也为零，吸合后的衔铁在反力弹簧的作用下将被拉开，磁通过零后电磁吸力又增大，当吸力大于反力时，衔铁又被吸合。交流电磁机构在电源电压变化一个周期中电磁铁将吸合两次、释放两

次，电磁机构会产生剧烈的振动和噪声，甚至使铁心松散，因而不能正常工作。为此，必须采取有效措施，以消除振动与噪声。

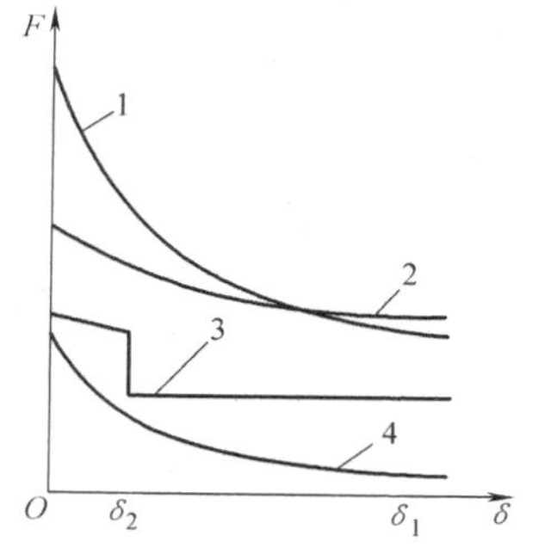

图 1-6　吸力特性和反力特性
1—直流吸力特性　2—交流吸力特性
3—反力特性　4—剩磁吸力特性

解决的具体办法是在铁心端面开一小槽，在槽内嵌入铜质短路环，如图 1-7a 所示。加上短路环后，磁通被分为大小接近、相位相差约 90°电角度的两相磁通 Φ_1 和 Φ_2，因两相磁通不会同时过零，又由于电磁吸力与磁通的二次方成正比，故由两相磁通产生的合成电磁吸力变化较为平坦，使电磁铁通电期间电磁吸力 F_1 始终大于反力 F_2（见图 1-7b），铁心牢牢吸合，这样就消除了振动和噪声，一般短路环包围 2/3 的铁心端面。

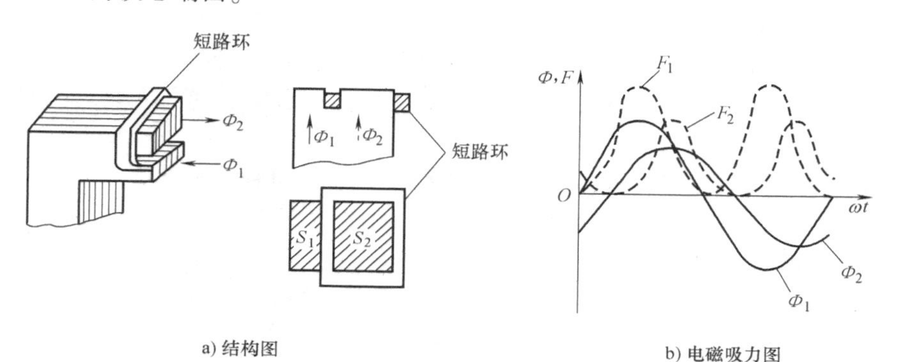

a) 结构图　　b) 电磁吸力图

图 1-7　单相交流电磁铁铁心的短路环

1.2.2　触点系统

1. 触点的接触形式

触点的接触形式及结构形式很多，通常按其接触形式归为三种：点接触、线接触和面接触，如图 1-8 所示。点接触适用于电流不大、触点压力小的场合；线接触适用于接通次数多、电流大的场合；面接触适用于大电流的场合。

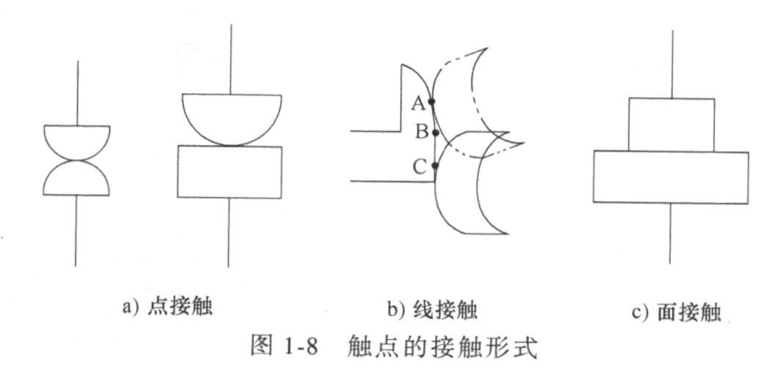

a) 点接触　　b) 线接触　　c) 面接触

图 1-8　触点的接触形式

触点的结构形式主要有两种：桥形触点和指形触点，如图 1-9 所示。

触点按原始状态可分为常开触点和常闭触点。当电磁线圈有电流通过，电磁机构动作时，触点改变原来的状态，常开触点闭合，常闭触点断开。

2. 灭弧原理及装置

在通电状态下动、静触点脱离接触时，由于电场的存在，使触点表面的自由电子大量溢

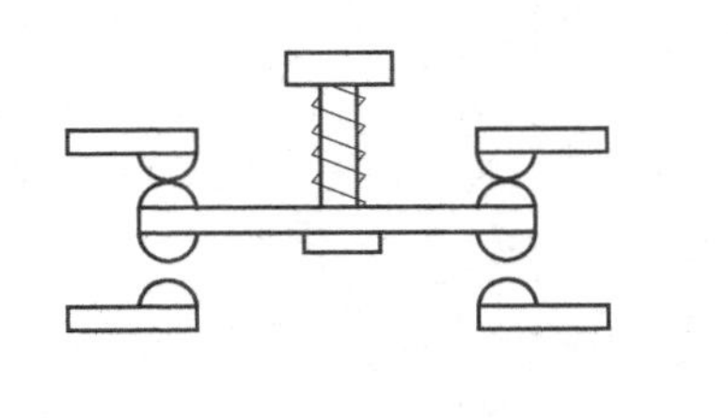
a) 桥形常开点接触触点

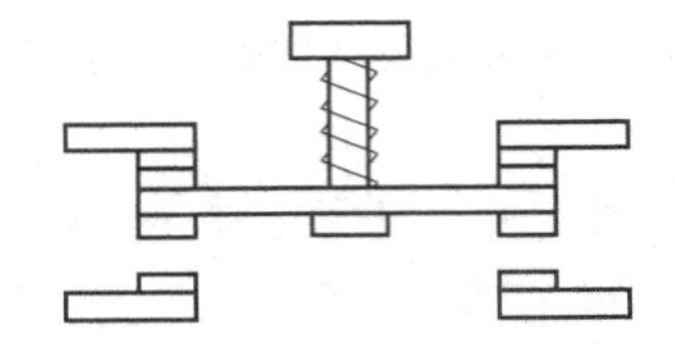
b) 桥形常开面接触触点

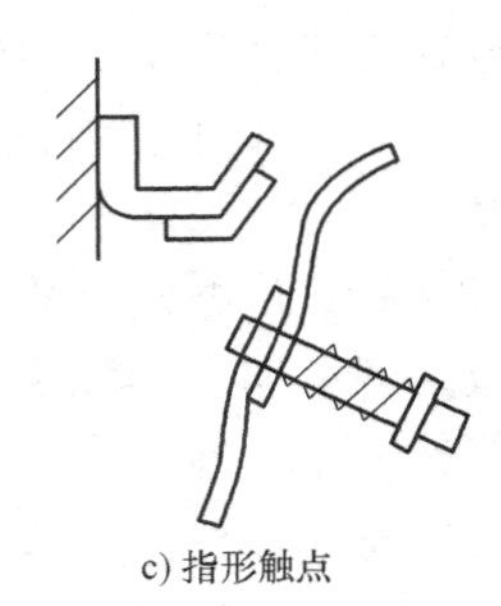
c) 指形触点

图 1-9 触点的结构形式

出而产生电弧。电弧的存在既使触点金属表面氧化，降低电气寿命，又延长电路的断开时间，所以必须迅速熄灭电弧。

（1）常用的灭弧方法

1）迅速增大电弧长度。根据电弧产生的机制，迅速使触点间隙增加，拉长电弧长度，降低电场强度，同时增大散热面积，降低电弧温度，使自由电子和空穴复合（即消电离过程）运动加强，可以使电弧快速熄灭。

2）冷却。使电弧与冷却介质接触，带走电弧热量，也可使复合运动得以加强，从而使电弧熄灭。

（2）常用的灭弧装置

1）桥式结构双断口灭弧。图 1-10 所示是一种桥式结构双断口触点，通过触点两端的电流方向相反，将产生互相推斥的电动力。当触点打开时，在断口中产生电弧。电弧电流在两断弧之间产生图中以⊕所示的磁场。根据左手定则，电弧电流要受到一个指向外侧的力 F 的作用，使其迅速离开触点而熄灭。此外，也具有将一个电弧分为两个来削弱电弧的作用。这种灭弧方法效果较弱，故一般多用于小功率的电器中。

2）磁吹灭弧。如图 1-11 所示，在触点电路中串入吹弧线圈。该线圈产生的磁场由导磁夹板引向触点周围，其方向由右手定则确定（图中×所示），触点间的电弧所产生的磁场，其方向为⊗和⊙所示。在电弧下方两个磁场方向相同（叠加），在电弧上方方向相反（相减），所以弧柱下方的磁场强于上方的磁场。在下方磁场作用下，电弧受力的方向为 F 所指的方向，在 F 的作用下，电弧被吹离触点，经引弧角引进灭弧罩，使电弧熄灭。灭弧罩多用陶瓷或石棉做成。磁吹灭弧广泛应用于直流灭弧装置中（如直流接触器）。

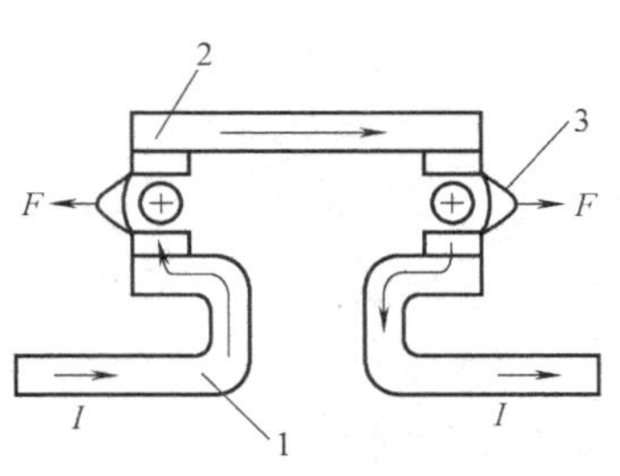

图 1-10 桥式触点双断口灭弧
1—静触点 2—动触点 3—电弧

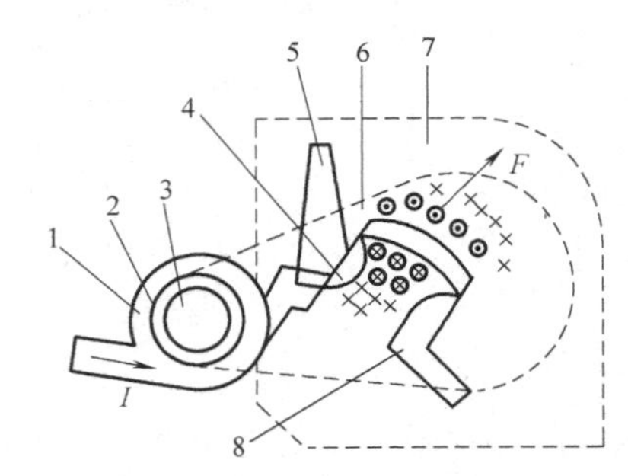

图 1-11 磁吹灭弧示意图
1—磁吹线圈 2—绝缘线圈 3—铁心 4—静触点
5—引弧角 6—导磁夹板 7—灭弧罩 8—动触点

3）栅片灭弧。如图 1-12 所示，灭弧栅是一组薄钢片，它们彼此间相互绝缘。当电弧进入栅片时被分割成一段一段串联的短弧，而栅片就是这些短弧的电极，这样就使每段短弧上的电压达不到燃弧电压。同时每两片灭弧片之间都有 150~250V 的绝缘强度，使整个灭弧栅的绝缘强度大大加强，以致外加电压无法维持，电弧迅速熄灭。此外，栅片还能吸收电弧热量，使电弧迅速冷却。基于上述原因，电弧进入栅片后就会很快熄灭。当触点上所加的电压是交流时，交流电产生的交流电弧要比直流电弧容易熄灭。因为交流电每个周期有两次过零点，显然电压为零时，电弧自然容易熄灭。因此在交流电器中常采用栅片灭弧。

4）窄缝灭弧。图 1-13 所示是利用灭弧罩的窄缝来实现灭弧的。灭弧罩内有一个或数个纵缝，缝的下部宽上部窄。当触点断开时，电弧在电动力的作用下进入缝内，窄缝可将电弧柱分成若干直径较小的电弧，同时可将电弧直径压缩，使电弧同缝紧密接触，加强冷却和去游离作用，加快电弧的熄灭速度。灭弧罩通常用耐热陶土、石棉水泥或耐热塑料制成。

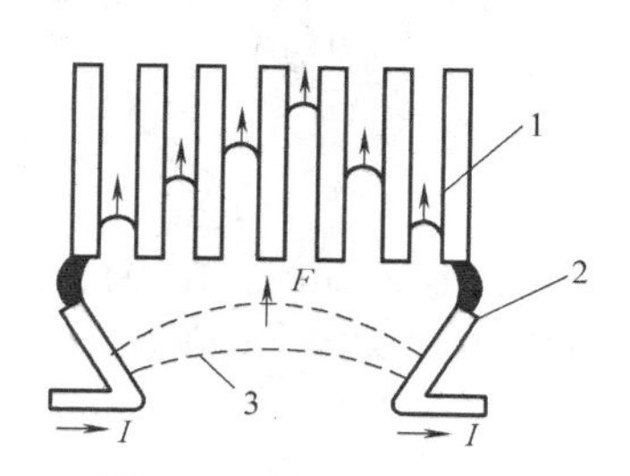

图 1-12　栅片灭弧示意
1—灭弧栅片　2—触点　3—电弧

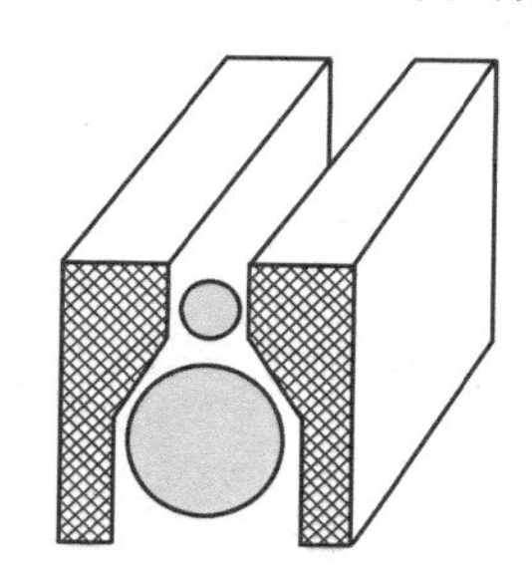

图 1-13　窄缝灭弧室的断面

1.3　低压熔断器

熔断器是一种利用物质过热熔化的性质制作的保护电器。当电路发生严重过载或短路时，将有超过限定值的电流流过熔断器而将熔断器的熔体熔断而切断电路，达到保护的目的。

1.3.1　熔断器的结构、工作原理及种类

1. 低压熔断器的结构

熔断器一般由熔体和安装熔体的熔管（或熔座）、填料及导电部件、指示等部分组成。其中熔体是关键部分，是由低熔点的金属材料（如铅、锡、锌、铜、银及其合金等）制成，其形状有丝状、带状、片状等；熔管的作用是安装熔体及在熔体熔断时熄灭电弧，多由陶瓷、绝缘钢纸或玻璃纤维材料制成。

2. 低压熔断器的工作原理及保护特性

熔断器的熔体串联在被保护电路中，当电路正常工作时，熔体中通过的电流不会使其熔断；当电路发生短路或严重过载时，熔体中通过的电流很大，使其发热，当温度达到熔点时，熔体瞬间熔断，切断电路，起到保护作用。

电流通过熔体时产生的热量与电流的二次方及通过电流的时间成正比，即 $Q=I^2Rt$，这一特性称为熔断器的安秒特性（或称保护特性），其特性曲线如图 1-14 所示，由图可见它是一反时限特性，即电流为额定值 I_{fN} 时长期不熔断，过载电流或短路电流越大，熔断时间就越短。由于熔断器对过载反应不灵敏，所以不宜用于过载保护，主要用于短路保护。图中熔

体的额定电流 I_{fN} 是熔体长期工作而不致熔断的电流。

3. 低压熔断器的种类

熔断器的种类很多，按结构形式可分为插入式、螺旋式、无填料密封管和有填料密封管式等，其外形如图 1-15～图 1-18 所示。

在电气控制系统中，经常选用螺旋式熔断器，它具有明显的分断指示和不用任何工具就可取下或更换熔体等优点。熔断器的图形符号及文字符号如图 1-19 所示。

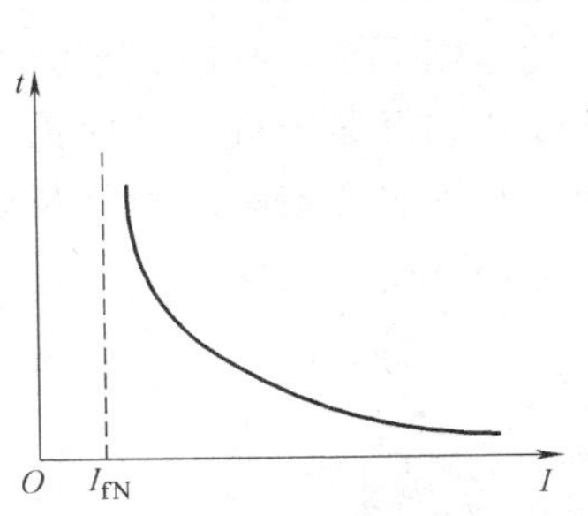

图 1-14 熔断器的安秒特性曲线

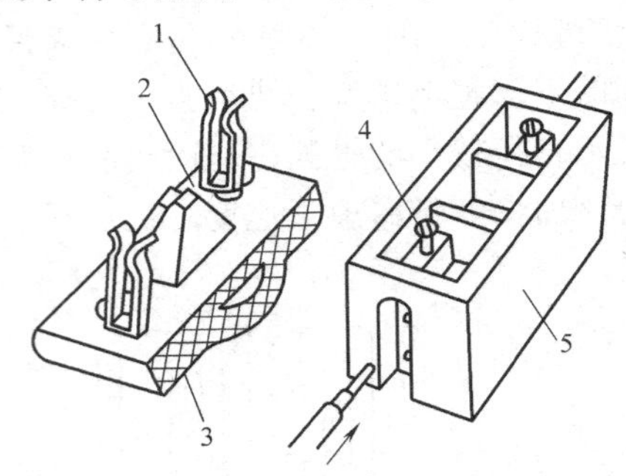

图 1-15 RC1A 系列瓷插式熔断器

1—动触点 2—熔丝 3—瓷盖 4—静触点 5—瓷底

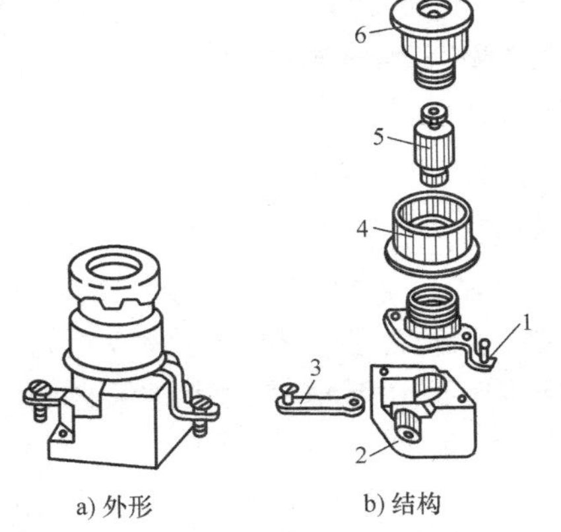

图 1-16 RL1 系列螺旋式熔断器

1—上接线柱 2—瓷底 3—下接线柱

4—瓷套 5—熔芯 6—瓷帽

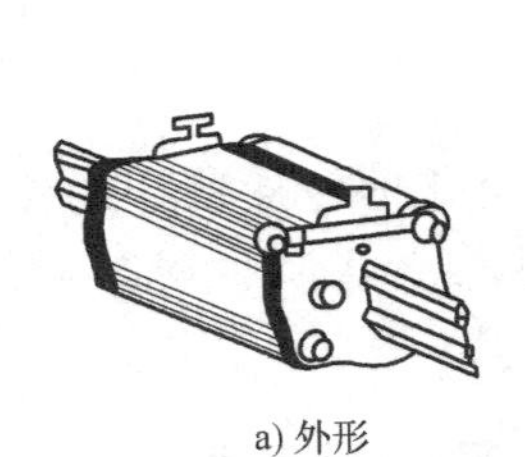

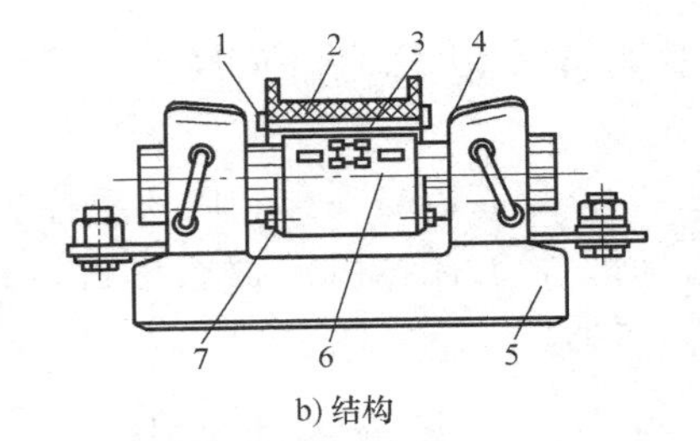

图 1-17 RTO 有填料密封管式熔断器

1—熔断指示器 2—硅砂（石英砂）填料 3—熔丝

4—插刀 5—底座 6—熔体 7—熔管

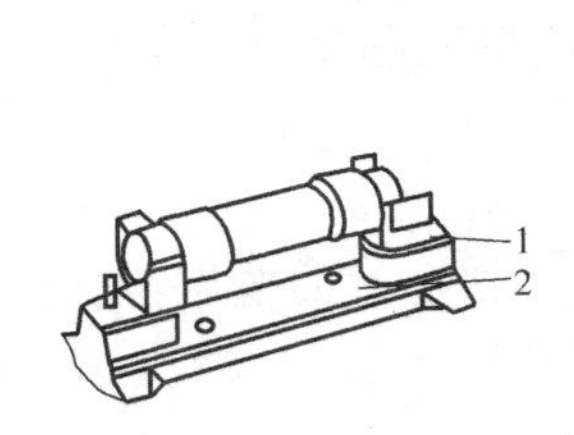

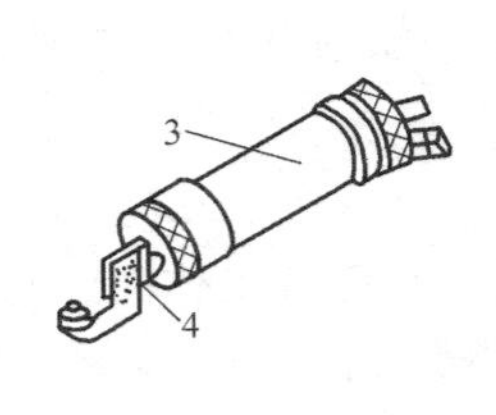

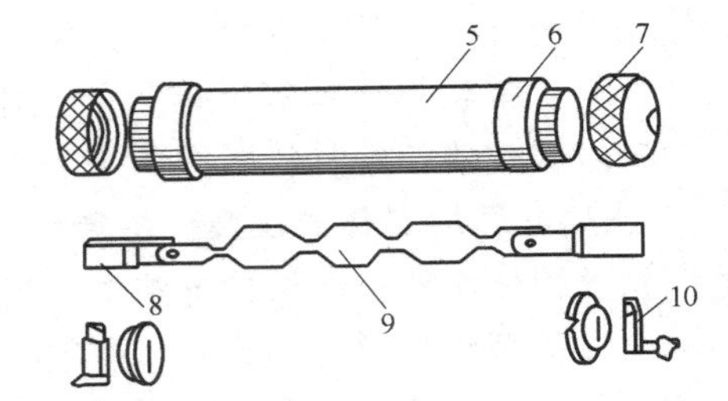

图 1-18 RM10 系列无填料密封管式熔断器

1、4—夹座 2—底座 3—熔断器 5—硬质绝缘管 6—黄铜套管 7—黄铜帽 8—插刀 9—熔体 10—夹座

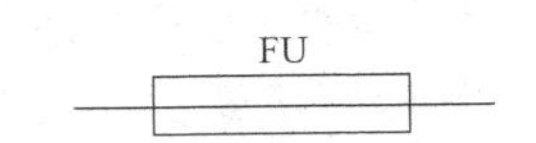

图 1-19 熔断器的图形符号及文字符号

1.3.2　熔断器的选用

1. 熔断器的主要技术数据

（1）额定电压

熔断器的额定电压是指熔断器长期工作和断开后能够承受的电压，其应大于或等于电气设备的额定电压。

（2）额定电流

熔断器的额定电流是指熔断器长期工作时，被保护设备温升不超过规定值时所能承受的电流。为了减少生产厂家熔断器额定电流的规格，熔断器的额定电流等级比较少，而熔体的额定电流等级比较多，即在一个额定电流等级的熔断器可安装多个额定电流等级的熔体，但熔体的额定电流最大不能超过熔断器的额定电流。

（3）极限分断能力

极限分断能力是指熔断器在规定的额定电压和功率因数（或时间常数）的条件下，能断开的最大电流，在电路中出现的最大电流一般是指短路电流。所以，极限分断能力也反映了熔断器分断短路电流的能力。

表1-1列出了RL6（螺旋式熔断器）、RLS2（快速熔断器）、RT12（带熔断指示熔断器）、RT14（带撞击器熔断器）等系列的技术数据。

表1-1　常用熔断器技术数据

型号	额定电压/V	额定电流/A		分断能力/kA
		熔断器	熔　体	
RL6-25	~500	25	2,4,6,10,16,20,25	50
RL6-63		63	35,50,63	
RL6-100		100	80,100	
RL6-200		200	125,160,200	
RLS2-30	~500	30	16,20,25,30	50
RLS2-63		63	32,40,50,63	
RLS2-100		100	63,80,100	
RT12-20	~415	20	2,4,6,10,16,20	80
RT12-32		32	20,25,32	
RT12-63		63	32,40,50,63	
RT12-100		100	63,80,100	
RT14-20	~380	20	2,4,6,10,16,20	100
RT14-32		32	2,4,6,10,16,20,25,32	
RT14-63		63	10,16,20,25,32,40,50,63	

2. 选用的一般原则

熔断器的选择主要包括熔断器类型、额定电压、熔断器额定电流和熔体额定电流的确定。

（1）熔断器类型的选择

选用时，首先主要依据负载的保护特性和预期短路电流的大小来确定熔断器的类型。例如，用于保护小容量的照明线路和电动机的熔断器，一般是考虑它们的过电流保护，应采用熔体为铅锡合金的熔丝或 RC1A 系列熔断器；而大容量的照明线路和电动机，除应考虑过电流保护外，还要考虑短路时的分断短路电流的能力，若预期短路电流较小时，可采用熔体为铜质的 RC1A 系列和熔体为锌质的 RM10 系列熔断器；若短路电流较大时，宜采用具有高分断能力的 RL6 系列螺旋式熔断器，若短路电流相当大时，宜采用具有更高分段能力的 RT12 或 RT14 系列熔断器。

（2）熔断器额定电压的选择

所选熔断器的额定电压应不低于线路的额定工作电压，但当熔断器用于直流电路时，应注意制造厂提供的直流电路数据或与制造厂协商，否则应降低电压使用。

（3）熔体额定电流的确定

1）用于保护负载电流比较平稳的照明或电阻炉等电阻性负载，以及一般控制电路的熔断器，其熔体额定电流 I_{fN} 应大于或等于电路的工作电流 I，即

$$I_{fN} \geqslant (1.0 \sim 1.1) I \tag{1-11}$$

2）用于保护单台长期工作的电动机的熔断器，考虑电动机冲击电流的影响，熔体的额定电流按式（1-12）计算

$$I_{fN} \geqslant (1.5 \sim 2.5) I_{Me} \tag{1-12}$$

式中，I_{Me} 为电动机额定电流。对于不经常起动或起动时间不长的电动机，选较小倍数；对于频繁起动的电动机选较大倍数。

3）对于给多台长期工作的电动机供电的主干线母线处的熔体额定电流可按式（1-13）计算

$$I_{fN} \geqslant (1.5 \sim 2.5) I_{Memax} + \sum I_N \tag{1-13}$$

式中，I_{Memax} 为多台电动机中容量最大的一台电动机的额定电流；$\sum I_N$ 为其余电动机额定电流的总和。

4）对于保护变压器的熔断器，如变压器的容量为 160kV · A 及以下时，其高压侧熔体的额定电流可按 2~3 倍的额定电流选取；如容量在 160kV · A 以上时，其高压侧熔体的额定电流可按 1.5~2 倍的额定电流选取，容量越大，相应倍数越小。变压器低压侧熔体的额定电流可按 1~1.2 倍的负载的额定电流选取。

5）对于保护并联电容器，单台时，熔体的额定电流应等于电容器额定电流的 1.5~2.5 倍；电容器组时，熔体的额定电流应等于电容器额定电流的 1.3~1.8 倍。

6）为防止发生越级熔断，上、下级（即供电干、支线）熔断器间应有良好的协调配合。一般要求上一级熔断器的熔断时间至少是下一级的 3 倍，不然将会发生越级动作，扩大停电范围。为此，当上下级选用同一型号的熔断器时，应使上一级（供电干线）熔断器的熔体额定电流比下一级（供电支线）大 1~2 个极差；若上下级所用的熔断器型号不同，则应根据保护特性上给出的熔断时间来选取。

1.4 低压隔离器

1.4.1 常用隔离器

在对电气设备进行维修时，必须使电气设备处于无电状态，需要将电路和电源明显隔

开，以保障检修人员的安全。能起这种隔离电源作用的开关电器称为隔离器。低压隔离器主要有低压刀开关（刀开关）、熔断器式隔离开关和组合开关三种。

1. 低压刀开关

刀开关是一种结构简单，应用十分广泛的手动电器，主要供无载通断电路用，有时也可用来通断较小工作电流、作为照明设备和小型电动机不频繁操作的电源开关用。

刀开关的主要类型有开关板式刀开关、带熔断器的开启式负荷开关、带灭弧装置和熔断器的封闭式负荷开关等。

（1）开关板式刀开关（不带熔断器式刀开关）

开关板式刀开关由操纵手柄、触刀、触刀插座和绝缘底板等组成。图 1-20 为其结构简图。刀开关的图形、文字符号如图 1-21 所示。

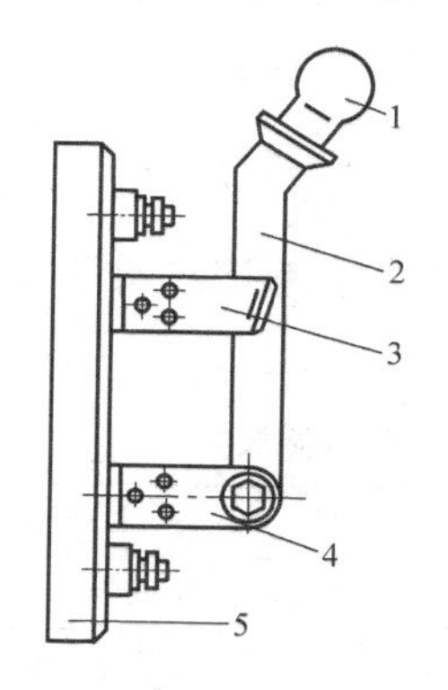

图 1-20　开关板式刀开关结构简图

1—静插座　2—操纵手柄　3—触刀　4—支座　5—绝缘底板

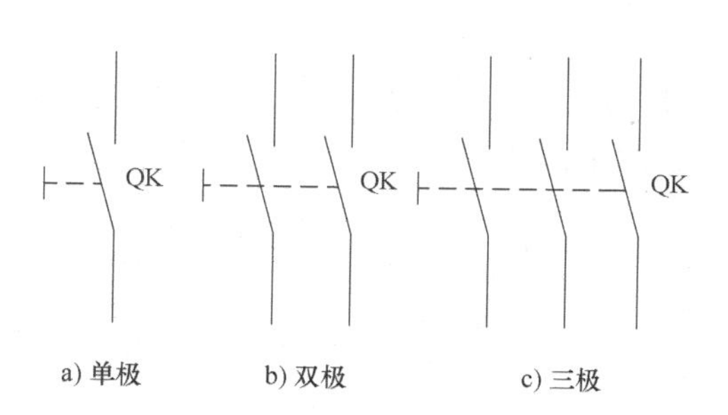

图 1-21　刀开关的图形、文字符号

（2）负荷开关

隔离器和熔断器串联组合即组成负荷开关，是可以带负荷分断的，有自灭弧功能。负荷开关的类型有带熔断器的开启式负荷开关和带灭弧装置和熔断器的封闭式负荷开关两种类型。负荷开关的图形、文字符号如图 1-22 所示。

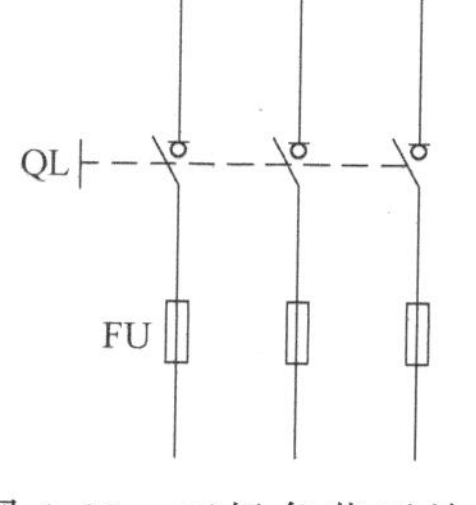

图 1-22　三极负荷开关图形、文字符号

1）开启式负荷开关。开启式负荷开关是一种结构简单、应用最广泛的手动电器。负荷开关主要起隔离电源的作用，由于没有专门的灭弧装置，不能频繁地接通和分断电路，常用作交流额定电压 380/220V，额定电流至 100A 的照明配电线路的电源开关和小功率电动机非频繁起动的操作开关，分为单相双极和三相三极两种。

开启式负荷开关的外形及结构示意图如图 1-23 所示。与开关板式刀开关相比，增设了熔丝与防护胶壳两部分。防护胶壳的作用是防止操作时电弧飞出灼伤操作人员，并防止极间电弧造成电源短路。因此操作前一定要将胶壳安装好。熔断丝主要起短路和严重过电流保护作用。开启式负荷开关的常用产品有 HK1 和 HK2 系列。表 1-2 为 HK1 系列开启式负荷开关的基本技术参数。

2）封闭式负荷开关。封闭式负荷开关一般在电力排灌、电热器、电气照明线路的配电设备中，作为手动不频繁地接通与分段负荷电路用。其中容量较小者（额定电流 60A 及以下）还可用作交流异步电动机非频繁全压起动的控制开关。封闭式负荷开关主要由触点和

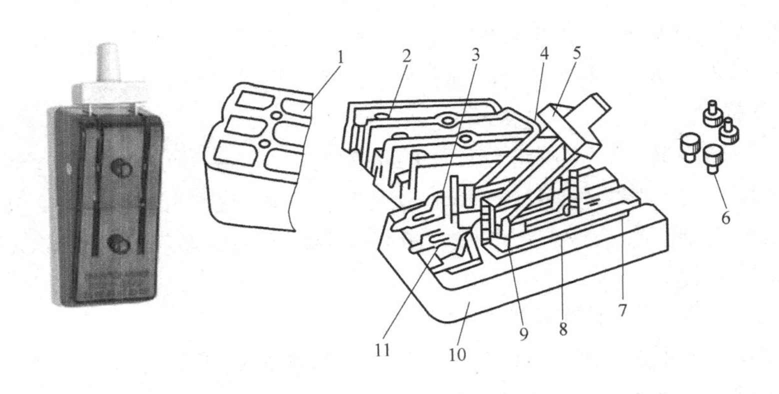

图 1-23 HK 系列开启式负荷开关的外形和结构示意图

1—上胶盖 2—下胶盖 3—触刀座 4—触刀 5—瓷柄 6—胶盖紧固螺帽 7—出线端子 8—熔丝 9—触刀铰链 10—瓷底座 11—进线端子

灭弧系统、熔体及操作机构等组成，并将其装于一防护铁壳内。封闭式负荷开关的外形和结构如图 1-24 所示。

表 1-2 HK1 系列开启式负荷开关的基本技术参数

额定电流/A	极数	额定电压/V	可控制电动机最大功率/kW		触刀极限分断能力/A ($\cos\varphi=0.6$)	触刀极限分断能力/A	配用熔丝规格			
			220V	380V			熔丝成分			熔丝直径/mm
							w_{Pb}	w_{Sn}	w_{Sb}	
15	2	220	—	—	30	500	98%	1%	1%	1.45～1.59
30	2	220	—	—	60	1000				2.30～2.52
60	2	220	—	—	90	1500				3.36～4.00
15	2	380	1.5	2.2	30	500				1.45～1.59
30	2	380	3.0	4.0	60	1000				2.30～2.52
60	2	380	4.4	5.5	90	1500				3.36～4.00

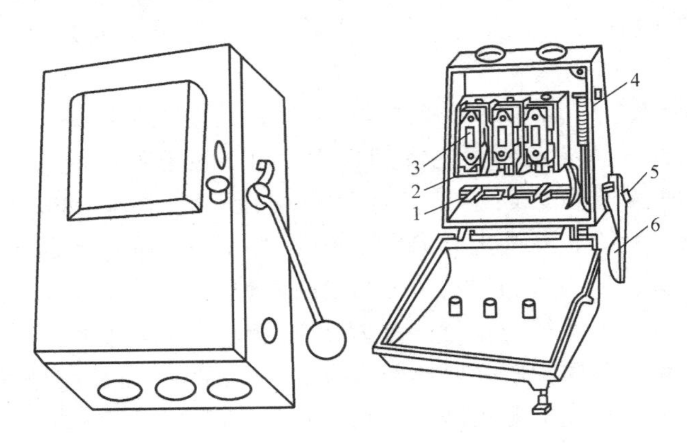

图 1-24 HH 型封闭式负荷开关的外形和结构示意图

1—触刀 2—插座 3—熔断器 4—速断弹簧 5—转轴 6—操作手柄

封闭式负荷开关的常用产品有 HH3、HH4、HH10、HH11 等系列，有二极和三极两种形式。表 1-3 为 HH10 和 HH11 系列封闭式负荷开关的基本技术参数。

表 1-3　HH10 和 HH11 系列封闭式负荷开关的基本技术参数

型号	额定电流/A	接通与分断能力(在 110%额定电压,即 1.1×380V 时)			熔断器极限分断能力				
		通断电流/A	cosφ	次数	瓷插式/A	cosφ	管式/A	cosφ	次数
HH10	10 20 30 60 100	40 80 120 240 250	0.4	10	500 1500 2000 4000 4000	0.8	50000	0.35	3
HH11	100 200 300 400	300 600 900 1200	0.8	3			50000	0.25	3

2. 熔断器式隔离开关

刀开关的动触点由熔断体组成式，即为熔断器式隔离开关，广泛应用于开关柜或与终端电器配套的电器装置中，作为线路或用电设备的电源隔离开关及严重过载和短路保护用。在回路正常供电的情况下，接通和切断电源由刀开关来承担，当线路或用电设备过载或短路时，熔断器的熔体熔断，及时切断故障电流。其外形及图形、文字符号如图 1-25 所示。

a) 外形图

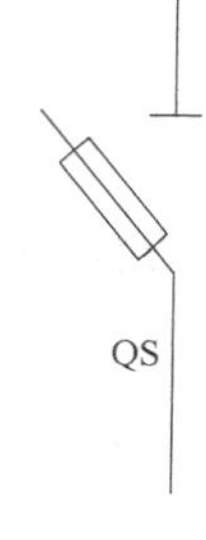

b) 图形、文字符号

图 1-25　熔断器式隔离开关的外形和图形、文字符号

常用熔断器式隔离开关主要有 HR3、HR5 和 HR11 系列。

3. 组合开关

组合开关本质上是一种通过手柄使刀片（动开关）旋转而实现线路通断的刀开关，由于其可实现多组开关组合而得名。其外形结构及图形、文字符号如图 1-26 所示。

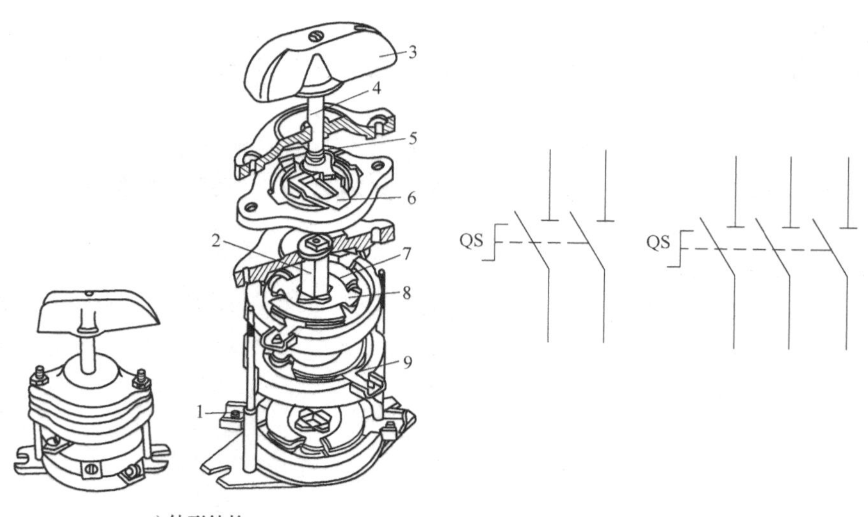

a) 外形结构　　b) 图形、文字符号

图 1-26　组合开关外形结构及图形、文字符号

1—接线柱　2—绝缘杆　3—手柄　4—转轴　5—弹簧　6—凸轮　7—绝缘垫板　8—动触点　9—静触点

组合开关广泛应用于电气设备中，作为非频繁接通和分断电路、转换电源和负载、测量三相电压以及控制小功率（5kW 以下）异步电动机的起动、停止、换向和星-三角起动等用的开关。表 1-4 为 HZ10 系列组合开关的基本技术参数。

表 1-4　HZ10 系列组合开关的基本技术参数

<table>
<tr><th rowspan="3">型号</th><th rowspan="3">额定电压/V</th><th rowspan="3">额定电流/A</th><th rowspan="3">极数</th><th rowspan="2" colspan="2">极限操作电流①/A</th><th rowspan="2" colspan="2">可控制电动机最大功率和额定电流①</th><th colspan="4">额定电压及电流下的通断次数</th></tr>
<tr><th colspan="2">cosφ(交流)</th><th colspan="2">直流时间常数/s</th></tr>
<tr><th>接通</th><th>分断</th><th>功率/kW</th><th>额定电流/A</th><th>≥0.8</th><th>≥0.3</th><th>≤0.0025</th><th>≤0.01</th></tr>
<tr><td rowspan="2">HZ10-10</td><td rowspan="5">DC220，AC380</td><td>6</td><td>单极</td><td rowspan="2">94</td><td rowspan="2">62</td><td rowspan="2">3</td><td rowspan="2">7</td><td rowspan="4">20000</td><td rowspan="4">10000</td><td rowspan="4">20000</td><td rowspan="4">10000</td></tr>
<tr><td>10</td><td rowspan="4">2，3</td></tr>
<tr><td>HZ10-25</td><td>25</td><td>155</td><td>108</td><td>5.5</td><td>12</td></tr>
<tr><td>HZ10-60</td><td>60</td><td rowspan="2"></td><td rowspan="2"></td><td rowspan="2"></td><td rowspan="2"></td></tr>
<tr><td>HZ10-100</td><td>100</td><td>10000</td><td>5000</td><td>10000</td><td>5000</td></tr>
</table>

①　指三极组合开关。

1.4.2　隔离器、刀开关的选用原则及安装注意事项

1. 选用原则

隔离器、刀开关的主要功能是隔离电源。在满足隔离功能要求的前提下，选用的主要原则有以下几个方面：

（1）结构特性

1）刀的极数要与电源进线相数相等。

2）应根据刀开关的作用和装置的安装形式来选择，如是否带灭弧装置；根据装置的安装形式来选择，是正面、背面或侧面操作形式，是直接操作还是杠杆传动，是板前接线还是板后接线。

（2）额定电压

保证其额定绝缘电压和额定工作电压应大于或等于所控制电路的额定电压。

（3）额定电流

1）对于普通负载，隔离器、刀开关的额定电流一般应等于或大于所分断电路中各个负载电流的总和。

2）对于电动机负载，应考虑其起动电流，所以应选额定电流大一级的刀开关。

3）对于含有熔断器组合电器的选用，需在上述隔离器、刀开关的选用要求之外，再考虑熔断器的特点（参见熔断器的选用原则）。

2. 安装注意事项

刀开关安装时，手柄要向上合闸，不得倒装或平装。倒装时手柄有可能因自重而下滑引起误合闸，造成人身安全事故。接线时，将电源线接在熔丝上端，负载线接在熔丝下端，拉闸后刀开关与电源隔离，便于更换熔丝。

1.5　接触器

接触器是一种用来频繁地接通或断开交直流主电路、大容量控制电路等大电流电路的电磁式自动切换电器。在功能上，接触器除能自动切换外，还具有手动开关所缺乏的远距离操作功

能和失电压（或欠电压）保护功能，但没有低压断路器所具有的过载和短路保护功能。接触器具有操作频率高、使用寿命长、性能稳定、成本低廉、维修简便等优点，用于控制电动机、电焊机、电容器组等设备，是电力拖动自动控制系统中使用最广泛的电气元器件之一。

接触器按其主触点控制的电路中电流种类分类，有直流接触器和交流接触器。它们的线圈电流种类既有与各自主触点电流相同的，但也有不同的，如对于重要场合使用的交流接触器，为了工作可靠，其线圈可采用直流电；按其主触点的极数可分为单极、双极、三极、四极、五极几种，单极、双极多为直流接触器；按驱动触点系统的动力不同，分为电磁接触器、气动接触器、液压接触器等。本节仅讨论应用最广泛的空气电磁式交流接触器和空气电磁式直流接触器，习惯上简称为交流接触器和直流接触器。

1.5.1　交流接触器

交流接触器主要由电磁机构、触点系统、灭弧装置和绝缘外壳及附件四大部分组成。结构示意图和外观如图 1-27 所示。

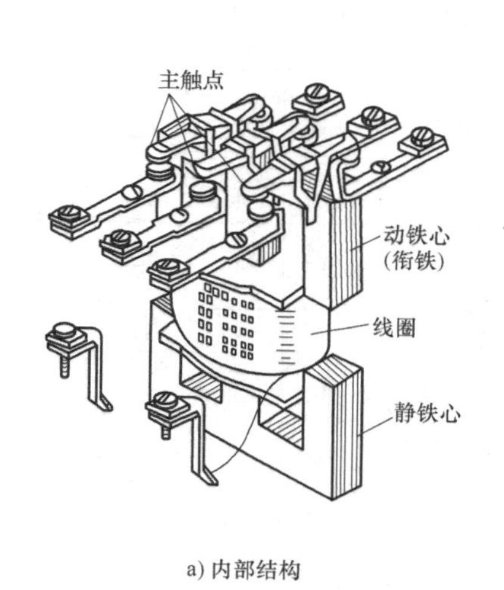

a) 内部结构

b) 外观

图 1-27　交流接触器主要结构示意及外观

1）电磁机构。电磁机构由线圈、静铁心和动铁心（衔铁）组成，用作产生电磁吸力，带动触点动作。为了减小因涡流和磁滞损耗造成的能量损失和温升，交流接触器的静铁心和衔铁用硅钢片叠成。线圈绕在骨架上做成扁而厚的形状，与铁心隔离，这样有利于铁心和线圈的散热。

2）触点系统。触点分为主触点及辅助触点。主触点用于接通或断开主电路或大电流电路，一般为三极。辅助触点用于控制电路，起控制其他元器件接通或断开及电气联锁作用，常用的常开、常闭辅助触点各两对；主触点容量较大，辅助触点容量较小。

3）灭弧装置。容量较大的接触器都有灭弧装置。交流接触器常采用多纵缝灭弧装置。

4）绝缘外壳及附件。交流接触器的附件包括反力弹簧、缓冲弹簧、触点压力弹簧、传动机构、短路环、接线柱、支架及底座等。

当线圈得电后，衔铁被静铁心吸合，带动主触点和辅助触点同时动作，常闭触点先断开，常开触点后闭合。一般施加在线圈上的交流电压大于线圈额定电压值的 85%时，接触器能够可靠地吸合；当线圈两端的电压值降低到某一数值时，铁心中的磁通下降，电磁吸力减小，当减小到不足以克服复位弹簧的反力时，衔铁在复位弹簧的反力作用下复位，使主、辅触点的常开触点断开，常闭触点恢复闭合。这也是接触器的失电压保护功能。

常用的交流接触器有 CJ20、CJ40 系列。其中 CJ20 主要用于交流 50Hz、额定电压至 660V、电流至 630A 的电力系统中，接通和分断电路及频繁地起动和控制交流电动机用。CJ40 系列交流接触器是在 CJ20 基础上改进的新一代产品。表 1-5 和表 1-6 为 CJ20 系列接触器主要技术参数。

表 1-5　CJ20 系列接触器主要技术参数

型号	主触点数量	额定绝缘电压/V	额定工作电压/V	约定发热电流/A	断续周期工作制下的额定工作电流/A				AC-3 使用类别下的额定工作功率/kW	不间断工作制下的额定工作电流/A
					AC-1	AC-2	AC-3	AC-4		
CJ20-10	3	690	220	10	10	—	10	10	2.2	10
			380			—			4	
			660			—	5.2	5.2		
CJ20-16			220	16	16	—	16	16	4.5	16
			380			—			7.5	
			660			—	13	13	11	
CJ20-25			220	32	32	—	25	25	5.5	32
			380			—			11	
			660			—	14.5	14.5	13	
CJ20-40			220	55	55	—	40	40	11	55
			380			—			22	
			660			—	25	25		
CJ20-63			220	80	80	63	63	63	18	80
			380						30	
			660			40	40	40	35	
CJ20-100			220	125	125	100	100	100	28	125
			380						50	
			660			63	63	63	50	
CJ20-160			220	200	200	160	160	160	48	200
			380			160	160	160	85	
			660			100	100	100		
CJ20-160/11		1140	1140			80	80	80		
CJ20-250		690	220	315	315	250	250	250	80	315
			380						132	
CJ20-250/06			660			200	200	200	190	
CJ20-400			220	400	400	400	400	400	115	400
			380						200	
CJ20-400/06			660			250	250	250	220	
CJ20-630			220	630	630	630	630	630	175	630
			380						300	
CJ20-630/06			660	400	400	400	400	400	350	400
CJ20-630/11		1140	1140						400	

表 1-6 辅助触点的触点种类、数量及基本参数

接触器型号	约定自由空气发热电流/A	额定绝缘电压/V	额定工作电压/V		额定工作电流/A		额定控制容量		触点种类、对数					
			交流	直流	交流	直流	交流/V·A	直流/W						
CJ20-10	10	690	36	—	2.8	—	100	30	常开	4	3	2	1	0
			127	48	0.8	0.63			常闭	0	1	2	3	4
CJ20-16~40			220	110	0.45	0.27			常开、常闭各2对					
			380	220	0.26	0.14								
CJ20-63~160	10		36	—	8.5	—	300	60						
			127	48	2.4	1.3								
			220	110	1.4	0.6								
			380	220	0.8	0.27								
CJ20-250~630	16		36	—	14	—	500	60	常开	4	3	2		
			127	48	4	1.3								
			220	110	2.3	0.6			常闭	2	3	4		
			380	220	1.3	0.27								

1.5.2 直流接触器

直流接触器主要用于电压440V、电流600A以下的直流电路。其结构与工作原理基本上与交流接触器相同，所不同的是除触点电流和线圈电压为直流外，其触点大都采用滚动接触的指形触点，辅助触点则采用点接触的桥形触点。铁心由整块钢或铸铁制成，线圈制成长而薄的圆筒形。为保证衔铁可靠地释放，常在铁心与衔铁之间垫有非磁性垫片。

由于直流电弧不像交流电弧有自然过零点，所以更难熄灭，直流接触器常采用磁吹式灭弧装置。

直流接触器常用的有CZ0系列，可取代CZ1、CZ2、CZ3等系列，技术数据见表1-7。

表 1-7 CZ0 系列直流接触器的技术数据

型号	额定电压/V	额定电流/A	额定操作频率/(次/h)	主触点形式及对数		辅助触点形式及对数		线圈额定电压/V	线圈消耗功率/W
				常开	常闭	常开	常闭		
CZ0-40/20	440	40	1200	2	—	2	2	24,48,110,220,440	22
CZ0-40/02		40	600	—	2	2	2		24
CZ0-100/10		100	1200	1	—	2	2		24
CZ0-100/01		100	600	—	1	2	1		24
CZ0-100/20		100	1200	2	—	2	2		30
CZ0-150/10		150	1200	1	—	2	2		30
CZ0-150/01		150	600	—	1	2	1		25
CZ0-150/20		150	1200	2	—	2	2		40
CZ0-250/10		250	600	1	—	5(其中1对常开，另外4对可任意组合成常开或常闭)			31
CZ0-250/20		250	600	2	—				40
CZ0-400/10		400	600	1	—				28
CZ0-400/20		400	600	2	—				43
CZ0-600/10		600	600	1	—				50

1.5.3 接触器的主要技术参数及型号含义

1. 技术参数

接触器主要有如下特性参数。

(1) 接触器的型式

型式包括极数、电流种类、有无触点、灭弧介质和操动方式等，如三极接触器、交流接触器、有触点式接触器、真空式接触器、电磁接触器等。

(2) 额定值和极限值

额定值包括额定工作电压、额定工作电流、额定工作制等。

1) 额定电压。接触器铭牌上标注的额定电压是指主触点的额定电压。交流接触器常用的额定电压等级有 110V、220V、380V 和 630V 等；直流接触器常用的额定电压等级有 110V、220V 和 440V。

2) 额定电流。接触器铭牌上标注的额定电流是指主触点的额定电流，常用的额定电流等级有 5A、10A、20A、40A、63A、100A、150A、250A、400A 和 630A。

3) 线圈的额定电压。交流接触器线圈常用的额定电压等级有 36V、110V、220V 和 380V；直流接触器线圈常用的额定电压等级有 24V、48V、220V 和 440V。

4) 额定操作频率。额定操作频率指每小时的操作次数（次/h）。

5) 电气寿命和机械寿命。接触器的电气寿命用不同使用条件下无须修理或更换零件的负载操作次数来表示。接触器的机械寿命用其在需要正常维修或更换机械零件前，包括更换触点，所能承受的无载操作循环次数来表示。

(3) 使用类别

在电力拖动控制系统中，接触器常见的使用类别有 4 种标准使用类别，主触点使用类别为：交流 AC-1～AC-4，直流 DC-1、DC-3、DC-5；辅助触点使用类别为：交流 AC-11、AC-14、AC-15，直流 DC-11、DC-13、DC-14。其典型用途见表 1-8。

表 1-8 接触器主触点的使用类别及典型用途

电流种类	使用类别代号	典型用途
AC	AC-1	无感或微感负载、电阻炉
	AC-2	绕线转子电动机的起动和中断
	AC-3	笼型电动机的起动和中断
	AC-4	笼型电动机的起动、反接制动、反向和点动
DC	DC-1	无感或微感负载、电阻炉
	DC-3	并励电动机的起动、反接制动、反向和点动
	DC-5	串励电动机的起动、反接制动、反向和点动

接触器的使用类别代号通常标注在产品的铭牌或工作手册中。表 1-8 中要求接触器主触点达到的接通和分断能力为：AC-1 和 DC-1 类允许接通和分断额定电流；AC-2、DC-3 和 DC-5 类允许接通和分断 4 倍的额定电流；AC-3 类允许接通 6 倍的额定电流和分断额定电流；AC-4 类允许接通和分断 6 倍的额定电流。

2. 接触器的型号含义

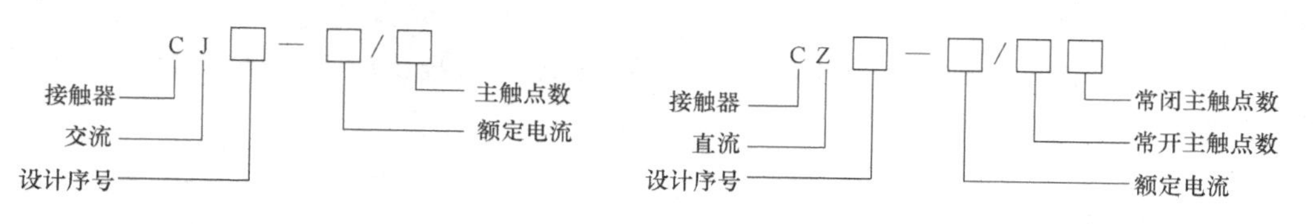

3. 接触器的图形符号和文字符号

接触器的图形符号和文字符号如图 1-28 所示，要注意的是，在绘制电路图时同一电器必须使用同一文字符号。

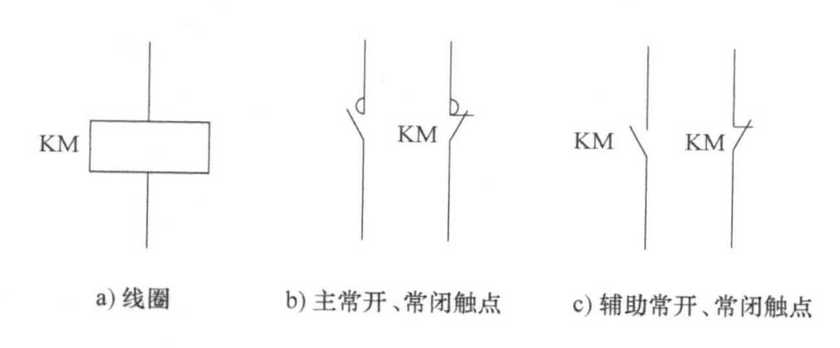

图 1-28　接触器的图形符号和文字符号

1.5.4　接触器的选择与使用

1. 型式的确定

型式的确定主要是确定极数和电流种类，电流种类由系统主电流种类确定。一般场合下，选用空气电磁式接触器；易燃易爆场合应选用防爆型及真空接触器等。

2. 主电路参数的确定

主电路参数的确定主要是额定工作电压、额定工作电流（或额定控制功率）、额定通断能力和耐受过载电流能力。

1）额定电压的选择。接触器的额定电压应高于或等于负载回路的电压。

2）额定电流的选择。接触器的额定电流应大于或等于被控回路的额定电流。对于电动机负载可按式（1-14）计算：

$$I_C = \frac{P_N \times 10^3}{KU_N} \tag{1-14}$$

式中，I_C 为流过接触器主触点的电流（A）；P_N 为电动机的额定功率（kW）；U_N 为电动机的额定电压（V）；K 为经验系数，一般取 1~1.4。

接触器如使用在电动机频繁起动、制动或正反转的场合，一般将接触器的额定电流降一个等级来使用。

3. 控制电路参数和辅助电路参数的确定

接触器的线圈电压应按选定的控制电路电压确定。交流接触器的控制电路电流种类分交流和直流两种，一般情况下多用交流，当操作频繁时则常选用直流。

1）线圈额定电压选择。线圈的额定电压应与所接控制电路的额定电压一致。对简单控制电路可直接选用交流 380V、220V 电压；对复杂、使用电器较多者，应选用 110V 或更低的控制电压。

2）接触器的辅助触点种类、数量的选择。一般应根据系统控制要求确定所需的辅助触点种类（常开或常闭）、数量和组合型式，同时应注意辅助触点的通断能力和其他额定参数。当接触器的辅助触点数量和其他额定参数不能满足系统要求时，可增加接触器式继电器以扩大功能。

1.6 低压断路器

低压断路器是低压配电网中的主要电器开关之一，可用来分配电能、不频繁地起动异步电动机、对电源电路及电动机等实行保护。当发生严重的过载、短路、断相、漏电及欠电压等故障时能自动切断电路，其功能相当于熔断器式断路器与过电流、欠电压、热继电器等的组合，而且在分断故障电流后一般不需要更换零部件。

1.6.1 低压断路器的结构及工作原理

1. 结构组成

低压断路器的内部结构示意图和外观示例如图 1-29 所示。低压断路器由以下三个基本部分组成。

1）触点和灭弧系统，这部分是执行电路通断的主要部件。

2）具有不同保护功能的各种脱扣器。根据用途不同，断路器可配备不同的脱扣器或继电器。脱扣器是断路器本身的一个组成部分，而继电器（包括热敏电阻保护单元）则通过与断路器操作机构相连的欠电压脱扣器或分励脱扣器的动作控制断路器。

3）自由脱扣器和操作机构。这部分是联系以上两部分的中间传递部件。

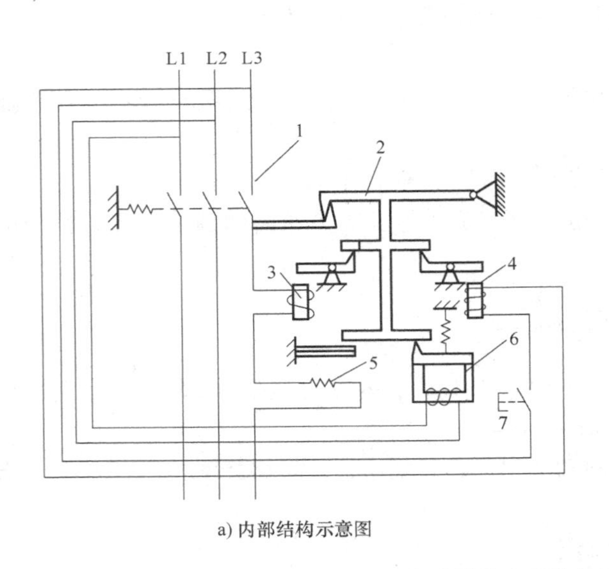

a) 内部结构示意图

b) 外观示例

图 1-29　低压断路器的内部结构示意图及外观示例

1—主触点　2—自由脱扣机构　3—过电流脱扣器　4—分励脱扣器　5—热脱扣器　6—欠电压脱扣器　7—分闸按钮

2. 工作原理

低压断路器的主触点一般由耐弧合金（如银钨合金）制成，采用灭弧栅片灭弧。主触点是由操作机构和自由脱扣器操纵其通断的，可用操作手柄操作，也可用电磁机构远距离操作。在正常情况下，触点可接通、分断工作电流，当出现故障时，能快速及时地切断高达数十倍额定电流的故障电流，从而保护电路及电路中的电器设备。

自由脱扣机构2是一套连杆机构，当主触点1闭合后，自由脱扣机构将主触点锁在合闸位置上。如果电路中发生故障，自由脱扣机构就在有关脱扣器的操动下动作，使脱钩脱开。

过电流脱扣器（也称为电磁脱扣器）3的线圈和热脱扣器5的热元件与主电路串联。当电路发生短路或严重过载时，过电流脱扣器的衔铁吸合，使自由脱扣机构动作，从而带动主触点断开主电路，动作特性具有瞬动特性或定时限特性。断路器的过电流脱扣器分为瞬时脱扣器和复式脱扣器两种，复式脱扣器即瞬时脱扣器和热脱扣器的组合。当电路过载时，热脱扣器的热元件发热使双金属片向上弯曲，推动自由脱扣机构动作，动作特性具有反时限特性。当低压断路器由于过载而断开后，一般应等待2~3min才能重新合闸，以使热脱扣器恢复原位，这也是低压断路器不能连续频繁地进行通断操作的原因之一。

低压断路器配置了某些附件后，可以扩展功能，这些附件主要是欠电压脱扣器、分励脱扣器、过电流脱扣器、辅助触点、旋转操作手柄、闭锁和释放电磁铁和电动操作机构等。

必须指出的是，并非每种类型的断路器都具有上述各种脱扣器，根据断路器的使用场合和本身体积所限，有的断路器具有分励、失电压和过电流三种脱扣器，而有的断路器只具有过电流脱扣器。

1.6.2　低压断路器的类型及主要技术数据

1. 典型低压断路器类型

（1）装置式低压断路器

装置式低压断路器又称塑料外壳式低压断路器，用绝缘材料制成的封闭型外壳将所有构件组装在一起，用作配电网络的保护和电动机、照明电路及电热电器等的控制开关。主要型号有DZ5、DZ20等系列。

（2）万能框架式低压断路器

万能框架式低压断路器又称敞开式低压断路器，具有绝缘衬底的框架结构底座，所有的构件组装在一起，用于配电网络的保护。主要有DW16（一般型）、DW15、DW15HH（多功能、高性能型）、DW45（智能型），另外还有ME、AE（高性能型）和M（智能型）等系列。

（3）快速断路器

快速断路器是具有快速电磁铁和强有力的灭弧装置，最快动作可在0.02s以内，用于半导体整流器件和整流装置的保护。主要型号有DS系列。

（4）智能化断路器

传统的断路器保护功能是利用热磁效应原理，通过机械系统的动作来实现的。智能化断路器的特征则是采用了以微处理器或单片机为核心的智能控制器（智能脱扣器），它不仅具备普通断路器的各种保护功能，同时还具备定时显示电路中的各种电器参数（电流、电压、功率、功率因数等），对电路进行在线监视、自行调节、测量、试验、自诊断、可通信等功能，还能够对各种保护功能的动作参数进行显示、设定和修改，保护电路动作时的故障参数能够存储在非易失存储器中以便查询。主要型号有DW45、CM1E和CM1Z系列。

低压断路器的图形、文字符号如图1-30所示。

2. 主要技术数据及型号含义

(1) 主要技术数据

低压断路器的主要技术参数有额定电压、额定电流、通断能力、分断时间等。其中，通断能力是指断路器在规定的电压、频率以及规定的线路参数（交流电路为功率因数，直流电路为时间常数）下，所能接通和分断的短路电流值。分断时间是指切断故障电流所需的时间，它包括固有断开时间和燃弧时间。另外断路器的动作时间与过载和过电流脱扣器的动作电流的关系称为断路器的保护特性，如图 1-31 所示。

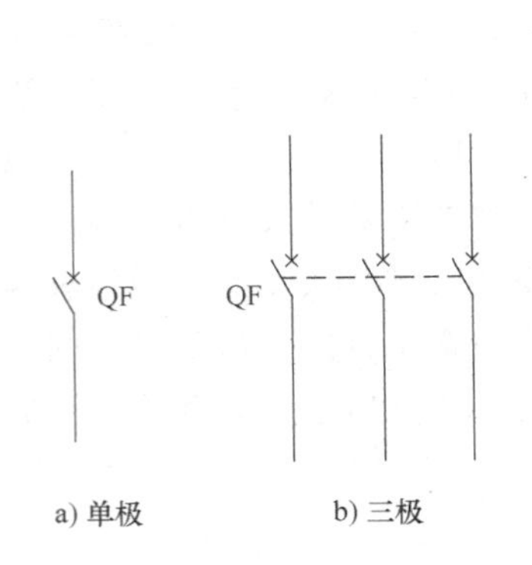

图 1-30 低压断路器的图形及文字符号

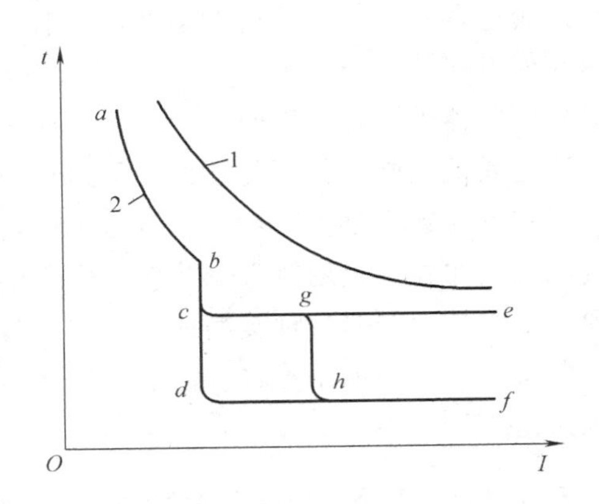

图 1-31 低压断路器的保护特性

1—保护对象的发热特性 2—低压断路器的保护特性

在图 1-33 中，断路器保护特性的 *ab* 段是过载保护部分，它是反时限的，过载电流越大，则动作时间越短。*df* 段是瞬时动作部分，只要故障电流超过与 *d* 点相对应的电流值，过电流脱扣器便瞬时动作，切除故障电流。*ce* 段是定时限延时动作部分，只要故障电流超过与 *c* 相对应的电流值，过电流脱扣器经过一定的延时后动作，切除故障电流。

国产 DW15 系列低压断路器的主要技术数据见表 1-9。

表 1-9 DW15 系列低压断路器的主要技术数据

型号	额定电压/V	额定电流/A	额定短路接通分断能力					外形尺寸/mm×mm×mm
			电压/V	接通最大值/kA	分断有效值/kA	cosφ	短路时最大延时/s	
DW15-200	380	200	380	40	20	—	—	242×420×341 386×420×316
DW15-400	380	400	380	52.5	25	—	—	
DW15-630	380	630	380	63	30	—	—	
DW15-1000	380	1000	380	84	40	0.2	—	441×531×508
DW15-1600	380	1600	380	84	40	0.2	—	
DW15-2500	380	2500	380	132	60	0.2	0.4	687×571×631 897×571×631
DW15-4000	380	4000	380	196	80	0.2	0.4	

(2) 型号含义

低压断路器的型号含义如下。

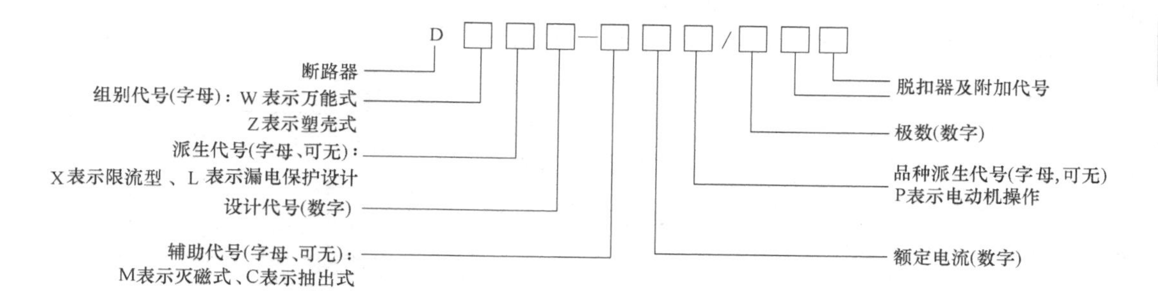

1.6.3　低压断路器的选用

低压断路器的选用，应根据具体使用条件选择使用类别，选择额定工作电压、额定电流、脱扣器整定电流和分励、欠电压脱扣器的电压、电流等参数，参照产品样本提供的保护特性曲线选用保护特性，并需对短路特性和灵敏系数进行校验。当与另外的断路器或其他保护电器有配合要求时，应选用选择型断路器。

额定电流在600A以下，且短路电流不大时，可选用塑壳断路器；额定电流较大，短路电流亦较大时，应选用万能式断路器。一般选用原则如下：

1）低压断路器的额定电压 U_e 和额定电流 I_e 应大于或等于线路、设备的正常额定工作电压和工作电流或计算电流。断路器的额定工作电压与通断能力及使用类别有关，同一台断路器产品可以有几个额定工作电压和相对应的通断能力及使用类别。

2）低压断路器的极限分断能力应大于或等于电路最大短路电流。

3）过电流脱扣器的额定电流大于或等于线路的最大负载电流。

4）欠电压脱扣器的额定电压等于线路的额定电压。

5）线路末端单相对地短路电流/断路器瞬时（或短路时）脱扣器整定电流≥1.25。

1.7　继电器

继电器是一种根据某种输入信号的变化，使其自身的执行机构动作的自动控制电器。其输入的信号可以是电压、电流等电气量，也可以是温度、时间、速度、压力等非电气量。

为了满足各种要求，人们研制生产了各种用途、不同型号和大小的继电器。本节仅介绍电力拖动和自动控制系统常用的几种继电器。

1.7.1　概述

无论继电器的输入量是电气量或非电气量，其工作方式都是当输入量变化到某一定值时，继电器触点动作，接通或断开控制电路。从这一点来看，继电器与接触器是相同的，但它与接触器又有区别。首先，继电器主要用于小电流电路，触点容量较小（一般在5A以下），且无灭弧装置，而接触器用于控制电动机等大功率、大电流电路及主电路；其次，继电器的输入信号可以是各种物理量，如电压、电流、时间、速度、压力等，而接触器的输入量只有电压。尽管继电器的种类繁多，但它们都有一个共性，即继电特性，其特性曲线如图1-32所示。

当继电器输入量 x 由零增加至 x_2 以前，继电器输出量为零。当输入量增加到 x_2 时，继电器吸合，通过其触点的输出量突变为 y_1，若 x 继续增加，y 值不变。当 x 减小到 x_1 时，继电器释放，输出由 y_1 突降到零，x 再减小，y 值仍为零。

在图 1-32 中，x_2 称为继电器的吸合值，欲使继电器动作，输入量必须大于此值。x_1 称为继电器的释放值，欲使继电器释放，输入量必须小于此值。将 $k=x_1/x_2$ 称为继电器的返回系数，是继电器的重要参数之一。k 值可根据不同的使用场合进行调节，调节方法随着继电器结构不同而有所差异。

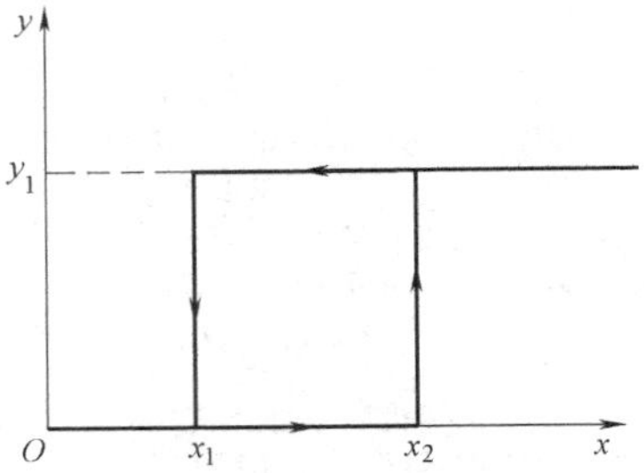

图 1-32　继电器特性曲线

1.7.2　电磁式继电器

电磁式继电器的结构和工作原理与接触器大体相同，也由铁心、衔铁、线圈、复位弹簧和触点等部分组成。其典型结构如图 1-33 所示。按输入信号的性质可分为电磁式电流继电器、电磁式电压继电器和电磁式中间继电器。

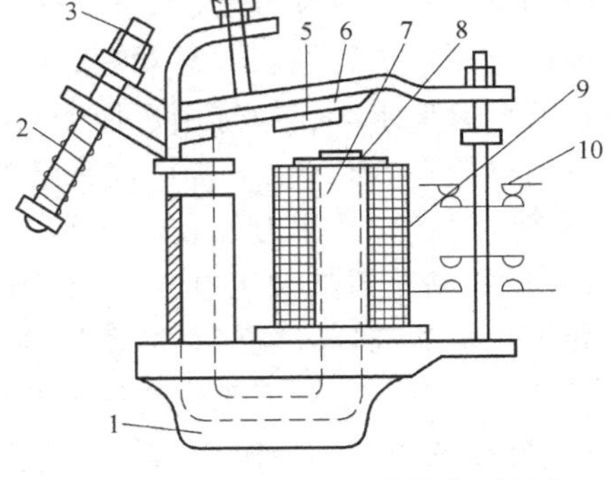

图 1-33　电磁式继电器的典型结构

1—底座　2—反力弹簧　3、4—调节螺钉　5—非磁性垫片　6—衔铁　7—铁心　8—极靴　9—电磁线圈　10—触点系统

1. 电磁式电流继电器

触点的动作与线圈电流大小有关的继电器称为电流继电器，工作时线圈与被测电路串联，以反应电路中电流的变化而动作。为降低负载效应和对被测量电路参数的影响，其线圈匝数少、导线粗、阻抗小。电流继电器常用于按电流原则控制的场合，如电动机的过载及短路保护、直流电动机的磁场控制及失磁保护。电流继电器又分为过电流继电器和欠电流继电器。

（1）过电流继电器

过电流继电器用作电路的过电流保护。正常工作时，线圈电流为额定电流，此时衔铁为释放状态；当电路中电流大于负载正常工作电流时，衔铁才产生吸合动作，从而带动触点动作，断开负载电路。所以电路中常用过电流继电器的常闭触点。由于在电力拖动系统中，冲击性的过电流故障时有发生，因此常采用过电流继电器作电路的过电流保护。通常，交流过电流继电器的吸合电流调整范围为 $I_x=(1.1\sim4)\ I_N$，直流过电流继电器的吸合电流调整范围为 $I_x=(0.7\sim3.5)\ I_N$。由于过电流继电器具有短时工作的特点，所以交流过电流继电器不用装短路环。

（2）欠电流继电器

欠电流继电器在电路中用作欠电流保护。正常工作时，线圈电流为负载额定电流，衔铁处于吸合状态；当电路的电流小于负载额定电流，达到衔铁的释放电流时，衔铁则释放，同时带动触点动作，断开电路。所以电路中常用欠电流继电器的常开触点。直流欠电流继电器的吸合电流与释放电流调整范围分别为 $I_x=(0.3\sim0.65)\ I_N$ 和 $I_f=(0.1\sim0.2)\ I_N$。

2. 电磁式电压继电器

触点的动作与线圈电压大小有关的继电器称为电压继电器。它可用于电力拖动系统中的电压保护和控制，使用时线圈与负载并联，其线圈的匝数多、线径细、阻抗大。按线圈电流的种类可分为交流型和直流型；按吸合电压相对额定电压的大小又分为过电压继电器和欠电压继电器。

（1）过电压继电器

过电压继电器线圈在额定电压时，衔铁不产生吸合动作，只有当线圈的电压高于其额定电压的某一值时衔铁才产生吸合动作，所以称为过电压继电器。常利用其常闭触点断开需保护的电路的负荷开关，起到保护的作用。交流过电压继电器吸合电压的调节范围为 $U_x=(1.05\sim1.2)U_N$。因为直流电路不会产生波动较大的过电压现象，所以产品中没有直流过电压继电器。

（2）欠电压继电器

当电气设备在额定电压下正常工作时，欠电压继电器的衔铁处于吸合状态；如果电路出现电压降低至线圈的释放电压时，衔铁由吸合状态转为释放状态，同时断开与它相连的电路，实现欠电压保护。所以控制电路中常用欠电压继电器的常开触点。

通常，直流欠电压继电器的吸合电压与释放电压的调节范围分别为 $U_x=(0.3\sim0.5)U_N$ 和 $U_f=(0.07\sim0.2)U_N$；交流欠电压继电器的吸合电压与释放电压的调节范围分别为 $U_x=(0.6\sim0.85)U_N$ 和 $U_f=(0.1\sim0.35)U_N$。

3. 电磁式中间继电器

中间继电器的线圈属于电压线圈，但它的触点数量较多（一般有 4 对常开、4 对常闭），且动作灵敏。其主要用途是当其他继电器的触点数量或触点容量不够时，可借助中间继电器来扩大触点容量（触点并联）或触点数量，起到中间转换的作用。

常用的中间继电器有 JZ7 系列。JZ7 系列继电器型号的表示符号和含义如下：

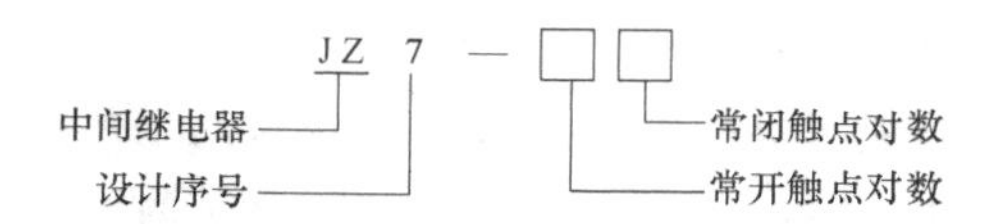

以 JZ7-62 为例，JZ 为中间继电器的代号，7 为设计序号，有 6 对常开触点、2 对常闭触点。JZ7 系列中间继电器的主要技术数据见表 1-10。

表 1-10　JZ7 系列中间继电器的主要技术数据

型号	线圈参数			触点参数			操作频率/次·h⁻¹
	额定电压/V		消耗功率/V·A	触点对数	最大断开容量		
	交流	直流			感性负载	阻性负载	
JZ7-44	12,24,36,48,110,127,220,380,420,440,500	220	启动:75 吸持:13	4 常开 4 常闭	$\cos\varphi=0.4$ $L/R=5\text{ms}$ 交流:380V,5A 500V,3.5A 直流:220V,0.5A	交流:380,5A 500V,3.5A 直流:220V,1A	1200
JZ7-62				6 常开 2 常闭			
JZ7-80				8 常开			

电磁式继电器在电路中的一般图形符号和文字符号如图 1-34 所示。

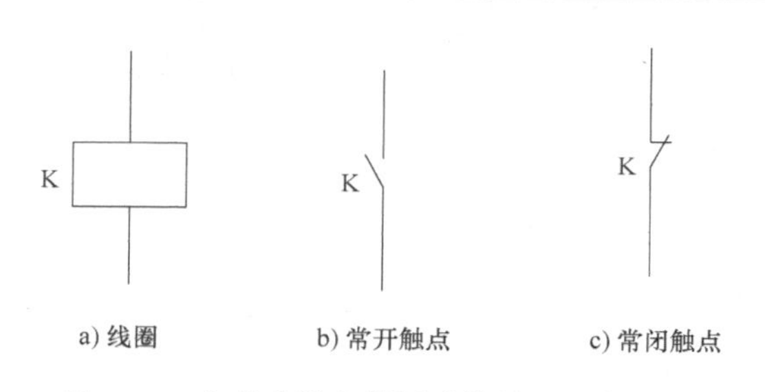

图 1-34　电磁式继电器图形符号及文字符号

1.7.3　时间继电器

时间继电器是从接收信号到执行元件（如触点）动作有一定时间间隔的继电器。时间继电器常用于按时间原则进行控制的场合。

时间继电器种类很多，按延时方式可分为通电延时型、断电延时型。通电延时型当有输入信号后，延迟一定时间，输出信号才发生变化；当输入信号消失后，输出信号瞬时复原。断电延时型当有输入信号时，瞬时产生相应的输出信号；当输入信号消失后，延迟一定时间，输出信号才复原。

时间继电器按延时原理划分可分为电磁式、空气阻尼式、晶体管式（电子式）、可编程式和数字式等。

电子式、可编程式和数字式时间继电器的延时范围宽，整定精度高，有通电延时、断电延时和复式延时、多制式等延时类型，应用广泛。

时间继电器的图形符号和文字符号如图 1-35 所示。

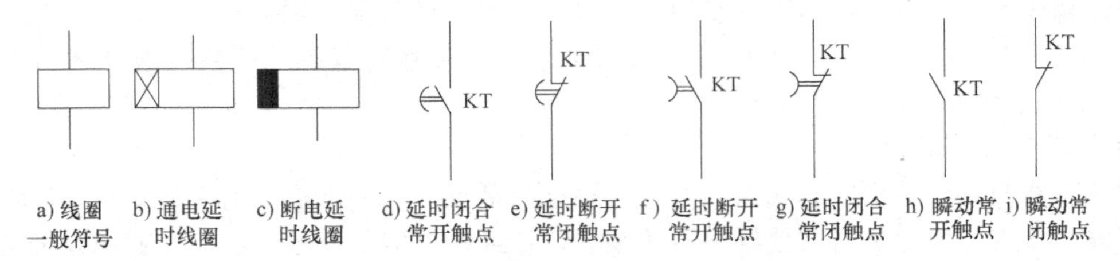

图 1-35　时间继电器的图形符号和文字符号

下面介绍几种典型的时间继电器。

1. JS-A 空气阻尼式时间继电器

空气阻尼式时间继电器是利用空气阻尼原理达到延时的目的。它由电磁机构、延时机构和触点组成。空气阻尼式时间继电器有通电延时型和断电延时型两种。电磁机构可以是直流的，也可以是交流的。JS7-A 系列时间继电器结构原理图如图 1-36 所示。

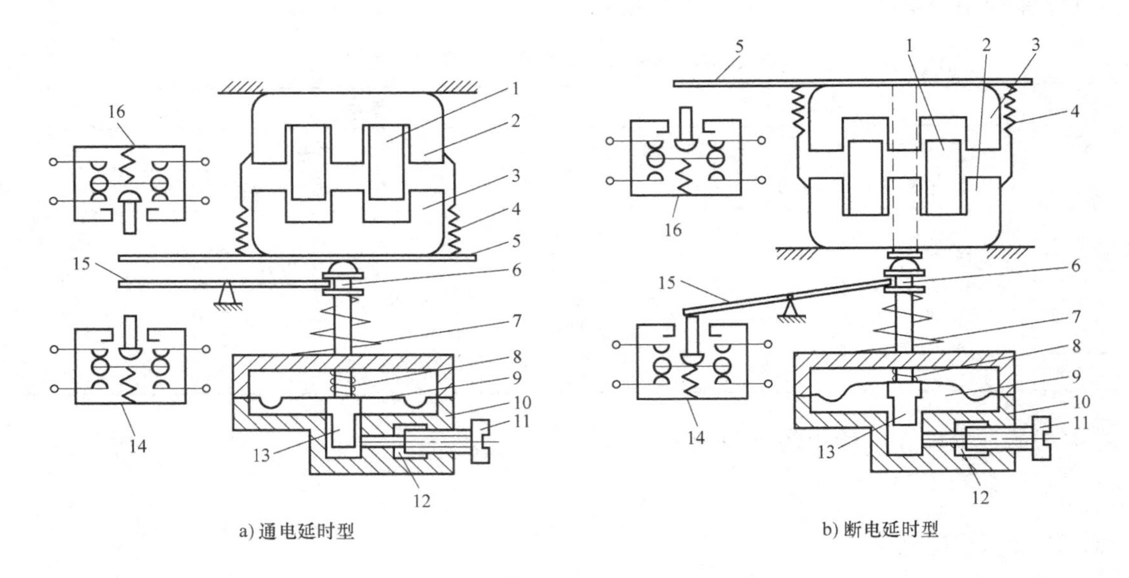

图 1-36　JS7-A 系列时间继电器结构原理图

1—线圈　2—铁心　3—衔铁　4—反力弹簧　5—推板　6—活塞杆　7—塔形弹簧
8—弱弹簧　9—橡皮膜　10—空气室壁　11—调节螺钉　12—进气孔　13—活塞　14、16—微动开关　15—杠杆以通电延时型工作原理为例。当线圈 1 得电后，衔铁 3 吸合，活塞杆 6 在塔形弹簧 7 作用下带动活塞 13 及橡皮膜 9 向上移动，橡皮膜下方空气室内的空气变得稀薄，形成负压，活塞杆只能缓慢移动，其移动速度由进气孔气隙大小来决定。经一段延时后，活塞杆通过杠杆 15、压动微动开关 14，使其触点动作，起到通电延时作用；当线圈断电时，衔铁释放，橡皮膜下方空气室内的空气通过活塞肩部所形成的单向阀迅速排出，使活塞杆、杠杆、微动开关等迅速复位。由线圈得电至触点动作的一段时间即为时间继电器的延时时间，其大小可以通过调节螺钉 11 调节进气孔气隙大小来改变；在线圈通电和断电时，微动开关 16 在推板 5 的作用下都能瞬时动作，其触点即为时间继电器的瞬动触点。

空气阻尼式时间继电器的优点是延时范围大、结构简单、寿命长、价格低廉；缺点是延时误差大，没有调节指示，很难精确地整定延时值。在延时精度要求高的场合，不宜使用。国产 JS7-A 系列空气阻尼式时间继电器技术数据见表 1-11。

表 1-11　JS7-A 系列空气阻尼式时间继电器技术数据

型号	线圈电压/V	触点额定电压/V	触点额定电流/A	延时范围/s	延时触点对数				瞬动触点对数	
					通电延时		断电延时		常开	常闭
					常开	常闭	常开	常闭		
JS7-1A	4,36,110,127,220,380,420	380	5	0.4~0.6 及 0.4~180	1	1	—	—	—	—
JS7-2A					1	1	—	—	1	1
JS7-3A					—	—	1	1	—	—
JS7-4A					—	—	1	1	1	1

2. 直流电磁式时间继电器

在直流电磁式电压继电器的铁心上增加一个阻尼铜套，即可构成时间继电器，其结构示意图如图 1-37 所示。

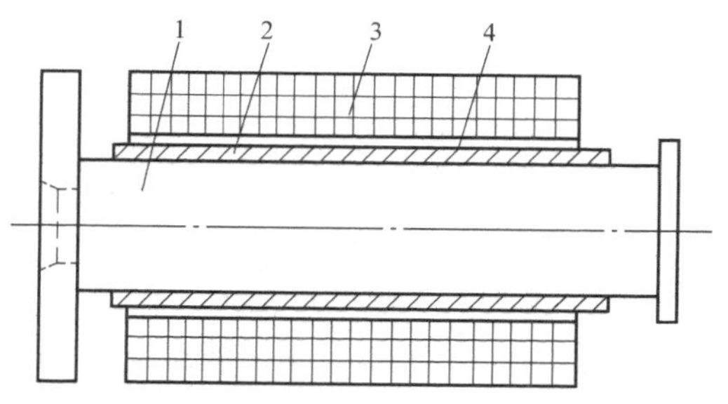

图 1-37　带有阻尼铜套的直流电磁式时间继电器结构示意图

1—铁心　2—阻尼铜套　3—线圈　4—绝缘层

由电磁感应定律可知，在继电器线圈通断电过程中铜套内将产生感应电动势，同时有感应电流存在，此感应电流产生的磁通阻碍穿过铜套内的磁通变化，因而对原磁通起了阻尼作用。当继电器通电吸合时，由于衔铁处于释放位置，气隙大，磁阻大，磁通小，铜套阻尼作用也小，因此当铁心吸合时的延时不显著，一般可忽略不计。当继电器断电时，磁通变化大，铜套的阻尼作用也大，使衔铁延时释放起到延时的作用。因此，这种继电器仅作为断电延时用。这种时间继电器的延时时间较短，而且准确度较低，一般只用于延时精度要求不高的场合，如电动机的延时起动。

直流电磁式 JT3 系列时间继电器的技术数据见表 1-12。

3. 电子式时间继电器

电子式时间继电器在时间继电器中已成为主流产品，电子式时间继电器是采用晶体管集成电路和电子元器件等构成，目前已有采用单片机控制的时间继电器。电子式时间继电器有延时范围广、精度高、体积小、耐冲击和耐振动、调节方便及寿命长等优点，所以发展快，应用广泛。

表 1-12　JT3 系列时间继电器的技术数据

型号	线圈电压/V	触点组数及数量(常开、常闭)	延时/s
JT3-□□/1	12,24,48,110,220,440	(1、1),(0、2),(2、0),(0、3),(1、2),(2、1),(0、4),(4、0),(2、2),(1、3),(3、1),(3、0)	0.3~0.9
JT3-□□/3			0.8~3.0
JT3-□□/5			2.5~5.0

晶体管式时间继电器是利用 RC 电路电容器充电时，电容器上的电压逐渐上升的原理作为延时基础的。因此改变充电电路的时间常数（改变电阻值）即可整定其延时时间。继电器的输出形式有两种：有触点式，用晶体管驱动小型电磁式继电器；无触点式，采用晶体管或晶闸管输出。

晶体管时间继电器是利用电容对电压变化的阻尼作用作为延时基础的。大多数阻容式延时电路有类似图 1-38 所示的结构形式。

电路由四部分组成：阻容环节、鉴幅器、输出电路和电源。当接通电源 E 时，通过电阻 R 对电容 C 充电，电容上电压 U_C 按指数规律上升。当 U_C 上升到鉴幅器的门限电压 U_d 时，鉴幅器即输出开关信号至后级电路，使执行继电器动作。阻容电路充电曲线如图 1-39 所示。

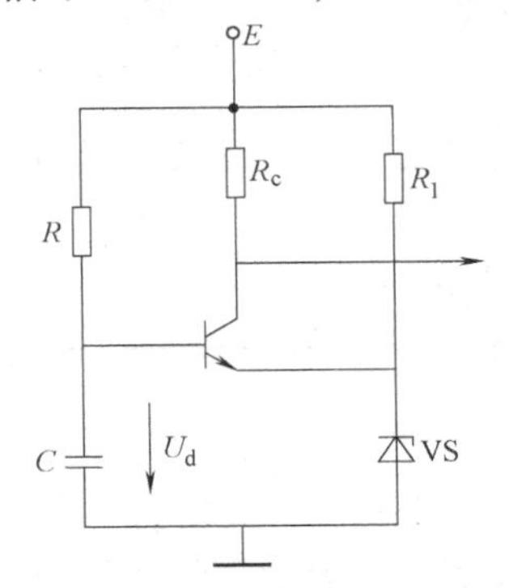

图 1-38　阻容式延时电路的结构

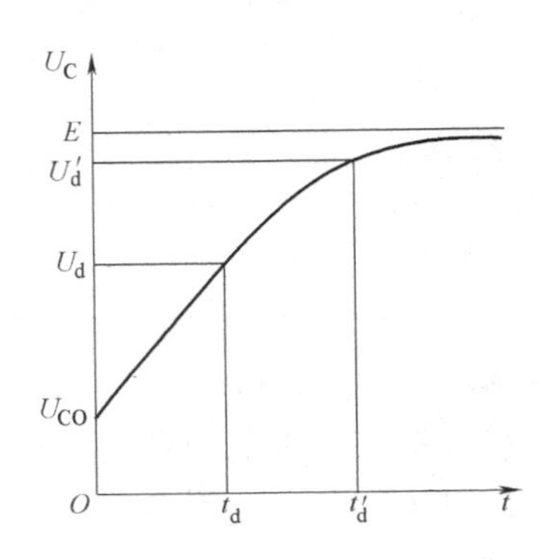

图 1-39　阻容电路充电曲线

可见，延时的长短与电路的充电时间常数 RC 及电源电压 E、门限电压 U_d、电容的初始电压 U_{CO} 有关。为了得到必要的延时时间 t_d，必须恰当地选择上述参数；为了保证延时精度，必须保持上述参数值的稳定。

表 1-13 为 JSJ 型晶体管式时间继电器的基本技术数据。

表 1-13　JSJ 型晶体管式时间继电器的基本技术数据

型号	电源电压/V	外电路触点			延时范围/s	延时误差
		对数	交流容量	直流容量		
JSJ-01	直流 24,48,110 交流 36,110,127,220 及 380	一常开 一常闭 转换触点	380V, 0.5A	110V, 1A(无感负载)	0.1~1	±3%
JSJ-10					0.2~10	
JSJ-30					1~30	
JSJ-1					60	
JSJ-2					120	±6%
JSJ-3					180	
JSJ-4					240	
JSJ-5					300	

4. 时间继电器的基本选用原则

1）根据控制电路中所需延时触点的延时方式，选择通电延时还是断电延时类型的时间继电器。当要求的延时准确度低和延时时间较短时，可以选用电磁式（只能断电延时）或空气阻尼式；当要求的延时准确度较高、延时时间较长时，可以选用晶体管式。

2）根据控制电路是否需要瞬时触点，选择时间继电器的基本规格代号。

3）根据控制电路电压选择电磁线圈电压。

1.7.4　热继电器

1. 热继电器的作用及分类

电动机在实际运行中，常常遇到过载的情况。若过载电流不太大且过载时间较短，电动机绕组不超过允许温升，这种过载是允许的。若过载时间长、过载电流大，电动机绕组的温升会超过允许值，使绕组绝缘老化，缩短使用寿命，严重时甚至会使电动机绕组烧毁。

热继电器就是利用电流的热效应原理，在出现电动机不能承受的过载时切断电动机电路，为电动机提供过载保护的保护电器。热继电器可以根据过载电流的大小自动调整动作时间，具有反时限保护特性，当电动机的工作电流为额定电流时，热继电器应长期不动作。

热继电器按相数来分有单相、两相和三相三种类型，每种类型按发热元件的额定电流又有不同的规格和型号。三相式热继电器常用于三相交流电动机的过载保护。按功能，三相式热继电器可分为带断相保护和不带断相保护两种类型。

2. 热继电器的结构及工作原理

热继电器主要由热元件、双金属片和触点三部分组成。热继电器中产生热效应的发热元件，应串联在电动机绕组电路中，这样，热继电器便能直接反映电动机的过载电流。其触点应串联在控制电路中，一般有常开和常闭两种，作过载保护用时，常使用其常闭触点串联在控制电路中。

热继电器的敏感元件是双金属片。所谓双金属片，就是将两种线膨胀系数不同的金属片以机械辗压方式使之形成一体。线膨胀系数大的称为主动片，线膨胀系数小的称为被动片。双金属片受热后产生线膨胀，由于两层金属的线膨胀系数不同，且两层金属又紧紧地黏合在一起，因此，使得双金属片向被动片一侧弯曲，由双金属片弯曲产生的机械力便带动触点动作。热继电器的结构原理及外观如图 1-40 所示。

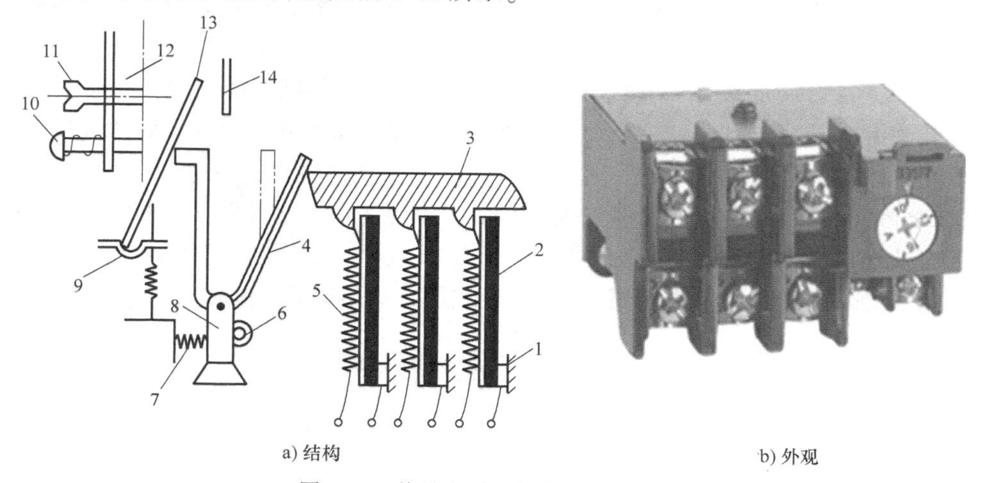

图 1-40　热继电器的结构原理及外观

1—双金属片固定支点　2—双金属片　3—导板　4—补偿双金属片　5—发热元件　6—调节旋钮　7—压簧　8—支撑　9—推杆　10—复位按钮　11—复位调节　12—常开触点　13—动触点　14—常闭触点

3. 热继电器的型号及主要技术数据

在三相交流电动机的过载保护中，应用较多的有 JR16 和 JR20 系列三相式热继电器。这两种系列的热继电器都有带断相保护和不带断相保护两种形式。

三相异步电动机在运行时经常会发生因一根接线断开或一相熔丝熔断使电动机断相运行，造成电动机烧坏。如果电动机是三角形联结，发生断相时，由于电动机的相电流与线电流不等，流过电动机绕组的电流和流过热继电器的电流增加比例不同，而发热元件又串接在电动机的电源进线中，按电动机的额定电流（线电流）来整定，整定值较大。当故障线电流达到额定电流时，在电动机绕组内部，电流较大的那一相绕组的故障电流将超过额定相电流，便有过热烧毁的危险。所以三角形联结必须采用带断相保护的热继电器。

带有断相保护的热继电器是在普通热继电器的基础上增加了一个差动机构，对 3 个电流进行比较。差动式断相保护热继电器的动作原理如图 1-41 所示。

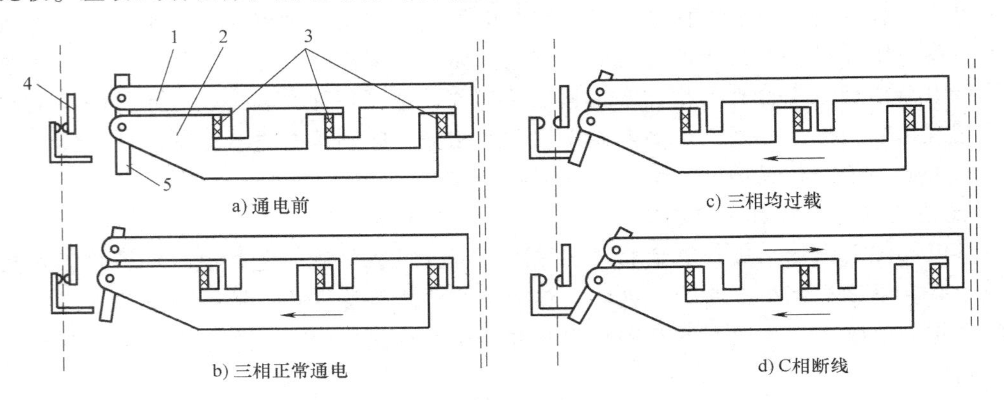

图 1-41　差动式断相保护热继电器的动作原理

1—上导板　2—下导板　3—双金属片　4—常闭触点　5—杠杆

由图可见，将热继电器的导杆改为差动机构，由上导板 1、下导板 2 及杠杆组成，它们之间都用转轴连接。其中，图 1-41a 为通电前机构各部件的位置；图 1-41b 为正常通电时的位置，此时三相双金属片都受热向左弯曲，但弯曲的挠度不够，所以下导板向左移动一小段距离，继电器不动作；图 1-41c 是三相同时过载时，三相双金属片同时向左弯曲，推动下导板 2 向左移动，通过杠杆 5 使常闭触点断开；图 1-41d 是 C 相断线的情况，这时 C 相双金属片逐渐冷却降温，端部向右移动，推动上导板 1 向右移，而另外两相双金属片温度上升，端部向左弯曲，推动下导板 2 继续向左移动，由于上、下导板一左一右移动，产生了差动作用，通过杠杆的放大作用，使常闭触点断开。由于差动作用，使继电器在断相故障时加速动作，从而有效地保护了电动机。

热继电器的发热元件、触点的图形符号和文字符号如图 1-42 所示。

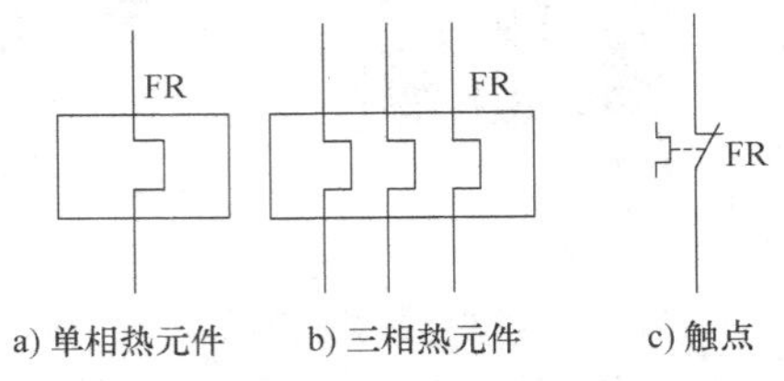

图 1-42　热继电器的发热元件、触点的图形符号和文字符号

JR16 系列热继电器的主要技术数据见表 1-14。

表 1-14 JR16 系列热继电器的主要技术数据

型号	额定电流/A	发热元件规格			连接导线规格
		编号	额定电流/A	刻度电流调整范围/A	
JR16-20/3 JR16-20/3D	20	1	0.35	0.25~0.3~0.35	$4mm^2$ 单股塑料铜线
		2	0.5	0.32~0.4~0.5	
		3	0.72	0.45~0.6~0.72	
		4	1.1	0.68~0.9~1.1	
		5	1.6	1.0~1.3~1.6	
		6	2.4	1.5~2.0~2.4	
		7	3.5	2.2~2.8~3.5	
		8	5.0	3.2~4.0~5.0	
		9	7.2	4.5~6.0~7.2	
		10	11.0	6.8~9.0~11.0	
		11	16.0	10.0~13.0~16.0	
		12	22.0	14.0~18.0~22.0	
JR16-60/3 JR16-60/3D	60	13	22.0	14.0~18.0~22.0	$16mm^2$ 多股铜芯橡胶软线
		14	32.0	20.0~26.0~32.0	
		15	45.0	28.0~36.0~45.0	
		16	63.0	40.0~50.0~63.0	
JR16-150/3 JR16-150/3D	150	17	63.0	40.0~50.0~63.0	$35mm^2$ 多股铜芯橡胶软线
		18	85.0	53.0~70.0~85.0	
		19	120.0	75.0~100.0~120.0	
		20	160.0	100.0~130.0~160.0	

4. 热继电器的选用

1）根据电动机的额定电流确定热继电器的型号及热元件的额定电流等级。原则上热继电器的额定电流应按电动机的额定电流选择。通常，选取热继电器的额定电流（实际上是选取发热元件的额定电流）为电动机的额定电流的 60%~80%。对于星形联结的电动机及电源对称性较好的场合，可选用两相结构的热继电器；对于三角形联结的电动机或电源对称性不够好的场合，应选用三相结构或三相结构带断相保护的热继电器。

2）在不需要频繁起动的场合，要保证热继电器在电动机的起动过程中不产生误动作。通常，当电动机起动电流为其额定电流的 6 倍以及起动时间不超过 6s 时，若很少连续起动，则可按电动机的额定电流选取热继电器。

3）当电动机为重复短时工作时，首先要确定热继电器的允许操作频率。因为热继电器的操作频率是很有限的，如果用来保护操作频率较高的电动机，效果很不理想，有时甚至不起作用。

1.7.5 速度继电器

速度继电器是利用速度原则对电动机进行控制的自动电器，常用作笼型异步电动机的反接制动，所以有时也称为反接制动继电器。感应式速度继电器是依靠电磁感应原理实现触点动作的，因此，它的电磁系统与一般电磁式电器不同，而与交流电动机的电磁系统相似。感应式速度继电器的结构如图 1-43 所示，主要由定子、转子和触点三部分组成。使用时速度继电器的转轴与被控电动机的轴连接，但其触点接在控制电路中。

转子是一个圆柱形永久磁铁，其轴与被控制电动机的轴相耦合。定子是一个笼型空心圆环，由硅钢片叠成，并装有笼形线圈。定子空套在转子上，能独自偏摆。当电动机转动时，速度继电器的转子随之转动，这样就在速度继电器的转子和定子圆环之间的气隙中产生旋转磁场而产生感应电动势并产生电流，此电流与旋转的转子磁场作用产生转矩，使定子偏转，其偏转角度与电动机的转速成正比。当偏转到一定角度时，与定子连接的摆锤推动动触点，使常闭触点断开，当电动机转速进一步升高后，摆锤继续偏摆，使常开触点闭合。当电动机转速下降时，摆锤偏转角度随之下降，动触点在簧片作用下复位（常开触点断开、常闭触点闭合）。

速度继电器有两组触点（各有一对常开触点和常闭触点），可分别控制电动机正、反转的反接制动。常用的速度继电器有 JY1 型和 JFZ0 型，一般速度继电器的动作速度为 120r/min，触点的复位速度在 100r/min 以下，在连续工作制中，能可靠地工作在 1000～3600r/min，允许操作频率不超过 30 次/h。速度继电器主要根据电动机的额定转速来选择。速度继电器的图形符号和文字符号如图 1-44 所示。

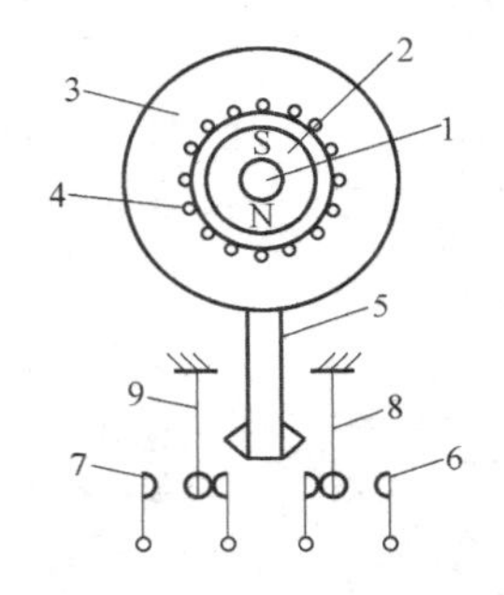

图 1-43　感应式速度继电器结构示意图

1—转轴　2—转子　3—定子　4—线圈　5—摆锤　6、7—静触点　8、9—簧片

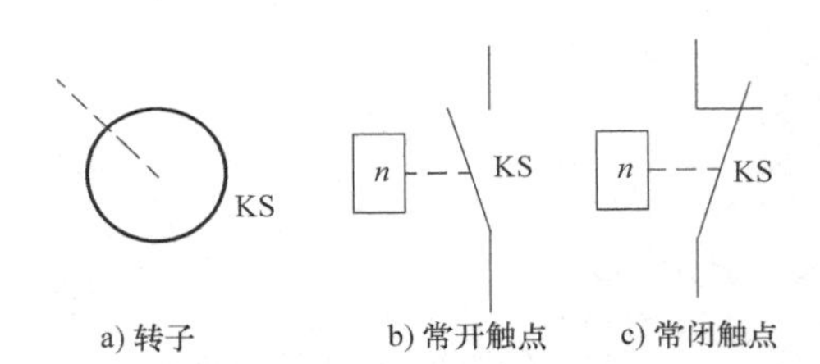

图 1-44　速度继电器的图形符号和文字符号

1.8　主令电器

主令电器用来闭合或断开控制电路，不允许分合主电路，以发布命令或用作程序控制。主要类型有按钮、行程开关、万能转换开关（组合开关）、主令控制器、脚踏开关、指示灯等。本书仅介绍几种常用的主令电器。

1.8.1　按钮

按钮是一种结构简单、使用广泛的手动主令电器。控制按钮触点允许通过的电流较小，一般不超过 5A。控制按钮的结构种类很多，可分为普通揿钮式、蘑菇头式、自锁式、自复位式、旋柄式、带指示灯式、带灯符号式及钥匙式等。

按钮一般由按钮帽、复位弹簧、触点和外壳等部分组成，其结构如图 1-45 所示，每个按钮中，触点的形式和数量可根据需要装配成 1 常开、1 常闭到 6 常开、6 常闭形式。控制按钮可做成单式（一个按钮）、复式（两个按钮）和三联式（3 个按钮）的形式。为便于识别各个按钮的作用避免误操作，通常在按钮帽上做出不同标志或涂以不同颜色，表示不同的作用。一般用红色作为停止按钮，绿色作为起动按钮。按钮颜色及其含义见表 1-15，其图形符号和文字符号如图 1-46 所示。

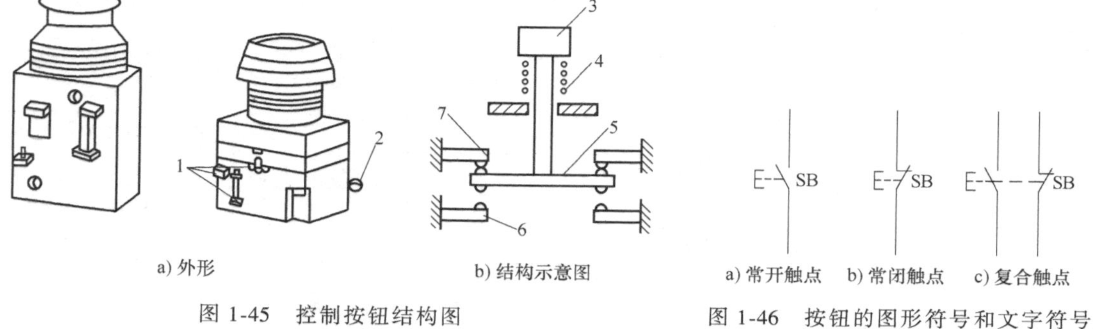

图 1-45　控制按钮结构图

1、2—触点接线柱　3—按钮帽　4—复位弹簧　5—动触点　6—常开触点的静触点　7—常闭触点的静触点

图 1-46　按钮的图形符号和文字符号

表 1-15　按钮颜色及其含义

颜色	含义	典型应用
红色	危险情况下的操作	紧急停止
	停止或分断	全部停机。停止一台或多台电动机，停止一台机器某一部分，使电气元器件失电，有停止功能的复位按钮
黄色	应急、干预	应急操作，抑制不正常情况或中断不理想的工作周期
绿色	起动或接通	起动。起动一台或多台电动机，起动一台机器的一部分，使某电气元器件得电
蓝色	上述几种颜色，即红、黄、绿色未包括的任一种功能	
黑色 灰色 白色	无专门指定功能	可用于“停止”和“分断”以外的任何情况

控制按钮的常用型号有 LA2、LA18、LA19、LA20 等系列，技术数据见表 1-16。

表 1-16　LA 系列控制按钮技术数据

型号	规格	结构形式	触点对数		按钮	
			常开	常闭	钮数	颜色
LA18-22	500V，5A	元件	2	2	1	红或绿或黑或白
LA18-44		元件	4	4	1	红或绿或黑或白
LA18-66		元件	6	6	1	红或绿或黑或白
LA18-22J		元件（紧急式）	2	2	1	红
LA18-44J		元件（紧急式）	4	4	1	红
LA18-66J		元件（紧急式）	6	6	1	红
LA18-22Y		元件（钥匙式）	2	2	1	黑
LA18-44Y		元件（钥匙式）	4	4	1	黑

（续）

型号	规格	结构形式	触点对数		按钮	
			常开	常闭	钮数	颜色
LA18-22X	500V，5A	元件(旋钮式)	2	2		黑
LA18-44X		元件(旋钮式)	4	4	1	黑
LA18-66X		元件(旋钮式)	6	6	1	黑
LA19-11		元件	1	1		红或绿或黄或蓝或白
LA19-11J		元件(紧急式)	1	1		红
LA19-11D		元件(带指示灯)	1	1	1	红或绿或黄或蓝或白
LA19-11DJ		元件(紧急式带指示灯)	1	1	1	红
LA20-11D		元件(带指示灯)	1	1	1	红或绿或黄或蓝或白
LA20-22D		元件(带指示灯)	2	2	1	红或绿或黄或蓝或白

1.8.2 行程开关

行程开关也称为限位开关或位置开关，用于检测工作机械的位置，是一种利用生产机械某些运动部件的撞击来发出控制信号的主令电器。将行程开关安装于生产机械行程终点处，可限制其行程。行程开关主要用于改变生产机械的运动方向、行程大小及位置保护等。

行程开关的种类很多，按其头部结构可分为直动式（如LX1、JLXK1系列）、滚轮式（如LX2、JLXK2系列）和微动式（如LXW-11、JLXK1-11系列）3种。

a) 外形图

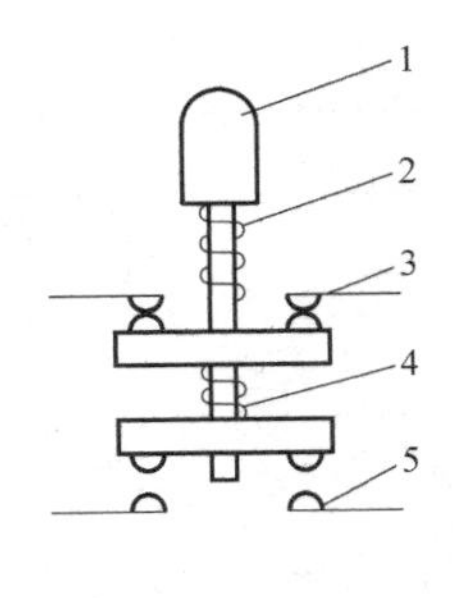

b) 结构原理图

图1-47 直动式行程开关的外形及结构原理

1—顶杆 2—弹簧 3—常闭触点 4—触点弹簧 5—常开触点

直动式行程开关的外形及结构原理如图1-47所示，它的动作原理与按钮相同。但它的触点分合速度取决于生产机械的移动速度。当移动速度低于0.4m/min时，触点断开太慢，易受电弧烧损。为此，应采用有盘形弹簧机构瞬时动作的滚轮式行程开关，如图1-48所示。当生产机械的行

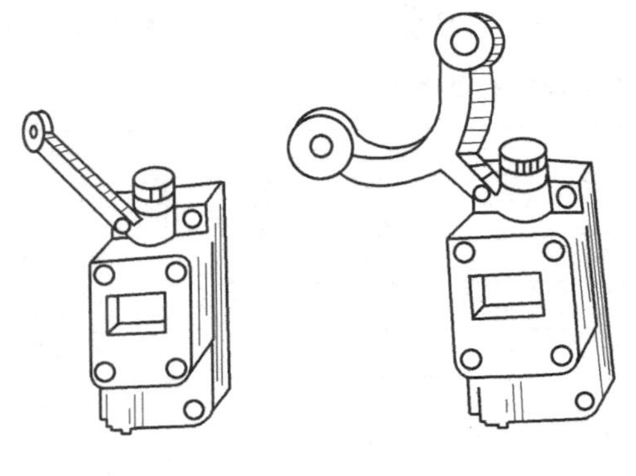

a) 单轮旋转式外形　　b) 双轮旋转式外形

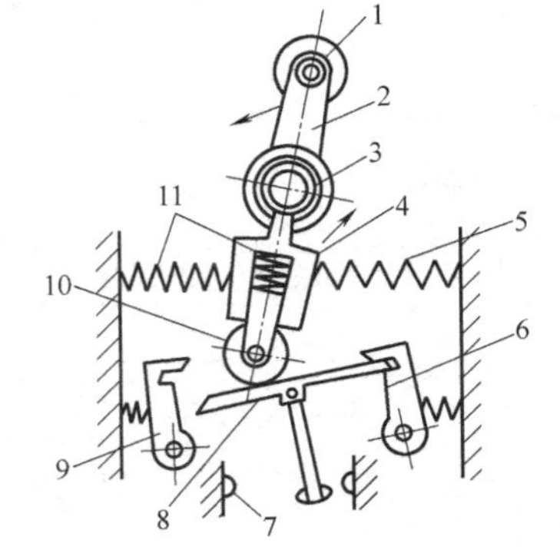

c) 结构原理

图1-48 滚轮式行程开关的外形和结构原理

1—滚臂 2—上轮臂 3、5、11—弹簧 4—套架 6、9—压板 7—触点 8—触点推杆 10—小滑轮

程比较小且作用力也很小时，可采用具有瞬时动作和微小动作的微动开关，如图 1-49 所示。

行程开关的图形符号和文字符号如图 1-50 所示。

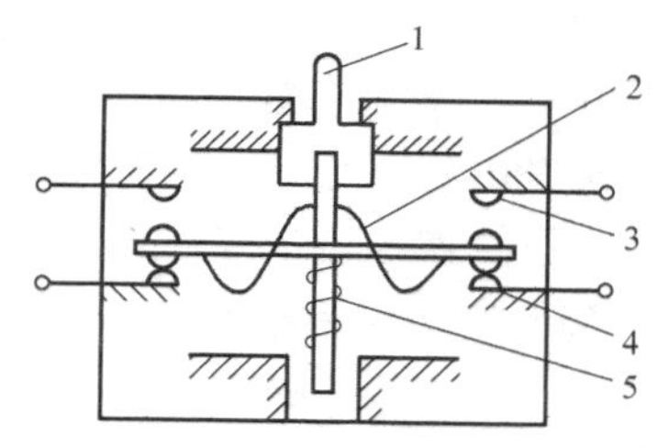

图 1-49　微动行程开关结构原理
1—推杆　2—弯形片状弹簧　3—常开触点
4—常闭触点　5—复位弹簧

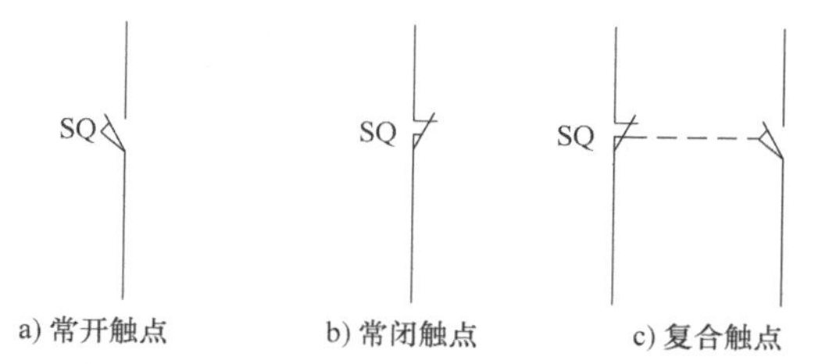

图 1-50　行程开关的图形符号和文字符号

行程开关的主要参数有型号、动作行程、工作电压及触点的电流容量。常用的行程开关有 LX10、LX21、JLXK1 等系列，JLXK1 系列行程开关的技术数据见表 1-17。

表 1-17　JLXK1 系列行程开关技术数据

型号	额定电压/V		额定电流/A	触点对数		结构形式
	交流	直流		常开	常闭	
JLXK1-111	500	440	5	1	1	单轮防护式
JLXK1-211	500	440	5	1	1	双轮防护式
JLXK1-111M	500	440	5	1	1	单轮封闭式
JLXK1-211M	500	440	5	1	1	双轮封闭式
JLXK1-311	500	440	5	1	1	直动防护式
JLXK1-311M	500	440	5	1	1	直动封闭式
JLXK1-411	500	440	5	1	1	直动滚轮防护式
JLXK1-411M	500	400	5	1	1	直动滚轮封闭式

1.8.3　接近开关

接近开关又称为无触点行程开关，当运动部件与接近开关的感应头接近时，就使其输出一个电信号。接近开关可用于高速计数、测速、液面检测、检测金属物体是否存在及其尺寸大小、加工程序的自动衔接和作为无触点按钮等。

接近开关以高频振荡型最为常用。高频振荡型接近开关是用金属触发，主要由高频振荡器、集成电路或晶体管放大器和输出器三部分组成。接近开关的图形符号、文字符号和外观如图 1-51 所示。

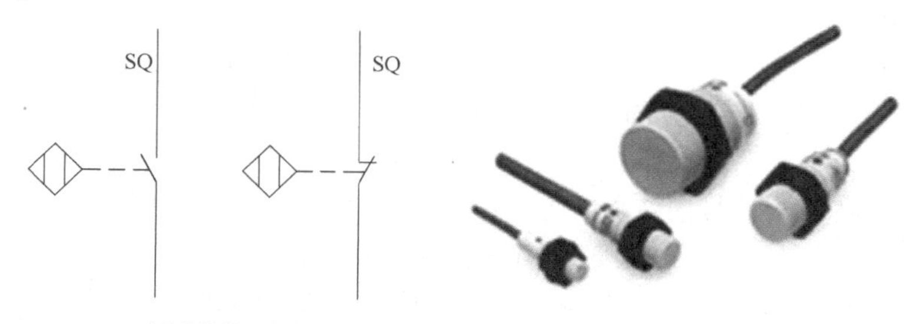

图 1-51　接近开关的图形符号、文字符号和外观

常用的国产接近开关有 3SG、LJ、CJ、SJ、AB 和 LXJ0 等系列。

1.8.4 万能转换开关

万能转换开关用于不频繁接通与断开的电路，实现换接电源和负载，是一种多档式、控制多回路的主令电器，主要适用于交流 50Hz、额定工作电压 380V 及以下、直流电压 220V 及以下，额定电流至 160A 的电气线路中，用于各种控制电路的转换、电压表、电流表的换相测量控制、配电装置线路的转换和遥控等，还可以用于直接控制小功率电动机的起动、调速和换向。

万能转换开关是由多组相同结构的触点组件叠装而成的多回路控制电器。它由操作机构、定位装置、触点、接触系统、转轴、手柄等部件组成。万能转换开关的外形和结构示意图如图 1-52 所示。

a) 外形

b) 结构示意图

图 1-52 万能转换开关的外形和结构示意图

1—触点系统 2—转轴 3—凸轮

触点是在绝缘基座内，为双断点触点桥式结构，动触点设计成自动调整式以保证通断时的同步性，静触点装在触点座内。使用时依靠凸轮和支架进行操作，控制触点的闭合和断开。由于凸轮的形状不同，当手柄处在不同位置时，触点的吻合情况不同，从而达到转换电路的目的。

万能转换开关的手柄操作位置是以角度表示的。不同型号的万能转换开关的手柄有不同万能转换开关的触点，电路图中的图形符号和文字符号如图 1-53 所示。但由于其触点的分合状态与操作手柄的位置有关，所以，除在电路图中画出触点图形符号外，还应画出操作手柄与触点分合状态的关系。

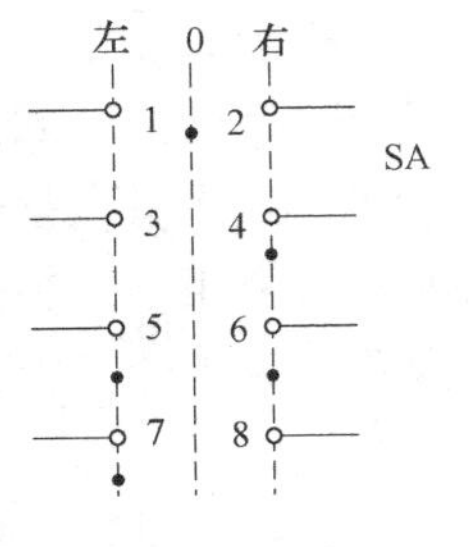

a) 画“•”标记表示

触点	位置		
–	左	0	右
1-2		×	
3-4			×
5-6	×		×
7-8	×		

b) 接通表表示

图 1-53 万能转换开关的图形符号和文字符号

图中，当万能转换开关打向左 45°时，触点 5-6、7-8 闭合，其余打开；打向 0°时，只有触点 1-2 闭合；打向右 45°时，触点 3-4、5-6 闭合，其余打开。

常用产品有 LW5 和 LW6 系列。LW5 系列可控制 5.5kW 及以下的小功率电动机；LW6 系列只能控制 2.2kW 及以下的小功率电动机。用于可逆运行控制时，只有在电动机停止后才允许反向起动。

1.8.5　凸轮控制器

凸轮控制器是一种大型的控制电器，也是多档位、多触点，利用手动操作，转动凸轮去接通和分断通过大电流的触点转换开关，主要用于起重设备中控制中小型绕线转子异步电动机的起动、停止、调速、换向和制动。凸轮控制器不能远距离控制，它的触点容量大，并有灭弧装置。

凸轮控制器的转轴上套着很多（一般为 12 片）凸轮片，当手轮经转轴带动转位时，使触点断开或闭合。轮在转动过程中共有 11 个档位，中间为零位，向左、向右都可以转动 5 档。凸轮控制器的外形和结构示意图如图 1-54 所示。

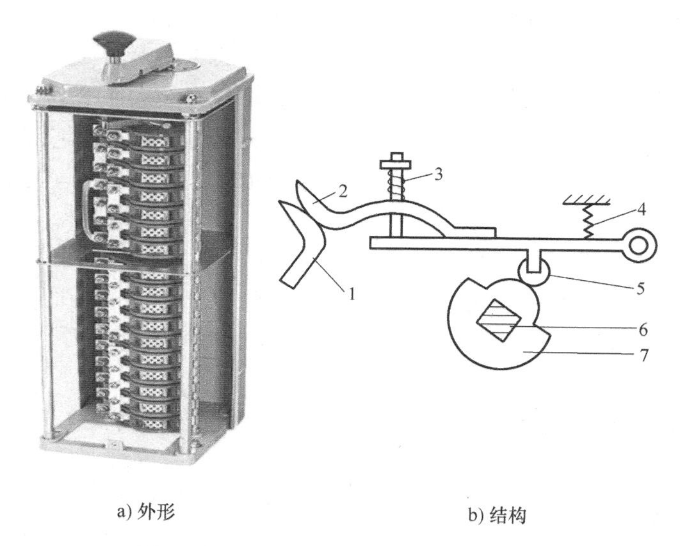

a) 外形　　b) 结构

图 1-54　凸轮控制器外形和结构示意图

1—静触点　2—动触点　3—触点弹簧　4—弹簧　5—滚子　6—方轴　7—凸轮

凸轮控制器的图形符号和文字符号与万能转换开关类似。

常用的国产凸轮控制器有 KT10、KT12、KT14、KT16 等系列，以及 KTJ1-50/1、KTJ1-50/5、KTJ1-80/1 等型号。

1.8.6　主令控制器

主令控制器是用来较为频繁地切换复杂的多回路控制电路的主令电器。当电动机功率较大时，工作繁重，操作频繁，当调整性能要求较高时，往往采用主令控制器操作。由主令控制器的触点来控制接触器，再由接触器来控制电动机。

主令控制器是按照预定程序转换控制电路的主令电器，其结构和凸轮控制器相似，因其不直接控制电动机，所以触点额定电流较小。

国产主令控制器主要有 LK4、LK14、LK15、LK16 等系列产品。主令控制器主要用于轧钢及其他生产机械的电力拖动控制系统中以及大型起重机的电力拖动自动控制系统中对电动机的起动、制动和调速等进行远距离控制用。

主令控制器的图形符号和文字符号与万能转换开关类似，主令控制器的外形如图 1-55

所示。

1.8.7 主令电器的选用原则

图 1-55 主令控制器的外形

1）主令电器首先应满足控制电路的电气要求，如额定工作电压、额定工作电流（含电流种类）、额定通断能力、额定限制短路电流等，这些参数的确定原则与选用主电路开关电器和控制电器的原则相同。

2）其次应满足控制电路的控制功能要求，如触点类型（常开、常闭、是否延时等）、触点数目及其组合形式等。

3）还需要满足一系列特殊要求，这些要求随电器的动作原理、防护等级、功能执行元件类型和具体设计的不同而异。

对于人力操作控制按钮、开关，包括按钮、万能转换开关和主令控制器等，除满足控制电路电气要求外，主要是安全要求与防护等级，必须有良好的绝缘和接地性能，应尽可能选用经过安全认证的产品，必要时宜采用低电压操作等措施，以提高安全性。其次是选择按钮颜色标记及组合原则、开关的操作图等。

防护等级的选择应视开关的具体工作环境而定。

选用按钮时，应注意其颜色标记必须符合国标的规定。不同功能的按钮之间的组合关系也应符合有关标准的规定。

1.9 常用低压电器选用示例

【例 1-1】 某机床主轴电动机的型号为 Y132A-4，额定功率为 5.5kW，额定电压为 380V，额定电流为 11.6A，定子绕组采用三角形联结，起动电流为额定电流的 6.5 倍，若用组合开关作为电源开关，用按钮、接触器控制电动机的运行，并且要有短路、过载保护。试选择所用的组合开关、按钮、接触器、熔断器及热继电器的型号和规格。

解：(1) 组合开关的选择

$I_N=(1.5\sim2.5)\times11.6\text{A}=17.4\sim29\text{A}$，故选用 HZ10-25 型。

(2) 熔断器的选择

因起动电流为额定电流的 6.5 倍，熔体按电动机重载起动考虑，$I_N\geqslant2.5I_{Me}=2.5\times11.6\text{A}=29\text{A}$，可选用表 1-1 中 RT14-32 的 32（熔断管电流）/32（熔体电流）。

(3) 热继电器的选择

因起动电流大于额定电流的 6 倍，故热元件额定电流接近电动机额定电流，可选用表 1-14 中 JR16-20/3D，该型号额定电流为 20A。

(4) 接触器的选择

$$I_C=\frac{P_N\times10^3}{KU_N}=\frac{5500}{1\times380}\text{A}=14.47\text{A}$$，故选用表 1-5 中的 CJ20-16 型。

(5) 按钮的选择

可选用表 1-16 中 LA19-11 型，红、绿各一只作为起动和停止按钮。

本章小结

低压电器通常是指工作在交流电压1000V及其以下或直流电压1500V及其以下电路中的电器。低压电器种类繁多，用途各异，本章着重从其基本结构和工作原理、常用型号及主要技术参数、一般选用原则等几个方面介绍了多种电力拖动自动控制器系统常用的配电电器和控制电器。要特别说明的是，在使用同一电器时，其图形符号及文字符号必须统一，以免与其他同类电器混淆，为后续继电器-接触器控制电路的设计奠定基础。

习题与思考题

1-1 试述电磁式低压电器的一般工作原理。

1-2 低压电器中熄灭电弧所依据的原理有哪些？常见的灭弧方法有哪些？

1-3 接触器的作用是什么？根据结构特征如何区分交流、直流接触器？

1-4 常开触点与常闭触点如何区分？时间继电器的常开/常闭触点与普通常开/常闭触点有什么不同？

1-5 什么是电磁式电器的吸力特性和反力特性？为什么吸力特性与反力特性的配合应使两者尽量靠近为宜？

1-6 交流电磁机构中的短路环的作用是什么？

1-7 交流接触器在衔铁吸合前的瞬间，为什么在线圈中会产生很大的电流冲击？直流接触器会不会出现这种现象？为什么？

1-8 交流接触器能否串联使用？为什么？

1-9 选用接触器时应注意哪些问题？接触器和中间继电器有何差异？

1-10 电压继电器和电流继电器在电路中各起什么作用？如何接入电路？

1-11 什么是继电器的返回系数？欲提高电压（或电流）继电器的返回系数，可采用哪些措施？

1-12 使用低压断路器可以对线路和电气设备起到哪些保护作用？其额定电流应该怎样选择？

1-13 熔断器的额定电流、熔体的额定电流和熔体的极限分断电流三者有何区别？

1-14 电动机的起动电流很大，当电动机起动时，热继电器会不会动作？为什么？

1-15 星形联结的三相异步电动机能否采用两相结构的热继电器作为断相和过载保护？三角形三相电动机为什么要采用带有断相保护的热继电器？

1-16 热继电器能作短路保护用吗？为什么？热继电器在电路中应怎样连接？

1-17 接近开关有何作用？其传感检测部分有何特点？

第 2 章

基本电气控制电路

内容简介：

本章在介绍电气控制电路的分析阅读方法和设计方法的基础上，对三相异步电动机的基本控制环节及典型电路的工作原理进行分析，由此实现对电力拖动系统的起动、调速、正反转和制动等运行性能的控制。

学习目标：

1. 了解电气控制电路图的绘制标准。
2. 学会阅读和分析电气控制电路的工作原理。
3. 在理解三相异步电动机基本电气控制电路的工作原理的基础上，根据控制要求，会自行设计常用的三相异步电动机的电气控制电路。

在工业、农业、交通运输等部门中，广泛使用着各种生产机械，它们大都以电动机作为动力来进行拖动。掌握电动机及其控制技术的应用十分重要。

电气控制就是通过电器自动控制方式来控制生产过程。电气控制电路是把各种有触点的接触器、继电器、按钮、行程开关等电气元器件，用导线按一定方式连接而成的控制电路。它的作用是实现对电力拖动系统的起动、调速、反转和制动等运行性能的控制，实现对拖动系统的保护，实现生产过程自动化。电气控制通常被称为继电器-接触器控制。

继电器-接触器控制的优点是电路图较直观形象，装置结构简单，价格便宜，抗干扰能力强。继电器-接触器控制的缺点主要是由于采用固定接线形式，其通用性和灵活性较差，在生产工艺要求提出后才能制作，一旦做成就不易改变，另外不能实现系列化生产。由于采用有触点的开关电器，触点易发生故障，维修量较大等。尽管如此，目前继电器-接触器控制仍然是各类机械设备最基本的电气控制形式之一。

由于不同的生产机械或自动控制装置的控制要求是不同的，所要求的控制电路也是千变万化、多种多样，但是它们都是由一些比较简单的基本控制环节组合而成。因此只要通过对控制电路的基本环节以及典型电路的剖析，由浅入深、由易到难地加以认识，再结合具体的生产工艺要求，就不难掌握电气控制电路的分析阅读方法和设计方法。

2.1 电气控制电路图的绘制及国家标准

为了表达生产设备电气控制系统的组成结构、原理等设计意图，为了便于进行电气元器件的安装、调试、使用和维修，将电气控制电路中各电气元器件的连接用一定的图表达出来。在图上用不同的图形符号来表示各种电气元器件，用不同的文字符号来进一步说明图形符号所代表的电气元器件的基本名称、用途、主要特征及编号等。因此，电气控制电路图应根据简明易懂的原则，采用统一规定的图形符号、文字符号和标准画法来进行绘制。

2.1.1　常用电气图的图形符号和文字符号

在绘制电气图时，电气元器件的图形符号和文字符号必须符合国家标准的规定，不能采用旧符号和任何非标准符号。本书所用图形符号符合 GB/T 4728.1～13—2008～2018《电气简图用图形符号》有关规定，一些常用电气图所用图形符号及文字符号见附录 A。

2.1.2　电气控制原理图的绘制原则

电气控制电路的表示方法有两种：一种是电气原理图，另一种是电气安装图。

1. 电气原理图

电气原理图是根据电气动作原理绘制的，不考虑电气设备的电气元器件的实际结构和安装情况。通过电路图，可详细地了解电路、设备电气控制系统的组成和工作原理，并可在测试和寻找故障时提供足够的信息，同时电气原理图也是编制接线图的重要依据。

（1）电气原理图的绘制原则

电气原理图一般分为主电路和辅助电路两部分。主电路是电气控制电路中强电流通过的部分，是由电动机以及与它相连接的电气元器件如组合开关、接触器的主触点、热继电器的热元件、熔断器等组成的电路。辅助电路中通过的电流较小，包括控制电路、照明电路、信号电路及保护电路。其中，控制电路是由按钮、继电器和接触器的线圈和辅助触点等组成。一般来说，信号电路是附加的，如果将它从辅助电路中分开，不影响辅助电路工作的完整性。绘制电气原理图应遵循以下原则：

1）所有电动机、电器等元器件都应采用国家统一规定的图形符号和文字符号来表示。

2）主电路通常用粗实线画在图样的左侧（或上方）。控制和辅助电路一般用细实线画在图样的右侧（或下方）。无论是主电路还是辅助电路或其元器件，均应按功能布置，各元器件尽可能按动作顺序从上到下、从左到右排列。

3）在原理图中，同一电路的不同部分（如线圈、触点）应根据便于阅读的原则安排在图中，为了表示是同一元器件，要在元器件的不同部分使用同一文字符号来标明。对于同类元器件，必须在名称后或下标加上数字序号以区别，如 KM1、KM2 等。

4）所有元器件的可动部分均以自然状态画出，所谓自然状态是指各种元器件在没有通电和没有外力作用时的状态。接触器、电磁式继电器等是按其线圈未加电压，触点未动作时的状态画；控制器按手柄处于零位时的状态画；按钮、行程开关触点按不受外力作用时的状态画。

5）原理图上应尽可能减少线条和不必要的线条交叉。根据图面布置的需要，可以将图形符号旋转 90°、180°或 45°绘制。

6）主电路接点表示：①三相交流电源引入线采用 L1、L2、L3 标注；②电源开关后的主电路按 U、V、W 顺序标记；③分级电源在 U、V、W 前加数字 1、2、3 标记；④分支电路在 U、V、W 后加数字 1、2、3 标记。

（2）图形区域的划分

对于较大、较复杂的电气原理图，为了便于检索电气控制电路，方便阅读，应将图面划分为若干区域，图区的编号一般写在图的下部。图的上方设有用途栏，用文字注明该栏对应电路或元件的功能，以利于理解原理图各部分的功能及全电路的工作原理。例如，图 2-1 为 CM6132 型卧式车床电气原理图，在图 2-1 中，图面划分为 18 个图区。

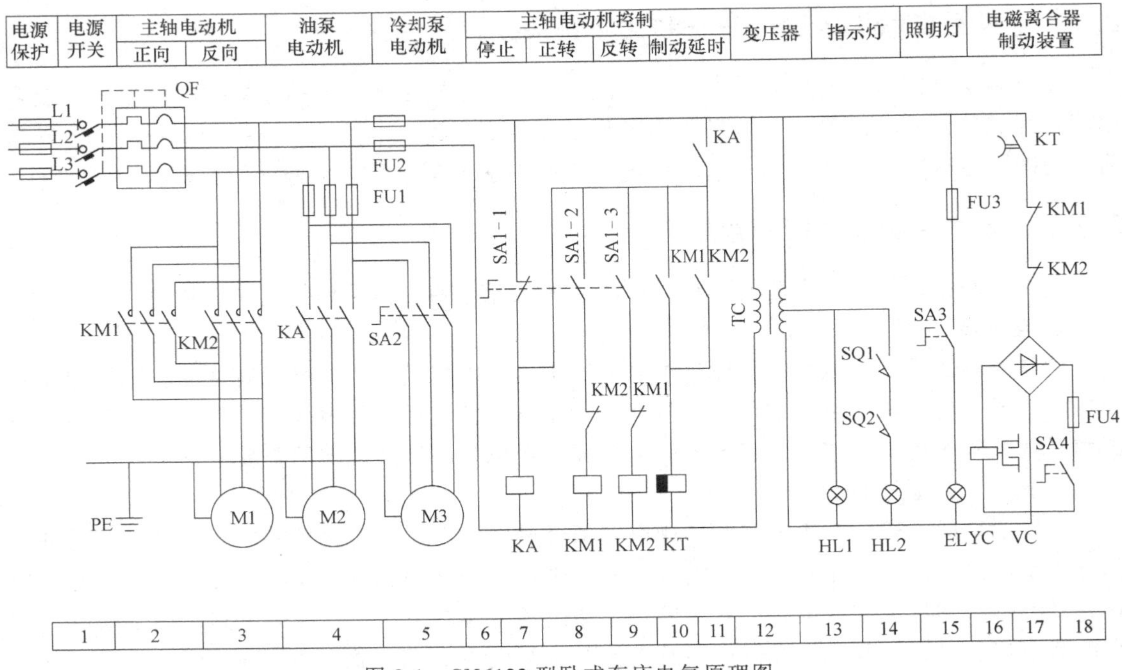

图 2-1 CM6132 型卧式车床电气原理图

2. 电气安装图

电气安装接线图也叫电气装配图，它是根据电气设备和电气元器件的实际结构、安装情况绘制的，用来表示接线方式、电气设备和电气元器件的位置、接线场所的形状和尺寸等，包括电器位置图和电器互连图两部分。

电气安装接线图只从安装、接线角度出发，而不明显表示电气动作原理，是供电气安装、接线、维修、检查用的。所有的电气设备和电气元器件都按其所在位置绘制在图样上。

(1) 电器位置图

电器位置图详细绘制出电气设备零件的安装位置。图中各电气元器件的代号应与有关电路图对应的元器件代号相同，在图中往往留有 10% 以上的备用面积及导线管（槽）的位置，以供改进设计时用。电器位置图示例如图 2-2 所示。

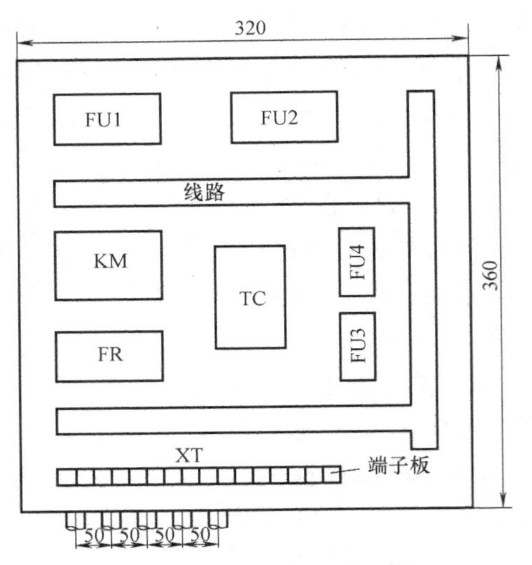

图 2-2 电器位置图示例

(2) 电器互连图

电器互连图是用来表明电气设备各单元之间的接线关系，一般不包括单元内部的连接，着重表明电气设备外部元器件的相对位置及它们之间的电气连接，是实际安装接线的依据，在具体施工和检修中能够起到电气原理图所起不到的作用。电器互连图示例如图 2-3 所示。

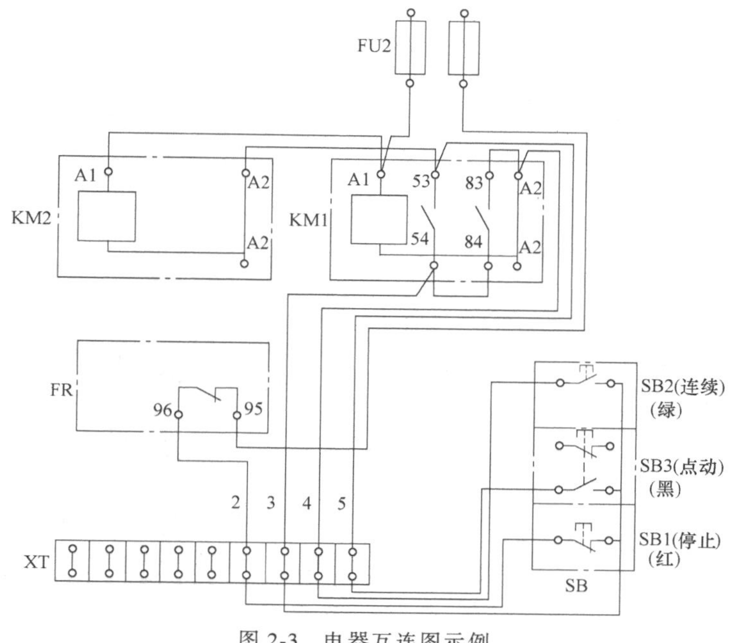

图 2-3　电器互连图示例

2.1.3　阅读和分析电气控制电路图的方法

阅读电气控制电路图的方法主要有两种：查线读图法和逻辑代数法。这里重点介绍查线读图法，通过具体对某个电气控制电路的剖析，学习阅读和分析电气控制电路的方法。

1. 查线读图法

查线读图法又称直接读图法或跟踪追击法。查线读图法是按照电路根据生产过程的工作步骤依次读图，查线读图法按照以下步骤进行：

（1）了解生产工艺与执行电器的关系

在分析电气控制电路之前，应该熟悉生产机械的工艺情况，充分了解生产机械要完成哪些动作，这些动作之间又有什么联系；然后进一步明确生产机械的动作与执行电器的关系，必要时可以画出简单的工艺流程图，给分析电气控制电路提供方便。

例如，车床主轴转动时，要求油泵先给齿轮箱供油润滑，即应保证在油泵电动机起动后才允许主轴电动机起动，对控制电路提出了按顺序工作的联锁要求。图 2-4 为主轴电动机 M1 与油泵电动机 M2 的联锁控制电路，其中油泵电动机是拖动油泵供油的。

（2）分析主电路

在分析电气控制电路时，一般应先从电动机着手，根据主电路中有哪些控制元器件的主触点、电阻等大致判断电动机是否有正反转控制、制动控制和调速要求等。

例如，在图 2-4 所示的电气控制电路的主电路中，主轴电动机 M1 电路主要由接触器 KM1 的主触点和热继电器 FR1 组成。从图中可以断定，主轴电动机 M1 采用全压直接起动方式。热继电器 FR1 作为电动机 M1 的过载保护、由熔断器 FU1 作为短路保护。油泵电动机 M2 电路由接触器 KM2 的主触点和热继电器 FR2 组成，该电动机也是采用直接起动方式，并由热继电器 FR2 作为过载保护，由熔断器 FU1 作为短路保护。

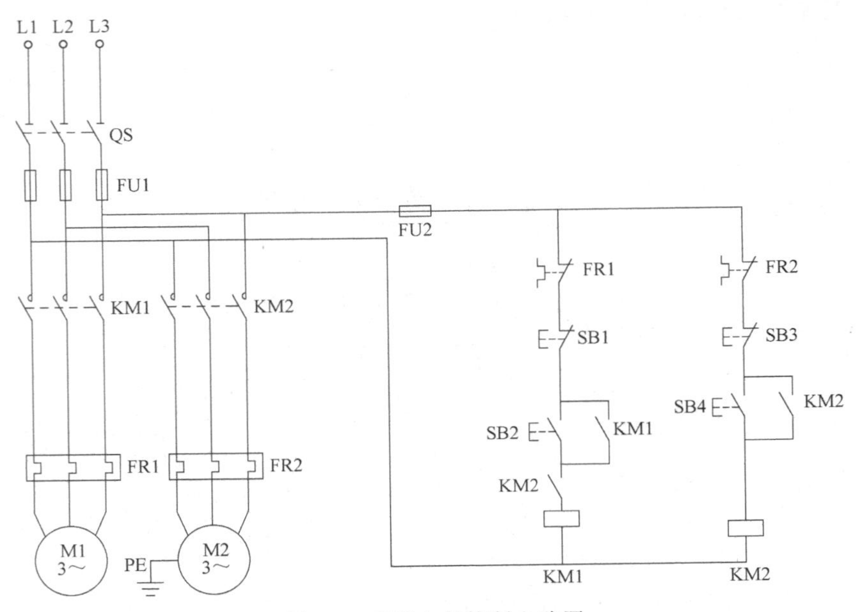

图 2-4　车床电气控制电路图

（3）读图和分析控制电路

在控制电路中，根据主电路的控制元件主触点文字符号，找到有关的控制环节以及各环节间的相互联系。通常对控制电路按照由上往下或由左往右依次阅读。首先，记住各信号元件、控制元件或执行元件的原始状态；然后，设想按动了操作按钮，线路中有哪些元件受控动作；这些动作元件的触点又是如何控制其他元件动作的，进而查看受驱动的执行元件有何运动；再继续追查执行元件带动机械运动时，会使哪些信号元件状态发生变化；然后再查对电路信号元件状态变化时执行元件如何动作。在读图过程中，特别要注意相互的联系和制约关系，直至将电路全部看懂为止。

无论多么复杂的电气控制电路，都是由一些基本的电气控制环节构成的。在分析电路时，要善于化整为零、积零为整。可以按主电路的构成情况，把控制电路分解成与主电路相对应的几个基本环节，一个环节一个环节地分析，然后把各环节串起来，这样就不难读懂全图了。

例如，图 2-4 中的主电路，可以分成电动机 M1 和 M2 两个部分，其控制电路也可相应地分解成两个基本环节。其中，不考虑接触器 KM2 的常开触点，停止按钮 SB1 和起动按钮 SB2、热继电器触点 FR1、接触器 KM1 线圈构成直接起动电路；接触器 KM2 线圈、热继电器触点 FR2、按钮 SB3 和 SB4 也构成电动机直接起动电路。这两个基本环节分别控制电动机 M2 和 M1。其控制过程如下：

合上刀开关 QS，按下起动按钮 SB4：接触器 KM2 线圈得电，其主触点 KM2 闭合，油泵电动机 M2 起动。同时，KM2 的一个辅助触点对起动按钮 SB4 自锁闭合，使电动机 M2 正常运转；另一个串在 KM1 线圈电路中的辅助触点闭合，为 KM1 通电做好准备。按下停止按钮 SB3，接触器 KM2 线圈失电，KM2 主触点断开，油泵电动机 M2 失电停转。

同理，可以分析主轴电动机 M1 的起停控制电路。工艺上要求 M1 必须在油泵电动机 M2 正常运行后才能起动工作，因此，应将油泵电动机接触器 KM2 的一个常开辅助触点串入主轴电动机接触器 KM1 的线圈电路中，以实现只有接触器 KM2 通电后，KM1 才能通电的顺序控制，即只有在油泵电动机 M2 起动后主轴电动机 M1 才能起动。

查线读图法的优点是直观性强、容易掌握，因而得到广泛采用；其缺点是分析复杂电路时容易出错，叙述也较长。

（4）分析辅助电路

辅助电路一般比较简单，通常包含照明和信号部分。信号灯是指示生产机械动作状态的，工作过程中可使操作者随时观察，掌握各运动部件的状况，判别工作是否正常。通常以绿色或白色灯指示正常工作，以红色灯指示出现故障或负载处于断电状态。

2. 逻辑代数法

逻辑代数法又称间接读图法，是通过对电路的逻辑表达式的运算来分析控制电路的，其关键是正确写出电路的逻辑表达式。

逻辑代数法读图的优点是，各电气元器件之间的联系和制约关系在逻辑表达式中一目了然。通过对逻辑函数的具体运算，一般不会遗漏或看错电路的控制功能。根据逻辑表达式可以迅速、正确地得出电气元器件是如何通电的，为故障分析提供方便。该方法的主要缺点是，对于复杂的电气线路，其逻辑表达式很烦琐冗长。但采用逻辑代数法后，对电气控制电路采用计算机辅助分析提供了方便。

本书不对此读图法做深入说明。

2.2 电气控制的基本控制环节

三相异步电动机起-保-停电气控制电路是广泛应用的、也是最基本的控制电路，以三相交流异步电动机和由其拖动的机械运动系统为控制对象，通过由熔断器、接触器、热继电器和按钮等所组成的控制装置对控制对象进行控制。如图 2-5 所示，该电路能实现对电动机起动、停止的自动控制，并具有必要的保护。

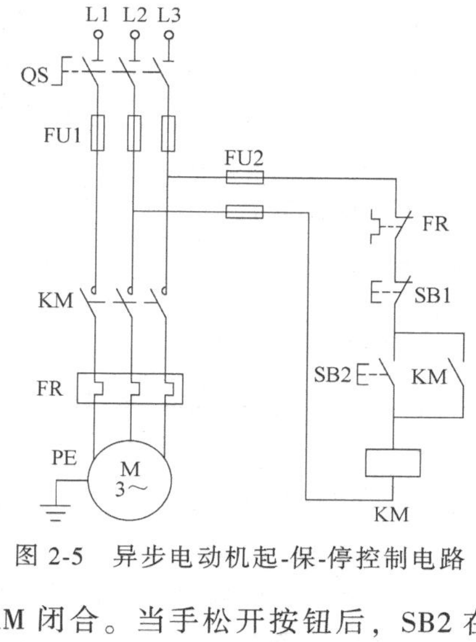

2.2.1 起停电动机和自锁环节

1. 起动电动机

图 2-5 所示电路的工作原理如下。

电动机起动时，合上电源开关 QS，引入三相电源，按下起动按钮 SB2，接触器 KM 的线圈通电吸合，主触点 KM 闭合，电动机 M 接通电源起动运转。

图 2-5 异步电动机起-保-停控制电路

2. 自锁

KM 线圈吸合的同时，与 SB2 并联的常开辅助触点 KM 闭合。当手松开按钮后，SB2 在自身复位弹簧的作用下恢复到原来断开的位置时，仍可通过这个闭合的常开触点使接触器线圈继续通电，从而保持电动机的连续运行。这种依靠接触器自身常开触点而使其线圈保持通电的现象称为自锁。起自锁作用的辅助触点称为自锁触点。

3. 停止电动机

电动机停止时，只要按下停止按钮 SB1，将控制电路断开即可。这时接触器 KM 的线圈断电释放，KM 的常开主触点将三相电源切断，M 停止旋转。当手松开按钮后，SB1 的常闭触点在复位弹簧的作用下，虽又恢复到原来的常闭状态，但接触器线圈已不再能依靠自锁触点通电了，因为原来闭合的自锁触点早已随着接触器线圈的断电而断开了。这个电路是单向自锁控制电路，它的特点是起动、保持、停止，所以称为起、保、停控制电路。

4. 保护环节

（1）短路保护

熔断器 FU1、FU2 分别作为主电路和控制电路的短路保护，当电路发生短路故障时能迅速切断电源。

（2）过载保护

通过热继电器 FR 实现过载保护，当负载过载或电动机缺相运行时，FR 动作，其常闭触点 FR 控制电路断开，KM 线圈失电来切断电动机主电路使电动机停转。

（3）失电压和欠电压保护

通过接触器 KM 的自锁触点来实现失电压和欠电压保护。在电动机正常运行时，如电源电压消失会使电动机停转，在电源电压恢复时电动机可能会自行起动，造成人身事故或设备事故。防止电源电压恢复时电动机自起动的保护叫作失电压保护，也叫零电压保护。在电动机正常运行时，电源电压过分降低会引起电动机转速下降和转矩降低，若负载转矩不变，使电流过大，造成电动机停转和损坏电动机。因此需要在电源电压下降到最小允许的电压值时将电动机电源切除，这样的保护叫作欠电压保护。

2.2.2 互锁控制

互锁控制是指生产机械或自动生产线不同的运动部件之间互相联系又互相制约，又称为联锁控制。例如，机械加工车床的主轴起动必须先让油泵电动机起动使齿轮箱有充分的润滑油，龙门刨床的工作台运动时不允许刀架移动等都是互锁控制。

要求甲接触器动作后乙接触器方能动作，则需将甲接触器的常开触点串联在乙接触器的线圈电路中。如图 2-6 所示的互锁控制中，需要当 KM1 动作后不允许 KM2 动作，则将 KM2 的常闭触点串联于 KM1 的线圈电路中，KM1 的常闭触点串联于 KM2 的线圈电路中，这就是“非”的关系。

2.2.3 顺序控制

具有多台电动机拖动的机械设备，在操作时为了保证设备的运行和工艺过程的顺利进行，对电动机的起动、停止，必须按一定顺序来控制，这就称为电动机的顺序控制。这种情况在机械设备中是常见的。例如，有的机床的油泵电动机要先于主轴电动机起动，主轴电动机又先于切削液电动机起动等。

顺序控制是要求甲接触器动作后乙接触器方能动作，则需将甲接触器的常开触点串联在乙接触器的线圈电路中。例如，车床主轴转动时，要求油泵先起动后主轴电动机才允许起动，也就是对控制电路提出了按顺序工作的互锁要求。图 2-7a 是将油泵电动机接触器 KM1 的常开触点串入主轴电动机接触器 KM2 的线圈电路中来实现的，只有当 KM1 先起动，KM2 才能起动，这就是“与”的关系，互锁起到了顺序控制的作用。图 2-7b 所示接法可以省去 KM1 的常开触点，使线路得到简化。

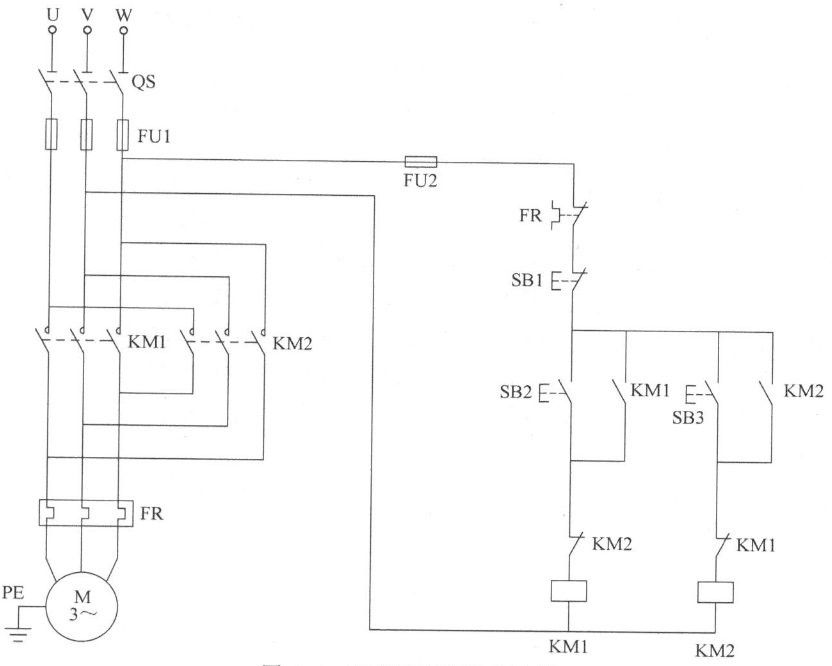

图 2-6 正反转互锁控制电路

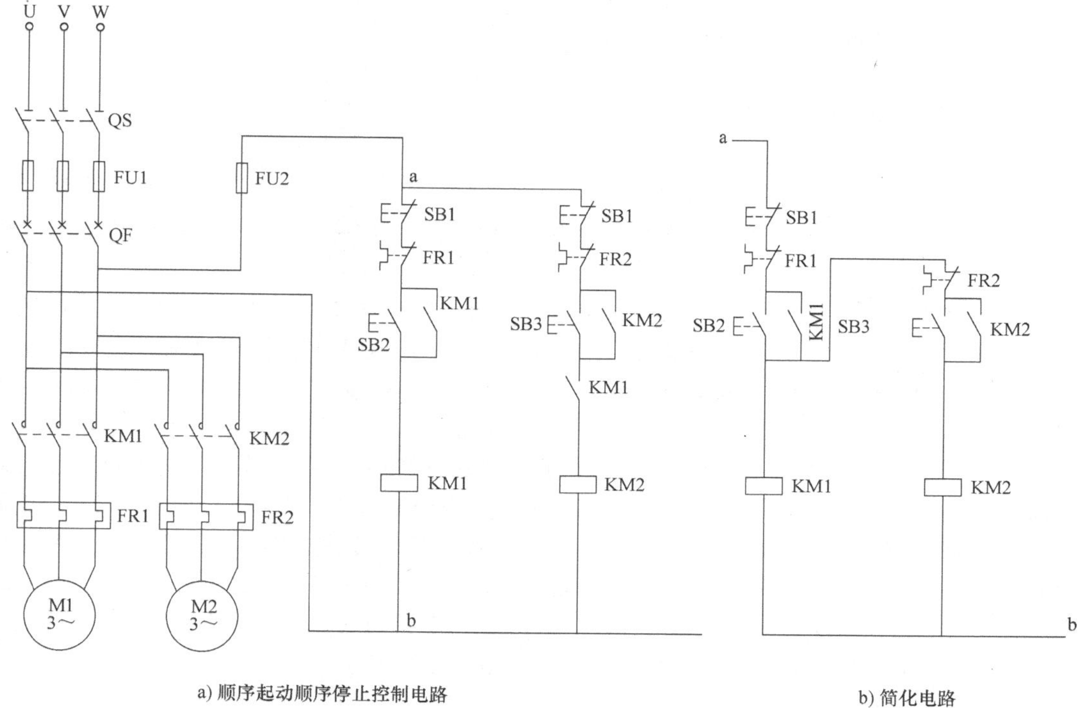

a) 顺序起动顺序停止控制电路

b) 简化电路

图 2-7 顺序起动控制电路

2.2.4 多地点与多条件控制电路

为了操作方便，有些生产设备常需要在两个以上的地点进行控制。例如，电梯的升降控制可以在梯厢里面控制，也可以在每个楼层控制；有些生产设备可以由中央控制台集中管理，也可以在每台设备调试检修时就地进行控制。多地点控制按钮的连接原则为：常开按钮均相互并联，常闭按钮均相互串联，任一条件满足，结果即可成立。图 2-8 所示为两地控制电路，遵循以上原则还可实现三地及更多地点的控制。

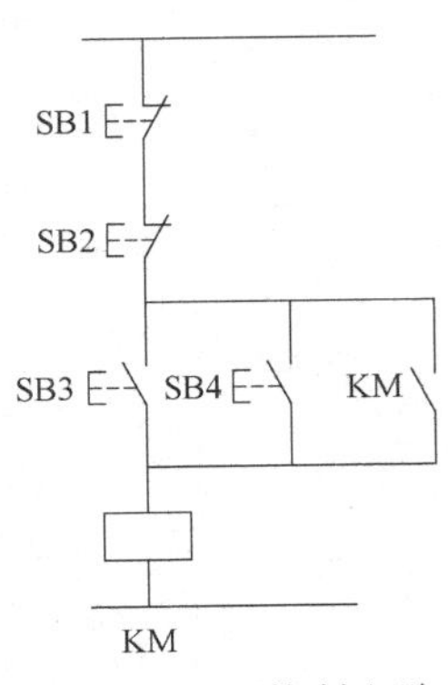

图 2-8 两地控制电路

2.2.5 连续工作与点动控制

实际生产中，生产机械常需点动控制，如机床调整对刀和刀架、立柱的快速移动等。所谓点动，指按下起动按钮，电动机转动；松开按钮，电动机停止运动。与之对应的，若松开按钮后能使电动机连续工作，则称为长动。区分点动与长动的关键是控制电路中控制电器通电后能否自锁，即是否具有自锁触点。用按钮实现的点动控制电路如图 2-9a 所示。

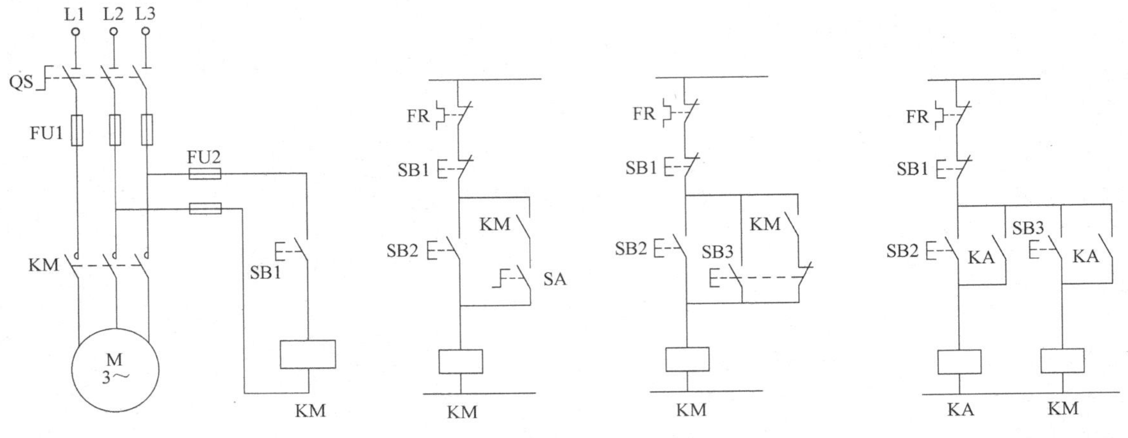

a) 点动　b) 选择按钮控制点动和长动　c) 复合按钮控制点动和长动　d) 中间继电器控制点动和长动

图 2-9 点动和长动控制电路

生产实际中，有的生产机械既需要连续运转进行加工生产，又需要在进行调整工作时采用点动控制，这就产生了点动、长动混合控制电路。图 2-9b 是用选择开关选择点动控制或者长动控制；图 2-9c 是用复合按钮 SB3 实现点动控制，SB2 实现长动控制。需要点动控制时，按下点动按钮 SB3，其常闭触点先断开自锁电路，常开触点后闭合，接通起动控制电路，KM 线圈通电，电动机起动运转；当松开点动按钮 SB3 时，其常开触点先断开，常闭触点后闭合，线圈断电释放，电动机停止运转。用 SB2 和 SB1 来实现连续控制。图 2-9d 是采用中间继电器实现长动的控制电路。正常工作时，按下长动按钮 SB2，中间继电器 KA 通电并自锁，同时接通接触器 KM 线圈，电动机连续转动；调整工作时，按下点动按钮 SB3，此时 KA 不工作，其使 KM 连续通电的常开触点断开，SB3 接通 KM 的线圈电路，电动机转动，SB3 一松开，KM 线圈断电。电动机停止转动，实现点动控制。

2.3 三相异步电动机的基本电气控制电路

2.3.1 起动控制电路

三相笼型异步电动机坚固耐用、结构简单、价格便宜，在生产机械中应用十分广泛。电动机的起动是指其转子由静止状态转为正常运转状态的过程。笼型异步电动机有两种起动方式，即直接起动和减压起动。直接起动又称为全压起动，即起动时电源电压全部施加在电动机定子绕组上。减压起动即起动时将电源电压降低一定的数值后再施加到电动机定子绕组上，待电动机的转速接近正常转速后，再使电动机在电源电压下运行。

1. 笼型异步电动机全压起动控制电路

在变压器容量允许的情况下，笼型异步电动机应该尽可能采用全压直接起动。直接起动既可以减少元器件的使用量、提高控制电路的可靠性，又可以减少电器的维修工作量。

（1）单向长动控制电路

三相笼型电动机单方向长时间转动控制是一种最常用、最简单的控制电路，能实现对电动机的起动、停止的自动控制。单向长动控制的电路即为图 2-5 所示的起、保、停电路。

（2）单向点动与点动、长动组合的控制电路

生产机械在正常工作时需要长动控制，但在试车或进行调整工作时，就需要点动控制。如图 2-9a 是最基本的点动控制电路；图 2-9d 是采用中间继电器 KA 实现点动与长动的控制电路。

2. 笼型异步电动机减压起动控制电路

功率大于 10kW 的笼型异步电动机直接起动时，起动冲击电流为额定值的 4~7 倍，故一般均需采取相应措施降低电压，即减小起动电流，从而在电路中不至于产生过大的电压降。

判断一台电动机能否全压起动的一般原则是：电动机功率在 10kW 以下者，可直接起动；10kW 以上的异步电动机是否允许直接起动，要根据电动机容量和电源变压器容量的经验公式来估计：

$$\frac{I_q}{I_e} \leqslant \frac{3}{4} + \frac{\text{电源变压器容量（kV·A）}}{4\times\text{电动机容量（kV·A）}} \tag{2-1}$$

式中，I_q 为电动机全电压起动电流（A）；I_e 为电动机额定电流（A）。

若计算结果满足上述经验公式，一般可以全压起动，否则应考虑采用减压起动。有时，为了限制和减少起动转矩对机械设备的冲击作用，允许全压起动的电动机，也多采用减压起动方式。

（1）星形-三角形（Y-△）减压起动控制电路

1）设计思想。这一电路的设计思想仍是按时间原则控制起动过程。Y-△减压起动是在起动时将电动机定子绕组接成星形，每相绕组承受的电压为电源的相电压（220V），在起动结束时换接成三角形，每相绕组承受的电压为电源线电压（380V），电动机进入正常运行。正常运行时，定子绕组为三角形联结的笼型异步电动机，可采用Y-△减压起动方式来达到限制起动电流的目的。

2）典型电路介绍。图 2-10 给出了Y-△减压起动控制电路。主电路由 3 个接触器进行控制，KM1、KM3 主触点闭合，将电动机绕组连接成星形；KM1、KM2 主触点闭合，将电动机绕组连接成三角形。在控制电路中，用时间继电器来实现电动机绕组由星形向三角形联结的自动转换。

控制电路的工作原理：按下起动按钮 SB2，KM1 通电并自锁，接着时间继电器 KT、KM3 的线圈通电，KM1 与 KM3 的主触点闭合，将电动机绕组联结成星形，电动机减压起动。待电动机转速接近额定转速时，KT 延时完毕，其常闭触点动作断开，常开触点动作闭

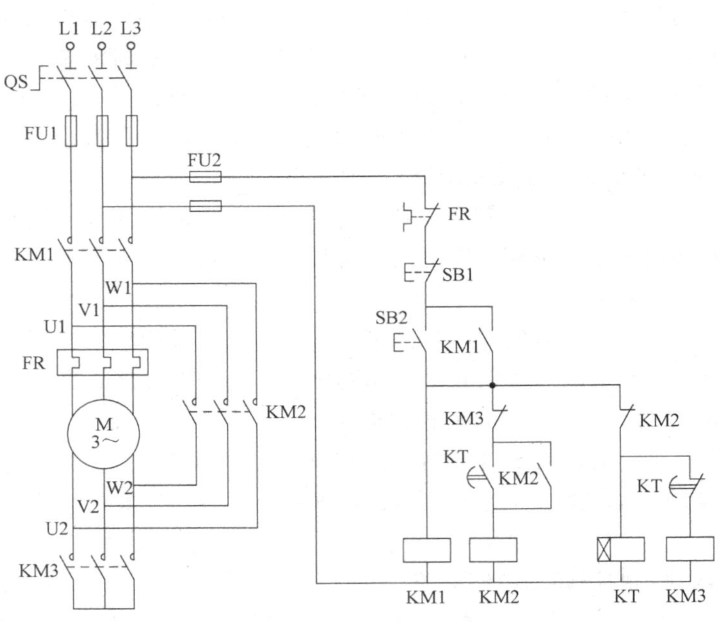

图 2-10 Y-△减压起动控制电路

合，KM3 失电，KM3 的常闭触点复位，KM2 通电吸合，电动机绕组成三角形联结，电动机进入全压运行状态。

（2）定子串电阻减压起动控制电路

1）设计思想。电动机串电阻减压起动是电动机起动时，在三相定子绕组中串接电阻分压，使定子绕组上的电压降低，起动后再将电阻短接，电动机即可在全压下运行。这种起动方式不受接线方式的限制，设备简单，常用于中小型设备和用于限制机床点动调整时的起动电流。

2）典型电路介绍。图 2-11 给出了定子串电阻减压起动的控制电路。图中，主电路由 KM1、KM2 两组接触器主触点构成串电阻接线和短接电阻接线，并由控制电路按时间原则实现从起动状态到正常工作状态的自动切换。

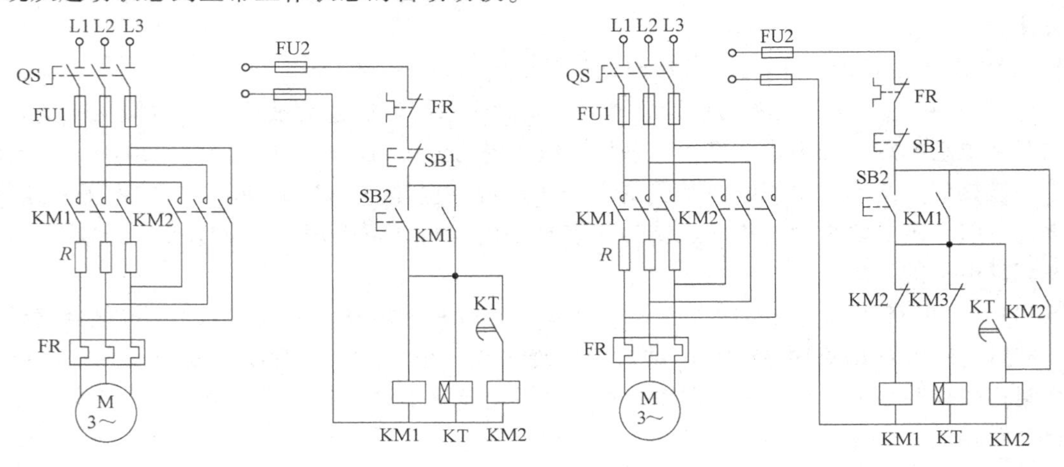

a) 控制运行电路　　　　b) 改进的控制运行电路

图 2-11 定子串电阻减压起动控制电路

控制电路的工作原理如下：按下起动按钮 SB2，接触器 KM1 通电吸合并自锁，时间继电器 KT 通电吸合，KM1 主触点闭合，电动机串电阻减压起动。经过 KT 的延时，其延时常开触点闭合，接通 KM2 的线圈回路，KM2 的主触点闭合，电动机短接电阻进入正常工作状态。电动机正常运行时，只要 KM2 得电即可，但图 2-11a 在电动机起动后，KM1 和 KT 一直处于通电状态，这是不必要的。图 2-11b 就解决了这个问题，KM2 得电后，其常闭触点将 KM1 及 KT 断电，KM2 自锁。这样，在电动机起动后，只要 KM2 得电，电动机便能正常运行。

3. 绕线转子异步电动机起动控制

在大、中功率电动机的重载起动时，增大起动转矩和限制起动电流两者之间的矛盾十分突出。三相绕线转子电动机的突出优点是可以在转子绕组中串接外加电阻或频敏变阻器进行起动，由此达到减小起动电流、提高转子电路的功率因数和增加起动转矩的目的。一般在要求起动转矩较高的场合，绕线转子异步电动机的应用非常广泛，例如桥式起重机吊钩电动机、卷扬机等。

转子绕组串接电阻后，起动时转子电流减少，只要电阻值大小选择合适，减小的转子电流中有功分量增大，转子功率因数可以提高，电动机的起动转矩也增大，从而具有良好的起动特性。绕线转子异步电动机转子串接对称电阻后，其人为特性如图 2-12 所示。

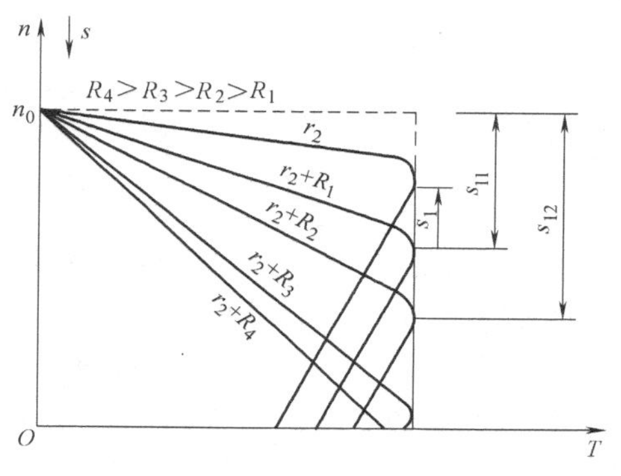

图 2-12 转子串接对称电阻时的人为特性

从图中的曲线可以看出，串接电阻值越大，起动转矩也越大，临界转差率 s_i 也越大，特性曲线的倾斜度越大。因此，改变串接电阻可作为改变转差率调速的一种方法。注意，当串接电阻大于图中所标的 R_3 时，起动转矩反而降低。三相绕线转子异步电动机可采用转子串接电阻和转子串接频敏电阻变阻器两种起动方法。这里只介绍前者。

(1) 设计思想

这种控制电路既可按时间原则组成，也可按电流原则组成。在电动机起动过程中，串接的起动电阻级数越多，电动机起动时的转矩波动就越小，起动越平滑。起动电阻被逐段切除，电动机转速不断升高，最后进入正常运行状态。

(2) 典型电路介绍

1) 按时间原则组成的绕线转子异步电动机起动控制电路。图 2-13 为按时间原则的绕线转子异步电动机起动控制电路，依靠时间继电器的依次动作短接起动电阻，实现起动控制。

电路工作原理如下：

合上电源隔离开关 QS。

按下 SB2→KM0 线圈自锁→电动机 M 串全电阻起动，同时 KT1 线圈通电延时→KM1 线圈通电→切除 R_1，同时 KT2 线圈通电延时→KM2 线圈通电→切除 R_2，同时 KT3 线圈通电延时→KM3 线圈通电自锁→切除 R_3，KT1、KM1、KT2、KM2、KT3 等线圈依次断电复位，起动过程结束。

停止时，按下 SB1 即可。

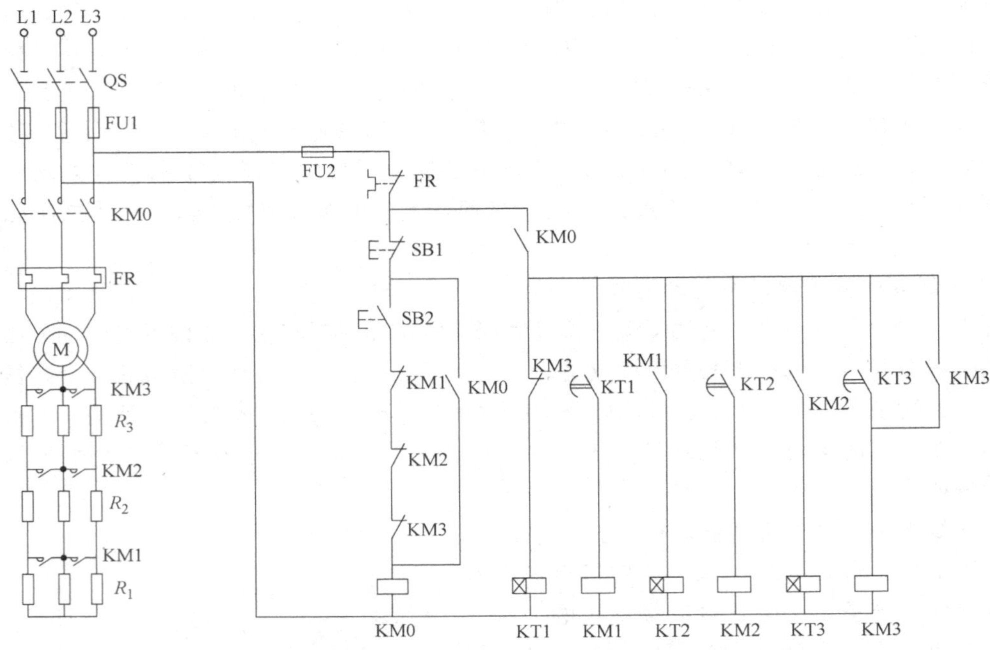

图 2-13 按时间原则的绕线转子异步电动机起动控制电路

2）按电流原则组成的绕线转子异步电动机起动控制电路。

① 线路设计思想。按电流原则起动控制是指通过欠电流继电器的释放值设定进行控制，利用电动机起动时转子电流的变化来控制转子串接电阻的切除。

② 典型电路介绍。图 2-14 为按电流原则组成的绕线转子异步电动机起动控制电路。图中，KI1、KI2、KI3 为电流继电器。这 3 个继电器线圈的吸合电流相同，但释放电流不一样，KI1 释放电流>KI2 释放电流>KI3 释放电流。

工作原理如下：合上电源隔离开关 QS。

按动起动按钮 SB2→KM0 线圈通电自锁→中间继电器 KA 线圈通电、转子串全电阻起动→转速 n↑、电流 I↓→欠电流继电器 KI1 复位→KM1 线圈通电→切除转子电阻 R_1、I↑→随着转速 n↑、电流 I↓→欠电流继电器 KI2 复位→KM2 线圈通电→切除转子电阻 R_2、I↑→转速 n↑，电流 I↓→欠电流继电器 KI3 复位→KM3 线圈通电→切除 R_3，转速 n 上升直到电动机起动过程结束。

停止时，按下 SB1 即可。

中间继电器 KA 的作用是保证电动机在转子电路中接入全部电阻的情况下开始起动。因为刚起动时，若无 KA，电流从零开始，KI1、KI2、KI3 都未动作，全部电阻都被短接，电动机处于直接起动状态；增加了 KA，从 KM 线圈得电到 KA 的常开触点闭合需要一段时间，这段动作时间能保证电流冲击到最大值，使 KI1、KI2、KI3 全部吸合，接于控制电路中的常闭触点全部断开，从而保证电动机全电阻起动。

2.3.2 三相异步电动机的正反转控制电路

生产实践中，许多设备均需要两个相反方向的运行控制，如机床工作台的进退、升降以及主轴的正反向运转等。此类控制均可通过电动机的正转与反转来实现。由三相交流电动机

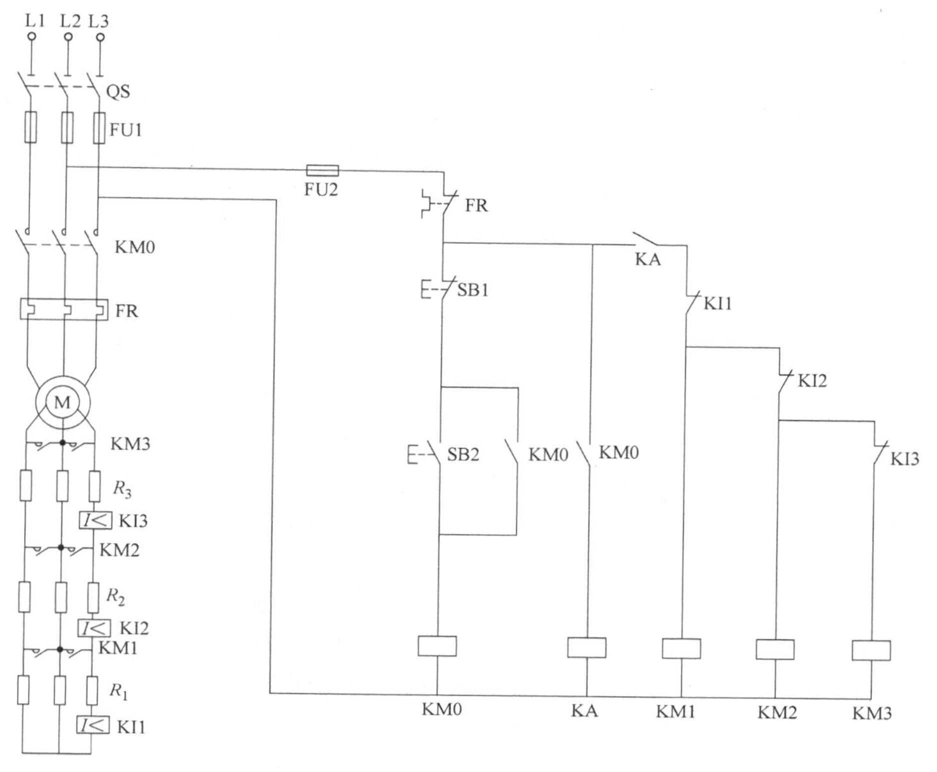

图 2-14 按电流原则组成的绕线转子异步电动机起动控制电路

原理可知，将电动机三相电源进线中任意两相对调，即可实现电动机的反向运转。因为此时定子绕组的相序改变了，旋转磁场方向就相应发生变化，转子中感应电动势、电流以及产生的电磁转矩都要改变方向，电动机的转子就逆转了。通常情况下，三相交流电动机正反转可逆运行操作的控制电路如图 2-15 所示。

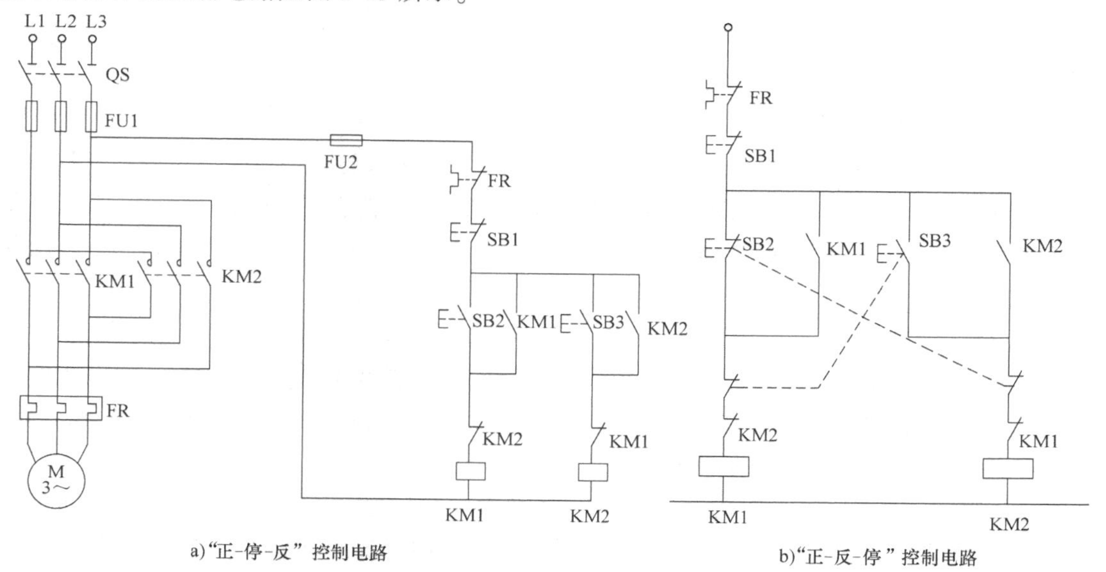

图 2-15 三相交流电动机正反转可逆运行操作的控制电路

1. 电动机可逆运行的手动控制电路

（1）设计思想

电动机可逆运行控制电路，实质上是两个方向相反的单向运行电路的结合。为此，采用两个接触器分别给电动机定子送入L1、L2、L3相序和L3、L2、L1相序的电源，电动机就能实现可逆运行。为了避免误操作而引起的电源短路，需在这两个方向相反的单向运行电路中加设必要的联锁。

（2）典型电路介绍

根据电动机可逆运行操作顺序不同，有“正-停-反”手动控制电路和“正-反-停”手动控制电路。

1）“正-停-反”手动控制电路。“正-停-反”控制电路是指电动机正向运转后要反向运转，必须先停下来再反向。图2-15a中，KM1为正转接触器，KM2为反转接触器。

电路工作原理为：按下正向起动按钮SB2，接触器KM1得电吸合，其常开主触点将电动机定子绕组接通电源，相序为L1、L2、L3，电动机正向起动运行。

按下停止按钮SB1，KM1失电释放，电动机停转。

按下反向起动按钮SB3，KM2线圈得电，主触点吸合，其常开主触点将相序为L3、L2、L1的电源接至电动机，电动机反向起动运行；再按停止按钮SB1，电动机停转。

由于采用了KM1、KM2的常闭辅助触点串入对方的接触器线圈电路中形成互锁。因此，当电动机正转时，即使误按反转按钮SB3，反向接触器KM2也不会得电。要电动机反转，必须先按停止按钮，再按反向按钮。

2）“正-反-停”手动控制电路。图2-15b中，电动机由正转到反转，需先按停止按钮SB1，在操作上不方便。为解决这个问题，可利用复合按钮进行控制。将图2-15a中的起动按钮均换为复合按钮，则该电路为按钮、接触器双重联锁的控制电路，如图2-15b所示。

线路工作原理为：若需电动机反转，不必按停止按钮SB1，直接按下反转按钮SB3，使KM1线圈失电触点释放，KM2线圈得电触点吸合，电动机先脱离电源，停止正转，然后又反向起动运行。反之亦然。

2. 电动机可逆运行的自动控制电路

（1）设计思想

自动控制的电动机可逆运行电路，可按行程控制原则来设计。按行程控制原则又称为位置控制，就是利用行程开关来检测往返运动位置，发出控制信号来控制电动机的正反转，使机件往复运动。生产中常见的自动循环控制有龙门刨床、磨床等生产机械的工作台的自动往复控制。

（2）典型电路介绍

图2-16a为工作台自动往复运动控制电路原理图，行程开关SQ1和SQ2安装在指定位置，工作台下面的挡铁压到行程开关SQ1就向左移动，压到行程开关SQ2就向右移动。图2-16b为工作台自动往复运动控制电路。

在控制电路中，行程开关SQ3、SQ4为极限位置保护，这是为了防止SQ1、SQ2可能失效引起事故而设的，SQ4和SQ3分别安装在电动机正转和反转时运动部件的行程极限位置。如果SQ2失灵，运动部件继续前行压下SQ4后，KM2失电而使电动机停止。这种限位保护的行程开关在位置控制电路中必须设置。

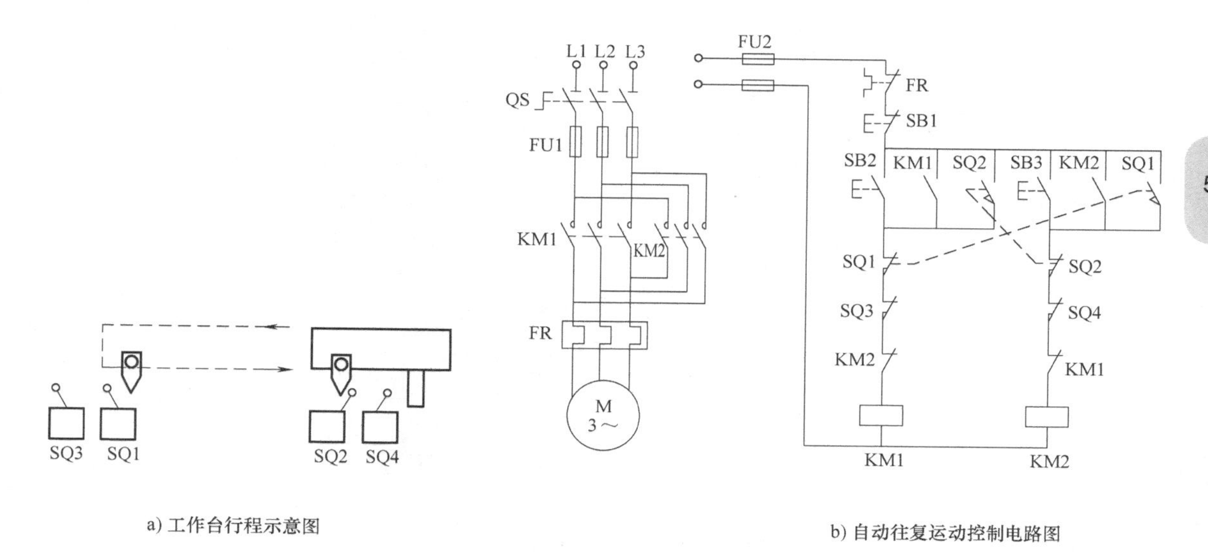

a) 工作台行程示意图

b) 自动往复运动控制电路图

图 2-16 工作台自动往复运动行程及控制电路

2.3.3 三相异步电动机制动控制电路

三相异步电动机从切除电源到完全停止运转，由于惯性的关系，总要经过一段时间，这往往不能适应某些生产机械工艺的要求，如万能铣床、卧式镗床、电梯等。为提高生产效率及准确停位，要求电动机能迅速停车，对电动机进行制动控制。制动方法一般有两大类：机械制动和电气制动。机械制动有电磁抱闸制动、电磁离合器制动等；电气制动有反接制动、能耗制动、回馈制动等。

1. 电磁抱闸制动电路

机械制动的设计思想是利用外加的机械作用力，使电动机迅速停止转动。机械制动有电磁抱闸制动、电磁离合器制动等。

（1） 电磁抱闸制动电路

电磁抱闸制动是靠电磁制动闸紧紧抱住与电动机同轴的制动轮来制动的。电磁抱闸制动方式的制动力矩大、制动迅速、停车准确；缺点是制动越快，冲击振动越大。电磁抱闸制动有断电电磁抱闸制动和通电电磁抱闸制动。

1） 断电电磁抱闸制动。断电电磁抱闸制动在电磁铁线圈一旦断电或未接通时，电动机都处于抱闸制动状态，例如电梯、起重机、卷扬机等设备。断电电磁抱闸制动电路如图 2-17 所示。

线路工作原理如下：

起动运转：按下起动按钮 SB2，接触器 KM2 线圈得电，其自锁触点和主触点闭合，接触器 KM1 线圈得电，电动机 M 接通电源，同时电磁抱闸制动器 YA 线圈得电，衔铁与铁心吸合，衔铁克服弹簧拉力，迫使制动杠杆向上移动，从而使制动器的闸瓦与闸轮分开，电动机正常运转。

制动停转：按下停止按钮 SB1，接触器 KM1 和 KM2 线圈失电，其自锁触点和主触点分断，电动机 M 失电，同时电磁抱闸制动器 YA 线圈失电，衔铁与铁心分开，在弹簧拉力的作

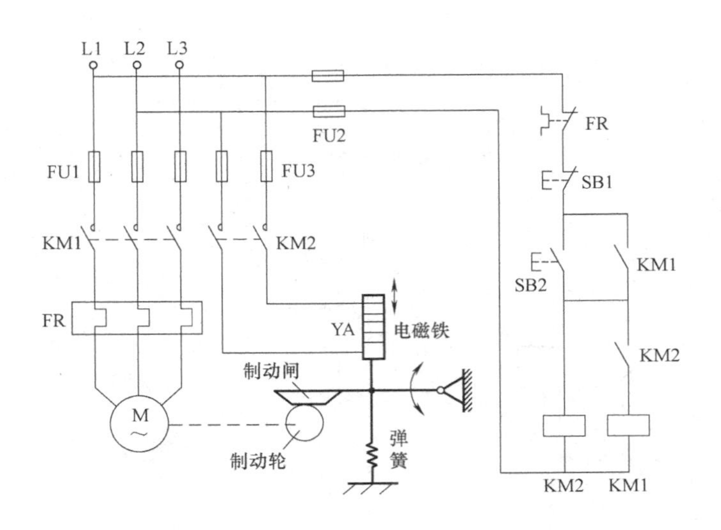

图 2-17　断电电磁抱闸制动电路图

用下紧压在制动轮上，依靠摩擦力使电动机被迅速制动而停转。

为了避免电动机在起动前瞬时出现转子被掣住不转的短路运行状态，在电路设计时使接触器 KM2 先得电，使得电磁抱闸制动器 YA 线圈先通电松开制动闸后，电动机才能接通电源。

电磁抱闸制动器断电制动在起重机械上被广泛采用。其优点是能够准确定位，同时可防止电动机突然断电时重物自行坠落。但由于电磁抱闸制动器线圈耗电时间与电动机一样长，不够经济，另外由于电磁抱闸制动器在切断电源后的制动作用，使手动调整工作很困难。

2）通电电磁抱闸制动。通电电磁抱闸制动控制则是平时制动闸总是在松开的状态，通电后才抱闸。例如像机床等需要经常调整加工件位置的设备，往往采用这种方法。

（2）电磁离合器制动

电磁离合器制动是采用电磁离合器来实现制动的，电磁离合器体积小、传递转矩大、制动方式比较平稳且迅速，并可以安装在机床等的机械设备内部。

2. 反接制动控制电路

（1）设计思想

改变异步电动机定子绕组中的三相电源相序，使定子绕组产生方向相反的旋转磁场，从而产生制动转矩，实现制动。反接制动要求在电动机转速接近零时及时切断反相序的电源，以防止电动机反向起动。

反接制动过程为：当想要停车时，首先切换三相电源相序，然后当电动机转速接近零时，再将三相电源切除。

（2）典型电路介绍

反接制动的关键是采用按转速原则进行制动控制。因为当电动机转速接近零时，必须自动地将电源切断，否则电动机会反向起动。因此，采用速度继电器来检测电动机的转速变化，当转速下降到接近零时（100r/min），由速度继电器自动切断电源。反接制动控制电路分为单向反接制动控制电路和可逆反接制动控制电路。

1）单向反接制动控制电路。单向反接制动的控制电路如图 2-18 所示，其中，KS 为速度继电器。其工作原理为：起动时，按下起动按钮 SB2，接触器 KM1 线圈通电吸合且自锁，KM1 主触点闭合，电动机起动运转。当电动机转速升高到一定数值时，速度继电器 KS 的常开触点闭合，为反接制动做准备。

停车时，按下停止按钮 SB1，KM1 线圈断电释放，KM1 主触点断开电动机的工作电源；而接触器 KM2 线圈通电吸合，KM2 主触点闭合，串入电阻 R 进行反接制动，迫使电动机转速下降，当转速降至 100r/min 以下时，速度继电器 KS 的常开触点复位断开，使 KM2 线圈断电释放，及时切断电动机的电源，防止了电动机的反向起动。

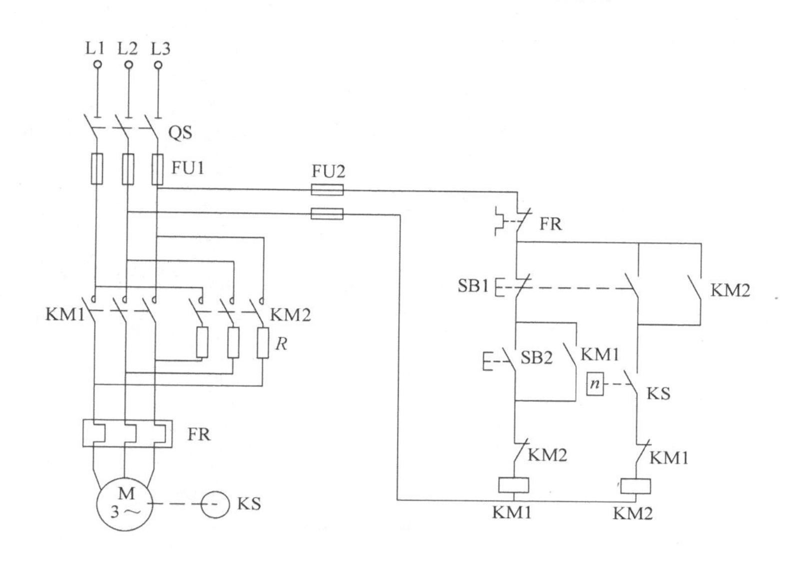

图 2-18　单向反接制动控制电路

2）可逆反接制动控制电路。电动机可逆运行的反接制动控制电路如图 2-19 所示。

由于速度继电器的触点具有方向性，所以电动机的正向和反向制动分别由速度继电器的两对常开触点 KS-Z、KS-F 来控制。该电路在电动机正反转起动和反接制动时在定子电路中都串接电阻，限流电阻 R 起到了在反接制动时限制制动电流，在起动时限制起动电流的双重限流作用；操作方便，具有触点、按钮双重联锁，运行安全、可靠，是一个较完善的控制电路。

3. 能耗制动控制电路

（1）设计思想

能耗制动是一种应用广泛的电气制动方法。当电动机脱离三相交流电源以后，立即将直流电源接入定子的两相绕组，绕组中流过直流电流，产生了一个静止不动的直流磁场。此时电动机的转子切割直流磁通，产生感应电流。在静止磁场和感应电流相互作用下，产生一个阻碍转子转动的制动力矩，因此电动机转速迅速下降，从而达到制动的目的。当转速降至零时，转子导体与磁场之间无相对运动，感应电流消失，电动机停转，再将直流电源切除，制动结束。

（2）单向能耗制动控制电路介绍

能耗制动可以采用时间继电器与速度继电器两种控制形式。图 2-20 为按时间原则控制的单向能耗制动控制电路。

电路工作原理如下：

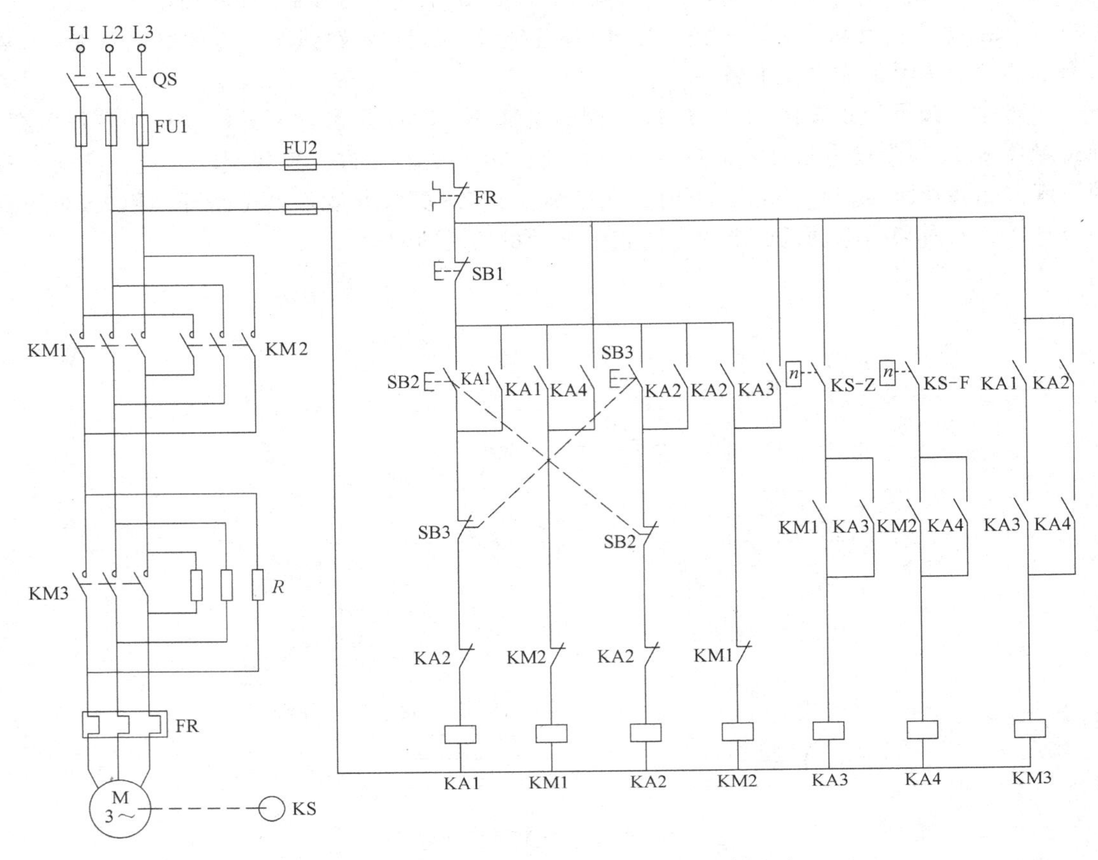

图 2-19　电动机可逆运行的反接制动控制电路

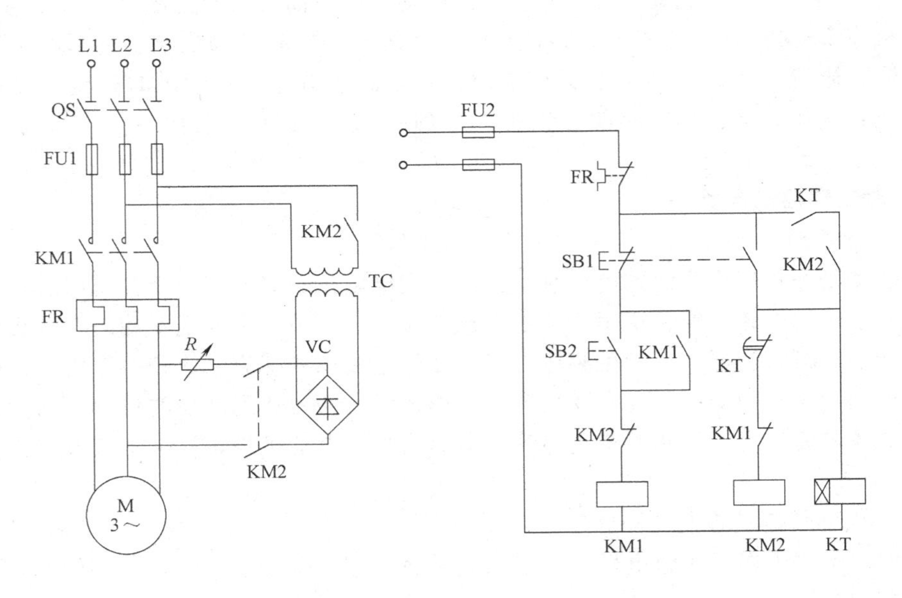

图 2-20　按时间原则控制的单向能耗制动电路

按下起动按钮 SB2，接触器 KM1 得电投入工作，使电动机正常运行，KM1 与 KM2 互锁，接触器 KM2 和时间继电器 KT 不得电。

按下停止按钮 SB1，KM1 线圈失电，主触点断开，电动机脱离三相交流电源。

同时，KM2 与 KT 线圈相继得电，KM2 主触点闭合，将经过整流后的直流电压接至电动机两相定子绕组上开始能耗制动。

能耗制动时，制动转矩随电动机的惯性转速下降而减小，因而制动平稳。这种制动方法将转子惯性转动的机械能转换成电能，又消耗在转子的制动上，所以称为能耗制动。

2.3.4　三相异步电动机调速控制电路

实际生产中，对机械设备常有多种速度输出的要求，通常采用单速电动机时，需配有机械变速系统以满足变速要求。当设备的结构尺寸受到限制或要求速度连续可调时，常采用多速电动机或电动机调速。交流电动机的调速由于晶闸管技术的发展，已得到广泛的应用，但由于控制电路复杂，造价高，普通中小型设备使用较少。异步电动机调速常用来改善机床的调速性能和简化机械变速装置。异步电动机转速公式为

$$n=\frac{60f}{p}(1-s) \tag{2-2}$$

式中，s 为转差率；f 为电源频率；p 为定子极对数。

由式（2-2）可知，三相异步电动机的调速可通过改变定子电压频率 f、定子极对数 p 和转差率 s 来实现，具体归纳为变极调速、变频调速、调压调速、转子串电阻调速、串级调速和电磁调速等调速方法。

1. 变极调速

（1）设计思想

通常变更绕组极对数的调速方法简称为变极调速。变极调速是通过改变电动机定子绕组的外部接线来改变电动机的极对数的。笼型异步电动机转子绕组本身没有固定的极数，改变笼型异步电动机定子绕组的极数以后，转子绕组的极数能够随之变化；绕线转子异步电动机的定子绕组极数改变以后，它的转子绕组必须重新组合，往往无法实现。所以，变更绕组极对数的调速方法一般仅适用于笼型异步电动机。

笼型异步电动机常用的变极调速方法有两种，一种是改变定子绕组的接法，即变更定子绕组每相的电流方向；另一种是在定子上设置具有不同极对数的两套互相独立的绕组，又使每套绕组具有变更电流方向的能力。

变极调速是有级调速，速度变换是阶跃式的。用变极调速方式构成的多速电动机一般有双速、三速、四速之分。这种调速方法简单、可靠、成本低，因此在有级调速能够满足要求的机械设备中，广泛采用多速异步电动机作为主轴电机，如镗床、铣床等。下面仅以双速电动机为例，说明如何用变更绕组接线来实现改变极对数的原理。

（2）典型电路介绍

图 2-21 为双速异步电动机△/YY三相定子绕组接线。图中，电动机极数为 4 极/2 极。当定子绕组 U1、V1、W1 的接线端接电源，U2、V2、W2 接线端悬空时，三相定子绕组接成了三角形，对应低速，此时每相绕组中的线圈①、线圈②相互串联，其电流方向如图中虚箭头所示，每相绕组具有 4 个极。若将定子绕组的 U2、V2、W2 三个接线端接电源，U1、V1、W1 接线端短接，则把原来的三角形接线变为YY接线，对应高速，每相绕组中的线圈

①与线圈②并联，电流方向如图中实线箭头所示，每相绕组具有两个极。△/YY接线属于恒功率调速。图 2-22 为双速异步电动机△/YY调速控制电路。

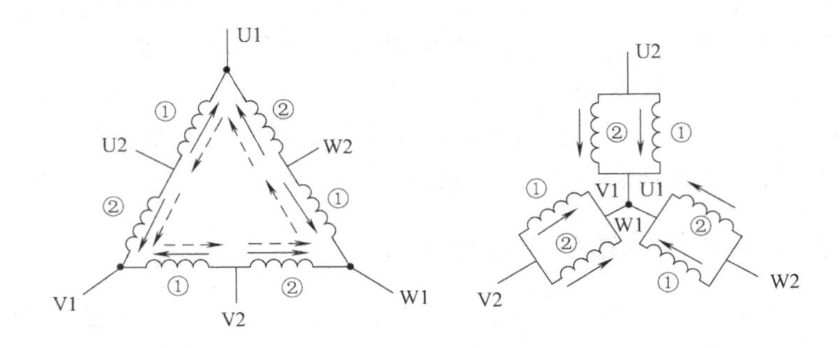

图 2-21 双速异步电动机△/YY三相定子绕组接线

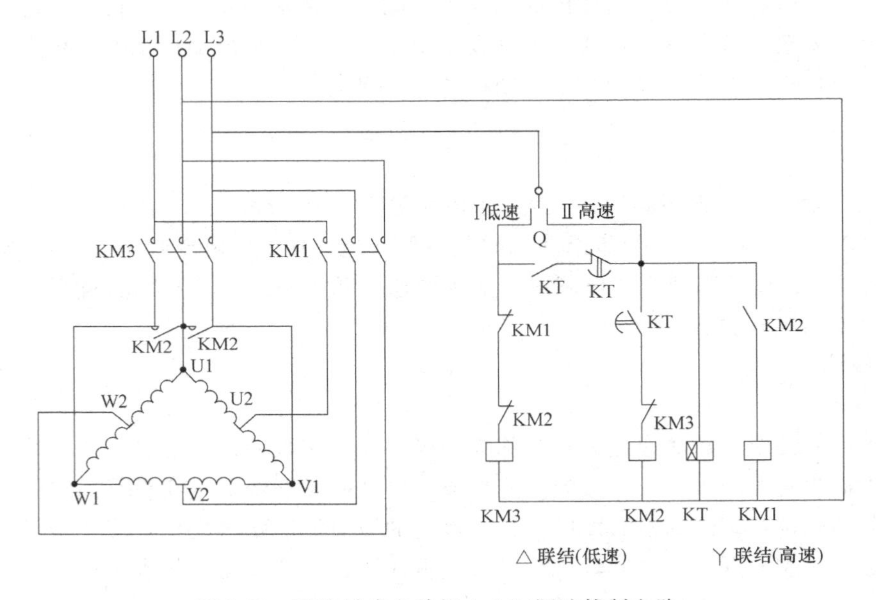

图 2-22 双速异步电动机△/YY调速控制电路

电路工作原理如下：

双投开关 Q 合向“低速”位置时，接触器 KM3 线圈得电，电动机接成三角形，低速运转。

双投开关 Q 置于空档时，电动机停转。

双投开关 Q 合向“高速”位置时，电动机运转如下：

① 时间继电器 KT 得电，其瞬动常开触点闭合，使 KM3 得电，定子绕组接成三角形，电动机低速起动。

② 经一定延时，KT 的常开触点延时闭合，常闭触点延时断开，使 KM3 失电，KM2 和 KM1 线圈相继得电，定子绕组接线自动从△切换为YY，电动机高速运转。

这种先低速起动，经一定延时后自动切换到高速运行的控制，目的是限制起动电流，并保证具有足够的起动转矩，同时可避免直接用高速起动带来的加速过快问题。

2. 变频调速

由式（2-2）可见，变频调速就是改变异步电动机的供电频率 f，利用电动机的同步转速随频率变化的特性进行调速。在交流异步电动机的诸多调速方法中，变频调速的性能最好、调速范围大、稳定性好、运行效率高。采用通用变频器对笼型异步电动机进行调速控制，由于使用方便、可靠性高并且经济效益显著，所以逐步得到推广应用。

3. 变转差率 *s* 调速

变转差率调速包括调压调速、转子串电阻调速、串级调速和电磁调速等调速方法，在电力拖动控制系统已做介绍。

调压调速是异步电动机调速系统中比较简便的一种，就是改变定子外加电压来改变电动机在一定输出转矩下的转速。调压调速目前主要通过调整晶闸管的触发角来改变异步电动机端电压进行调速。这种调速方式仅用于较小功率的电动机。

转子串电阻调速是在绕线转子异步电动机转子外电路上接可变电阻，通过对可变电阻的调节来改变电动机机械特性斜率，从而实现调速。电机转速可以有级调速，也可以无级调速，其结构简单、价格便宜，但转差功率损耗在电阻上，效率随转差率增加等比下降，故这种方法目前一般不被采用。

电磁转差离合器调速是在笼型异步电动机和负载之间串接电磁转差离合器（电磁耦合器），通过调节电磁转差离合器的励磁来改变转差率进行调速。这种调速系统结构适用于调速性能要求不高的较小功率传动控制场合。

2.4 电气控制电路中的保护主令电器

在事故情况下，电气控制电路应能保证操作人员、电气设备、生产机械的安全，并能有效地制止事故的扩大。为此，在电气控制电路中应采取一定的保护措施，以避免因误操作而发生事故。完善的保护环节包括过载、短路、过电流、过电压、失电压等保护，有时还应设有合闸、断开、事故、安全等必需的指示信息。下面从电气设备角度讨论电气故障的类型以及相应的保护。

2.4.1 电流型保护

在正常工作中，电气元器件通过的电流一般在额定电流以内。短时间内，只要温度允许，超过额定电流也是可以的，这就是各种电气设备或电气元器件根据其绝缘情况条件的不同，具有不同的过载能力的原因。电气元器件由于电流过大引起损坏的根本原因是温度超过绝缘材料的承受能力。电流型保护的基本原理是：将保护电器检测的信号，经过变换或放大后去控制被保护对象，当电流达到整定值时保护电器动作。电流型保护主要有过电流、过载、短路和断相几种，如图 2-23 所示。

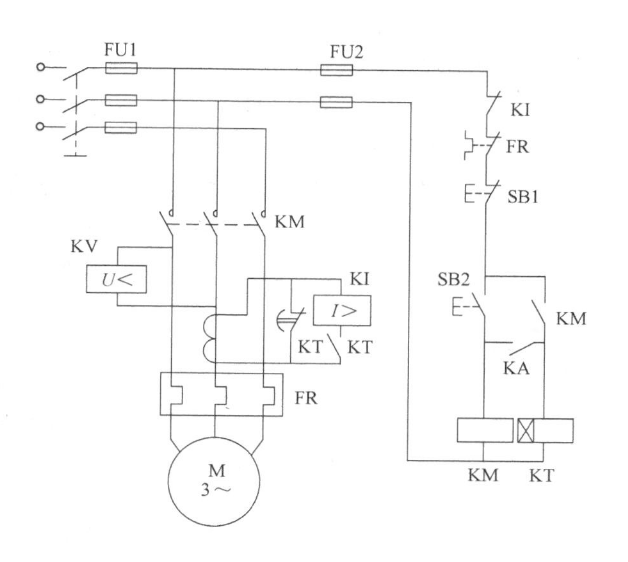

图 2-23 控制电路的欠电压、过电流、过载、短路保护

1. 短路保护

绝缘损坏、负载短接、接线错误等故障，都可能产生短路现象而使电气设备损坏，短路保护的常用方法是采用熔断器 FU。短路的瞬时故障电流可达到额定电流的几倍到几十倍。短路保护要求具有瞬动特性，即要求在很短时间内切断电源。

（1）熔断器

短路保护常用的方法是采用熔断器。如图 2-23 所示电路中的 FU1，在对主电路采用三相四线制或对变压器采用中性点接地的三相三线制的供电电路中，必须采用三相短路保护。FU2 是当主电动机功率较大时，在控制电路单独设置的短路保护熔断器，如果主电动机功率较小，其控制电路不需要另外设置熔断器，主电路中的熔断器可作为控制电路的短路保护。

（2）低压断路器

低压断路器既可作为短路保护，又可作为过载保护。其中，过电流线圈具有反时限特性，用作短路保护；热元件用作过载保护。电路出故障时低压断路器自动动作，事故处理完毕，只要重新合上开关，电路就能重新运行。

2. 过电流保护

过电流保护是区别于短路保护的另一种电流型保护，一般采用过电流继电器 KI。过电流继电器的特点是动作电流值比短路保护的小，一般不超过 2.5 倍额定电流。因为电动机或电气元器件超过其额定电流的运行状态，时间长了同样会过热损坏绝缘，过电流保护也要求有瞬动保护特性，即只要过电流值达到整定值，保护电器立即切断电源。

如图 2-23 所示，按下 SB2 后，接触器 KM 和延时继电器 KT 线圈相继通电，KT 的瞬动触点立即闭合，将过电流继电器 KI 接入电路。但当电动机起动时，KT 的常闭触点闭合，过电流继电器的过电流线圈被短接，这时虽然起动电流很大，但过电流保护不动作。起动结束后，KT 的常闭触点经过延时已断开，KI 开始起保护作用。当电流值达到整定值时，KI 动作，其常闭触点断开，KM 失电，电动机停止运行。这种方法既可用于保护目的，也可用于一定的控制目的，一般用于绕线转子异步电动机。

3. 过载保护

过载也是指电动机运行电流大于其额定电流，但超过额定电流的倍数更小些，通常在 1.5 倍额定电流以内。过载保护是采用热继电器 FR 与接触器 KM 配合动作的方法完成保护的。引起过载的原因很多，如负载的突然增加、断相运行以及电网电压降低等。长期处于过载也将引起电动机的过热，使其温度超过允许值而损坏绝缘。过载保护要求保护电器具有反时限特性，即根据电流过载倍数的不同，其动作时间是不同的，它随着电流的增加而减小。

如图 2-23 中的热继电器 FR 在过载时，其常闭触点动作，使接触器 KM 失电，电动机停转而得到保护。

4. 欠电流保护

所谓欠电流保护是指被控制电路电流低于整定值时动作的一种保护。欠电流保护通常是用欠电流继电器 KI 来实现的。欠电流继电器线圈串联在被保护电路中，正常工作时吸合，一旦发生欠电流时，就会释放，以切断电源。其线圈在线路中的接法同过电流继电器一样，但串联在控制电路中的 KI 触点应采用常开触点，并与时间继电器的常闭延时断开触点相并联。

例如，用欠电流保护可以实现弱磁保护，对于直流电动机来说，必须有一定强度的磁场才能确保正常起动运行。在起动时，如果直流电动机的励磁电流太小，产生的磁场也就减弱，将会使直流电动机的起动电流很大；当正常运转时，如直流电动机的磁场突然减弱或消失，会引起电动机转速迅速升高，损坏机械，甚至发生“飞车”事故。因此必须采用KI及时切断电源，实现弱磁保护。

5. 断相保护

异步电动机在正常运行中，由于电网故障或一相熔断器熔断引起对称三相电源缺少一相，使定子电流变得很大，造成电动机绝缘及绕组烧毁。断相保护通常采用专门为断相运行而设计的断相保护热继电器。

2.4.2 电压型保护

电动机或电气元器件都是在一定的额定电压下正常工作，电压过高、过低或者工作过程中非人为因素的突然断电，都可能造成生产机械的损坏或人身事故，因此在电气控制电路设计中，应根据要求设置失电压保护、过电压保护及欠电压保护。

1. 失电压保护

电动机正常工作时，如果因为电源电压的消失而停转，那么在电源电压恢复时就可能自行起动而造成人身事故或机械设备损坏。为防止电压恢复时电动机的自行起动或电气元器件的自行投入工作而设置的保护，称为失电压保护。如图2-23所示采用接触器KM及按钮SB2控制电动机的起停具有失电压保护作用。当突然断电时，接触器KM失电触点释放，当电网恢复正常时，由于接触器自锁电路已断开，不会自行起动。

2. 欠电压保护

电动机或电气元器件在正常运行中，电网电压降低到U_e的60%～80%时，就要求能自动切除电源而停止工作，这种保护称为欠电压保护。因为当电网电压降低时，在负载一定的情况下，电动机电流将增加；另一方面，如电网电压降低到U_e的60%，控制电路中的各类交流接触器、继电器既不释放又不能可靠吸合，处于抖动状态（有很大噪声），线圈电流增大，既不能可靠工作，又可能造成电气元器件和电动机的烧毁。

图2-23中接触器KM及按钮SB2控制方式除具有欠电压保护作用外，还可以采用低压断路器或专门的电磁式欠电压继电器KV与接触器KM配合来进行欠电压保护。欠电压继电器用其常开触点来完成保护任务，当电网低于整定值时，KV释放，其常开触点断开使接触器释放，电动机断电。

3. 过电压保护

电磁铁、电磁吸盘等大电感负载及直流电磁机构、直流继电器等，在通断时会产生较高的感应电动势，较高的感应电动势易使工作线圈绝缘击穿而损坏。因此，必须采用适当的过电压保护措施。

2.4.3 其他保护

在现代工业生产中，控制对象千差万别，所需要设置的保护措施很多。例如电梯控制系统中的越位极限保护（防止电梯冲顶或撞底），高炉卷扬机和矿井提升机设备中，则必须设置超速保护装置来控制速度等。

1. 位置保护

一些生产机械的运动部件的行程和相对位置，往往要求限制在一定范围内，必须有适当的位置保护。例如，工作台的自动往复运动需要有行程限位，起重设备的上、下、左、右和前、后运动行程都需要位置保护，否则就可能损坏生产机械并造成人身事故。

位置保护可以采用行程开关、干簧继电器，也可以采用非接触式接近开关等电气元器件构成控制电路。通常是将开关元件的常闭触点串联在接触器控制电路中，当运动部件到达设定位置时，开关动作，常闭触点打开而使接触器失电释放，于是运动部件停止运行。

2. 温度、压力、流量、转速等物理量的保护

在电气控制电路设计中，常要对生产过程中的温度、压力（液体或气体压力）、流量、运动速度等设置必要的控制与保护，将以上各物理量限制在一定范围以内，以保证整个系统的安全运行。例如，对于冷冻机、空调压缩机等，为保证电动机绕组温度不超过允许值，而直接将热敏元件预埋在电动机绕组中来控温，以保护电动机不致因过热而烧毁；大功率中频逆变电源、各类自动焊机电源的晶闸管、变压器等水冷循环系统，当水压、流量不足时将损坏器件，可以采用压力开关和流量继电器进行保护。

大多数的物理量均可转化为温度、压力、流量等，需要采用各种专用的温度、压力、流量、速度传感器或继电器，它们的基本原理都是在控制电路中串联一些受这些参数控制的常开或常闭触点，然后通过逻辑组合、联锁等实现控制的。有些继电器的动作值能在一定范围内调节，以满足不同场合的保护需要。各种保护继电器的工作原理、技术参数、选用方法可以参阅专门的产品手册和介绍资料。

2.5 简单电气控制电路设计举例

【例 2-1】 图 2-24 所示是 3 台带式运输机工作示意图。对于这 3 台带式运输机的电气要求是：

1）起动顺序为 1 号、2 号、3 号，即顺序起动，以防止货物在传送带上堆积。

2）停车顺序为 3 号、2 号、1 号，即逆序停止，以保证停车后传送带上不残存货物。

3）当 1 号或 2 号出故障停车时，3 号能随即停车，以免继续进料。

试画出 3 台带式运输机的电气控制电路图，并叙述其工作原理。

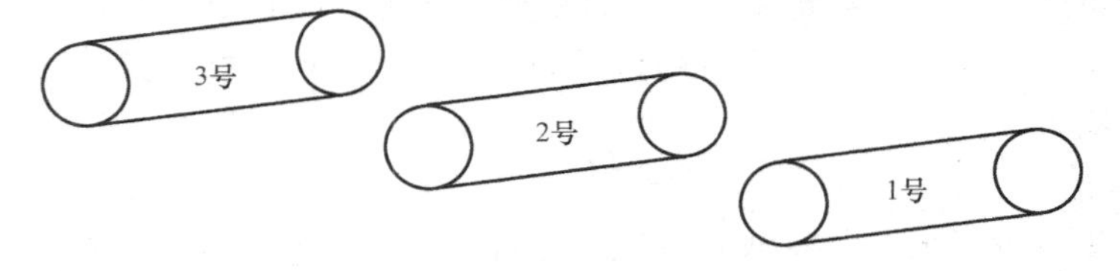

图 2-24　3 台带式运输机工作示意图

解：图 2-25 所示控制电路可满足 3 台带式运输机的电气控制要求。其工作原理叙述如下。

1）先合上刀开关 QK。

2）M1（1 号）、M2（2 号）、M3（3 号）依次顺序起动。按下 SB2，KM1 线圈得电并自锁，KM1 主触点闭合，M1（1 号）起动；KM1 常开触点闭合，按下 SB4，KM2 线圈得电并自锁，KM2 主触点闭合，M2（2 号）起动；KM2 常开触点闭合，按下 SB6，KM3 线圈得电并自锁，KM3 主触点闭合，M3（3 号）起动。

3）M1（1 号）、M2（2 号）、M3（3 号）依次逆序停止。按下 SB5，KM3 线圈失电，

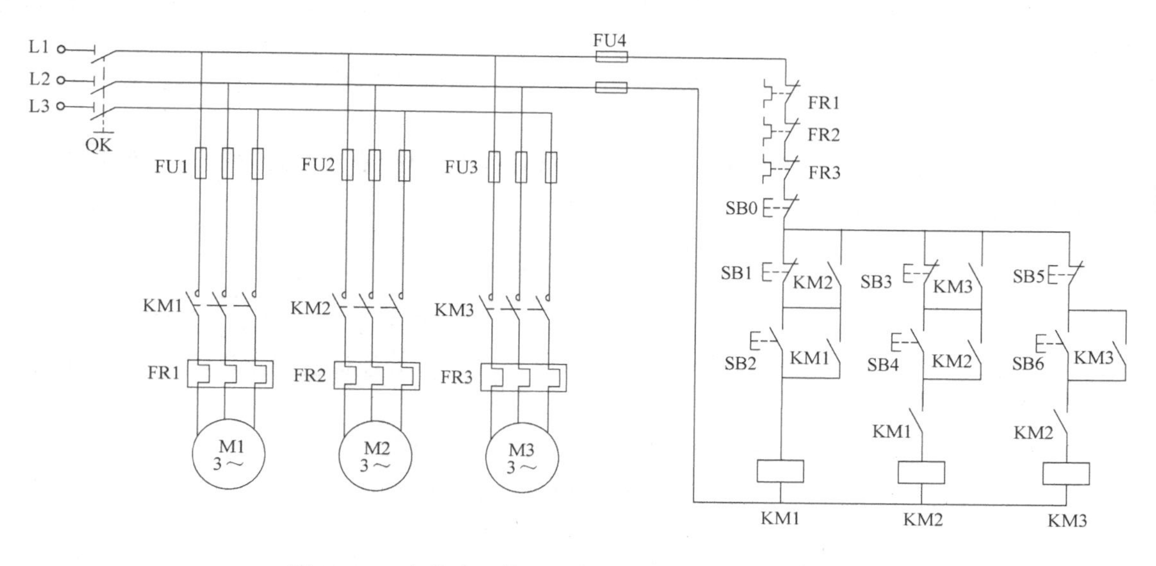

图 2-25　3 台带式运输机顺序起动、逆序停止控制电路

KM3 主触点断开，M3（3 号）停止；KM3 常开触点断开，按下 SB3，KM2 线圈失电，KM2 主触点断开，M2（2 号）停止；KM2 常开触点断开，按下 SB1，KM1 线圈失电，KM1 主触点断开，M1（1 号）停止。

4）如果 M1（1 号）因故障停车，则 KM1 线圈失电，其常开辅助触点打开，则 KM2 线圈失电，进而 KM2 的常开辅助触点打开，导致 KM3 线圈失电，M3（3 号）随即停车；同理，M2（2 号）出现故障停车，则 KM2 线圈失电，同样导致 M3（3 号）随即停车。SB0 为急停按钮，按下 SB0，KM1～KM3 线圈均失电，M1～M3 均停车。

【例 2-2】 有两台电动机，试拟定一个既能分别起动、停止，又可以同时起动、停车的控制电路。

解：图 2-26 所示控制电路可满足例 2-2 的电气控制要求。其工作原理叙述如下。

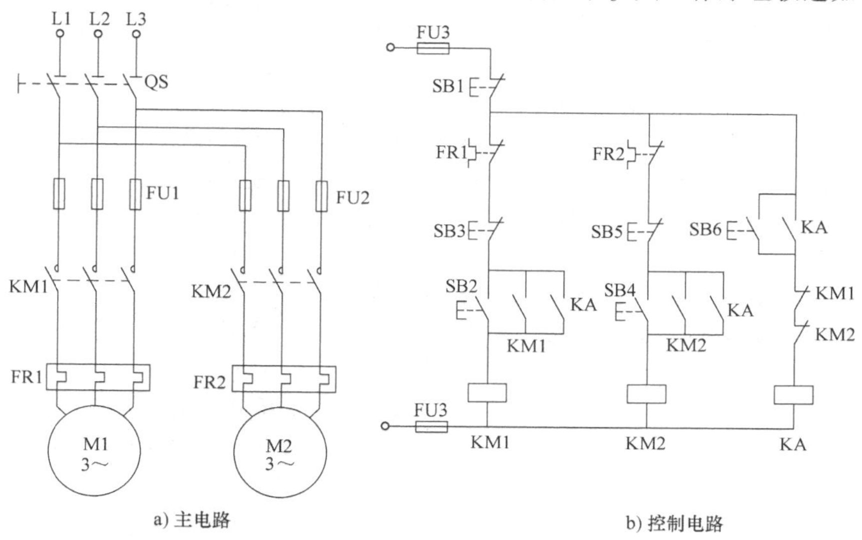

图 2-26　两台电动机分别起停和同时起停的控制电路

1）按下 SB2，KM1 得电，M1 电动机起动；按下 SB3，M1 停止运行；实现 M1 的独立起停。

2）按下 SB4，KM2 得电，M2 电动机起动；按下 SB5，M2 停止运行；实现 M2 的独立起停。

3）按下 SB6，KA 得电后 KM1 和 KM2 也同时得电，M1 和 M2 同时起动；按下 SB1，M1 和 M2 同时停止运行。

本章小结

本章主要论述了电气控制系统的基本电路——三相异步电动机的起停、正反转、制动、调速、位置控制、多地点控制、顺序控制电路。它们是分析和设计机械设备电气控制电路的基础。

正确分析和阅读电气原理图。电气控制原理图的绘制原则。

电气原理图的分析程序是：主电路→控制电路→辅助电路→联锁、保护环节→特殊控制环节，先化整为零进行分析，再集零为整，进行总体检查。

连续运转与点动控制的区别仅在于控制电器是否有自锁。依靠接触器自身辅助触点而使其线圈保持通电的现象称为自锁。

电动机三相电源进线中任意两相对调，即可实现电动机的反向运转。在电动机的正反转电路中，为防止发生相间短路故障，需要互锁触点。利用接触器触点互相制约的方法称为互锁。

笼型异步电动机常用的减压起动方式有定子电路串电阻减压起动、星形-三角形（Y-△）减压起动和自耦变压器减压起动。

常用的制动方式有反接制动和能耗制动，制动控制电路设计应考虑限制制动电流和避免反向再起动。前者是在主电路中串限流电阻，采用速度继电器进行控制；后者通入直流电流产生制动转矩，采用时间继电器进行控制。

习题与思考题

2-1　图 2-27 所示电路能否实现电动机正常的起动和停止？若不能，请改正。

2-2　如何确定笼型异步电动机是否可采用直接起动法？

2-3　试分析图 2-28 所示电路的工作原理。

2-4　在电动机的主电路中既然装有熔断器，为什么还要装热继电器？它们各起什么作用？

2-5　试设计一个采取两地操作三相异步电动机的点动与连续运转的电路图。

2-6　试设计一个三相异步电动机控制电路，要求：按下按钮 SB，电动机 M 正转；松开 SB，M 反转，1min 后 M 自动停止。

2-7　试设计两台笼型电动机 M1、M2 的顺序起动停止的控制电路。要求：

1）M1、M2 能顺序起动，并能同时或分别停止。

2）M1 起动后 M2 起动，M1 可点动，M2 可单独停止。

2-8　设计一个三相异步电动机控制电路，要求第一台电动机起动 10s 以后，第二台电动机自动起动。运行 5s 后，第一台电动机停止，同时第三台电动机自动起动；运行 15s 后，全部电动机停止。

2-9　设计一个三相异步电动机控制电路，控制一台电动机，要求：

1）可正反转。

2）两处起停控制。

3）可反接制动。

4）有短路和过载保护。

2-10 M1 和 M2 均为三相笼型异步电动机，可直接起动，按下列要求设计主电路和控制电路：

1）M1 先起动，经一段时间后，M2 自行起动。

2）M2 起动后，M1 立即停车。

3）M2 可单独停车。

4）M1 和 M2 均能点动。

SB1
SB2
KM
KM
a)
SB1
SB2
KM
KM
b)
SB1
SB2
KM
KM
c)
SB1
SB2
KM1
KM1
SB3
KM1
KM2
KM2
d)

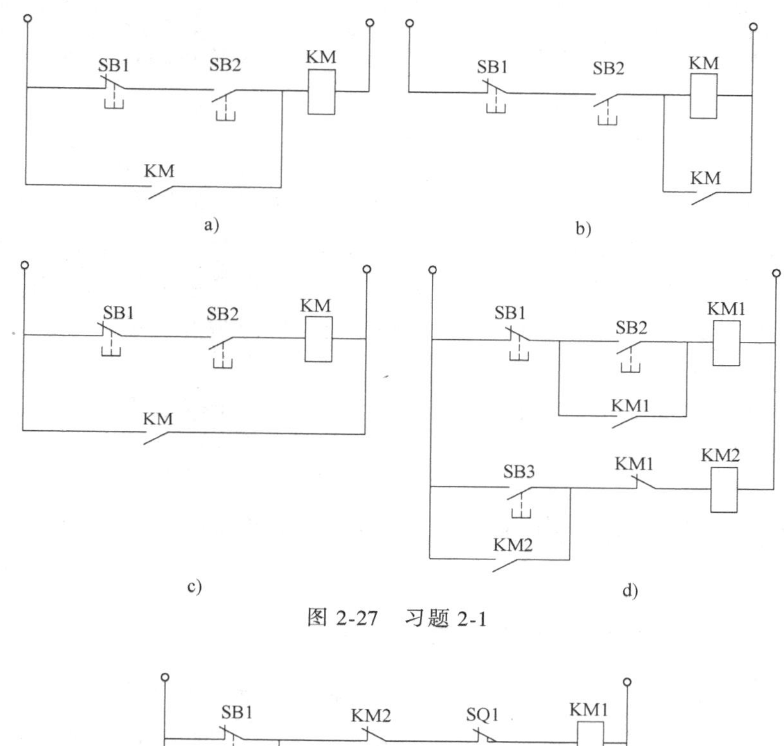

图 2-27 习题 2-1

SB1
KM2
SQ1
KM1
KM1
KT
SQ1
KT
KM1
SQ2
KM2
KM2

图 2-28 习题 2-3

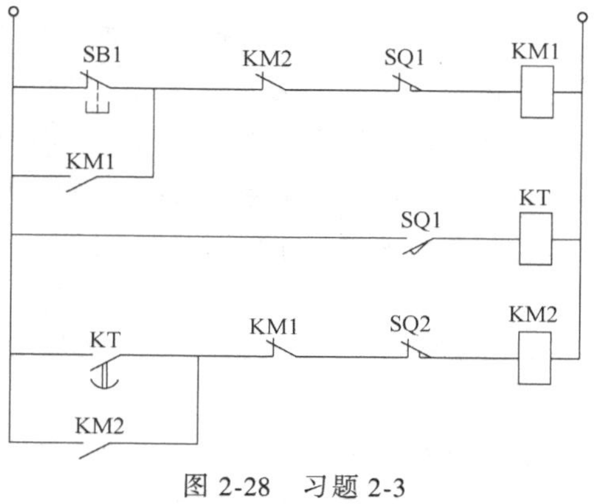

第3章

电气控制系统设计

内容简介：

本章在读者已熟练掌握各种典型电气控制电路和具备一定的阅读分析电气控制电路能力的基础上，介绍了电气控制系统的设计原则，并从原理设计和工艺设计两个方面深入探讨了电气控制系统设计的基本内容、设计方法和设计步骤。最后以某企业电镀车间专用行车电气控制装置设计为例，说明经验设计法设计电气控制电路的方法与步骤。

学习目标：

1. 能够根据具体设备的工艺要求，掌握经验设计法设计的方法与步骤。
2. 能自行设计各种电气控制系统。

3.1 电气控制系统设计的基本内容和一般原则

3.1.1 电气控制系统设计的基本内容

电气控制系统的设计包括原理设计和工艺设计两个方面。原理设计以满足生产设备的各种控制要求为目标，决定了生产设备的合理性与先进性；工艺设计以满足电气控制装置本身的制造、使用和维修的需要为目标，决定了电气控制系统是否具有生产可行性、经济性、美观、使用与维修的方便性等特点。所以电气控制系统设计要全面考虑这两方面的内容。

设计一台电气控制系统设备，一般包括以下设计内容：

1）拟定电气设计的技术条件（任务书）。

2）选择电气传动形式与控制方案。

3）选择传动电动机。

4）设计电气控制原理图（包括主、辅电路）。

5）选择电气元器件，制定电机和电气元器件明细表。

6）画出电动机、执行电磁铁、电气控制部件以及检测元件的总布置图。

7）设计电气柜、操作台、电气安装板以及非标准电器和专用安装零件。

8）绘制装配图和接线图。

9）编写设计计算说明书和使用说明书。

根据机电设备的总体技术要求和电气系统的复杂程度，以上步骤可以有增有减，某些图样和技术文件也可适当合并或增删。

3.1.2 电气传动形式的选择

电气传动形式的选择是电气设计的主要内容之一。一个电气传动系统一般由电动机、电源装置及控制装置三部分组成。电源装置和控制装置紧密相关，一般放在一起考虑。三部分各自有多种设备或电路可供选择，设计时应根据生产机械的负载特性、工艺要求及环境条件和工程技术条件选择电气传动方案。它是由工程技术条件来确定的。现分述如下：

1. 电气传动方式

电气传动方式的选择，是根据生产机械的负载特性、工艺及结构的具体情况决定选用电动机的种类、数量，是单机拖动还是多机拖动。

(1) 单机拖动

一台设备只有一台电动机，通过机械传动链连接各个工作机构。

(2) 分机拖动

一台设备由多台电动机分别驱动各个工作机构。例如，有些金属切削机床，除必需的内在联系外，主轴、每个刀架、工作台及其他辅助运动机构，都分别由单独的电动机驱动。

2. 确定调速方案

不同的对象有不同的调速要求，为了达到一定的调速范围，可采用齿轮变速箱、液压调速装置、双速或多速电动机以及电气的无级调速传动方案。在选择调速方案时，可参考以下几点：

(1) 重型或大型设备

主运动及进给运动，应尽可能采用无级调速。这有利于简化机械结构，缩小体积，降低制造成本。

(2) 精密机械设备

如坐标镗床、精密磨床、数控机床以及某些精密机械手，为了保证加工精度和动作的准确性，便于自动控制，也应采用电气无级调速方案。

电气无级调速一般采用较先进的晶闸管-直流电动机调速系统。但直流电动机与交流电动机相比，体积大、造价高、可靠性差、维护困难。因此，随着交流调速技术的发展，通过全面经济技术指标分析，可以考虑交流调速系统。

(3) 一般中小型设备

如普通机床没有特殊要求时，可选用经济、简单、可靠的三相笼型异步电动机，配以适当极数的齿轮变速箱。为了简化结构，扩大调速范围，也可采用双速或多速的笼型异步电动机。在选用三相笼型异步电动机的额定转速时，应满足工艺条件要求 。

(4) 负载特性

不同机电设备的各个工作机构，具有各自不同的负载特性 [$P=f(n)$, $M=f(n)$]，如机床的主运动为恒功率负载，而进给运动为恒转矩负载。

在选择电动机调速方案时，要使电动机的调速特性与负载特性相适应，否则将会引起拖动工作的不正常，电动机不能充分合理的使用。例如，双速笼型异步电动机，当定子绕组由△联结改接成YY联结时，转速增加1倍，功率却增加很少，因此它适用于恒功率传动；对于低速为Y联结的双速电动机改接成YY后，转速和功率都增加1倍，而电动机所输出的转矩却保持不变，它适用于恒转矩传动。

分析调速性质和负载特性，找出电动机在整个调速范围内转矩、功率与转速的关系，以确定负载需要恒功率调速还是恒转矩调速，为合理确定拖动方案和控制方案，以及选择电动机提供必要的依据。

(5) 电动机的选择

电动机的选择包括电动机的种类、结构形式、额定转速和额定功率。电动机的种类和转速根据生产机械的调速要求选择，一般都应采用感应电动机，仅在起动、制动和调速不满足要求时才选用直流电动机；电动机的结构形式应适应机械结构和现场环境，可选用开启式、防护式、封闭式、防腐式甚至是防爆式电动机；电动机的额定功率根据生产机械的功率负载和转矩负载选择，使电动机功率得到充分利用。

一般情况下，为了避免复杂的计算过程，电动机功率的选择往往采用统计类比或根据经验采用工程估算方法，但这通常具有较大的宽裕度。

(6) 起动、制动和反向要求

一般说来，由电动机完成设备的起动、制动和反向要比机械方法简单容易。设备主轴的起动、停止、正反转运动和调整操作，只要条件允许，最好由电动机完成。

机械设备主运动传动系统的起动转矩一般都比较小，因此，原则上可采用任何一种起动方式。对于它的辅助运动，在起动时往往要克服较大的静转矩，必要时也可选用高起动转矩的电动机，或采用提高起动转矩的措施。另外，还要考虑电网容量，对电网容量不大而起动电流较大的电动机，一定要采取限制起动电流的措施，如串电阻减压起动等，以免电网电压波动较大而造成事故。

传动电动机是否需要制动，应视机电设备工作循环的长短而定。对于某些高速高效金属切削机床，宜采用电动机制动。对于制动的性能无特殊要求而电动机又需要反转时，则采用反接制动可使电路简化。在要求制动平稳、准确，即在制动过程中不允许有反转可能性时，则宜采用能耗制动方式。在起吊运输设备中也常采用具有联锁保护功能的电磁机械制动（电磁抱闸），有些场合也采用回馈制动。

3.1.3 电气控制系统设计的一般原则

生产设备种类繁多，电气控制方案各异，但电气控制系统的设计原则基本一致。在进行电气控制系统的设计时应遵循以下原则：

1. 最大限度满足生产设备和生产工艺对电气控制的要求

控制电路是为整个设备和工艺过程服务的。因此，在设计之前，要调查清楚生产要求，对机械设备的工作性能、结构特点和实际加工情况有充分的了解。电气设计人员深入现场对同类或接近的产品进行调查，收集资料，加以分析和综合，并在此基础上考虑控制方式，起动、反向、制动及调速的要求，设置各种联锁及保护装置，最大限度地实现生产机械和工艺对电气控制电路的要求。

2. 在满足生产要求的前提下，力求使控制电路简单、经济

1) 尽量选用标准的、常用的或经过实际考验过的环节和电路。

2) 尽量缩短连接导线的数量和长度。

设计控制电路时，应合理安排各电器的位置，考虑到各个元器件之间的实际接线，要注意电气柜、操作台和限位开关之间的连接线。

例如，图 3-1 是电气柜接线，要求起动按钮 SB1 和停止按钮 SB2 装在操作台上，接触器 KM 装在电气柜内。图 3-1a 所示的接线不合理，按它接线就需要由电气柜引出 4 根导线到操作台的按钮上。图 3-1b 所示接线是合理的，它将起动按钮 SB1 和停止按钮 SB2 直接连接，两个按钮之间距离最小，所需连接导线最短。这样，只需要从电气柜内引 3 根导线到操作台上，节省了一根导线。特别要注意，同一电器的不同触点在电路中应尽可能具有更多的公共接线，这样，可以减少导线数和缩短导线的长度。

3）尽量减少电气元器件的品种、规格和数量，并尽可能采用性能优良、价格便宜的新型器件和标准件，同一用途尽量选用相同型号的电气元器件。

4）尽量减少不必要的触点以简化电路。在满足动作要求的条件下，电气元器件触点越少，控制电路的故障概率就越低，工作的可靠性越高。常用的方法有：

① 在获得同样功能情况下，合并同类触点。如图 3-2 所示，图 3-2b 将两个电路中同一触点合并比图 3-2a 在电路上少了一对触点。但是在合并触点时应注意触点对额定电流值的限制。

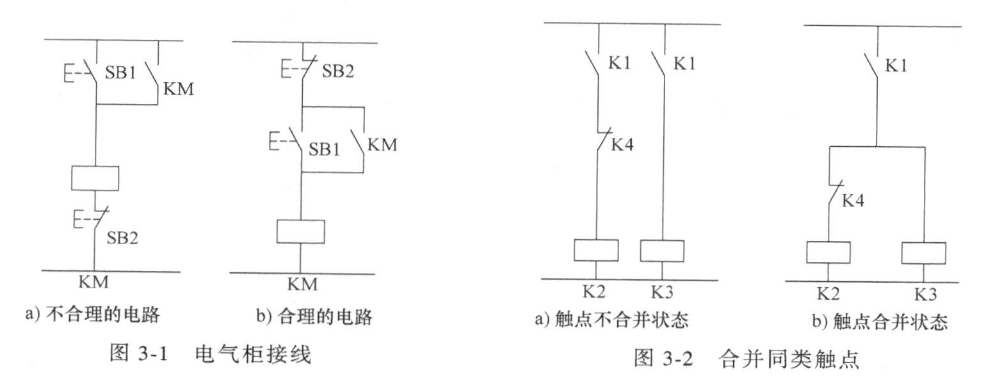

a) 不合理的电路　b) 合理的电路

图 3-1　电气柜接线

a) 触点不合并状态　b) 触点合并状态

图 3-2　合并同类触点

② 利用二极管的单向导电性来有效地减少触点数，如图 3-3 所示。对于弱电电气控制电路，这样做既经济又可靠。

③ 在设计完成后，利用逻辑代数进行化简，得到最简化的电路。

④ 尽量减少电器不必要的通电时间，使电气元器件在必要时通电，不必要时尽量不通电，可以节约电能并延长电器的使用寿命。由图 3-4a 可知，接触器 KM2 得电后，接触器 KM1 和时间继电器 KT 就失去了作用，不必继续通电，但它们仍处于带电状态。图 3-4b 所示线路比较合理。在 KM2 得电后，切断了 KM1 和 KT 的电源，节约了电能，并延长了该电器的寿命。

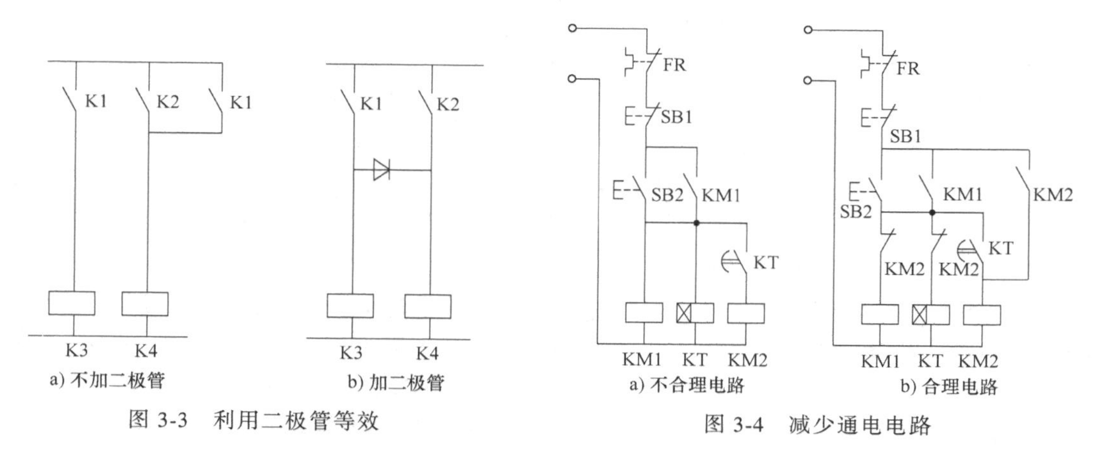

a) 不加二极管　b) 加二极管

图 3-3　利用二极管等效

a) 不合理电路　b) 合理电路

图 3-4　减少通电电路

3. 元器件选用合理、正确，保证控制电路工作可靠、安全

1）选用的电气元器件要可靠、牢固、动作时间短，抗干扰性能好。

2）正确连接电器的线圈。

在交流控制电路中不能串联接入两个电器的线圈，即使外加电压是两个线圈额定电压之和，也是不允许的，如图 3-5 所示。因为每个线圈上所分配到的电压与线圈阻抗成正比，两个电器动作总是有先有后，还可能同时吸合。若接触器 KM2 先吸合，线圈电感显著增加，其阻抗比未吸合的接触器 KM1 的阻抗大，因而在该线圈上的电压降增大，使 KM1 的电压达不到动作电压。因此，若需两个电器同时动作时，其线圈应该并联。

对于直流电磁线圈，只要其电阻相同，是可以串联的。但最好不要并联，特别是两者电感量相差较大时。如图 3-6a 所示，其中直流电磁铁 YA 与继电器线圈 KA 并联，在接通电源时可以正常工作，但在断开电源时，由于电磁铁线圈的电感比继电器线圈的电感大得多，因此在断电时继电器很快释放，但电磁铁线圈产生的自感电动势将使继电器又吸合，一直到继电器线圈上的电压再次下降到释放值时为止，这就会造成继电器的误动作。解决办法是 YA 和 KA 各用一个接触器 KM 的触点来控制，如图 3-6b 所示。

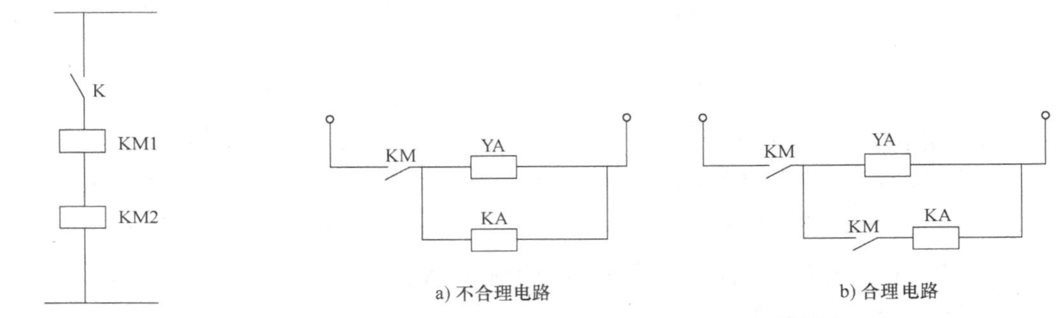

a) 不合理电路　　b) 合理电路

图 3-5　线圈不能串联　　图 3-6　电磁铁与继电器线圈

3）正确连接电器的触点。同一电气元器件的常开触点和常闭触点靠得很近，若分别接在电源不同的相上，由于各相的电位不等，当触点断开时，会产生电弧形成短路，如图 3-7 所示。

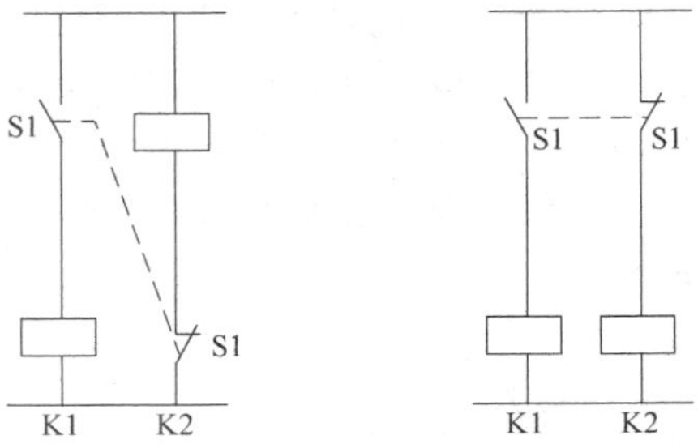

4）在控制电路中，采用小容量继电器的触点来断开或接通大容量接触器的线圈时，要计算继电器触点断开或接通容量是否足够，不够时必须加小容量的接触器或中间继电器，否则工作不可靠。

5）在频繁操作的可逆电路中，正反向接触器应选加重型的接触器，且应有电气和机械联锁。

a) 产生飞弧　　b) 消除飞弧

图 3-7　电气触点正确连接方式

6）在线路中应尽量避免许多电器依次动作才能接通另一个电器的控制电路，如图 3-8a 所示电器连接方式不合理，图 3-8b 为正确电路。

7）避免发生触点"竞争"与"冒险"现象。通常我们分析控制电路的电器动作及触点的接通和断开，都是静态分析，没有考虑其动作时间。实际上，由于电磁线圈的电磁惯性、机械惯性、机械位移量等因素，通断过程中总存在一定的固有时间（几十毫秒至几百毫秒），这是电气元器件的固有特性，它的延时通常是不确定、不可调的。

在电气控制电路中，在某一控制信号作用下，电路从一个状态转换到另一个状态时，常常有几个电器的状态发生变化，由于电气元器件总有一定的固有动作时间，往往会发生不按预定时序动作的情况，触点争先吸合，发生振荡，这种现象称为电路的“竞争”。另外，由于电气元器件的固有释放延时作用，也会出现开关电器不按要求的逻辑功能转换状态的可能性，称这种现象为“冒险”。“竞争”与“冒险”现象都将造成控制电路不能按要求动作，引起控制失灵。例如，图3-9是时间继电器组成的反身关闭电路中触点竞争与解决的方法。当时间继电器KT的常闭触点延时断开时，KT线圈失电，又使经 t_s 延时断开的常闭触点闭合，以及经 t_1 瞬时动作的常开触点断开。若 $t_s > t_1$，则电路能反身关闭；若 $t_s < t_1$，则KT再次吸合，这种现象就是触点竞争。在此电路中，增加中间继电器KA便可以解决，如图3-9b所示。

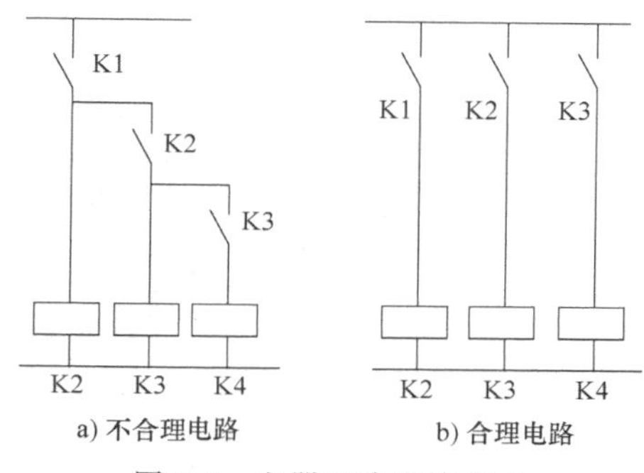

a) 不合理电路　　b) 合理电路

图3-8　电器正确连接方式

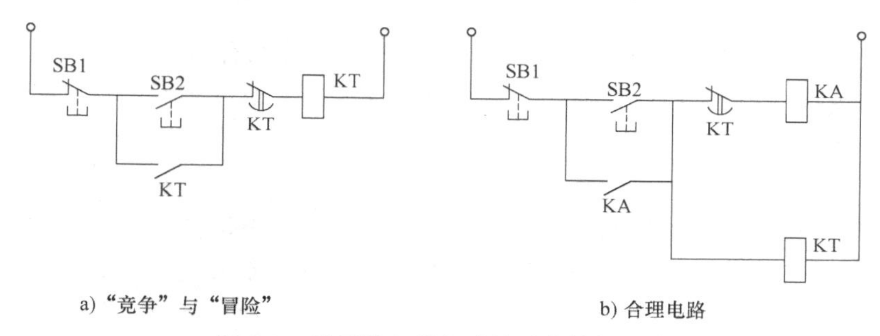

a) “竞争”与“冒险”　　b) 合理电路

图3-9　时间继电器组成的反身关闭电路

避免发生触点“竞争”与“冒险”现象的方法有：

① 应尽量避免许多电器依次动作才能接通另一个电器的控制电路。

② 防止电路中因电气元器件固有特性引起配合不良后果，当电气元器件的动作时间可能影响到控制电路的动作程序时，就需要用时间继电器配合控制，这样可清晰地反映元件动作时间及它们之间的互相配合；若不可避免，则应将产生“竞争”与“冒险”现象的触点加以区分、联锁隔离或采用多触点开关分离。

8）在控制电路中应避免出现寄生电路。在电气控制电路的动作过程中，意外接通的电路叫作寄生电路（或假电路）。图3-10所示是一个具有指示灯和热继电器保护的正反向控制电路。正常工作时，能完成正反向起动、停止和信号指示；但当热继电器FR动作时，线路就出现了寄生电路（如图3-10a中虚线所示），使正向接触器KM1不能释放，起不了保护作用。

避免产生寄生电路的方法有：

① 在设计电气控制电路时，严格按照“线圈、能耗元件下边接电源（中性线），上边接触点”的原则，降低产生寄生回路的可能性。

② 还应注意消除两个电路之间产生联系的可能性，若不可避免应加以区分、联锁隔离或采用多触点开关分离。如将图3-10中的指示灯分别用KM1、KM2的另外常开触点直接连接到左边控制母线上，就可消除寄生电路。

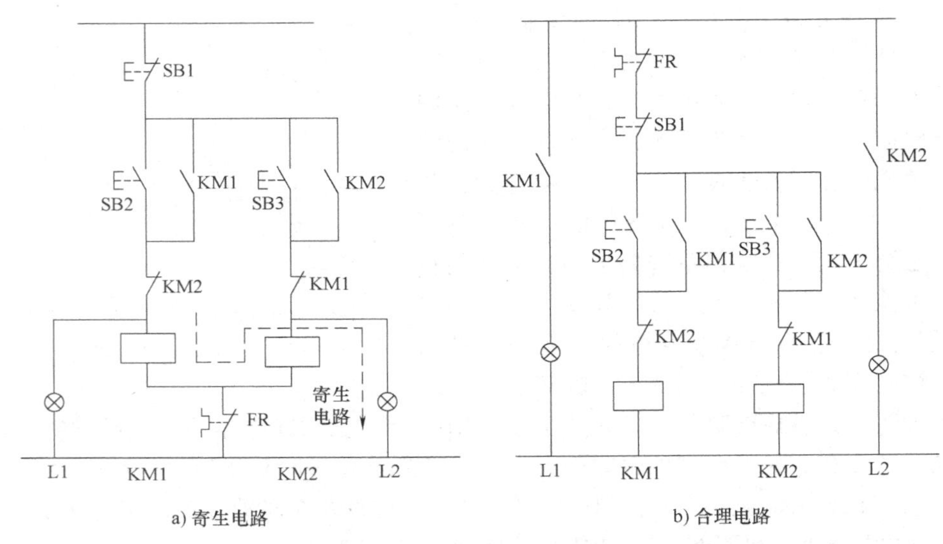

图 3-10　具有指示灯和热继电器保护的正反向控制电路中的寄生电路

9）设计的电路应能适应所在电网情况，根据现场的电网容量、电压、频率以及允许的冲击电流值等，决定电动机应直接或间接（减压）起动。

4. 操作和维修方便

电气设备应力求维修方便，使用安全。电气元器件应留有备用触点，必要时应留有备用电气元器件，以便检修、改接线用。为避免带电检修，应设置隔离电器。控制机构应操作简单、便利，能迅速而方便地由一种控制形式转换到另一种控制形式，例如由手动控制转换到自动控制。

3.2　电气控制系统的原理设计

电气控制系统的原理设计有两种主要的设计方法，一种是经验设计法，另一种是逻辑设计法。本书只介绍经验设计法。

3.2.1　经验设计法

经验设计法也称为分析设计法。所谓经验设计法就是根据生产工艺要求直接设计出控制电路。在具体的设计过程中常有两种做法：一种是根据生产机械的工艺要求，适当选用现有的典型环节，将它们有机地组合起来，综合成所需要的控制电路；另一种是根据工艺要求自行设计，随时增加所需的电气元器件和触点，以满足给定的工作条件。

一般的生产机械电气控制电路设计包括主电路和辅助电路等的设计。设计时应遵循以下步骤：

1. 主电路设计

主要考虑电动机的起动、点动、正反转、制动及多速电动机的调速，另外还考虑包括短路、过载、欠电压等各种保护环节以及联锁、照明和信号等环节。

2. 控制电路设计

主要考虑如何满足电动机的各种运转功能及生产工艺要求，包括实现加工过程自动或半自动的控制等。

3. 辅助电路设计

主要考虑如何完善整个控制电路的设计，包括短路、过载、零电压、联锁、照明、信号、充电测试等各种保护环节。

4. 反复审核电路是否满足设计原则

在条件允许的情况下，进行模拟试验，逐步完善整个电气控制电路的设计直至电路动作准确无误。

经验设计法的优点是：设计方法简单，无固定的设计程序，它是在熟练掌握各种典型电气控制电路和具备一定的阅读分析电气控制电路能力的基础上进行的，容易被初学者所掌握，在电气控制系统的设计中被广泛使用。其缺点是：设计出的方案不一定是最佳方案，当经验不足或考虑不周全时会影响电路工作的可靠性。为此，应根据生产工艺要求反复审核电路工作情况，及时发现问题并进行修改，直到电路动作准确无误。

3.2.2　逻辑设计法

根据生产工艺的要求，将主令电器的接通与断开，接触器、继电器线圈的得电与失电，触点的闭合与断开等当成逻辑变量，并用逻辑代数来表示、分析、化简和设计电路。

逻辑设计法能获得经济合理、安全可靠的最佳设计方案，但整个设计过程较复杂，对于初学者该方法不直观，设计难度较大，在常规设计中，很少单独采用。本书不再对此展开详细叙述。

3.3　电气控制系统的工艺设计

在完成电气原理设计及电气元器件选择之后，就应进行电气控制的工艺设计。工艺设计的目的是满足电气控制设备的制造和使用要求。工艺设计内容包括：

1）电气控制设备总体配置，即总装配图、总接线图。

2）各部分的电器装配图与接线图，并列出各部分元器件目录、进出线号以及主要材料清单等技术资料。

3）编写使用说明书。

3.3.1　电气设备总体配置设计

各种电动机及各类电气元器件根据各自的作用，都有一定的装配位置，在构成一个完整的自动控制系统时，必须划分组件。以龙门刨床为例，可划分机床电器部分（各拖动电动机、抬刀机构电磁铁、各种行程开关和控制站等）、机组部件（交磁放大机组、电动发电机组等）以及电气箱（各种控制电器、保护电器、调节电器等）。根据各部分的复杂程度又可划分成若干组件，如印制电路组件、电器安装板组件、控制面板组件、电源组件等，根据电气原理图的接线关系整理出各部分的进出线号，并调整它们之间的连接方式。

总体配置设计是以电气系统的总装配图与总接线图形式来表达的，图中应以示意形式反映出各部分主要组件的位置及各部分接线关系、走线方式及使用行线槽、管线要求等。总装配图、接线图（根据需要可以分开，也可以并在一起）是进行分部设计和协调各部分组成一个完整系统的依据。总体设计要使整个系统集中、紧凑，同时在空间允许条件下，对发热元件、噪声振动大的电气部件，如热继电器、起动电阻等，应尽量放在离其他元器件较远的地方或隔离起来，对于多工位加工的大型设备，应考虑两地操作方便，总电源开关、紧急停止控制开关应安放在方便且明显的位置。总体配置设计合理与否关系到电气系统的制造、装配质量，将影响到电气控制系统性能的实现及其工作的可靠性，以及操作、调试、维护等工作的方便及质量。

1. 划分组件的原则

1）功能类似的元器件组合在一起。例如用于操作的各类按钮、开关、键盘、指示检测、调节等元器件集中为控制面板组件，各种继电器、接触器、熔断器、照明变压器等控制电器集中为电气板组件，各类控制电源、整流、滤波元件集中为电源组件等。

2）尽可能减少组件之间的连线数量，接线关系密切的控制电器置于同一组件中。

3）强弱电控制器分离，以减少干扰。

4）力求整齐美观，外形尺寸、重量相近的电器组合在一起。

5）为便于检查与调试，需将经常调节、维护的易损元器件组合在一起。

2. 电气控制设备的各部分及组件之间的接线方式

1）电器板、控制板、机床电器的进出线一般采用接线端子（按电流大小及进出线数选用不同规格的接线端子）。

2）电器箱与被控设备或电气箱之间采用多孔接插件，便于拆装、搬运。

3）印制电路板及弱电控制组件之间宜采用各种类型标准接插件。

总体配置设计是以电气系统的总装配图与总接线图形式来表达的。图中应以示意形式反映出各部分主要组件的位置及各部分接线关系、走线方式及使用管线要求等。

3.3.2 元器件布置图的设计及电气部件接线图的绘制

总体配置设计确定了各组件的位置和连线后，就要对每个组件中的电气元器件进行设计，包括布置图、接线图、电气箱及非标准零件图的设计。

1. 电气元器件布置图

电气元器件布置图是依据总原理图中的部件原理图设计的，是某些电气元器件按一定原则的组合。布置图是根据电气元器件的外形绘制，并标出各元器件间距尺寸。每个电气元器件的安装尺寸及其公差范围，应严格按产品手册标准标注，作为底板加工依据，以保证各元器件的顺利安装。同一组件中电气元器件的布置要注意以下问题：

1）体积大和较重的电气元器件应装在电器板的下面，而发热元件应安装在电器板的上面。

2）强弱电分开并注意弱电屏蔽，防止外界干扰。

3）需要经常维护、检修、调整的电气元器件安装位置不宜过高或过低。

4）电气元器件的布置应考虑整齐、美观、对称，外形尺寸与结构类似的元器件安放在一起，以利加工、安装和配线。

5）电气元器件布置不宜过密，要留有一定的间距，若采用板前走线槽配线方式，应适当加大各排元器件间距，以利布线和维护。

各电气元器件的位置确定以后，便可绘制电气布置图。在电器布置图设计中，还要根据本部件进出线的数量（由部件原理图统计出来）和采用导线规格，选择进出线方式，并选用适当接线端子板或接插件，按一定顺序标上进出线的接线号。

2. 电气部件接线图

电气部件接线图是部件中各电气元器件的接线图。电气元器件的接线要注意以下问题：

1）接线图和接线表的绘制应符合 GB/T 6988.1—2008 中《电气制图用文件的编制 第 1 部分：规则》的相关规定。

2）电气元器件按外形绘制，并与布置图一致，偏差不要太大。

3）所有电气元器件及其引线应标注与电气原理图中相一致的文字符号及接线号。

4）与电气原理图不同，在接线图中，同一电气元器件的各个部分（触点、线圈等）必须画在一起。

5）电气接线图一律采用细线条，走线方式有板前走线及板后走线两种，一般采用板前走线。对于简单电气控制部件，电气元器件数量较少，接线关系不复杂，可直接画出元器件间的连线。但对于复杂部件，电气元器件数量多，接线较复杂，一般是采用走线槽，只需在各电气元器件上标出接线号，不必画出各元器件间连线。

6）接线图中应标出配线用的各种导线的型号、规格、截面积及颜色要求。

7）部件的进出线除大截面导线外，都应经过接线板，不得直接进出。

3.3.3 电气控制柜和非标准组件设计

电气控制系统比较简单时，控制电器可以安装在生产机械内部，控制系统比较复杂或操作需要时，都要有单独的电气控制柜。

电气控制柜设计要考虑以下几方面问题：

1）根据各元器件的种类和数量确定电气柜的结构和尺寸。

2）电气控制柜的结构应紧凑，便于安装、移动和维修，外形美观，并与生产机械相匹配。

3）电气控制柜应安装必要的通风装置，便于柜内散热。

4）应设计起吊钩或柜体底部带活动轮，便于电气控制柜的移动。

电气控制柜结构常设计成立式或工作台式，小型控制设备则设计成台式或悬挂式。电气控制柜的品种繁多，结构各异。设计中要吸取各种型式的优点，设计出适合的控制柜。

非标准组件应根据生产设备的功能要求进行设计，如开关支架、电气安装底板、操作台或电气柜面板、把手等。

3.3.4 材料清单和说明书编写

在电气控制系统原理设计及工艺设计结束后，应根据各种图样，对本设备需要的各种零件及材料进行综合统计，按类别统计出外购成件汇总清单表、标准件清单表、主要材料消耗定额表及辅助材料消耗定额表。

设计及使用说明书是设计审定及调试、使用、维护过程中必不可少的技术资料。设计及使用说明书应包含以下主要内容：

1）拖动方案选择依据及本设计的主要特点。

2）主要参数的计算过程。

3）各项技术指标的核算与评价。

4）设备调试要求与调试方法。

5）使用、维护要求及注意事项。

3.4 某企业电镀车间专用行车电气控制装置设计示例

3.4.1 设计任务书

1. 设计任务概况

某企业为了使其电镀车间提高工效、促进生产自动化和减轻劳动强度，欲制造一台专用半自动起吊设备。该设备采用远距离控制，起吊质量在500kg以下。起吊物品是待进行电镀及表面处理的各种产品零件，根据工艺要求，专用行车的结构与动作流程如图3-11所示。

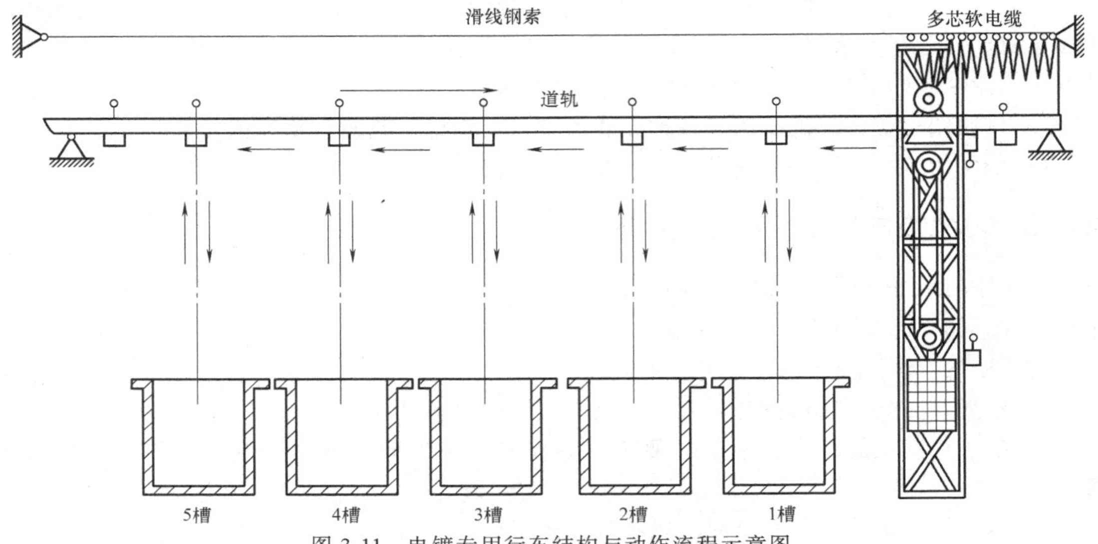

图3-11 电镀专用行车结构与动作流程示意图

在电镀生产线一侧，工人将待加工零件装入吊篮，并发出信号，专用行车便提升并自动逐段前进，按工艺要求在需要停留的槽位停止，并自动下降，停留一定时间后自动提升，如此完成电镀工艺规定的每一道工序，直至生产线的末端自动返回原位，卸下处理好的零件，重新装料发出信号进入下一加工循环。生产线上有5个镀槽，各槽停留时间由用户预先按工艺设定。

对于不同零件，其镀锌、镀铬、镀镍镉及镀层要求和工艺过程是不相同的，因此还要求电气控制系统能针对不同工件的工艺流程，由程序预选和修改性能。设备机械结构与普通小型行车结构类似，跨度较小，但要求准确停位，以便吊篮能准确进入电镀槽内。工作时，除具有自动控制的大车前/后移动与吊物上/下运动外，还有调整吊篮位置的小车运动（左/右）。

2. 传动形式的选择

行车中的小车、大车及升降运动无特殊要求，选用三相笼型交流异步电动机即可满足传动需要，每台电动机的拖动功率基本一样，故选择三台相同的电动机，每台额定功率为1.1kW、额定电压为380V、额定电流为1.99A、额定转速为1400/min，分别拖动，并采用机械减速。

3. 技术设计方案

根据设计任务书，确定如下技术方案。

1）控制装置具有程序预选功能，可按电镀工艺要求确定需要的停留工位，一旦程序选定，除上、下装卸零件，整个电镀工艺应能自动进行。

2）前后运动、升降运动要求准确停位。前后、升降及左右运动之间有联锁作用。

3）采用远距离控制，整机电源及各动作需要有相应灯光指示。

4）设置极限位置保护和必要的电气保护措施。

3.4.2　设计过程

1. 总体方案选择说明

1）行车的左右、前后及上下运动分别由电动机 M1、M2、M3 拖动，并通过正反转控制实现两个方向的移动。

2）进退与升降运动停止时，采用能耗制动，以保证准确停位。平移中，升降电动机 M3 采用电磁抱闸制动，以保证安全。

3）位置控制指令信号，由固定在轨道一侧的限位开关发出，并用调节挡铁的方法来保证吊篮与镀槽相对位置的准确性。

4）制动时间与各槽停留时间，由延时继电器控制。

5）采用串入或短接位置指令信号的方法，实现程序可调。

6）M2、M3 为自动控制连续运转，采用热继电器实现过载保护，左右移动为调整运动，短时工作无过载保护。

7）采用带指示灯控制按钮，以显示设备运动状态。

8）主电路及控制电路采用熔断器实现短路保护。

9）由限位开关实现三方向的位置保护。

10）电气控制箱置于操作室内，落地安装。

2. 电气控制原理图设计

（1）主电路设计

根据设计原则绘制出如图 3-12 所示的主电路。

1）由接触器 KM1～KM6 分别控制电动机 M1～M3 的正、反转。

2）M2、M3 由热继电器 FR1、FR2 实现过载保护，M1 为点动短时工作，故不设过载保护。

3）由 FU1 实现短路保护，并由隔离开关 QS 作为电源控制。

4）为保证准确停位，并考虑到进退与升降运动由同一型号电动机拖动，且相互联锁不会同时工作，所以，停车时采用同一个直流电源实现能耗制动，即直流电源单相桥式整流。能耗制动回路中设有单独的熔断器短路保护 FU2、FU4。

5）考虑到升降运动吊有一定的重量，在行车平移中，需设置电磁铁抱闸制动控制。三相电磁铁 YA 与 M3 并联，当 M3 得电时，YA 工作，松开制动允许升降运动。M3 失电时，YA 释放，抱闸制动，使吊篮稳定停留在空中，能安全地前后平移。

（2）控制电路设计

根据要求设计出图 3-13 所示控制电路。

1）吊篮的左右移动，由 KM1、KM2 控制 M1 的正、反转实现。

2）M1 正转左移，反转右移，采用点动控制，两地操作（控制操作台、现场操作）。

3）在吊篮进退与升降运动中，不允许左右移动，故串联 KA1～KA4 常闭触点以实现联锁。左右极限位置保护由固定于左右两端的限位开关 SQ6、SQ7 实现。

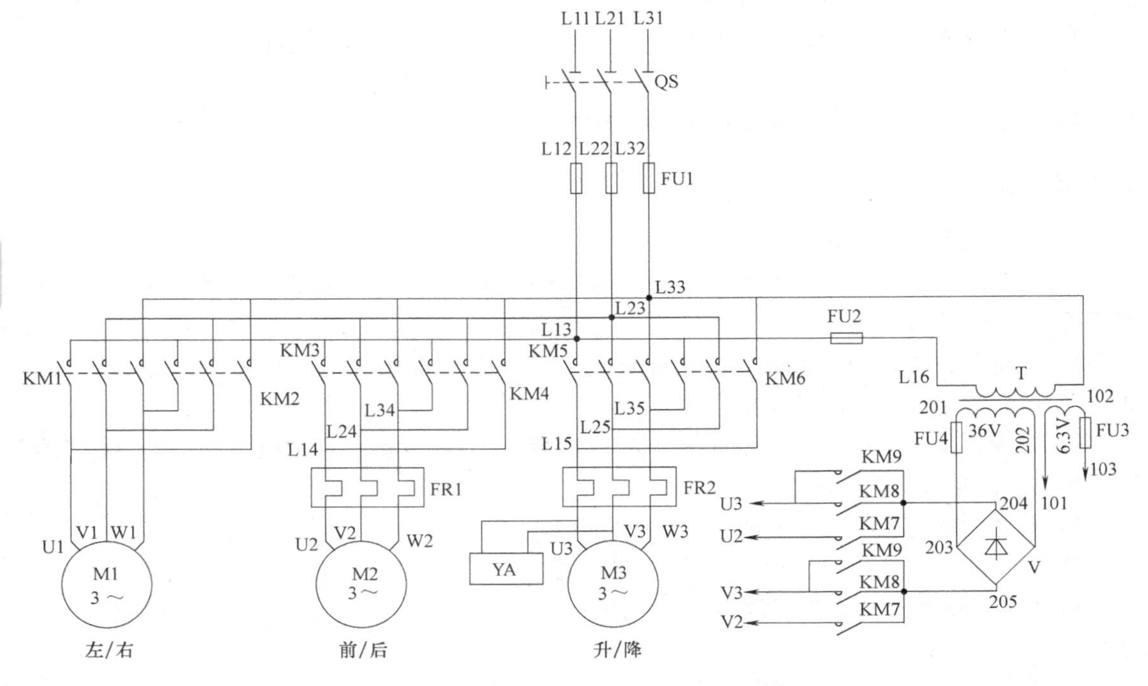

图 3-12　电镀专用行车电气控制主电路

4）根据电镀工艺要求，行车前进运动与升降运动为自动控制，其控制过程是：按下 SB1，KM3 及 KA1 吸合，行车前进，当运行至需要停留的槽位，例如至 1 槽清洗，由运动挡铁压下固定于道轨一侧的行程开关 SQ1，SQ1 常闭触点串在 M2 控制回路中，使 KM3、KA1 失电，M2 停止旋转。

同时，由 KA1 常闭及 SQ1 常开触点接通前进制动回路，KM7、KT1 得电，使 M2 制动行车准确停在 1 槽。制动时间由 KT 调定，停留时间由 KT4 调定。若工艺要求 1 槽无须停留，则可扳动开关 SA1，使其常开触点闭合，常闭触点打开，则行车继续前进。在 M2 制动的同时，由 KM7 常开触点接通 KM6 与 KA4，使 M3 正转，吊篮下降，至下极限位，限位开关 SQ11 受压，使 KM6 失电。同时，SQ11 常开触点接通下降制动回路，而使其迅速停车。零件在槽内停留时间由时间继电器 KT4 自动控制，KT4 延时闭合触点接通 KM5、KA3，使 M3 反转，吊篮上升。到上极限位压下限位开关 SQ10，使 M3 停转。同时，SQ10 常开触点接通上升制动回路，使 KM8 和 KT2 得电，在制动的同时，由 KM8 常开触点接通行车前进控制回路。如此循环，直至按工艺要求完成零件的电镀过程，行车到达终点，压下 SQ8 自动停止前进，同时，由 SQ8 常开触点接通 KM4、KA2 使行车自动回到原位。进退与升降之间，由 KA1、KA2 及 KA3、KA4 常闭触点串于对方控制回路，实现联锁。过载保护由 FR1、FR2 常闭触点串在 M2、M3 各自的控制回路中实现。

5）根据控制要求，KM3～KM6 的辅助触点数量不够，因而采用并联 KA1～KA4 中间继电器办法来解决。

6）因设备调整需要，进退及升降控制既有连续运转控制，也有点动控制。

7）由 FU5 对控制电路进行短路保护。

8）控制电压直接采用电网电压。

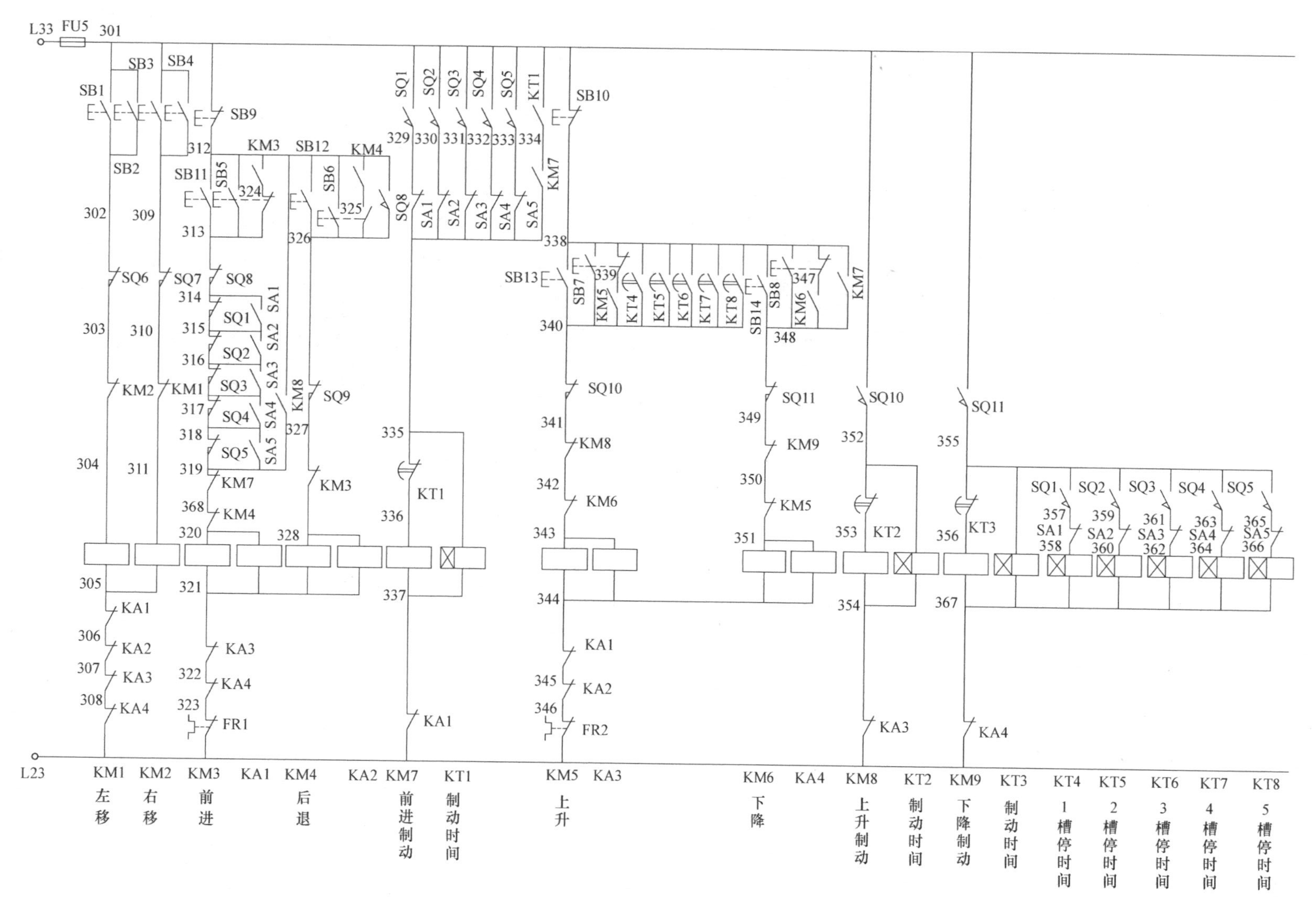

图 3-13 电镀专用行车控制电路

（3）灯光指示电路设计

根据设计要求，设计的灯光指示电路如图 3-14 所示。合上 QS，HL0 指示灯亮，表示控制系统已通电。生产过程中由灯 HL7～HL10（在 SB11～SB14 中）显示行车的进退、升降运行状态，并由灯 HL1～HL5 显示行车的停留位置。

至此，按设计要求检查各动作程序、各种保护、联锁等，全部符合要求后，即可绘制电气控制总原理图。

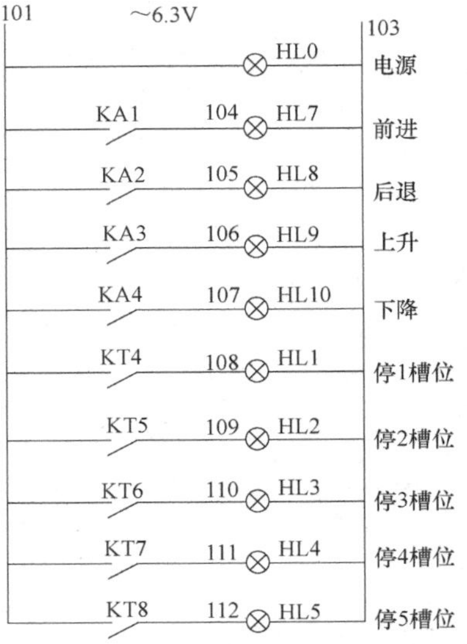

图 3-14　电镀专用行车灯光指示电路

（4）主要参数计算

1）FU1 熔体额定电流。

$I_{RN} \geqslant 7I_{IN}/2.5 = 7\times1.99A/2.5 = 5.6A$，选用 $I_{RN}=6A$，其余熔体额定电流选用 2A。

2）能耗制动参数计算。

制动电流 $I_D = 1.5I_N = 2.985A$，直流电压 $U_D = I_D R = 30V$（式中，R 为定子两相电阻，约为 10Ω）。

整流变压器二次侧交流电流 $I_2 = 2.985A/0.9 = 3.32A$，电压 $U_2 = 30V/0.9 = 33.3V$。

整流变压器容量 $S = I_2 U_2 = 110.6V \cdot A$，与显示、照明共同选用 BK-100 变压器 220/36～6.3V。

（5）选择电气元器件，编制电气原理图元器件明细表

元器件明细表见表 3-1。

表 3-1　元器件明细表

序号	元器件符号	名称	数量	规格符号	备注
1	M1～M3	电动机	3	Y90S-4	1.1kW
2	FR1、FR2	热继电器	2	JR2-20/3 热元件 15～21A	整定值 2A
3	YA	三角制动电磁铁	1	JC2～380V	配用 MLS1-15
4	FU1、FU2、 FU4、FU5	熔断器	4	RL1-15	FU1 熔体额定电流为 6A，其余 2A
5	VC	整流器	1	QL5A，100V	100V/5A
6	TC	变压器	1	BK-100	
7	QS	电源开关	1	HZ15-10/3	
8	SB1～SB8	点动按钮	8	LA19-11	
9	SB9～SB10	停止按钮	2	LA19-11D	红色指示灯 6.3V
10	SB11～SB14	起动按钮	4	LA19-11D	绿色指示灯 6.3V
11	KM1～KM9	接触器	9	CJ20-10，10A/380	
12	KA1～KA4	中间继电器	4	JZ7-44，～380V	
13	KT1～KT3	时间继电器	3	JS7-2A，～380V	
14	KT4～KT8	时间继电器	5	JS11-5，～380V	
15	SQ1～SQ5	行程开关	5	LXK2-131	
16	SQ6～SQ11	限位开关	6	JLXK1-411	
17	SA1～SA5	组合开关	5	HZ10-10/13 型	
18	HL0～HL5	指示灯	6	XD	6.3V，0.05A
19	FU3	熔断器	1	BHC 型	熔芯 2A

3. 电气工艺设计

按设计要求，画出电气装置总体配置图、总接线图、电器安装板、电气元器件布置图、接线图、控制面板电器布置图及接线图。设计步骤如下：

1）根据控制要求和电气设备的结构、电气元器件的总体配置划分电器安装板与控制面板上应安装的电气元器件。在本设计中，电器箱外部，分布于生产线上的电气元器件有电动机、制动电磁铁、限位开关等。电器安装板上应安装的电气元器件有熔断器、接触器、中间继电器、热继电器、变压器、整流器等。控制面板上安装的电气元器件有电源开关、控制按钮、程序选择开关、指示灯等。

2）分别对原理电路图的主电路及控制电路进行编号。

3）根据电气元器件的分布与电气原理图编号，绘制电气设备的安装接线图，如图 3-15 所示。图中已标明各电气部分的连接线号及连接方式、安装走线方式、导线及安装要求等。

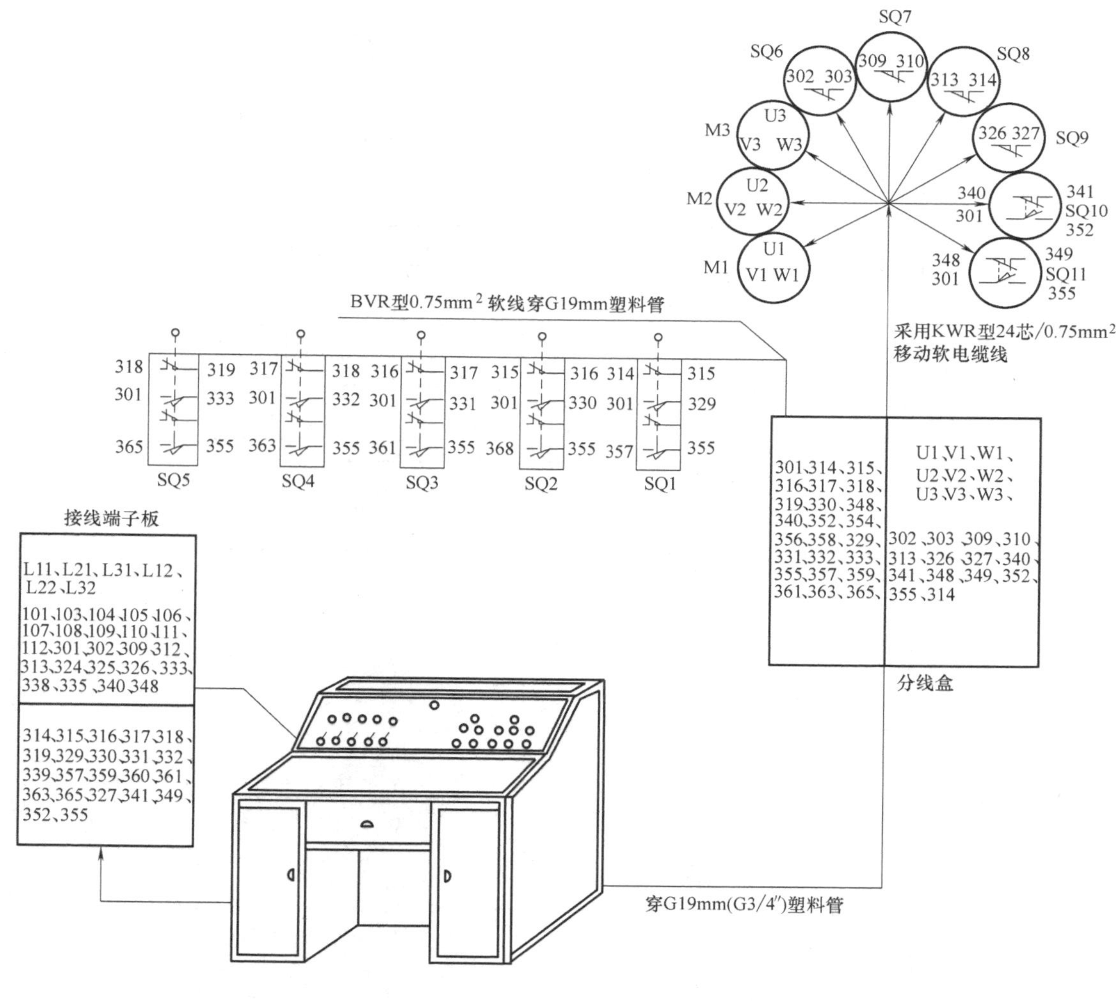

图 3-15　总接线图

4）绘制电气元器件布置、接线图，如图 3-16、图 3-17 所示。进出线均采用接线端子排。

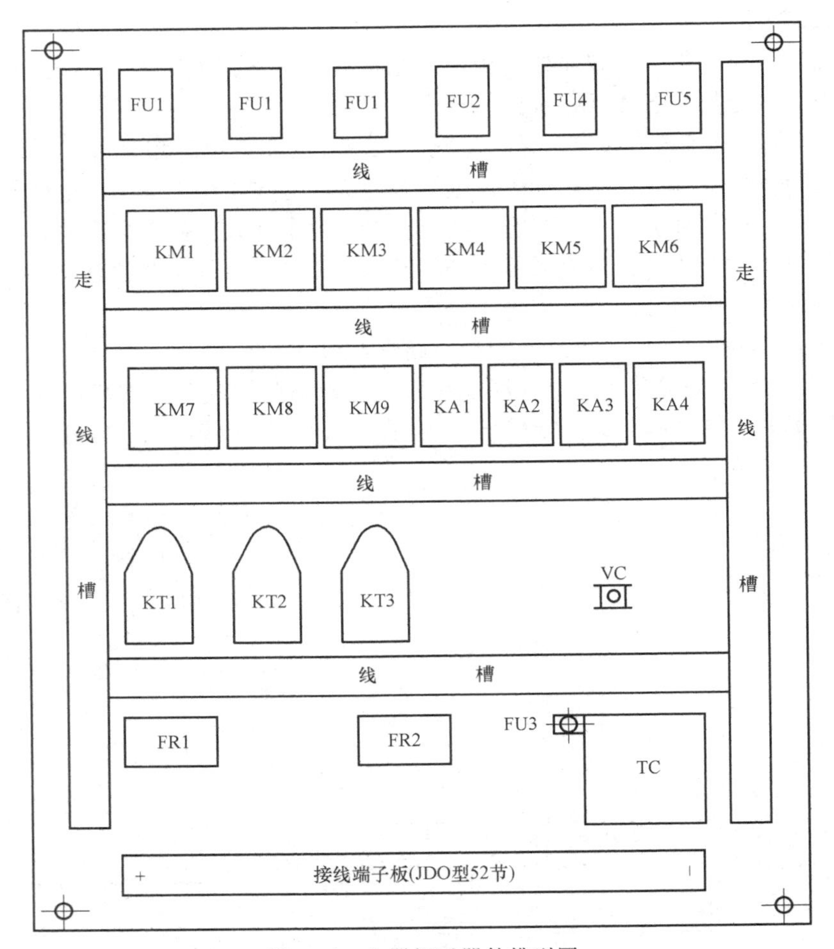

图 3-16 电器板元器件排列图

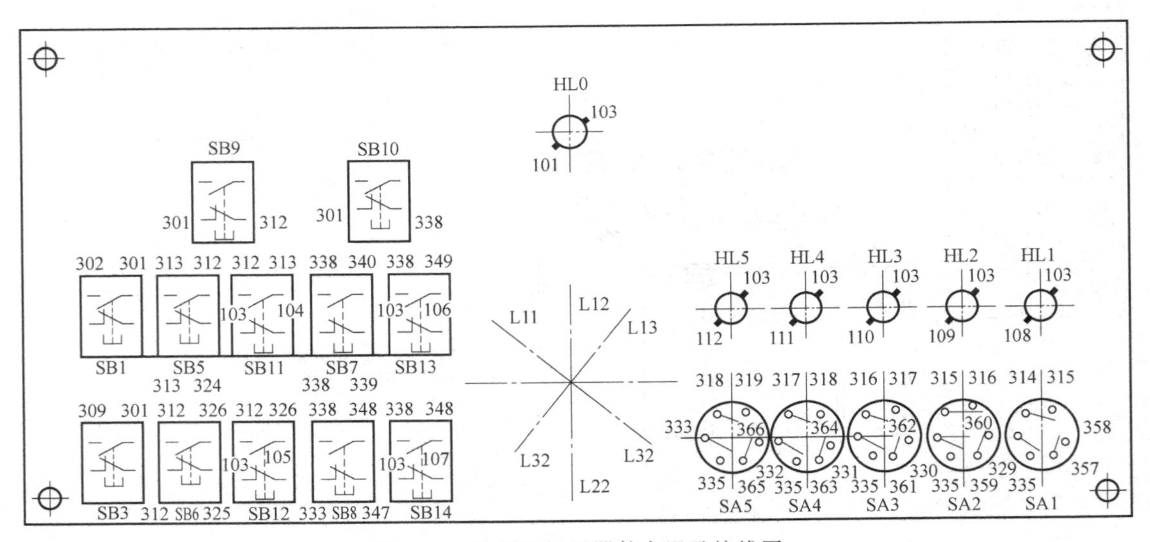

图 3-17 控制面板元器件布置及接线图

5）根据电气元器件布置图及电气元器件的外形尺寸、安装尺寸，绘制电器安装板、控制面板、垫板等零件加工图样。图中已标明外形尺寸、安装孔及定位尺寸与公差、板的材料与厚度以及加工技术要求。电器安装板选用酚醛绝缘板。控制面板选用有机玻璃板，按要求刻字喷漆着色，如图 3-18、图 3-19 所示。

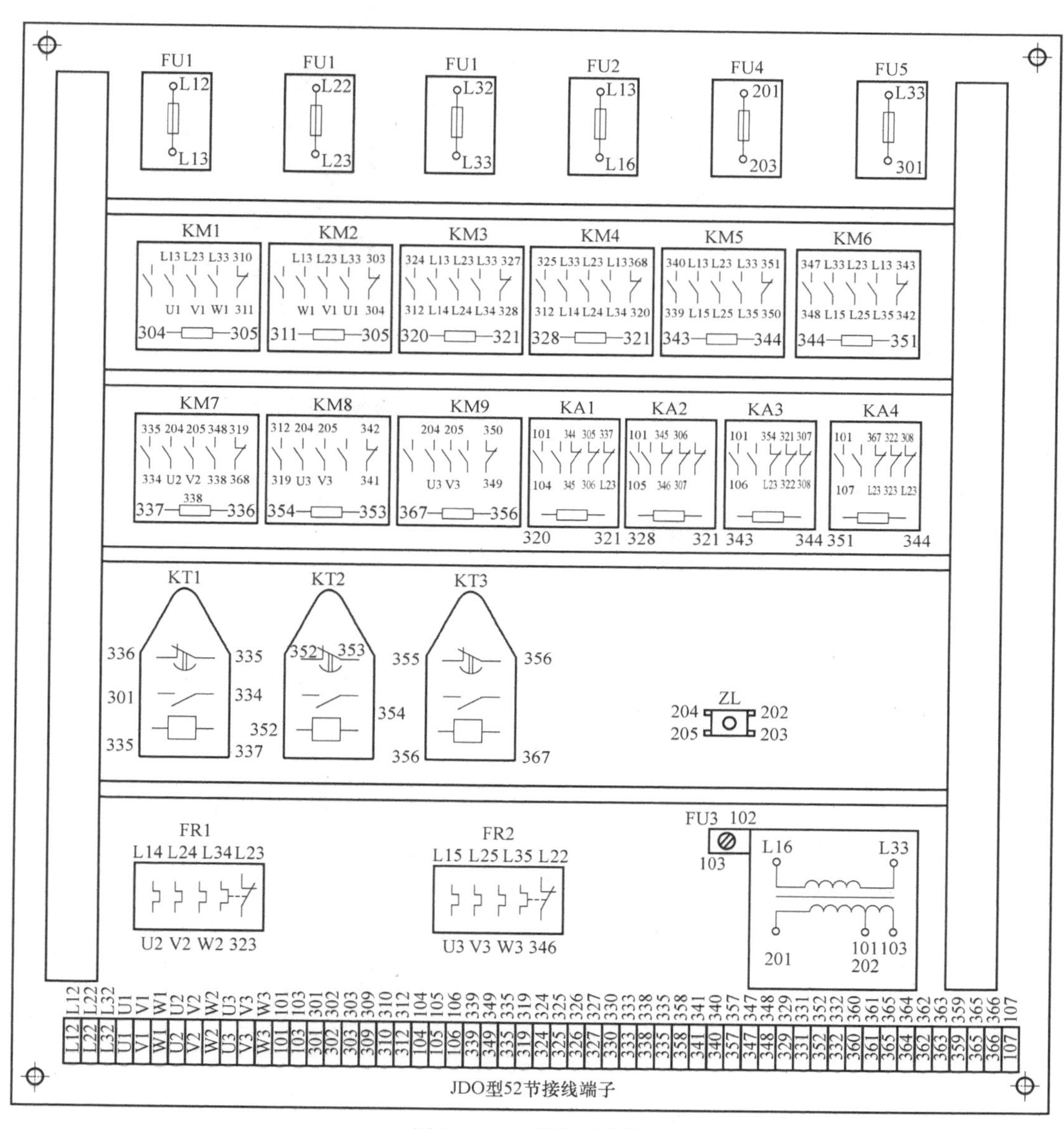

图 3-18　电器板接线图

6）根据电器安装板及控制面板尺寸设计电器箱外形草图，经过修改按钣金加工要求绘制电气箱加工图。

至此，初步完成本设计要求的电气原理图设计及工艺设计任务。

4. 编制设计说明书，使用说明书

1）根据原理设计过程，编写设计说明书，其中包括总体方案的选择说明、电气原理电路设计说明、主要参数计算及主要电气元器件选择说明、元器件明细表等。附电气原理图及工艺图样。

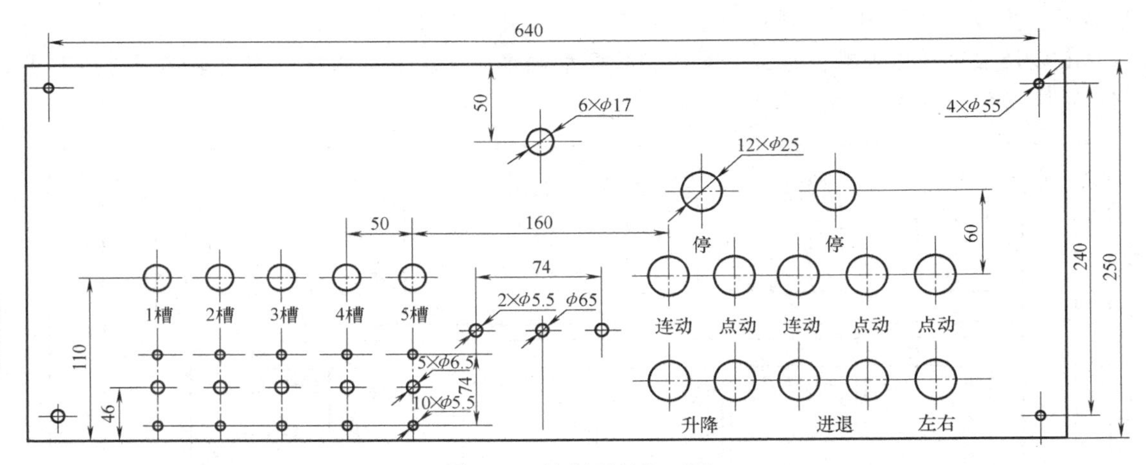

图 3-19　控制面板加工图

2）根据原理图及控制要求编写设备说明书，应包括本设备的用途、性能及特点、工作原理简单说明、使用与维护注意事项等。

5. 设计审查内容

1）总体方案的选择依据及正确性。

2）控制电路能否满足任务书中提出的各项控制要求、可靠性程度。

3）联锁、保护、显示等是否满足要求。

4）参数计算及元器件选择是否正确。

5）绘制的各种图样、说明书是否符合有关标准，提供的图样资料是否齐全等。

本章小结

本章较全面和系统地介绍了电气设计的一般内容、技术条件、电气传动形式的选择、电气控制方案的确定以及电气设计的一般原则。

电气控制电路的设计常用的有经验设计法与逻辑设计法。首先应明确设计要求、工艺过程，在工艺要求简单的场合往往采用经验设计法，应用若干典型环节组合而成。在工艺复杂的情况多采用逻辑设计法。通过生产实际逐渐掌握，加深理解，以设计出技术和经济指标均合理的电气控制电路。

习题与思考题

3-1　电气控制系统的设计原则是什么？

3-2　原理设计和工艺设计各包括哪些内容？原理设计的中心环节是什么？

3-3　简述经验设计法的设计步骤。

3-4　设计一个水泵控制电路。水泵控制电路有 2 台电动机。要求：

1）2 台电动机实现一用一备功能，即正常情况下电动机 M1 工作，当电动机 M1 发生故障时，电动机 M2 工作。

2）当水位低于设置的下限水位时，电动机起动，进行抽水。

3）当水位高于设置的上限水位时，电动机停止抽水工作。

4）设有手动控制、自动控制转换功能，并设有必要的保护、报警显示功能。

3-5　设计一个行吊的控制电路。行吊有 3 台电动机，横梁电动机 M1 带动横梁在车间前后移动，小车电动机 M2 带动提升机构在横梁上进行左右移动，提升电动机 M3 升降重物。3 台电动机都采用直接起动，自由停车。要求：

1）3 台电动机都能实现起、保、停功能。

2）在升降过程中，横梁与小车不能动。

3）横梁具有前、后极限保护，提升具有上、下极限保护。

3-6 某升降台由一台笼型电动机拖动，直接起动，制动有电磁抱闸，要求：按下起动按钮后先松闸，经 3s 后电动机正向起动，工作台升起，再经 5s 后，电动机自动反转，工作台下降，经 5s 后，电动机停止，电磁闸抱紧，试设计主电路和控制电路。

第 4 章

电气控制在生产中的应用

内容简介：

本章通过对一些典型设备电气控制电路的分析，掌握其分析方法，提高阅读电气控制电路图的能力；加深对电气设备中机械、液压与电气综合控制的理解；培养分析和解决电气设备电气故障的能力；为电气控制系统的设计、安装、调试和维护等打下坚实的基础。

学习目标：

1. 了解常用典型电气设备控制系统的组成。
2. 提高分析典型电气设备控制系统工作原理的综合能力。

4.1 卧式车床电气控制系统

车床是一种金属切削机床，广泛应用于机械制造行业。车床主要用车刀对旋转的工件进行车削加工，此外，还可用钻头、扩孔钻、铰刀、丝锥、板牙和滚花等工具进行相应的加工操作。在各类车床中，卧式车床运动形式简单，操作便捷，适用范围广泛。

4.1.1 C650 型卧式车床的主要结构及运动形式

卧式车床型号用 C6×××来表示，其中 C 为机床分类号，表示车床类机床；6 为组系代号，表示卧式；×××为车床的有关参数和改进号。其中，C650 型卧式车床属中型车床，床身的最大工件回转半径为 1020mm，最大工件长度为 3000mm。

C650 型卧式车床主要由床身、主轴箱、进给箱、溜板箱、挂轮箱、尾座、丝杠、光杠、溜板及刀架等组成，其结构如图 4-1 所示。

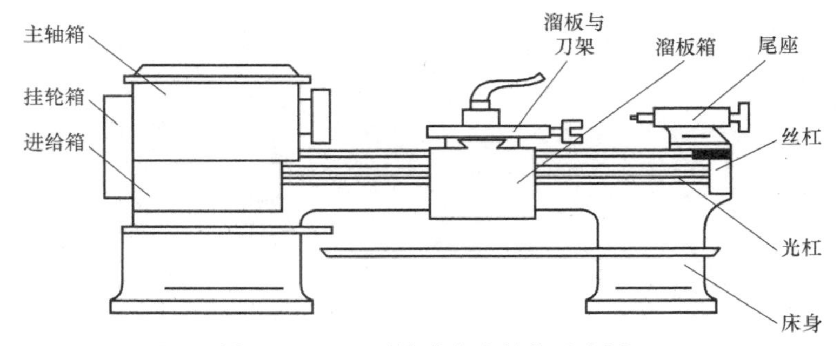

图 4-1　C650 型卧式车床结构示意图

C650 型卧式车床的切削加工包括主运动、进给运动和辅助运动。主运动是主轴通过卡盘或夹头带动工件的旋转运动，它承受车削加工时的主要切削功率。进给运动是溜板带动刀架的纵向或横向运动。辅助运动是刀架的快速移动及工件的夹紧、放松等。

进行切削加工时，刀具的温度高，需要切削液冷却。为此，车床备有一台冷却泵电动机，拖动冷却泵，实现刀具的冷却。

4.1.2　C650型卧式车床的电力拖动及控制要求

C650型卧式车床由主轴电动机M1、冷却泵电动机M2和刀架快速移动电动机M3进行拖动，各电动机的控制要求如下：

1）主轴电动机M1完成主轴主运动和刀具进给运动的驱动，采用直接起动，能进行正、反向旋转的连续运行，停车采用反接制动方式，为了加工调整方便，主轴电动机还能实现单方向的点动控制。

2）冷却泵电动机M2在加工时提供切削液，采用直接起动，单向连续工作方式。

3）刀架快速移动电动机M3为单向点动工作方式。

4）控制电路应用必要的照明和保护装置。

4.1.3　C650型卧式车床的电气控制电路分析

C650型卧式车床的电气原理图如图4-2所示。

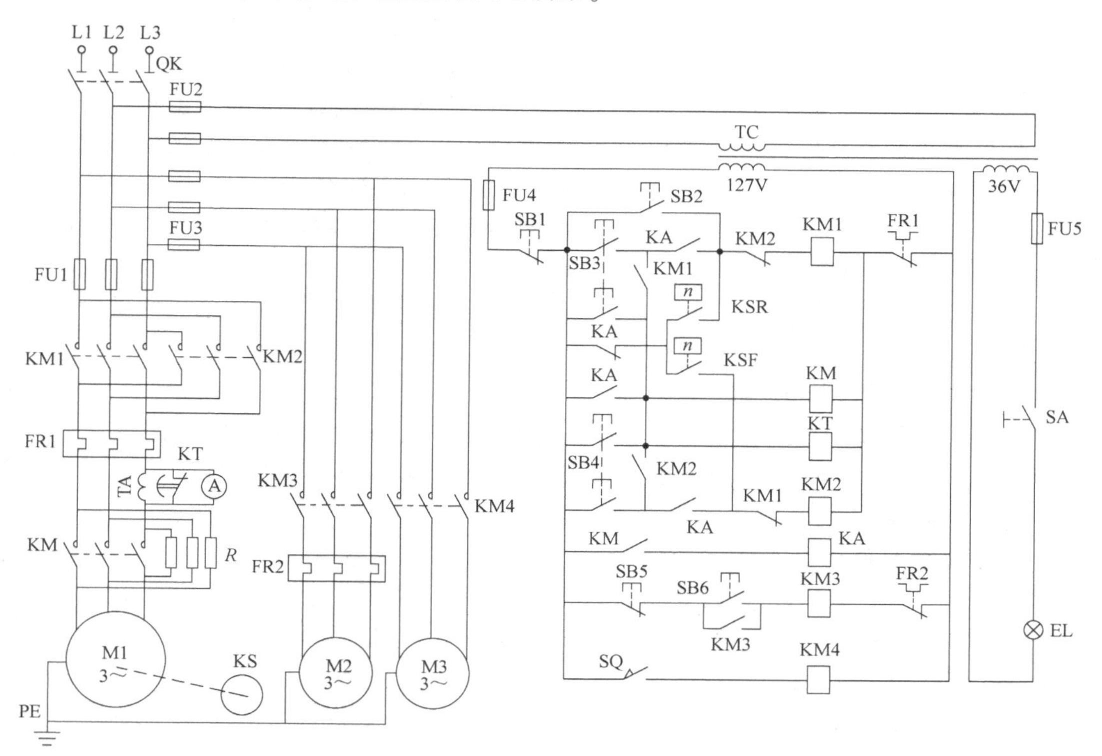

图4-2　C650型卧式车床电气原理图

1. 主轴电动机M1的控制

（1）主轴电动机M1的点动控制

主轴电动机M1的点动控制过程如下：按下起动按钮SB2→接触器KM1的线圈得电→

KM1 主触点闭合，主轴电动机 M1 定子绕组串接限流电阻 R 低速正向转动；松开 SB2 按钮→接触器 KM1 的线圈失电→KM1 主触点复位，主轴电动机 M1 停转。

（2）主轴电动机 M1 的正转、反转、停车控制

1）主轴电动机 M1 的正转控制。过程如下：合上刀开关 QK，将三相电源引入→按下起动按钮 SB3→接触器 KM 的线圈得电→KM 主触点闭合，使得限流电阻 R 短接，KM 辅助触点也同时闭合，使得中间继电器 KA 的线圈得电→KA 常开触点闭合，使得接触器 KM1 的线圈得电→KM1 的主触点回路使主轴电动机 M1 连续运行。

为防止起动时起动电流对电流表的冲击，起动时利用时间继电器 KT 的常闭触点把电流表 A 短接，KT 延时一段时间 t 后，KT 的延时打开常闭触点断开，电流表 A 串接于主电路中监视主轴电动机 M1 的电流。

2）主轴电动机 M1 的反转控制。主轴电动机 M1 的反转是由反向起动按钮 SB4 控制的，其控制过程与正转控制类似。当主轴电动机 M1 处于停车状态时，按下反向起动按钮 SB4→接触器 KM、中间继电器 KA 和接触器 KM2 的线圈先后得电→主轴电动机 M1 反转。KM1 和 KM2 的常闭辅助触点分别串接在对方线圈回路中，起到了正转和反转的互锁作用。

3）主轴电动机 M1 的反接制动。主轴电动机 M1 的正、反转运行停车时均有反接制动，由速度继电器 KS 实现反接制动。主轴电动机 M1 与速度继电器 KS 同轴连接，当主轴电动机 M1 的转速制动到接近零时，用速度继电器的触点切断电源。

主轴电动机 M1 的正向反接制动控制过程如下：主轴电动机 M1 正转时，速度继电器正向常开触点 KSF 闭合。制动时，按下停止按钮 SB1→接触器 KM、时间继电器 KT、中间继电器 KA、接触器 KM1 的线圈均失电→它们的触点复位，常开触点打开、常闭触点闭合，同时限流电阻 R 串接于主电路中→松开 SB1 按钮→接触器 KM2 的线圈得电→KM2 主触点闭合，主轴电动机 M1 的电源反接，实现反接制动→当主轴电动机 M1 的转速制动到接近零时，速度继电器的正向常开触点 KSF 打开→接触器 KM2 的线圈失电→KM2 主触点复位，主轴电动机 M1 失电停转，正向反接制动结束。

主轴电动机 M1 的反向反接制动控制过程与正向类似，此时由速度继电器的反向常开触点 KSR 控制。

2. 冷却泵电动机 M2 的控制

冷却泵电动机 M2 的控制过程如下：按下起动按钮 SB6→接触器 KM3 的线圈得电→KM3 主触点闭合，冷却泵电动机 M2 运行，提供切削液；按下停止按钮 SB5→接触器 KM3 的线圈失电→KM3 主触点复位，冷却泵电动机 M2 停止运行。

3. 刀架快速移动电动机 M3 的控制

刀架快速移动电动机 M3 的控制过程如下：转动刀架手柄，限位开关 SQ 闭合→接触器 KM4 的线圈得电→KM4 主触点闭合，刀架快速移动电动机 M3 运行，实现刀架的快速移动。

4. 照明电路

照明电路的电源由变压器 TC 二次输出的 36V 安全电压引入，按下照明开关 SA→照明灯 EL 得电点亮。

5. 保护电路

C650 型卧式车床的保护电路由短路保护、过载保护、限流保护和互锁保护等环节构成。其中，熔断器 FU1～FU3、FU4～FU5 提供主电路和控制电路的短路保护；热继电器 FR1 和 FR2 提供主轴电动机 M1 和冷却泵电动机 M2 过载保护；电阻 R 提供主轴电动机 M1 的反接

制动限流保护；接触器 KM1 和 KM2 的辅助触点提供线圈 KM1 和 KM2 的互锁保护。

4.2　智能大厦生活水泵的电气控制系统

给高层建筑、大厦供水，一般采用市网水先注入大厦的低层储水池中，再用水泵把水输送至大厦高层水箱或天面水池，由天面水池或高位水箱下部的输水管送至大厦各用户。

4.2.1　控制要求

1）水泵的自动运行由地下水池水位和高位水箱（或天面水池）水位控制。当高位水箱水位达到低水位时，生活水泵起动往高位水箱注水；当水箱中水位升至高位时，水泵自动关闭。当地下水池水位处于低水位时，为避免水泵的空转运行，无论高位水箱的水位如何，水泵都不能起动。

2）为保障供水可靠性，水泵有工作泵和备用泵，工作泵发生故障时，备用泵自动起动。

3）控制系统有水泵电动机运行指示，及自动和手动控制的切换装置、备用泵自投控制指示。

4.2.2　电气控制电路

生活水泵电气控制图如图 4-3 所示，其中 KP1、KP2 分别表示地下水池水位的低限和高限检测信号，KPL、KPH 分别表示高位水箱中水位的低限和高限检测信号。

1. 自动控制

（1）正常工作

设手柄位于 A1 档，控制过程如下：当地下水池水位为高水位时，KP1、KP2 触点均闭合。此时，若高位水箱为低水位，KPL 触点闭合，KA1 线圈得电，KA1 常开触点闭合。转换开关 SA 手柄置于 A1 档，此时线圈 KM1 得电，工作水泵电动机起动，正常运行，向高位水箱注水，当高位水箱中的水位到达高水位时，高水位检测器给信号，即 KPH 触点断开，KA1 线圈失电，KA1 触点复位，线圈 KM1 失电，工作水泵电动机停止工作，水泵停止供水。

（2）水泵自投控制

一旦高位水箱中的水处于低水位时，KPL 触点闭合，KA1 线圈得电，若工作水泵不能起动或运行中保护电器动作，导致工作水泵停车，KM1 的常闭触点复位闭合，此时，警铃 HA 发出事故音响信号，同时 KT 时间继电器工作，延时一段时间后，KA2 线圈得电，其常开触点闭合，而转换开关 SA 手柄位于 A1 档，KM2 线圈得电，备用水泵起动运行。

当地下水池的水处于低水位时，KP1 触点断开，KA1 不能得电，不能送出高位水箱的低水位信号；当地下水池中的水未达到允许抽水的高水位时，KP2 不能闭合，KA1 也不能得电。这两种情况下，无论高位水箱是否需要供水均不能自动起动水泵。

同理，当转换开关手柄位于 A2 档时，KM2 控制的水泵为工作泵，KM1 控制的为备用泵。工作原理类似。

2. 手动控制

将转换开关 SA 置于 M 档，则信号控制回路不起作用。此时，可操作手动按钮开关，控制两台水泵电动机的起动和停止。

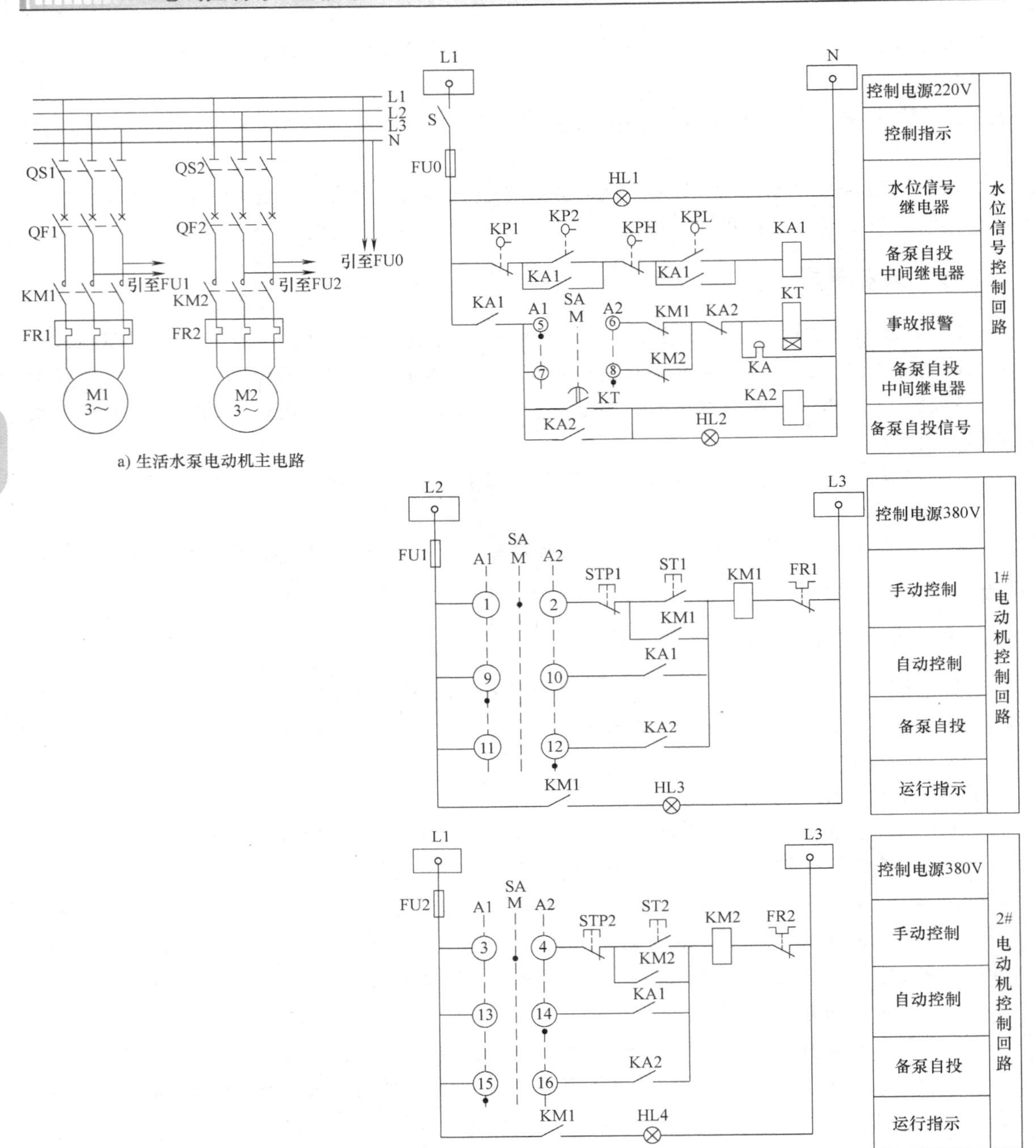

图 4-3　生活水泵电气控制图

3. 信号显示

合上开关 S 时，电源信号灯 HL1 指示，水位控制信号回路投入工作。电动机 M1 起动时，信号灯 HL3 指示；电动机 M2 起动时，信号灯 HL4 指示。备用水泵投入时，事故信号灯 HL2 指示。

可编程控制器（PLC）也可实现以上“生活水泵”的控制。水泵控制比较简单，控制要求不高，如果采用 PLC 控制，成本会很高，不经济。采用常规继电器控制，线路并不复杂，可以降低成本，所以并不是所有的控制采用 PLC 都合适，要根据控制的要求和控制规模来定。

4.3 智能大厦的电梯电气控制系统

4.3.1 概述

电梯是广泛应用于高层建筑内垂直运送乘客和货物的大型机电设备，是现代大型建筑物必不可少的运输工具。电梯的控制方式有按钮控制、手柄操作控制、信号控制、集选控制、串联控制、楼群程序控制等。这几种控制方式多采用继电器-接触器实现控制。近几年来随着高层建筑的发展、智能大厦的出现，对电梯的要求也越来越高，大厦内需要进行多台电梯的控制。多台电梯之间运行的优化，可以提高电梯的使用寿命，使有限数量的电梯能合理地使用，最有效地工作。

4.3.2 电梯的一般控制内容

1. 电梯运行状态的控制

电梯运行状态的控制指电梯手动运行状态控制、自动运行状态控制和检修运行状态控制。

2. 内指令控制和厅召唤控制

内指令控制：指在轿厢内操作按钮，使电梯运行的控制。

厅召唤控制：指在厅门外操作按钮，使电梯运行的控制。

3. 指层控制

指层控制指示轿箱运行的位置。

4. 门的控制

门的控制由拖动部分和开关门的逻辑控制两部分组成。拖动部分主要完成电动机的正、反转及调节开关门的速度。开关门的逻辑控制包括自动开关门、门安全保护、本层厅外开门、检修时的开关门控制。

5. 电梯的起动、加速和满速运行控制

电梯正常工作过程是起动后加速运行几秒后全速运行。

6. 电梯的停层、减速和平层控制

当轿厢达到某楼层的停车距离时，电梯减速，进入慢速稳态运行。平层控制是保证电梯能准确到达楼层才停止。

7. 电梯行驶方向的保持和改变的控制

电梯上行或下行行驶过程时，需完成上行（下行）行驶后才响应下行（上行）的行驶命令。但是内指令优先，即当电梯在执行最后一个命令而停靠时，在门未关闭前，如有内指令则优先执行，决定运行方向。

下面举例说明电梯的电气控制系统。

4.3.3 电梯门的电气控制系统

电梯门的电气控制系统由拖动部分和开关门逻辑控制部分组成。如图 4-4 所示，拖动部分电气控制系统由直流电动机及减速电阻构成，控制电动机的正反转及调节开关门速度。其中，KM1 是控制开门的接触器，KM2 是控制关门的接触器，S1 是开门第一限位开关，S3、S4 分别是关门第一、第二限位开关。

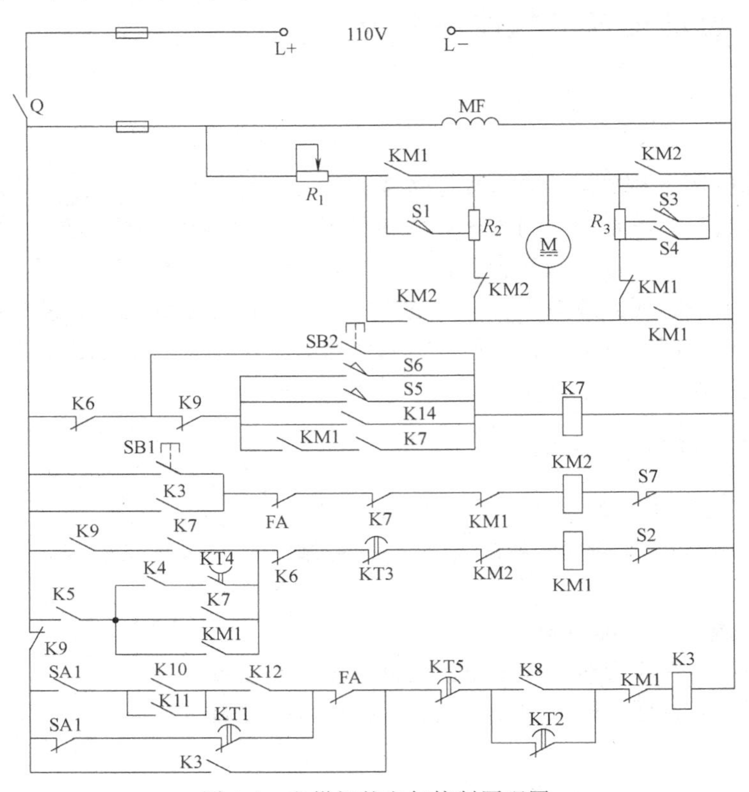

图 4-4 电梯门的电气控制原理图

开关门逻辑电路包括自动开关门控制，门安全电路，本层厅外开门，检修时的开关门控制。

1. 自动关门

当电梯停靠开门后，停层时间继电器 KT1 延时 4~6s 后复位。经线路：操作开关 SA1 常闭触点→停层延时闭合常闭触点 KT1→超载继电器触点 FA→停站延时闭合常开触点 KT5→主电动机减速第一延时继电器 KT2 延时闭合常闭触点→开门接触器 KM1 常闭触点，关门继电器 K3 线圈得电，以使自动门电动机实现关门动作。关门时的调速由关门限位开关 S3、S4，分段短接电阻 R_3 实现。要提早关门，可以使用关门按钮 SB1 实现。若关门前，电梯超载，超载开关 FA 动作，不能关门，电梯不能起动。

2. 自动开门

开门之前门是关闭的，门锁继电器触点 K4、停层时间继电器 KT1 触点闭合，当电梯慢速平层时，接通开门区域继电器 K5（触点闭合），平层结束，运行继电器 K6（触点）复位，开门继电器线圈 KM1 得电并自锁，实现开门动作。开门时的调速由开门限位开关 S1、短接电阻 R_2 实现。

（1）安全电路

关闭门的过程中，如果有乘客（或物体）挤挡安全触板时，安全触板微动开关 S5、S6

闭合，关门继电器 KM2 线圈失电，开门继电器 KM1 线圈得电，此时门未关闭又重新打开。

（2）本层厅外开门控制

按下本层厅召唤按钮，可使厅外开门继电器线圈得电，本层厅外门打开。

（3）检修时的开关门控制

检修电梯时，自动开关门控制环节失效，检修人员手动操作开关门按钮 SB2、SB1 来进行。松开按钮时，门的运动立即停止。

以上只对电梯门的电气控制系统做简单介绍，以此说明电器控制在电梯上的应用。

本章小结

本章介绍了常用低压电器在生产与生活中的应用，以 C650 型卧式车床、生活水泵、电梯控制这几种典型的生产、生活常用设备为例，介绍了它们的电力拖动及控制要求，并对其电气控制电路进行了分析，进一步说明了低压电器及其控制电路在生产与生活中不可取代的地位和作用。

习题与思考题

4-1　C650 型卧式车床主轴的正反转是如何实现的？

4-2　C650 型卧式车床有哪些保护？这些保护是如何实现的？

4-3　举一个生活中你熟悉的例子，说明电气控制在其中的应用。

第 5 章 可编程控制器

内容简介：

本章主要介绍了可编程控制器（PLC）的基本概况，包括 PLC 的基本概念、特点、内部结构及工作原理，并对 PLC 系统与继电器-接触器控制系统的区别和联系做了比较。

学习目标：

1. 了解 PLC 的组成结构。
2. 理解 PLC 系统和继电器-接触器控制系统工作方式的不同。
3. 了解 PLC 的分类和性能指标。

5.1 概 述

5.1.1 PLC 的名称和定义

可编程控制器（Programmable Controller）简称 PC 或 PLC。它是在继电器-接触器控制技术和计算机技术的基础上开发出来的，并逐渐发展成为以微处理器为核心，把自动化技术、计算机技术、通信技术融为一体的新型工业控制装置。目前，PLC 已被广泛应用于各种生产机械和生产过程的自动控制中，成为一种最重要、最普及、应用场合最多的工业控制装置，被公认为现代工业自动化的三大支柱（PLC、机器人、CAD/CAM）之一。

国际电工委员会（IEC）于 1987 年颁布的可编程控制器标准草案第三稿对 PLC 定义如下："PLC 是一种数字运算操作的电子系统，专为在工业环境下应用而设计。它采用可编程序的存储器，用来在其内部存储执行逻辑运算、顺序控制、定时、计数和算术运算等操作的指令，并通过数字式和模拟式的输入和输出，控制各种类型的机械或生产过程。PLC 及其有关外围设备，都应按易于与工业系统联成一个整体，易于扩充其功能的原则设计。"

定义强调了 PLC 应直接应用于工业环境，必须具有很强的抗干扰能力、广泛的适应能力和广阔的应用范围，这是区别于一般微机控制系统的重要特征。同时，也强调了 PLC 用软件方式实现的"可编程"与传统控制装置中通过硬件或硬接线的变更来改变程序的本质区别。

5.1.2 PLC 的产生与发展

1. PLC 的产生

在 PLC 出现前，在工业电气控制领域中，继电器-接触器控制占主导地位，应用广泛。

但是继电器-接触器控制系统存在体积大、可靠性低、查找和排除故障困难等缺点，特别是其接线复杂、不易更改，对生产工艺变化的适应性差。

1968年，美国通用汽车（GM）公司为了适应汽车型号的不断更新，生产工艺不断变化的需要，实现小批量、多品种生产，希望能有一种新型工业控制器，它能做到尽可能减少重新设计和更换继电器-接触器控制系统及接线，以降低成本，缩短周期。于是就设想将计算机功能强大、灵活、通用性好等优点与继电器-接触器控制系统简单易懂、价格便宜等优点结合起来，制成一种通用控制装置，而且这种装置采用面向控制过程、面向问题的“自然语言”进行编程，使不熟悉计算机的人也能很快掌握使用。

1969年，美国数字设备公司（DEC）根据美国通用汽车公司的这种要求，研制成功了世界上第一台可编程控制器，并在通用汽车公司的自动装配线上试用，取得很好的效果。从此这项技术迅速发展起来。

早期的可编程控制器仅有逻辑运算、定时、计数等顺序控制功能，只是用来取代传统的继电器控制，通常称为可编程逻辑控制器（Programmable Logic Controller）。随着微电子技术和计算机技术的发展，20世纪70年代中期微处理器技术被应用到PLC中，使PLC不仅具有逻辑控制功能，还增加了算术运算、数据传送和数据处理等功能。

20世纪80年代以后，随着大规模、超大规模集成电路等微电子技术的迅速发展，16位和32位微处理器应用于PLC中，使PLC得到迅速发展。PLC不仅控制功能增强，同时可靠性提高，功耗、体积减小，成本降低，编程和故障检测更加灵活方便，而且具有通信和联网、数据处理和图像显示等功能，使PLC真正成为具有逻辑控制、过程控制、运动控制、数据处理、联网通信等功能的名副其实的多功能控制器。

目前，世界上有200多家PLC厂家，400多品种的PLC产品，按地域可分成美国、欧洲和日本三个流派产品，各流派PLC产品各具特色，如日本主要发展中小型PLC，其小型PLC性能先进、结构紧凑、价格便宜，在世界市场上占用重要地位。著名的PLC生产厂家主要有美国的A-B（Allen-Bradly）公司、通用电气（GE）公司，日本的三菱电机（Mitsubishi Electric）公司、欧姆龙（OMRON）公司，德国的AEG公司、西门子（Siemens）公司，法国的TE（Telemecanique）公司等。

我国的PLC研制、生产和应用也发展很快，尤其在应用方面更为突出。在20世纪70年代末和80年代初，我国随国外成套设备、专用设备引进了不少国外的PLC。此后，在传统设备改造和新设备设计中，PLC的应用逐年增多，并取得显著的经济效益，PLC在我国的应用越来越广泛，对提高我国工业自动化水平起到了巨大的作用。目前，我国不少科研单位和工厂在研制和生产PLC，如辽宁无线电二厂、无锡华光电子公司、上海香岛电机制造公司等。

2. PLC的发展趋势

（1）向高速度、大容量方向发展

为了提高PLC的处理能力，要求PLC具有更好的响应速度和更大的存储容量。目前，有的PLC的扫描速度可达0.1ms/K字左右。PLC的扫描速度已成为很重要的一个性能指标。

在存储容量方面，有的PLC最高可达几十兆字节。为了扩大存储容量，有的厂家已使用了磁泡存储器或硬盘。

（2）向超大型、超小型两个方向发展

当前中小型PLC比较多，为了适应市场的多种需要，今后PLC要向多品种方向发展，特别是向超大型和超小型两个方向发展。现已有 I/O 点数达 14336 点的超大型 PLC，其使用 32 位微处理器，多 CPU 并行工作和大容量存储器，功能强大。

小型 PLC 由整体结构向小型模块化结构发展，使配置更加灵活，为了市场需要，已开发了各种简易、经济的超小型微型 PLC，最小配置的 I/O 点数为 8~16 点，以适应单机及小型自动控制的需要，如三菱公司的 α 系列 PLC。

（3）大力开发智能模块，加强联网通信能力

为满足各种自动化控制系统的要求，近年来不断开发出许多功能模块，如高速计数模块、温度控制模块、远程 I/O 模块、通信和人机接口模块等。这些带 CPU 和存储器的智能 I/O 模块，扩展了 PLC 功能，使用灵活方便，扩大了 PLC 的应用范围。

加强 PLC 联网通信的能力，是 PLC 技术进步的潮流。PLC 的联网通信有两类：一类是 PLC 之间联网通信，各 PLC 生产厂家都有自己的专有联网手段；另一类是 PLC 与计算机之间的联网通信，一般 PLC 都有专用通信模块与计算机通信。

（4）增强外部故障的检测与处理能力

根据统计资料表明：在 PLC 控制系统的故障中，CPU 占 5%，I/O 接口占 15%，输入设备占 45%，输出设备占 30%，线路占 5%。前两项共 20%故障属于 PLC 的内部故障，它可通过 PLC 本身的软、硬件实现检测、处理；而其余 80%的故障属于 PLC 的外部故障。因此，PLC 生产厂家都致力于研制、发展用于检测外部故障的专用智能模块，进一步提高系统的可靠性。

（5）编程语言多样化

在 PLC 系统结构不断发展的同时，PLC 的编程语言也越来越丰富，功能也不断提高。除了大多数 PLC 使用的梯形图语言外，为了适应各种控制要求，出现了面向顺序控制的步进编程语言、面向过程控制的流程图语言、与计算机兼容的高级语言（BASIC、C 语言等）等。多种编程语言的并存、互补与发展是 PLC 进步的一种趋势。

5.1.3 PLC 的功能与特点

PLC 技术之所以高速发展，除了工业自动化的客观需要外，主要是因为它具有许多独特的优点。

1. 可靠性高、抗干扰能力强

可靠性高、抗干扰能力强是 PLC 最重要的特点之一。PLC 的平均无故障时间可达几十万小时，之所以有这么高的可靠性，是由于采用了一系列的硬件和软件抗干扰措施。

（1）硬件方面

I/O 通道采用光电隔离，有效地抑制外部干扰源对 PLC 的影响；对供电电源及线路采用多种形式的滤波，从而消除或抑制高频干扰；对 CPU 等重要部件采用良好的导电、导磁材料进行屏蔽，以减少空间电磁干扰；对有些模块设置了联锁保护、自诊断电路等。

（2）软件方面

PLC 采用扫描工作方式，减少了由于外界环境干扰引起的故障；在 PLC 系统程序中设有故障检测和自诊断程序，能对系统硬件电路等故障实现检测和判断；当由外界干扰引起故障时，能立即将当前重要信息加以封存，禁止任何不稳定的读写操作，一旦外界环境正常后，便可恢复到故障发生前的状态，继续原来的工作。

2. 编程简单、使用方便

目前，大多数PLC采用的编程语言是梯形图语言，这是一种面向生产、面向用户的编程语言。梯形图与电气控制电路图相似，形象、直观，不需要掌握计算机知识，很容易让广大工程技术人员掌握。当生产流程需要改变时，可以现场改变程序，使用方便、灵活。

3. 功能完善、通用性强

现代PLC不仅具有逻辑运算、定时、计数、顺序控制等功能，而且还具有A/D和D/A转换、数值运算、数据处理、PID控制、通信联网等许多功能。同时，由于PLC产品的系列化、模块化，有品种齐全的各种硬件装置供用户选用，可以组成满足各种要求的控制系统。

4. 设计安装简单、维护方便

由于PLC用软件代替了传统电气控制系统的硬件，控制柜的设计、安装接线工作量大为减少。PLC的用户程序大部分可在实验室进行模拟调试，缩短了应用设计和调试周期。在维修方面，由于PLC的故障率极低，维修工作量很小；而且PLC具有很强的自诊断功能，如果出现故障，可根据PLC上指示或编程器上提供的故障信息，迅速查明原因，维修极为方便。

5. 体积小、重量轻、能耗低

由于PLC采用了集成电路，其结构紧凑、体积小、重量轻、能耗低，因而是实现机电一体化的理想控制设备。

5.1.4 PLC的应用概况

目前，PLC已广泛应用于冶金、石油、化工、建材、机械制造、电力、汽车、轻工、环保及文化娱乐等各行各业。从应用类型看，大致可归纳为以下几个方面：

1. 开关量逻辑控制

利用PLC最基本的逻辑运算、定时、计数等功能实现逻辑控制，可以取代传统的继电器控制，用于单机控制、多机群控制和生产自动线控制等，例如机床、注塑机、印刷机械、装配生产线、电镀流水线及电梯的控制等。这是PLC最基本的应用，也是PLC最广泛的应用领域。

2. 运动控制

大多数PLC都有拖动步进电动机或伺服电动机的单轴或多轴位置控制模块。这一功能广泛用于各种机械设备，如对各种机床、装配机械、机器人等进行运动控制。

3. 过程控制

大中型PLC都具有多路模拟量I/O模块和PID控制功能，有的小型PLC也具有模拟量输入输出功能。所以PLC可实现模拟量控制，而且具有PID控制功能的PLC可构成闭环控制，用于过程控制。这一功能已广泛应用于锅炉、反应堆、水处理、酿酒以及闭环位置控制和速度控制等方面。

4. 数据处理

现代的PLC都具有数学运算、数据传送、转换、排序和查表等功能，可进行数据的采集、分析和处理，同时可通过通信接口将这些数据传送给其他智能装置，如计算机数据控制（CNC）设备，进行处理。

5. 通信联网

PLC 的通信包括 PLC 与 PLC、PLC 与上位计算机、PLC 与其他智能设备之间的通信，PLC 系统与通用计算机可直接或通过通信处理单元、通信转换单元相连构成网络，以实现信息的交换，并可构成“集中管理、分散控制”的多级分布式控制系统，满足工厂自动化（FA）系统发展的需要。

5.2 PLC 的基础知识

5.2.1 PLC 的组成及各部分的作用

PLC 的硬件主要由中央处理器（CPU）、存储器、输入单元、输出单元、通信接口和扩展接口电源等部分组成。其中，CPU 是 PLC 的核心，输入单元与输出单元是连接现场输入/输出设备与 CPU 之间的接口电路，通信接口用于与编程器、上位计算机等外设连接。

对于整体式 PLC，所有部件都装在同一机壳内，其组成框图如图 5-1 所示；对于模块式 PLC，各部件独立封装成模块，各模块通过总线连接，安装在机架或导轨上，其组成框图如图 5-2 所示。无论是哪种结构类型的 PLC，都可根据用户需要进行配置与组合。

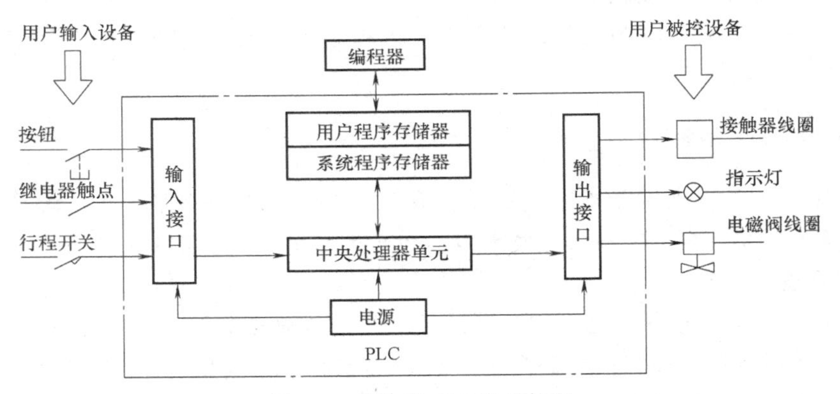

图 5-1　整体式 PLC 组成框图

(1) 中央处理单元（CPU）

尽管整体式与模块式 PLC 的结构不太一样，但各部分的功能作用是相同的，下面对 PLC 的主要组成部分进行简单介绍。

同一般的微机一样，CPU 是 PLC 的核心。在 PLC 中，CPU 按系统程序赋予的功能，指挥 PLC 有条不紊地进行工作，归纳起来主要有以下几个方面：

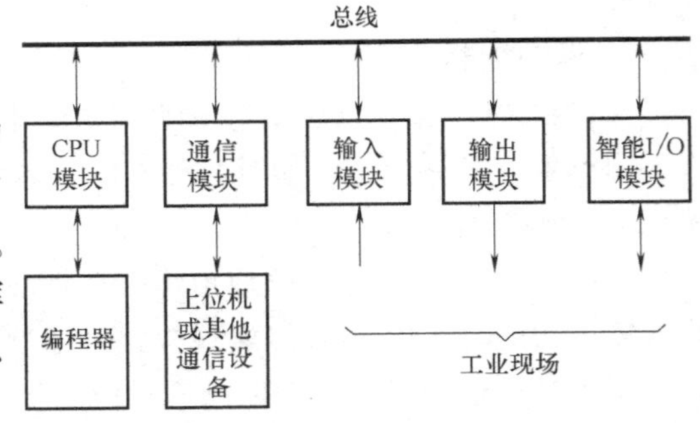

图 5-2　模块式 PLC 组成框图

1) 接收从编程器输入的用户程序和数据。

2) 诊断电源、PLC 内部电路的工作故障和编程中的语法错误等。

3) 通过输入接口接收现场的状态或数据，并存入输入映像寄存器或数据寄存器中。

4) 从存储器逐条读取用户程序，经过解释后执行。

5) 根据执行的结果，更新有关标志位的状态和输出映像寄存器的内容，通过输出单元实现输出控制。有些 PLC 还具有制表打印或数据通信等功能。

(2) 存储器

存储器是 PLC 存放系统程序、用户程序及运算数据的单元。和计算机一样，PLC 的存储器可分为只读存储器（ROM）和随机读写存储器（RAM）两大类，ROM 是用来存放永久保存的系统程序，RAM 一般用来存放用户程序及系统运行中产生的临时数据。为了能使用户程序及某些运算数据在 PLC 脱离外界电源后也能保持，机内 RAM 均配备了电池或电容等掉电保持装置。

PLC 的存储器区域按用途不同，又可分为程序区及数据区。程序区是用来存放用户程序的区域，一般有数千字节。用来存放用户数据的区域一般较小，在数据区中，各类数据存放的位置都有严格的划分。PLC 的数据单元也叫作继电器，如输入继电器、时间继电器和计数器等。不同用途的继电器在存储区中占有不同的区域。每个存储单元有不同的地址编号。

(3) 输入/输出单元

输入/输出单元通常也称 I/O 单元或 I/O 模块，是 PLC 与工业生产现场之间的连接部件。PLC 通过输入接口可以检测被控对象的各种数据，以这些数据作为 PLC 对被控制对象进行控制的依据；同时 PLC 又通过输出接口将处理结果送给被控制对象，以实现控制目的。

PLC 提供了多种操作电平和驱动能力、各种各样功能的 I/O 接口供用户选用。I/O 接口的主要类型有数字量（开关量）输入、数字量（开关量）输出、模拟量输入、模拟量输出等。

常用的开关量输入接口按其使用的电源不同有三种类型：直流输入接口、交流输入接口和交/直流输入接口，其基本原理电路如图 5-3 所示。

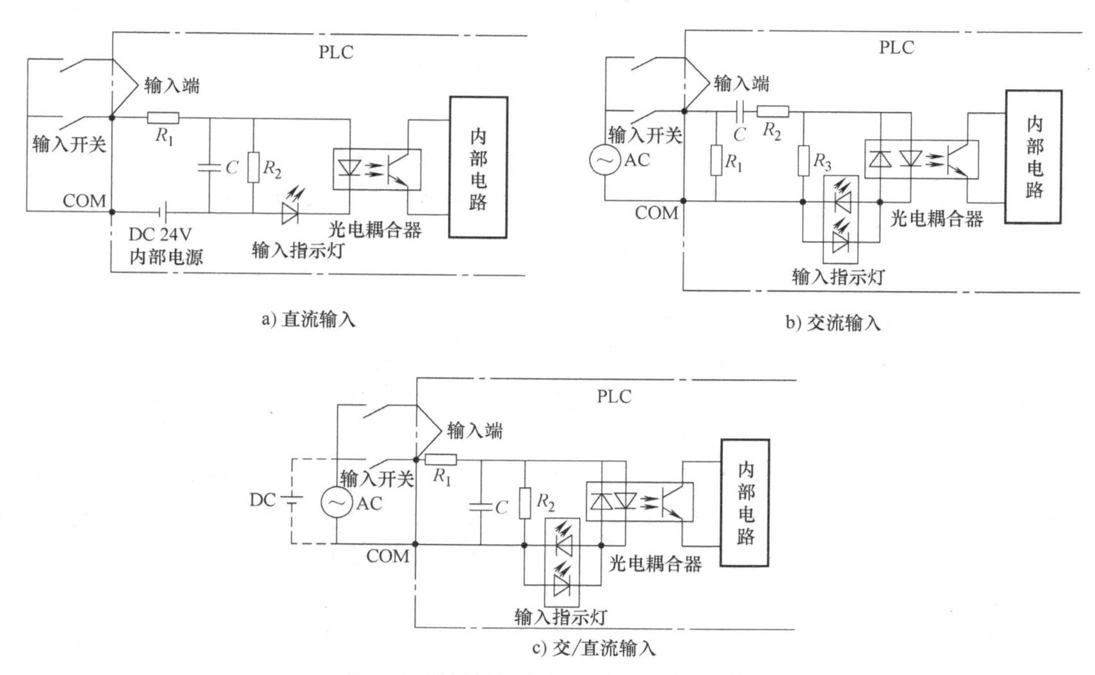

图 5-3　开关量输入接口基本原理电路图

常用的开关量输出接口按输出开关器件不同有三种类型：继电器输出、晶体管输出和双向晶闸管输出，其基本原理电路如图 5-4 所示。继电器输出接口可驱动交流或直流负载，但其响应时间长，动作频率低；而晶体管输出和双向晶闸管输出接口的响应速度快，动作频率高，但前者只能用于驱动直流负载，后者只能用于驱动交流负载。

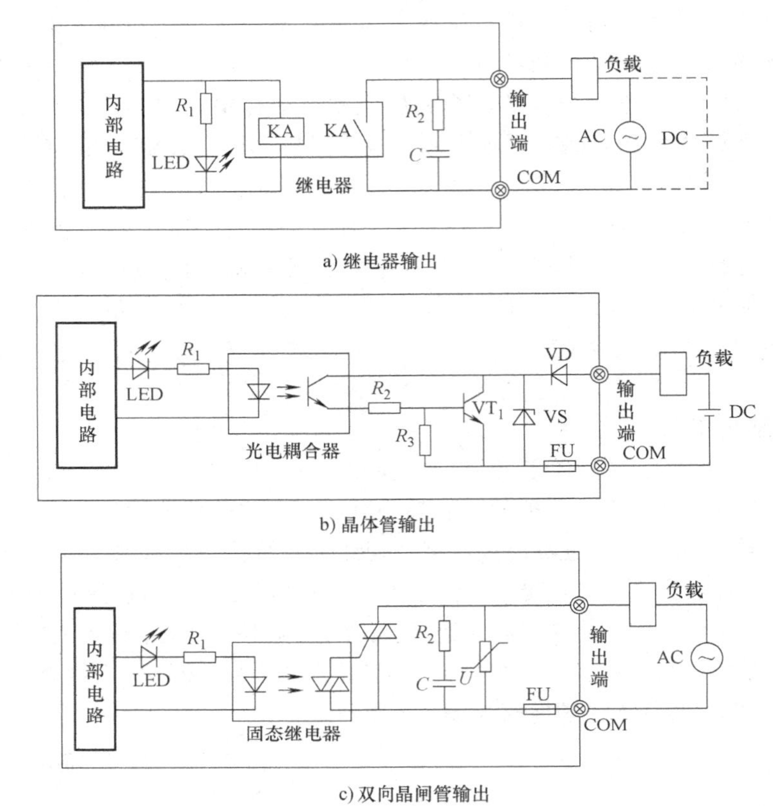

图 5-4　开关量输出接口基本原理电路图

模拟量输入接口是把现场连续变化的模拟量标准电压或电流信号转换成适合 PLC 内部处理的二进制数字信号。标准信号是指符合国际标准的通用交互用电压电流信号值，如 4～20mA 的直流电流信号、1～10V 的直流电压信号等。

工业现场中模拟量信号的变化范围一般是不标准的，输入后一般经运算放大器放大后进行 A/D 转换，再经光电耦合后为 PLC 提供一定位数的数字量信号。

模拟量输出接口是将 PLC 运算处理后的若干位数字量信号转换为相应的模拟量信号输出，以满足生产过程现场连续控制信号的需要。模拟量输出接口一般由光电隔离、D/A 转换和信号驱动等环节组成，安装在专门的模拟量工作单元上。

智能接口模块是一独立的计算机系统，它有自己的 CPU、系统程序、存储器以及与 PLC 系统总线相连的接口。它作为 PLC 系统的一个模块，通过总线与 PLC 相连，进行数据交换，并在 PLC 的协调管理下独立地进行工作。PLC 的智能接口模块种类很多，如高速计数模块、闭环控制模块、运动控制模块和中断控制模块等。

（4）电源

PLC 配有开关电源，以供内部电路使用。与普通电源相比，PLC 电源的稳定性好、抗干扰能力强。对电网提供的电源稳定度要求不高，一般允许电源电压在其额定值±15%的范围内波动。许多 PLC 还向外提供直流 24V 稳压电源，用于对外部传感器供电。

（5）编程装置

PLC 的编程设备一般有两类：一类是专用的编程器，有手持式的，其优点是携带方便，也有台式的，有的 PLC 机身上自带编程器；另一类是个人计算机。

手持式编程器又可分为简易型及智能型两类。前者只能联机编程，后者既可联机编程又可脱机编程，它的优点是在编程及修改程序时，可以不影响 PLC 机内原有程序的执行。也可以在远离主机的异地编程后再到主机所在地下载程序。

在个人计算机上运行 PLC 相关的编程软件即可完成编程任务。借助软件编程比较容易，一般是编好程序以后再下载到 PLC 中去。

（6）其他外部设备

PLC 还配有其他一些外部设备：

1）盒式磁带机，用以记录程序或信息。

2）打印机，用以打印程序或制表。

3）EPROM 写入器，用以将程序写入到用户 EPROM 中。

4）高分辨率大屏幕彩色图形监控系统，用以显示或监视有关部分的运行状态。

5.2.2 PLC 的内部等效电路

PLC 可看作一个执行逻辑功能的工业控制装置。其中，中央处理器用来完成逻辑运算功能，存储器用来保持逻辑功能。因此可把图 5-1 转变成类似于继电器-接触器控制的等效电路图，如图 5-5 所示。

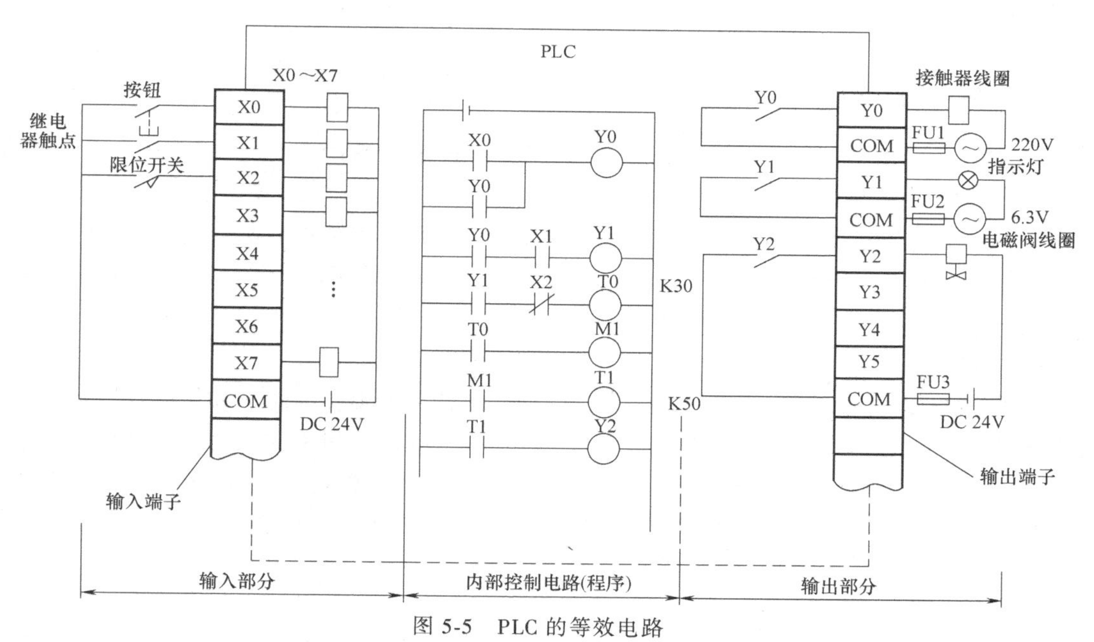

图 5-5 PLC 的等效电路

PLC 的等效电路可分为三部分：输入部分、内部控制电路（程序）和输出部分。

1）输入部分。这部分的作用是收集被控设备的信息或操作命令。输入端子是 PLC 与外部开关（行程开关、转换开关、按钮等）、敏感元件等交换信号的端口。输入继电器（见图 5-5 中 X0、X1、X2 等）由接到输入端的外部信号来驱动，其驱动电源可由 PLC 的电源组件提供（如直流 24V），也有用独立的交流电源（如交流 220V）供给的。等效电路中的一个输入继电器，实际对应于 PLC 输入端的一个输入点及其输入电路。例如，一个 PLC 有

8点输入，那么它相当于有8个微型输入继电器，它在PLC内部与输入端子相连，既作为PLC内部与输入端子相联系的通道，也作为PLC编程时使用的常开触点和常闭触点。

2）内部控制电路（程序）。这部分控制电路实质上是由用户根据控制要求编制的程序所组成的，其作用是按用户程序的控制要求对输入信号进行运算处理，判断哪些信号需要输出，并将得到的结果输出给负载。

PLC内部有许多类型的器件，如定时器（用T表示）、计数器（用C表示）、辅助继电器（见图5-5中的M1）。这些器件都是软元件，它们都有无限个用软件实现的常开触点（高电平状态）和常闭触点（低电平状态），均在PLC内部。编写的梯形图是将这些软元件进行内部连线，完成对被控设备的控制。

3）输出部分。这部分的作用是驱动外接负载。输出端子是PLC向外接负载输出信号的端口。如果一个PLC的输出点为8点，那么该PLC就有8个输出继电器。PLC输出继电器（见图5-5中的Y0、Y1、Y2等）的触点，与输出端子相连，并通过输出端子驱动外接负载，如接触器的驱动线圈、信号灯和电磁阀等。输出继电器除提供一个供控制负载回路通断使用的物理常开触点外，还提供PLC内部使用的许多个常开和常闭触点。根据用户的负载要求可选用不同类型的负载电源。此外，PLC还有晶体管输出和晶闸管输出，前者只能用于直流输出，后者只能用于交流输出。但两者采用的都是无触点输出，运行速度快。

要注意的是，PLC等效电路中的继电器并不是实际的物理继电器，它实质上是存储器单元的状态。单元状态为“1”，相当于继电器接通；单元状态为“0”，则相当于继电器断开。因此，人们称这些继电器为“软继电器”。

5.2.3 PLC的编程语言

在PLC的应用中，最重要的是用PLC的编程语言来编写用户程序，以实现控制目的。PLC编程语言是多种多样的，对于不同生产厂家、不同系列的PLC产品，采用的编程语言的表达方式也不相同，但基本上可归纳为两种类型：一是采用字符表达方式的编程语言，如语句表等；二是采用图形符号表达方式编程语言，如梯形图等。以下简要介绍几种常见的PLC编程语言。

1. 梯形图语言

梯形图语言是在传统电气控制系统中常用的接触器、继电器等图形表达符号的基础上演变而来的。它与电气控制电路图相似，继承了传统电气控制逻辑中使用的框架结构、逻辑运算方式和输入输出形式，具有形象、直观、实用的特点。因此，这种编程语言为广大电气技术人员所熟知，是应用最广泛的PLC的编程语言，是PLC的第一编程语言。

图5-6所示是传统的电气控制电路图和PLC梯形图。

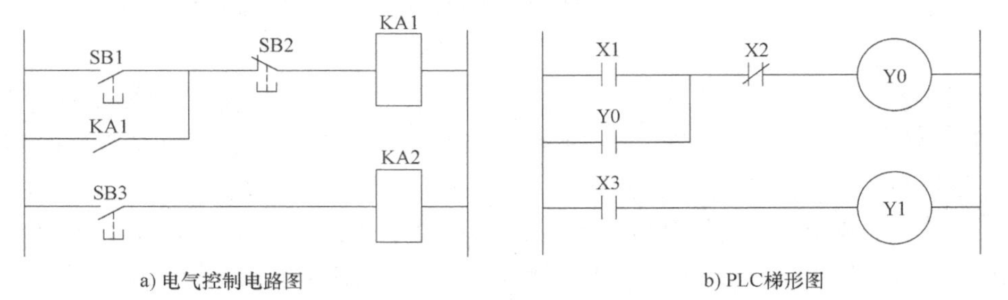

图5-6　传统电气控制电路图与PLC梯形图

梯形图用的是内部继电器、定时/计数器等，都是由软件来实现的，使用方便，修改灵活，是原电气控制电路硬接线无法比拟的。

2. 语句表语言

这种编程语言是一种与汇编语言类似的助记符编程表达方式。在 PLC 应用中，经常采用简易编程器，而这种编程器中没有 CRT 屏幕显示，或没有较大的液晶屏幕显示。因此，就用一系列 PLC 操作命令组成的语句表将梯形图描述出来，再通过简易编程器输入到 PLC 中。虽然各个 PLC 生产厂家的语句表形式不尽相同，但基本功能相差无几。以下是与图 5-6 中梯形图对应的（FX 系列 PLC）语句表程序。

步序号	指令	数据
0	LD	X1
1	OR	Y0
2	ANI	X2
3	OUT	Y0
4	LD	X3
5	OUT	Y1

可以看出，语句是语句表程序的基本单元，每个语句和微机一样也由地址（步序号）、操作码（指令）和操作数（数据）三部分组成。

3. 逻辑图语言

逻辑图是一种类似于数字逻辑电路结构的编程语言，由与门、或门、非门、定时器、计数器和触发器等逻辑符号组成（见图 5-7），有数字电路基础的电气技术人员较容易掌握。

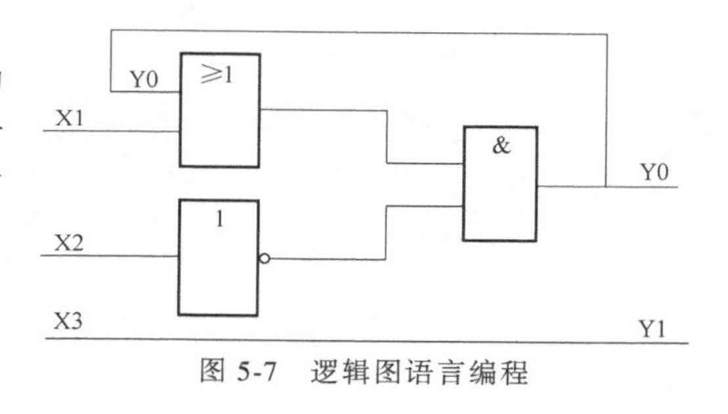

图 5-7　逻辑图语言编程

4. 功能表图语言

功能表图语言（SFC 语言）是一种较新的编程方法，又称状态转移图语言。它将一个完整的控制过程分为若干阶段，各阶段具有不同的动作，阶段间有一定的转换条件，若转换条件满足就实现阶段转移，下一阶段动作开始。功能表图语言是用功能表图的方式来表达一个控制过程，对于顺序控制系统特别适用。

5. 高级语言

随着 PLC 技术的发展，人们对 PLC 在运算、数据处理及通信等方面的功能要求越来越高，使用以上编程语言无法很好地满足要求。近年来推出的 PLC，尤其是大型 PLC，都可用高级语言，如 BASIC 语言、C 语言、PASCAL 语言等进行编程。采用高级语言后，用户可以像使用普通微型计算机一样操作 PLC，使 PLC 的各种功能得到更好的发挥。

5.2.4　PLC 的工作方式

PLC 运行时，是通过执行反映控制要求的用户程序来完成控制任务的，需要执行众多的操作，但 CPU 不可能同时去执行多个操作，它只能按分时操作（串行工作）方式，每一次执行一个操作，按顺序逐个执行。由于 CPU 运算处理速度很快，所以从宏观上来看，PLC 外部出现的结果似乎是同时（并行）完成的。这种串行工作过程称为 PLC 的循环扫描工作方式。

用循环扫描工作方式执行用户程序时，扫描是从第一条程序开始，在无中断或跳转控制的情况下，按程序存储顺序的先后，逐条执行用户程序，直到程序结束。然后再从头开始扫描执行，周而复始重复运行。

PLC 的循环扫描工作方式与继电器控制的工作原理明显不同。电气控制装置采用硬逻辑的并行工作方式，如果某个继电器的线圈通电或断电，那么该继电器的所有常开和常闭触点不论处在控制电路的哪个位置上，都会立即同时动作；而 PLC 采用循环扫描工作方式（串行工作方式），如果某个软继电器的线圈被接通或断开，其所有的触点不会立即动作，必须等扫描到该处时才会动作。但由于 PLC 的扫描速度快，通常 PLC 与电气控制装置在 I/O 的处理结果上并没有什么差别。

1. PLC 循环扫描工作过程

PLC 的循环扫描工作过程除了执行用户程序外，在每次扫描工作过程中还要完成内部处理、通信服务工作。如图 5-8 所示，整个扫描工作过程包括内部处理、通信服务、输入采样、程序执行和输出刷新五个阶段。整个过程扫描执行一遍所需的时间称为扫描周期。扫描周期与 CPU 运行速度、PLC 硬件配置及用户程序长短有关，典型值为 1~100ms。

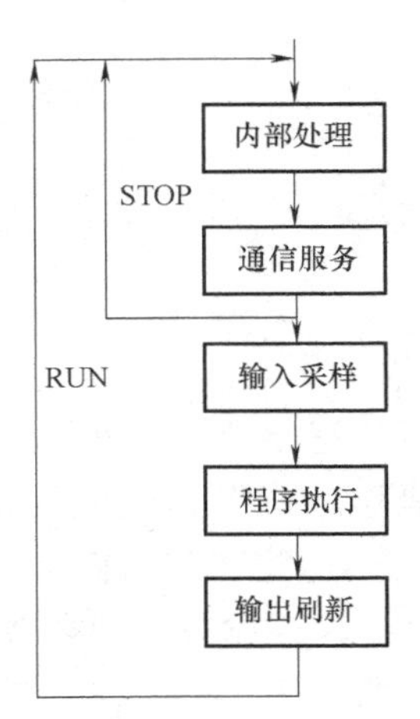

图 5-8 扫描工作过程示意图

在内部处理阶段，进行 PLC 自检，检查内部硬件是否正常，对监视定时器（WDT）复位以及完成其他一些内部处理工作。

在通信服务阶段，PLC 与其他智能装置实现通信，响应编程器键入的命令，更新编程器的显示内容等。

当 PLC 处于停止（STOP）状态时，只完成内部处理和通信服务工作。当 PLC 处于运行（RUN）状态时，除完成内部处理和通信服务工作外，还要完成输入采样、程序执行、输出刷新工作。

PLC 的扫描工作方式简单直观，便于程序的设计，并为可靠运行提供了保障。当 PLC 扫描到的指令被执行后，其结果马上就被后面将要扫描到的指令所利用，而且还可通过 CPU 内部设置的监视定时器来监视每次扫描是否超过规定时间，避免由于 CPU 内部故障使程序执行进入死循环。

2. PLC 执行程序的过程及特点

PLC 执行程序的过程分为三个阶段，即输入采样阶段、程序执行阶段和输出刷新阶段，如图 5-9 所示。

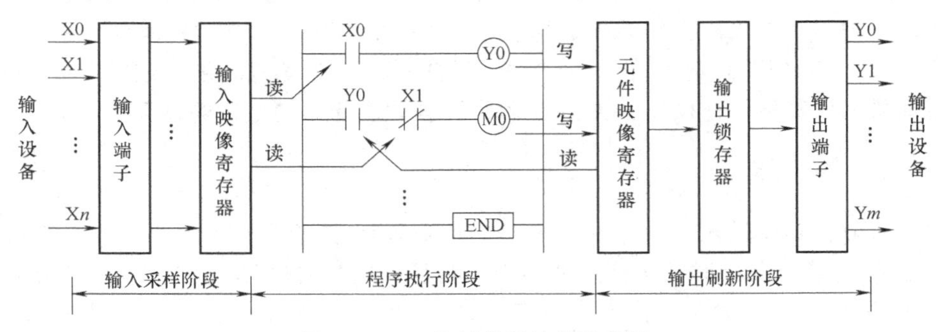

图 5-9 PLC 执行程序过程示意图

（1）输入采样阶段

在输入采样阶段，PLC 以扫描工作方式按顺序对所有输入端的输入状态进行采样，并存入输入映像寄存器中，此时输入映像寄存器被刷新。接着进入程序执行阶段，在程序执行阶段或其他阶段，即使输入状态发生变化，输入映像寄存器的内容也不会改变，输入状态的变化只有在下一个扫描周期的输入采样阶段才能被采样到。

（2）程序执行阶段

在程序执行阶段，PLC 对程序按顺序进行扫描执行。若程序用梯形图来表示，则总是按先上后下、先左后右的顺序进行。当遇到程序跳转指令时，则根据跳转条件是否满足来决定程序是否跳转。当指令中涉及输入、输出状态时，PLC 从输入映像寄存器和元件映像寄存器中读出，根据用户程序进行运算，运算的结果再存入元件映像寄存器中。对于元件映像寄存器来说，其内容会随程序执行的过程而变化。

（3）输出刷新阶段

当所有程序执行完毕后，进入输出处理阶段。在这一阶段里，PLC 将元件映像寄存器中与输出有关的状态（输出继电器状态）转存到输出锁存器中，并通过一定方式输出，驱动外部负载。

因此，PLC 在一个扫描周期内，对输入状态的采样只在输入采样阶段进行。当 PLC 进入程序执行阶段后，输入端将被封锁，直到下一个扫描周期的输入采样阶段才对输入状态进行重新采样。这种方式称为集中采样，即在一个扫描周期内，集中一段时间对输入状态进行采样。

在用户程序中如果对输出结果多次赋值，则最后一次有效。在一个扫描周期内，只在输出刷新阶段才将输出状态从元件映像寄存器中输出，对输出接口进行刷新。在其他阶段，输出状态一直保存在输出锁存器中。这种方式称为集中输出。

对于小型 PLC，其 I/O 点数较少，用户程序较短，一般采用集中采样、集中输出的工作方式，虽然在一定程度上降低了系统的响应速度，但使 PLC 工作时大多数时间与外部输入/输出设备隔离，从根本上提高了系统的抗干扰能力，增强了系统的可靠性。

而对于大中型 PLC，其 I/O 点数较多，控制功能强，用户程序较长，为提高系统响应速度，可以采用定期采样、定期输出方式，或中断输入、输出方式以及采用智能 I/O 接口等多种方式。

从上述分析可知，当 PLC 的输入端输入信号发生变化到 PLC 输出端对该输入变化做出反应，需要一段时间，这种现象称为 PLC 输入/输出响应滞后。对一般的工业控制，这种滞后是完全允许的。应该注意的是，这种响应滞后不仅是由于 PLC 扫描工作方式造成的，更主要是 PLC 输入接口的滤波环节带来的输入延迟，以及输出接口中驱动器件的动作时间带来的输出延迟，同时还与程序设计有关。滞后时间是设计 PLC 应用系统时应注意把握的一个参数。

5.3　PLC 的分类和性能指标

5.3.1　PLC 的分类

PLC 产品种类繁多，其规格和性能也各不相同。对 PLC 的分类，通常根据其结构形式的不同、功能的差异和I/O点数的多少等进行大致分类。

1. 按结构形式分类

根据PLC的结构形式，可将PLC分为整体式和模块式两类。

(1) 整体式PLC

整体式PLC是将电源、CPU、I/O接口等部件都集中装在一个机箱内，具有结构紧凑、体积小、价格低的特点。小型PLC一般采用这种整体式结构。整体式PLC由不同I/O点数的基本单元（又称主机）和扩展单元组成。基本单元内有CPU、I/O接口，与I/O扩展单元相连的扩展口，以及与编程器或EPROM写入器相连的接口等。扩展单元内只有I/O和电源等，没有CPU。基本单元和扩展单元之间一般用扁平电缆连接。整体式PLC一般还可配备特殊功能单元，如模拟量单元、位置控制单元等，使其功能得以扩展。

(2) 模块式PLC

模块式PLC是将PLC各组成部分，分别做成若干个单独的模块，如CPU模块、I/O模块、电源模块（有的含在CPU模块中）以及各种功能模块。模块式PLC由框架或基板和各种模块组成。模块装在框架或基板的插座上。这种模块式PLC的特点是配置灵活，可根据需要选配不同规模的系统，而且装配方便，便于扩展和维修。大中型PLC一般采用模块式结构。

还有一些PLC将整体式和模块式的特点结合起来，构成叠装式PLC。叠装式PLC其CPU、电源、I/O接口等也是各自独立的模块，但它们之间是靠电缆进行连接，并且各模块可以一层层地叠装。这样，不但可以灵活配置系统，还可做得体积小巧。

2. 按功能分类

根据PLC所具有的功能不同，可将PLC分为低档、中档和高档三类。

(1) 低档PLC

低档PLC具有逻辑运算、定时、计数、移位以及自诊断、监控等基本功能，还可有少量模拟量输入/输出、算术运算、数据传送和比较、通信等功能，主要用于逻辑控制、顺序控制或少量模拟量控制的单机控制系统。

(2) 中档PLC

除具有低档PLC的功能外，还具有较强的模拟量输入/输出、算术运算、数据传送和比较、数制转换、远程I/O、子程序、通信联网等功能。有些还可增设中断控制、PID控制等功能，适用于复杂控制系统。

(3) 高档PLC

除具有中档机的功能外，还增加了带符号算术运算、矩阵运算、位逻辑运算、二次方根运算及其他特殊功能函数的运算、制表及表格传送功能等。高档PLC机具有更强的通信联网功能，可用于大规模过程控制或构成分布式网络控制系统，实现工厂自动化。

3. 按I/O点数分类

根据PLC的I/O点数的多少，可将PLC分为小型、中型和大型三类。

(1) 小型PLC

I/O点数为256点以下的为小型PLC。其中，I/O点数小于64点的为超小型或微型PLC。

(2) 中型PLC

I/O点数为256点及以上、2048点及以下的为中型PLC。

（3）大型 PLC

I/O 点数为 2048 以上的为大型 PLC。其中，I/O 点数超过 8192 点的为超大型 PLC。

在实际中，一般 PLC 功能的强弱与其 I/O 点数的多少是相互关联的，即 PLC 的功能越强，其可配置的 I/O 点数越多。因此，通常人们所说的小型、中型、大型 PLC，除指其 I/O 点数不同外，同时也表示其对应功能为低档、中档、高档。

5.3.2 PLC 的性能指标

1. 存储容量

存储容量是指用户程序存储器的容量。用户程序存储器的容量大，可以编制出复杂的程序。一般来说，小型 PLC 的用户存储器容量为几千字，而大型 PLC 的用户存储器容量为几万字。

2. I/O 点数

输入/输出（I/O）点数是 PLC 可以接收的输入信号和输出信号的总和，是衡量 PLC 性能的重要指标。I/O 点数越多，外部可接的输入设备和输出设备就越多，控制规模就越大。

3. 扫描速度

扫描速度是指 PLC 执行用户程序的速度，是衡量 PLC 性能的重要指标。一般以扫描 1K 字用户程序所需的时间来衡量扫描速度，通常以 ms/K 字为单位。PLC 用户手册一般给出执行各条指令所用的时间，可以通过比较各种 PLC 执行相同的操作所用的时间，来衡量扫描速度的快慢。

4. 指令的功能与数量

指令功能的强弱、数量的多少也是衡量 PLC 性能的重要指标。编程指令的功能越强、数量越多，PLC 的处理能力和控制能力也越强，用户编程也越简单和方便，越容易完成复杂的控制任务。

5. 内部元件的种类与数量

在编制 PLC 程序时，需要用到大量的内部元件来存放变量、中间结果、保持数据、定时计数、模块设置和各种标志位等信息。这些元件的种类与数量越多，表示 PLC 的存储和处理各种信息的能力越强。

6. 特殊功能单元

特殊功能单元种类的多少与功能的强弱是衡量 PLC 产品的一个重要指标。近年来，各 PLC 厂家非常重视特殊功能单元的开发，特殊功能单元种类日益增多，功能越来越强，使 PLC 的控制功能日益扩大。

7. 可扩展能力

PLC 的可扩展能力包括 I/O 点数的扩展、存储容量的扩展、联网功能的扩展、各种功能模块的扩展等。在选择 PLC 时，经常需要考虑 PLC 的可扩展能力。

5.4 PLC 和继电器-接触器控制系统的区别和联系

PLC 是在继电器-接触器控制系统的基础上发展起来的，两者能实现的基本功能一致，但是 PLC 融入了计算机技术，所以它们又有许多的不同之处。

1. 控制方式上的不同

继电器-接触器控制系统元器件间的逻辑关系用硬接线连接完成。系统构成后就被固定，不易改变和增加功能，可扩展性差。

PLC 采用的是存储程序控制方式实现控制，即输入对输出的控制是通过执行存储在存储器中的程序实现。元器件间的逻辑关系以执行程序（软接线）方式完成。所构成的系统接线少、简单、体积小，通过修改程序可灵活改变控制逻辑，增加系统控制功能。

2. 工作方式和控制速度不同

继电器-接触器控制系统以并行方式工作，输出对输入无响应滞后。由于继电器的动作是以机械动作为主，所以工作频率低，控制速度不宜太快。

PLC 以扫描程序方式工作，即以串行方式工作，输出对输入有响应滞后。PLC 由程序指令控制半导体电路实现控制，工作效率高，其运行速度快。

3. 可靠性和可维护性的不同

继电器-接触器控制系统中，使用了大量的机械触点，接线复杂，触点在开闭时易受电弧的损害，系统可靠性和可维护性受触点寿命和接触不良的限制。

PLC 是以面向用户、面向现场的需要而设计的，其大量的开关动作是由无触点的电子电路来完成的，大部分继电器和复杂的连线都由软件所取代，因而可靠性高，寿命长。

4. 控制系统组成上的不同

对三相异步电动机进行星形-三角形起动控制，分别用继电器-接触器控制系统和 PLC 控制实现。无论哪种方式实现，系统的主电路相同。图 5-10a 是系统主电路。

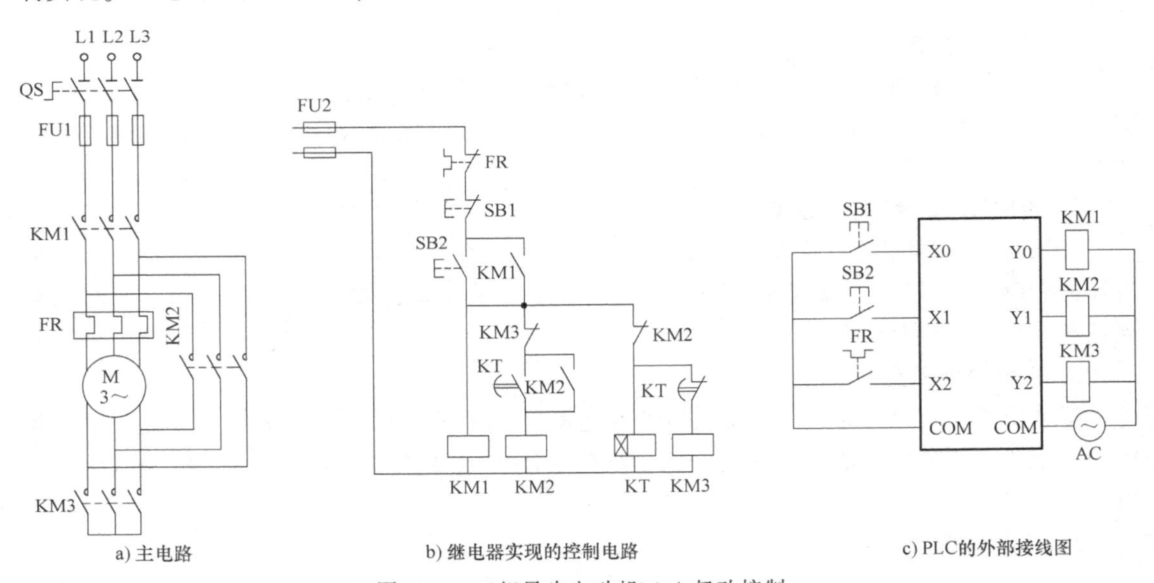

a) 主电路　　b) 继电器实现的控制电路　　c) PLC的外部接线图

图 5-10　三相异步电动机Y-△起动控制

继电器-接触器控制系统和 PLC 控制系统的组成上有所不同，图 5-10b 是继电器实现的控制电路。图 5-10c 是 PLC 的外部接线图。就实施一项工程来说，前者的设计、施工、调试需要依次进行，工程周期长，工程越大，这一点就越突出。而若用 PLC 完成，在系统设计完成后，现场施工和控制逻辑的设计（程序设计）可以同时进行，工程周期短，调试和修改方便。

从以上比较来看，两种系统各有其特色。继电器-接触器控制系统的元器件功能在不断加强，应用了智能化元器件、综合型元器件，组成的系统更简单，实现功能更方便。继电器-接触器逻辑控制系统更适合用来控制动作单一的、小规模的简单系统，这样更能体现其经济性和优越性。PLC 则适用于动作复杂、自动化生产线、多机群控等复杂的有一定规模的控制场合，实现控制功能简单容易。

现将 PLC 系统和继电器-接触器控制系统的区别汇总，见表 5-1。

表 5-1 PLC 系统和继电器-接触器控制系统的区别汇总

项 目	PLC	继电器-接触器控制系统
功能	用程序可以实现各种复杂控制	用大量继电器布线逻辑实现顺序控制
改变控制内容	修改程序较简单容易	改变硬件接线逻辑、工作量大
可靠性	平均无故障工作时间长	受机械触点寿命限制
工作方式	顺序扫描	并行处理
接口	直接与生产设备连接	直接与生产设备连接
环境适应性	可适应一般工业生产现场环境	环境差，会降低可靠性和寿命
抗干扰性	一般不专门考虑抗干扰问题	能抗一般电磁干扰
维护	现场检查、维修方便	定期更换继电器，维修费时
系统开发	设计容易、安装简单、调试周期短	图样多、安装接线工作量大、调试周期长
通用性	较好，适应面广	一般是专用
硬件成本	比微机控制系统高	少于 30 个继电器的系统最低

本 章 小 结

PLC 是微机技术和控制技术相结合的产物，是一种以微处理器为核心的用于控制的特殊计算机，因此 PLC 的基本组成与一般的微机系统类似。

PLC 的硬件主要由中央处理器（CPU）、存储器、输入单元、输出单元、通信接口和扩展接口电源等部分组成，其中，CPU 是 PLC 的核心。

PLC 编程语言是多种多样的，不同生产厂家、不同系列的 PLC 产品采用的编程语言的表达方式也不相同，但基本上可归纳两种类型：一是采用字符表达方式的编程语言，如语句表等；二是采用图形符号表达方式的编程语言，如梯形图等。

PLC 的循环扫描工作方式与继电器控制的工作原理明显不同。整个扫描工作过程包括内部处理、通信服务、输入采样、程序执行和输出刷新五个阶段。整个过程扫描执行一遍所需的时间称为扫描周期。

习题与思考题

5-1 为什么说 PLC 是通用的工业控制计算机？和一般的计算机系统相比，PLC 有哪些特点？

5-2 作为通用工业控制计算机，PLC 有哪些特点？

5-3 PLC 的硬件主要由哪几部分组成？简述各部分的作用。

5-4 PLC 的输出接口有哪几种形式？它们分别对应什么场合？

5-5 PLC 的一个扫描过程主要有哪几个阶段？每个阶段完成什么任务？

第 6 章

三菱FX_{2N}系列PLC及其基本指令

内容简介：

本章首先介绍了三菱 FX_{2N} 系列 PLC 的基本情况，在重点介绍 FX_{2N} 系列 PLC 的软元件和基本指令的使用基础上，由浅入深介绍了几类实用典型梯形图小程序，最后对几个有代表性的工程应用实例进行分析，使读者对应用基本指令进行简单的 PLC 控制程序的编写步骤和方法有深刻的理解。

学习目标：

1. 了解三菱 FX_{2N} 系列 PLC 的基本结构。
2. 理解三菱 FX_{2N} 系列 PLC 软元件的功能。
3. 理解并掌握三菱 FX_{2N} 系列 PLC 基本指令的正确使用。

6.1 FX_{2N} 系列 PLC 简介

6.1.1 FX_{2N} 系列 PLC 的基本组成

FX_{2N} 系列 PLC 由基本单元、扩展单元、扩展模块及特殊功能单元构成。图 6-1 是 FX_{2N} 系列 PLC 顶视图，它属于叠装式 PLC。

基本单元（Basic Unit）包括 CPU、存储器、输入输出接口及电源，是 PLC 的主要部分。

扩展单元（Extension Unit）用于增加 I/O 点数的装置，内部设有电源。

扩展模块（Extension Module）用于增加 I/O 点数及改变 I/O 比例，内部无电源，由基本单元或扩展单元供电。

因扩展单元及扩展模块无 CPU，因此必须与基本单元一起使用。

特殊功能单元（Special Function Unit）是一些专门用途的装置，如位置控制模块、模拟量控制模块和计算机通信模块等。

6.1.2 FX_{2N} 系列 PLC 的型号名称体系及其种类

1. FX_{2N} 系列 PLC 的基本单元名称体系及其种类

FX_{2N} 系列 PLC 的基本单元型号名称体系形式如图 6-2 所示。FX_{2N} 系列的基本单元的种类共有 16 种，见表 6-1。每个基本单元最多可以连接 1 个功能扩展板，8 个特殊单元和特殊模块，连接方式如图 6-3 所示。

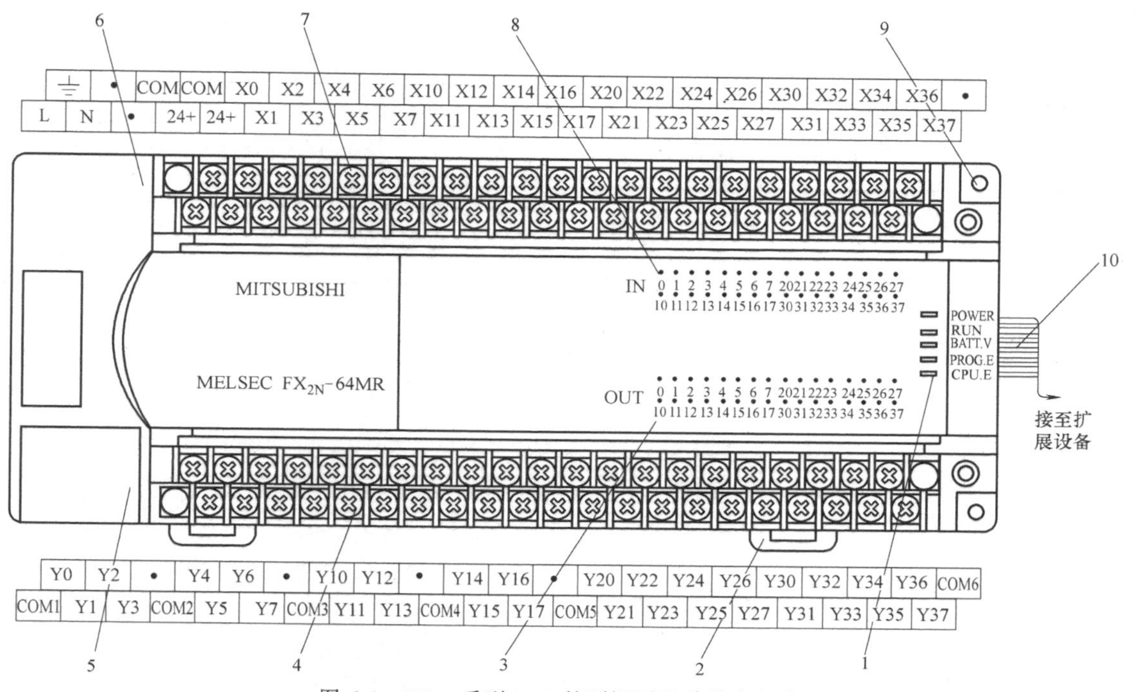

图 6-1　FX_{2N} 系列 PLC 的顶视图及其基本组成

1—动作指示灯　2—DIN 导轨装卸卡子　3—输出动作指示灯　4—输出用装卸式端子
5—外部设备接线插座盖板　6—面板盖　7—电源、辅助电源、输入信号用装卸式端子
8—输入指示灯　9—安装孔（4 个，φ4.5）　10—扩展设备接线插座板

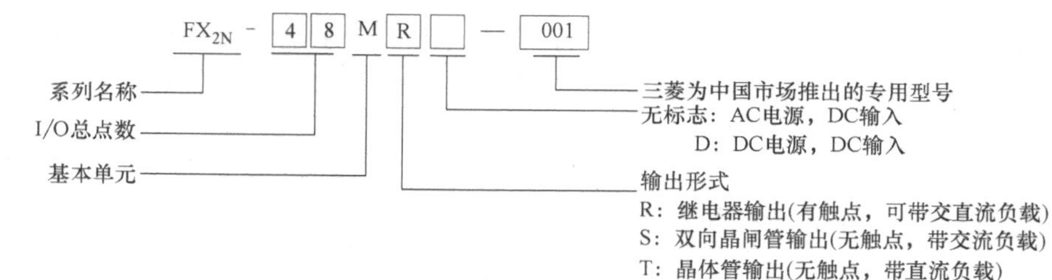

图 6-2　FX_{2N} 系列 PLC 的基本单元型号名称体系形式

表 6-1　FX_{2N} 系列 PLC 的基本单元

I/O 点数	输入点数	输出点数	FX_{2N} 系列基本单元型号		
			AC 电源 DC 输入		
			继电器输出	晶闸管输出	晶体管输出
16	8	8	FX_{2N}-16MR-001	FX_{2N}-16MS-001	FX_{2N}-16MT-001
32	16	16	FX_{2N}-32MR-001	FX_{2N}-32MS-001	FX_{2N}-32MT-001
48	24	24	FX_{2N}-48MR-001	FX_{2N}-48MS-001	FX_{2N}-48MT-001
64	32	32	FX_{2N}-64MR-001	FX_{2N}-64MS-001	FX_{2N}-64MT-001
80	40	40	FX_{2N}-80MR-001	FX_{2N}-80MS-001	FX_{2N}-80MT-001
128	64	64	FX_{2N}-128MR-001	—	FX_{2N}-128MT-001

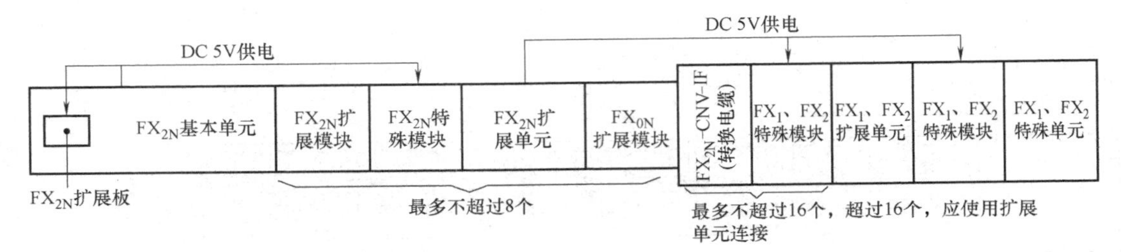

图 6-3　FX_{2N} 基本单元连接扩展模块、特殊模块、特殊功能单元个数及供电范围

2. FX_{2N} 系列 PLC 的扩展单元名称体系及其种类

FX_{2N} 系列 PLC 的扩展单元型号名称体系形式如图 6-4 所示。

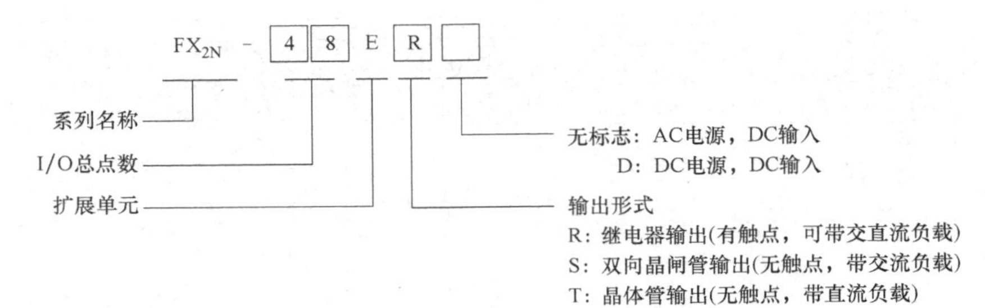

图 6-4　FX_{2N} 系列 PLC 扩展单元型号名称体系形式

FX_{2N} 系列 PLC 的扩展单元种类共有 4 种，见表 6-2。

表 6-2　FX_{2N} 系列 PLC 的扩展单元

输入输出合计点数	输入点数	输出点数	AC 电源 DC 输入		
			继电器输出	晶闸管输出	晶体管输出
32	16	16	FX_{2N}-32ER	—	FX_{2N}-32ET
48	24	24	FX_{2N}-48ER	—	FX_{2N}-48ET

3. FX_{2N} 系列 PLC 的扩展模块名称体系及其种类

FX_{2N} 系列 PLC 扩展模块型号名称体系形式如图 6-5 所示。

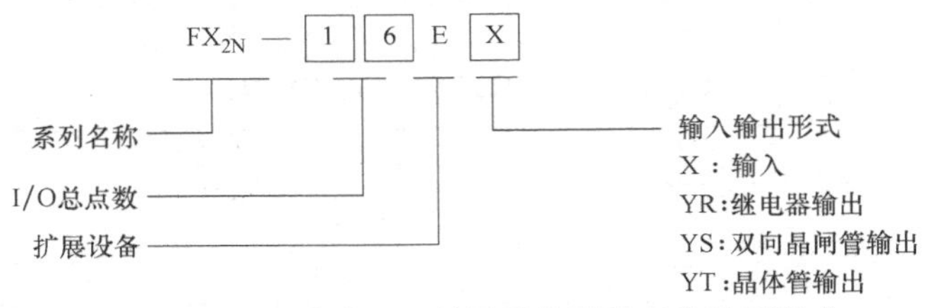

图 6-5　FX_{2N} 系列 PLC 扩展模块型号名称体系形式

FX_{2N} 系列 PLC 基本单元不仅可以直接连接 FX_{2N} 系列 PLC 的扩展单元和扩展模块，而且还可以直接连接 FX_{0N} 系列 PLC 的多种扩展模块（但不能直接连接 FX_{0N} 系列 PLC 用的扩展单元），它们必须接在 FX_{2N} 系列 PLC 的扩展单元和扩展模块之后，如图 6-6a 所示，也可以通过 FX_{2N}-CNV-IF 转换电缆连接如图 6-3 所示的 FX_1、FX_2 扩展单元和其他扩展模块、特殊单元、特殊模块连接，可多达 16 个外设。

基本单元也可以进行如图 6-6b 所示的连接，但这种连接之后，就不能再直接连接 FX_{2N} 和 FX_{0N} 设备了。

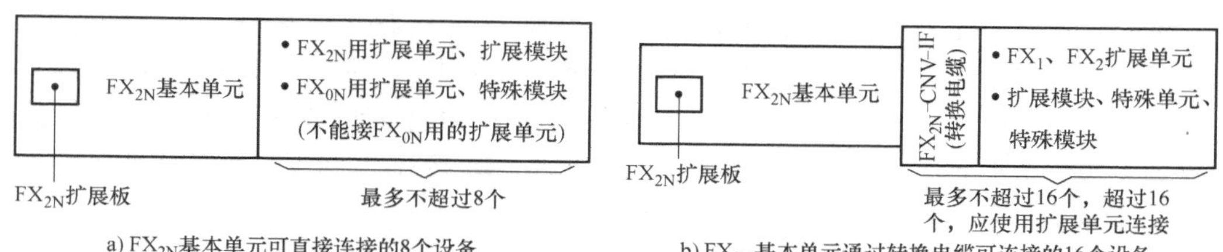

图 6-6　FX_{2N} 基本单元连接外部设备的两种方法

FX_{2N} 系列 4 种扩展模块和 FX_{0N} 系列扩展模块的种类见表 6-3。

表 6-3　FX_{0N}、FX_{2N} 系列扩展模块种类

继电器		晶闸管	晶体管	输入点数	输出点数	输入输出总点数	输入电压
输出	输入	输出	输入				
FX_{0N}-8ER		—	—	4(8)	4(8)	8(16)	DC 24V
—	FX_{0N}-8EX	—	—	8	0	8	DC 24V
FX_{0N}-8EYR	—	—	FX_{0N}-8EYT	0	8	8	DC 24V
—	FX_{0N}-16EX	—	—	16	0	16	DC 24V
FX_{0N}-16EYR	—	—	FX_{0N}-16EYT	0	16	16	DC 24V
—	FX_{2N}-16EX	—	—	16	0	16	DC 24V
FX_{2N}-16EYR	—	FX_{2N}-16EYS	FX_{2N}-16EYT	0	16	16	DC 24V

注：表中括号内数字表示扩展模块占有的点数，括号外数字是有效点数。

4. FX_{2N} 系列 PLC 的特殊扩展模块

FX_{2N} 系列 PLC 备有各种特殊功能的模块，见表 6-4。这些特殊功能模块均用直流 5V 电源驱动。

表 6-4　FX_{2N} 系列 PLC 使用的特殊功能模块

分类	型号	名称	占用点数	耗电量(DC5V)/mA
模拟量控制模块	FX_{2N}-4AD	4 通道模拟量输入	8	30
	FX_{2N}-4DA	4 通道模拟量输出(4 路)	8	30
	FX_{2N}-4AD-PT	4 通道温度传感器输入(PT100)	8	30
	FX_{2N}-4AD-TC	4 通道温度传感器输入(热电偶)	8	40
位置控制模块	FX_{2N}-1HC	50kHz 2 相高速计数模块	8	90
	FX_{2N}-1PG	100kHz 高速脉冲输出模块	8	55
功能扩展板	FX_{2N}-CNV-BD	连接通信适配器用的板卡	—	—
	FX_{2N}-8AV-BD	电位器扩展板(8 点)	—	20
	FX_{2N}-232-BD	RS-232C 通信扩展板	—	20
	FX_{2N}-422-BD	RS-422 通信扩展板	—	60
	FX_{2N}-485-BD	RS-485 通信扩展板	—	60
通信模块	FX_{2N}-232-IF	RS-232C 通信接口模块	8	40
	FX_{2N}-CNV-IF	扩展电缆转换模块	8	15

5. FX_{2N} 系列 PLC 各单元模块的连接

FX_{2N} 系列 PLC 吸取了整体式和模块式 PLC 的优点，各单元间采用叠装式连接，即 PLC 的基本单元、扩展单元和扩展模块深度及高度均相同，连接时不用基板，仅用扁平电缆连接，构成一个整齐的长方体。使用 FROM/TO 指令的特殊功能模块，如模拟量输入和输出模块、高速计数模块等，可直接连接到 FX_{2N} 系列 PLC 的基本单元，或连到其他扩展单元、扩展模块的右边。根据它们与基本单元的距离，对每个模块按 0~7 的顺序编号，最多可连接 8 个特殊功能模块。

6.1.3 FX_{2N} 系列 PLC 的性能指标

在使用 FX_{2N} 系列 PLC 之前，需对其主要性能指标进行认真查阅，只有选择了符合要求的产品，才能达到既可靠又经济的要求。

1. FX_{2N} 系列 PLC 的环境技术指标

FX_{2N} 系列 PLC 的使用条件即环境指标要求见表 6-5。

表 6-5 FX_{2N} 系列 PLC 的环境指标

项目	指标
环境温度	使用温度:0~55℃;储存温度:-20~70℃
环境湿度	使用时:35%~85%RH(无凝露)
防振性能	JIS C0911 标准,10~55Hz,0.5mm(最大 2g),3 轴方向各 2 次(但用 DIN 导轨安装时为 0.5g)
抗冲击性能	JIS C0912 标准,10g,3 轴方向各 3 次
抗噪声能力	用噪声模拟器产生电压为 1000V(峰-峰值)、脉宽 1μs、30~100Hz 的噪声
绝缘耐压	AC 1500V,1min(接地端与其他端子间)
绝缘电阻	5MΩ 以上(DC 500V 绝缘电阻表测量,接地端与其他端子间)
接地电阻	第三种接地,如接地有困难,可以不接
使用环境	无腐蚀性气体,无尘埃

2. FX_{2N} 系列 PLC 的电源技术指标

FX_{2N} 系列 PLC 的电源技术指标见表 6-6。

表 6-6 FX_{2N} 系列 PLC 的电源技术指标（AC 电源 DC 输入型）

项目		FX_{2N}-16M	FX_{2N}-32M FX_{2N}-32E	FX_{2N}-48M FX_{2N}-48E	FX_{2N}-64M	FX_{2N}-80M	FX_{2N}-128M
额定电压		AC 100~240V					
电压允许范围		AC 85~264V					
额定频率		50/60Hz					
允许瞬停时间		10ms 以内的瞬时停电,可继续运行 电源电压为 AC 200V 的系统时,可以通过用户程序,在 10~100ms 之间更改					
电源熔丝		250V,3.15A(3A)		250V,5A			
消耗功率/V·A		30	40	50	60	70	100
冲击电流		最大 40A(5ms 以下/AC 100V)、最大 60A(5ms 以下/AC 200V)					
传感器电源	无扩展模块	DC 24V,250mA 以下		DC 24V,460mA 以下			
	有扩展模块	DC 5V　基本单元 290mA，　扩展单元 690mA					

3. FX_{2N} 系列 PLC 的输入技术指标

FX_{2N} 系列 PLC 对输入信号的技术要求见表 6-7。

表 6-7 FX_{2N} 系列 PLC 的输入技术指标

项目	DC 输入	DC 输入	DC 输入	AC 输入
机型	〈AC 电源型〉 基本单元 FX_{2N} 扩展单元	〈DC 电源型〉 FX_{2N} 基本单元 FX_{2N} 扩展单元	扩展模块	基本单元 扩展单元
输入回路构成	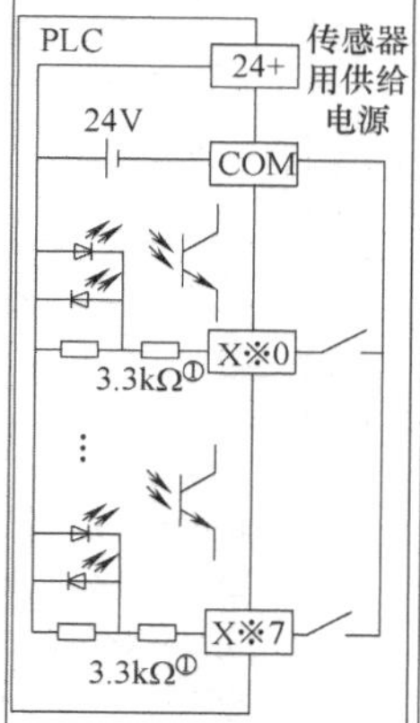 PLC 24+ 传感器用供给电源 24V COM X※0 3.3kΩ① X※7 3.3kΩ①	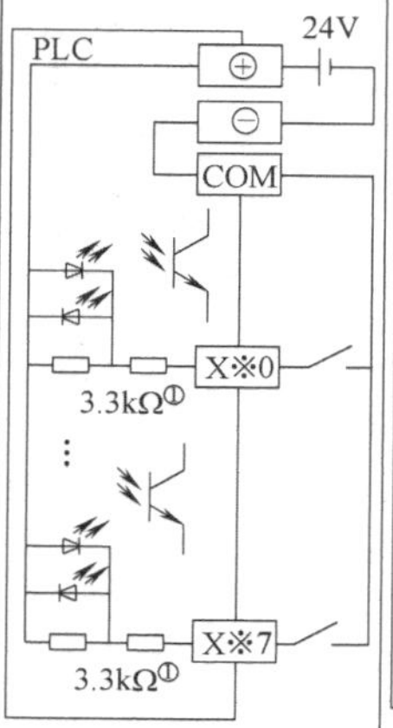 PLC 24V ⊕ ⊖ COM X※0 3.3kΩ① X※7 3.3kΩ①	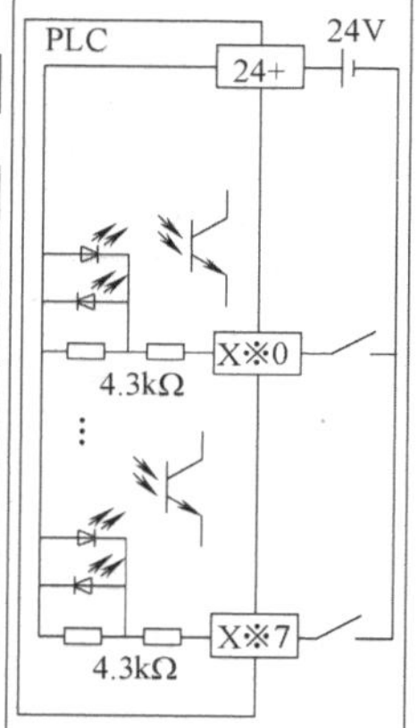 PLC 24V 24+ X※0 4.3kΩ X※7 4.3kΩ	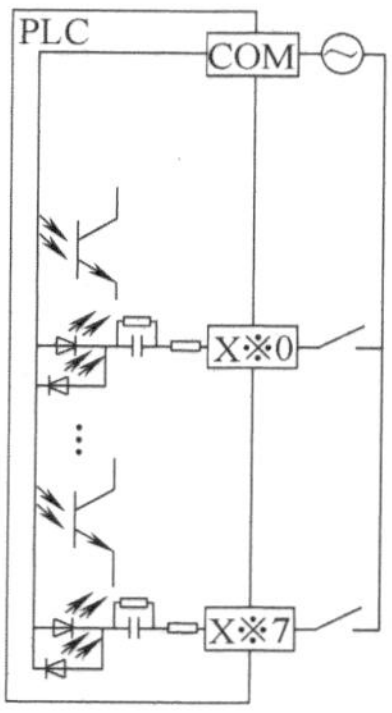 PLC COM X※0 X※7
输入信号电压	DC 24V，±10%②			AC 100~120V，-15%~+10%
输入信号电流	7mA/DC 24V(X010 以后为 5mA/DC 24V)		5mA/DC 24V	6.2mA/AC 110V 60Hz⑤
输入 ON 电流	4.5mA 以上(X010 以后为 5mA/DC 24V)		3.5mA 以上	3.8mA 以上
输入 OFF 电流	1.5mA 以下		1.5mA 以下	1.7mA 以下
输入响应时间	约 10ms		约 10ms	25~30ms
	X000~X017 内置数字滤波器③ 可在 0~60ms 范围内变更④		—	不可以高速输入
输入信号形式	触点输入或 NPN 集电极开路晶体管			触点输入
回路绝缘	光电耦合器隔离			
输入动作的显示	输入 ON 时 LED 灯亮			

① X010 以后以及扩展单元为 4.3kΩ。

② DC 电源型时，遵循各单元的单元电压范围。

③ 16M 为 X000~X007。

④ X000、X001 为最小 20μs、X002 以后为最小 50μs。

⑤ 同时为 ON 的概率应保持在 70%以上。

4. FX_{2N} 系列 PLC 的输出技术指标

FX_{2N} 系列 PLC 的输出技术指标见表 6-8。

表 6-8　FX_{2N} 系列 PLC 的输出技术指标

项目		继电器输入	晶闸管输出	晶体管输出
机型		FX_{2N} 基本单元 扩展单元 扩展模块	FX_{2N} 基本单元 扩展单元 扩展模块	① FX_{2N} 基本单元、扩展单元 ② FX_{2N}、FX_{0N} 扩展模块 ③ FX_{2N}-16EYT-C ④ FX_{0N}-8EYT-H、FX_{2N}-8EYT-H
输出回路构成		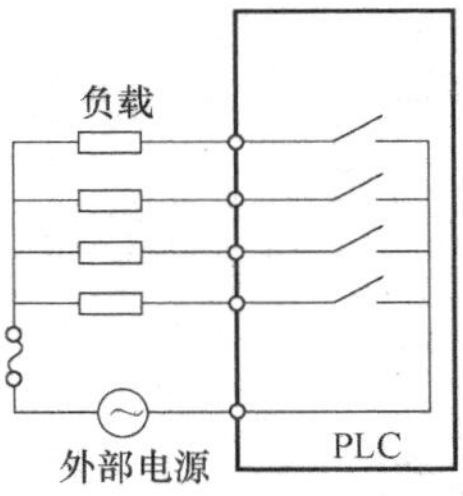 负载 外部电源 PLC	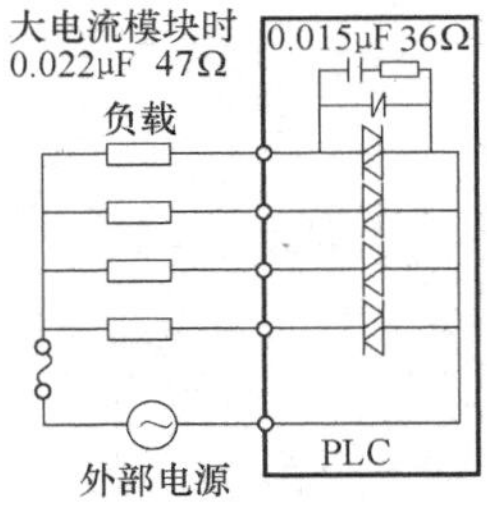 大电流模块时 0.022μF 47Ω 0.015μF 36Ω 负载 外部电源 PLC	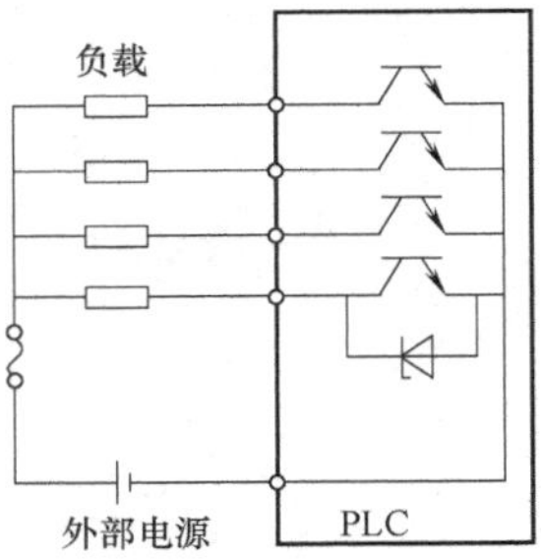 负载 外部电源 PLC
外部电源		AC 250V 或 DC 30V 以下	AC 85~242V	DC 5~30V
最大负载	电阻负载	2A/1 点 8A/4 点 COM 8A/8 点 COM	0.3A/1 点 0.8A/4 点 COM 0.8A/8 点 COM	① 0.5A/1 点、0.8A/4 点、1.6A/8 点(Y000、Y001 为 0.3A/1 点) ② 0.5A/1 点、0.8A/4 点、1.6A/8 点 ③ 0.3A/1 点、1.6A/16 点 ④ 1A/1 点、2A/4 点
	感性负载	80V·A	15V·A/AC 100V 30V·A/AC 200V	① 12W/DC 24V(Y000、Y001 为 7.2W/DC 24V) ② 1.5W/DC 24V ③ 7.2W/DC 24V ④ 24W/DC 24V
	灯负载	100W	30W	① 1.5W/DC 24V(Y000、Y001 为 0.9W/DC 24V) ② 1.5W/DC 24V ③ 1W/DC 24V ④ 3W/DC 24V
开路漏电流		—	1mA/AC 100V 2mA/AC 200V	0.1mA/DC 30V
最小负载		DC 5V 2mA 参考值	0.4V·A/AC 100V 1.6V·A/AC 200V	—
响应时间	OFF→ON	约 10ms	1ms 以下	<0.2ms；15μs(Y000、Y001 时)
	ON→OFF	约 10ms	10ms 以下	<0.2ms[①]；20μs(Y000、Y001 时)
回路绝缘		机械隔离	光电晶闸管隔离	光电耦合器隔离
输出动作显示		继电器线圈通电时 LED 亮灯	光电晶闸管驱动时 LED 亮灯	光耦驱动时 LED 亮灯

① FX_{0N}-8EYT-H、FX_{2N}-8EYT-H 为 0.4ms 以下。

6.2 FX_{2N} 系列 PLC 的软元件

PLC 是由继电器-接触器控制发展而来的，而且在设计时就考虑到便于电气技术人员学习与接受，因此将其存放数据的存储单元用继电器来命名，即软元件。

FX_{2N} 系列 PLC 的软元件有输入继电器（X）、输出继电器（Y）、辅助继电器（M）、状态继电器（S）、定时器（T）、计数器（C）、数据寄存器（D）和变址寄存器（V、Z）八大类。

FX_{2N} 系列 PLC 编程元件的编号由字母和数字组成，其中输入继电器和输出继电器用八进制数字编号，其他均采用十进制数字编号。为了能全面了解 FX 系列 PLC 的内部软继电器，本节以 FX_{2N} 系列 PLC 为背景进行介绍。

6.2.1 输入继电器（X）

输入继电器（X）是 PLC 专门用来接收外部开关信号的元件，它与输入端相连。PLC 通过输入接口将外部输入信号状态（接通时为“1”，断开时为“0”）读入并存储在输入映像寄存器内，即输入继电器中。

既然是继电器，人们自然会想到硬继电器的线圈和触点，在 PLC 中，继电器实际上不是真正的继电器，而是一个命名而已。但它也用线圈和触点表示，可以把这些线圈和触点理解为软线圈和软触点，在梯形图中可以无限制使用。

当外部输入电路接通时，对应的映像寄存器为“1”状态，表示该输入继电器的触点动作，即常开触点闭合，常闭触点断开。

输入继电器必须由外部信号驱动，不能用程序驱动，所以在程序中不可能出现输入继电器线圈。由于输入继电器为输入映像寄存器中的状态，其触点的使用次数不限。

图 6-7 所示为输入继电器 X001 的等效电路。

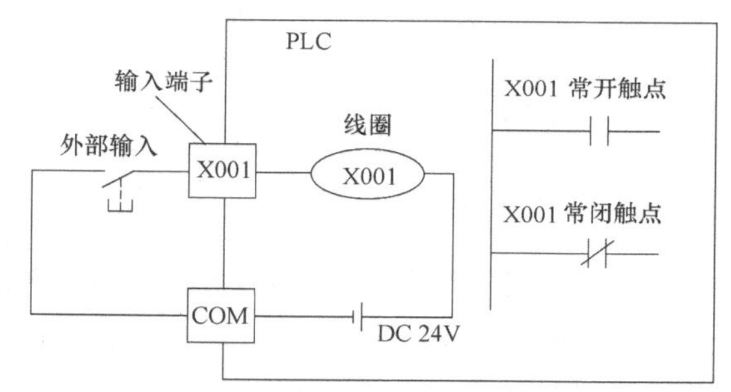

图 6-7　输入继电器 X001 的等效电路

FX_{2N} 系列 PLC 的输入继电器是用字母 X 和八进制数字表示，最大编号范围为 X000～X267（184 点）。输入继电器的编号与输入接线端子的编号是一致的。表 6-9 给出了 FX_{2N} 系列 PLC 的输入继电器元件号。

表 6-9　FX_{2N} 系列 PLC 的输入继电器元件号

型号	FX_{2N}-16M	FX_{2N}-32M	FX_{2N}-48M	FX_{2N}-64M	FX_{2N}-80M	FX_{2N}-128M	扩展时
X	X000～X007 8 点	X000～X017 16 点	X000～X027 24 点	X000～X037 32 点	X000～X047 40 点	X000～X077 64 点	X000～X267 184 点

需要注意的是，基本单元输入继电器的编号是固定的，扩展单元和扩展模块是以最靠近基本单元的元件开始，接着基本单元的元件号按顺序进行编号。例如，基本单元 FX_{2N}-64M 的输入继电器编号为 X000～X037（32 点），如果接有扩展单元或扩展模块，则扩展的输入继电器从 X040 开始编号。

6.2.2 输出继电器（Y）

输出继电器（Y）是用来将PLC内部信号输出传送给外部负载（用户输出设备）。输出继电器线圈由PLC内部程序的指令驱动，其线圈状态传送给输出单元，再由输出单元对应的硬触点来驱动外部负载。

图6-8所示为输出继电器Y000的等效电路。

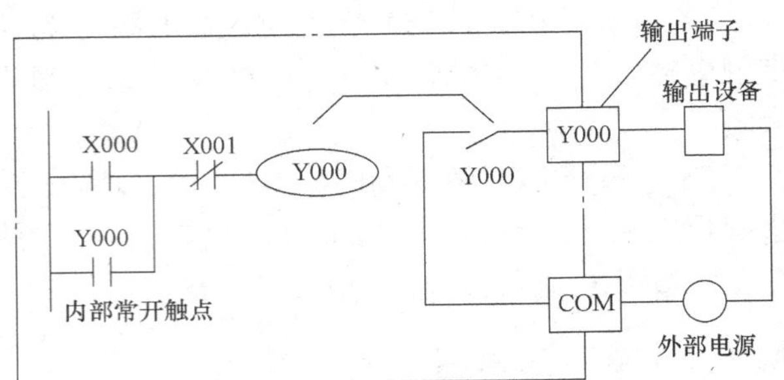

图6-8 输出继电器Y000的等效电路

每个输出继电器在输出单元中都对应唯一一个常开硬触点，但在程序中供编程的输出继电器，不管是常开还是常闭触点，都可以无限次使用。

FX_{2N}系列PLC的输出继电器是用字母Y和八进制数字表示，最大编号范围为Y000～Y267（184点）。输出继电器的编号与输出接线端子的编号是一致的。表6-10给出了FX_{2N}系列PLC的输出继电器元件号。

表6-10 FX_{2N}系列PLC的输出继电器元件号

型号	FX_{2N}-16M	FX_{2N}-32M	FX_{2N}-48M	FX_{2N}-64M	FX_{2N}-80M	FX_{2N}-128M	扩展时
Y	Y000～Y007 8点	Y000～Y017 16点	Y000～Y027 24点	Y000～Y037 32点	Y000～Y047 40点	Y000～Y077 64点	Y000～Y267 184点

与输入继电器一样，基本单元的输出继电器编号是固定的，扩展单元和扩展模块的编号也是按与基本单元最靠近开始，顺序进行编号。在实际使用中，输入、输出继电器的数量，要看具体系统的配置情况。

6.2.3 辅助继电器（M）

辅助继电器（M）与继电器-接触器控制系统中的中间继电器相似。

辅助继电器和PLC外部无任何直接联系，其线圈和触点只能由PLC内部编程使用。其触点分为常开触点和常闭触点两种，且可以无限次使用。但不能直接驱动外部负载，外部负载只能由输出继电器的外部触点驱动。

辅助继电器分为通用辅助继电器、断电保持辅助继电器和特殊辅助继电器三种，元件编号按十进制规则。表6-11给出了FX_{2N}系列PLC的辅助继电器元件号。

表6-11 FX_{2N}系列PLC的辅助继电器元件号

普通用途	断电保持用途		特殊用途
	断电保持用	断电保持专用	
M0～M499① 500点	M500～M1023② 524点，供链路用 总站→分站：M800～M899 分站→总站：M900～M999	M1024～M3071③ 2048点	M8000～M8255 256点

① 非后备电池区辅助继电器，依据参数设定，可变为后备电池区（断电保持）辅助继电器。

② 电池后备区辅助继电器（停电保持）依据参数设定，可变为非后备辅助继电器。

③ 电池后备固定区辅助继电器（停电保持）（利用RST、ZRST指令可清除内容）。

1. 通用辅助继电器（M0～M499）

M0～M499为通用辅助继电器，共计500点。如果PLC运行时突然失电，则通用辅助继电器状态全部为OFF。当再次来电时，除了因外部输入信号而变为ON状态的以外，其余的仍将保持OFF状态。根据需要可通过程序设定，将M0～M499变为断电保持辅助继电器。

2. 断电保持辅助继电器（M500～M3071）

M500～M3071为断电保持辅助继电器，共计2572点，具有断电保持功能，即能记忆电源中断瞬时的状态，并在重新通电后再现其状态。它之所以能在电源断电时保持其原有的状态，是因为电源中断时用PLC中的锂电池保持它们映像寄存器中的内容。其中，M500～M1023可由软件将其设定为通用辅助继电器。

下面通过小车往复运动控制来说明断电保持辅助继电器的应用，如图6-9所示。

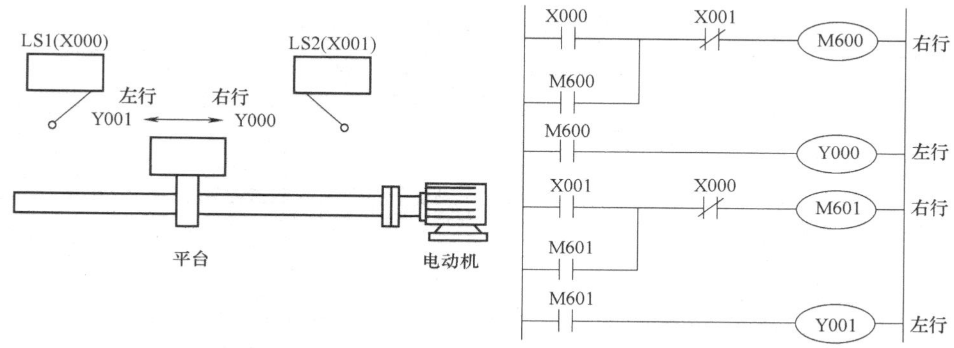

图6-9 断电保持辅助继电器的应用

小车在正反向运动中，用M600、M601控制输出继电器驱动小车运动。X000、X001为限位输入信号。运行的过程是X000=ON→M600=ON→Y000=ON→小车右行→停电→小车中途停止→上电（M600=ON→Y000=ON）再右行→X001=ON→M600=OFF、M601=ON→Y001=ON（左行）。可见，由于M600和M601具有断电保持的功能，所以在小车中途因停电停止后，一旦电源恢复，M600或M601仍记忆原来的状态，将由它们控制相应输出继电器，小车继续原方向运动。若不用断电保护辅助继电器，当小车中途断电后，再次得电小车也不能运动。

3. 特殊辅助继电器（M8000～M8255）

M8000～M8255为特殊辅助继电器，共计256个。特殊辅助继电器分为触点型和线圈型两类。

（1）触点型

其线圈由PLC自动驱动，用户只可使用其触点。例如：

M8000：运行监视器（在PLC运行中接通），M8001与M8000逻辑相反。

M8002：初始脉冲（仅在运行开始时瞬间接通），M8003与M8002逻辑相反。

M8011、M8012、M8013和M8014分别是产生10ms、100ms、1s和1min时钟脉冲的特殊辅助继电器。M8000、M8002、M8012的波形图如图6-10所示。

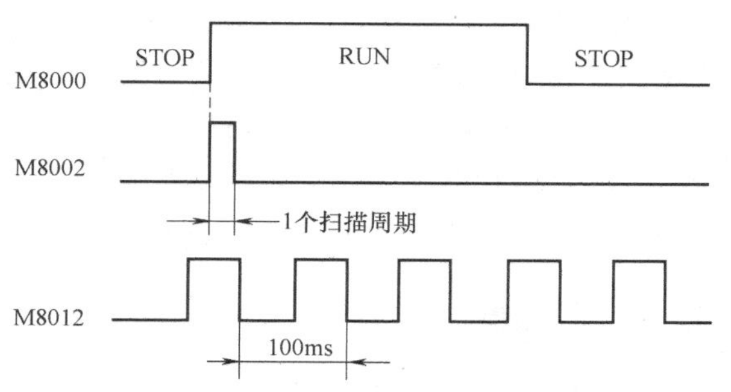

图6-10 M8000、M8002和M8012的波形图

(2) 线圈型

由用户程序驱动线圈后 PLC 执行特定的动作。例如：

M8033：若使其线圈得电，则 PLC 停止时保持元件映像存储器和数据寄存器内容。

M8034：若使其线圈得电，则 PLC 的输出全部禁止。

M8039：若使其线圈得电，则 PLC 按 D8039 中指定的扫描时间工作。

6.2.4 状态继电器（S）

状态继电器（S）也称状态软元件，简称状态。状态继电器是编制顺序控制程序的重要编程元件，它与后述的步进顺控指令（STL）配合应用。表 6-12 给出了 FX_{2N} 系列 PLC 的状态继电器元件号。

表 6-12 FX_{2N} 系列 PLC 的状态继电器元件号

类别		组件编号	数量	用途及特点
普通用途①	初始状态继电器	S0～S9	10	用于状态转移图(SFC)的初始状态
	复原状态继电器	S10～S19	10	在多运行模式控制中,返回原点的状态
	非断电保持用途继电器	S20～S499	480	用于状态转移图(SFC)中的中间状态
断电保持用②继电器		S500～S899	400	用于来电后继续执行停电前状态的场合
信号报警用③继电器		S900～S999	100	可作为报警组件使用

① 非后备电池区辅助继电器。依据参数设定，可变为后备电池区（断电保持）辅助继电器。

② 电池后备区辅助继电器（断电保持）。依据参数设定，可变为非后备辅助继电器。

③ 电池后备固定区辅助继电器（断电保持）（利用 RST、ZRST 指令可清除内容）。

状态继电器与辅助继电器一样，每个状态继电器的线圈在程序中一般只能使用一次，其常开触点与常闭触点在程序中使用次数不限。如果状态继电器不与步进顺控指令（STL）配合使用时，可作为辅助继电器（M）使用。可通过程序设定将 S0～S499 设置为有断电保持功能的状态继电器。

如图 6-11 所示，我们用机械手动作简单介绍状态元件（S）的作用。当启动信号 X000 有效时，机械手下降，到下降限位 X001 开始夹紧工件，夹紧到位信号 X002 为 ON 时，机械手上升到上限 X003 则停止。整个过程可分为三步，每一步都用一个状态元件（S20、S21、S22）记录。每个状态继电器都有各自的置位和复位信号（如 S21 由 X001 置位，X002 复位），并有各自要做的操作（驱动 Y000、Y001、Y002）。从启动开始由上至下随着状态动作的转移，每一步的工作互不干扰，不必考虑不同步之间元件的互锁，使设计清晰简洁。

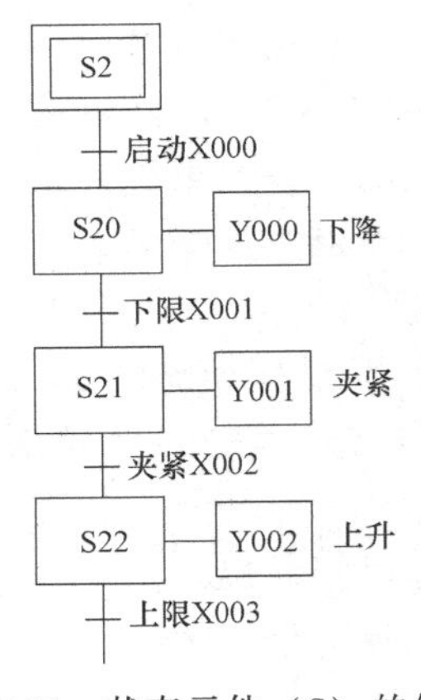

图 6-11 状态元件（S）的作用

6.2.5 定时器（T）

PLC 中的定时器（T）相当于继电器-接触器控制系统中的通电型时间继电器。FX_{2N} 系列 PLC 中有 256 个定时器，其地址编号按十进制规则为 T0～T255，其中通用定时器 246 个，积算定时器 10 个。表 6-13 给出了 FX_{2N} 系列 PLC 的定时器元件号。

表 6-13　FX_{2N} 系列 PLC 的定时器元件号

通用定时器		积算定时器	
100ms	10ms	1ms	100ms
0.1~3276.7s	0.01~327.67s	0.001~32.767s	0.1~3276.7s
T0~T199　200 点 其中，T192~T199 用于子程序	T200~T245 46 点	T246~T249　4 点 执行中断电池备用	T250~T255　6 点 电池备用

每个定时器都有一个设定定时时间的设定值寄存器（一个字长），一个对标准时钟脉冲进行计数的当前值寄存器（一个字长）和一个用来存储其输出触点状态的映像寄存器（一个二进制位），这三个存储单元使用同一个地址编号。定时器的设定值可以用常数 K 或数据寄存器（D）的内容来设置。定时器通过对一定周期的时钟脉冲进行累计而实现定时，时钟脉冲周期有 1ms、10ms、100ms 三种。当定时器的当前值等于设定值时，定时器触点动作。定时器触点可以无限次使用。

1. 通用定时器（T0~T245）

通用定时器不具有断电保持功能，当输入电路断开或停电时定时器复位（清零）。通用定时器分为 100ms 和 10ms 两种。

（1）100ms 通用定时器（T0~T199）

T0~T199 为 100ms 通用定时器，共计 200 点。这类定时器对周期为 100ms 的时钟累积计数，设定值范围为 1~32767，定时时间范围为 0.1~3276.7s。其中，T192~T199 为子程序和中断服务程序的专用定时器。

（2）10ms 通用定时器（T200~T245）

T200~T245 为 10ms 通用定时器，共计 46 点。这类定时器是对周期为 10ms 的时钟累积计数，设定值范围为 1~32767，定时时间范围为 0.01~327.67s。

下面举例说明通用定时器的工作原理。如图 6-12 所示，当输入 X000 接通时，定时器 T200 从 0 开始对 10ms 时钟脉冲进行累积计数，当计数值与设定值 K123 相等时，定时器的常开触点接通 Y000，经过的时间为 123×0.01s=1.23s。当 X000 断开后定时器复位，计数值变为 0，其常开触点断开，Y000 也随之变为 OFF 状态。若外部电源断电，定时器也将复位。

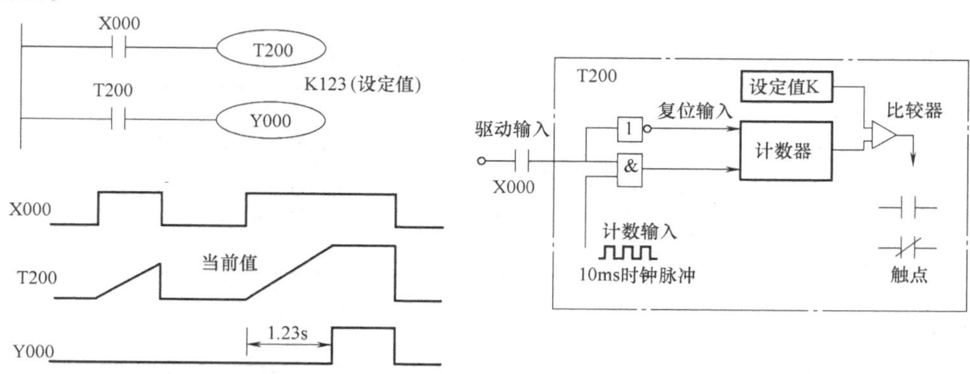

图 6-12　通用定时器的工作原理

2. 积算定时器（T246~T255）

积算定时器具有断电保持功能。在定时器定时过程中，如果断电或定时器线圈为 OFF 状态，则积算定时器将保持当前值，在重新通电或定时器线圈变为 ON 状态后继续累积。只有将积算定时器复位，当前值才变为 0。积算定时器分为 1ms 和 100ms 两种。

（1）1ms 积算定时器（T246~T249）

T246~T249 为 1ms 积算定时器，共计 4 点。这类定时器是对周期为 1ms 的时钟脉冲进行累积计数，设定值范围为 1~32767，定时时间范围为 0.001~32.767s。

（2）100ms 积算定时器（T250~T255）

T250~T255 为 100ms 积算定时器，共计 6 点。这类定时器是对周期为 100ms 的时钟脉冲进行累积计数，设定值范围为 1~32767，定时时间范围为 0.1~3276.7s。以下举例说明积算定时器的工作原理。

如图 6-13 所示，当 X000 接通时，T253 当前值计数器开始累积 100ms 的时钟脉冲的个数。当 X000 经 t_0 后断开，而 T253 尚未计数到设定值 K345，其计数的当前值保留。当 X000 再次接通，T253 从保留的当前值开始继续累积，经过 t_1 时间，当前值达到 K345 时，定时器的触点动作。累积的时间为 $t_0+t_1=345\times0.1\text{s}=34.5\text{s}$。当复位输入 X001 接通时，定时器才复位，当前值变为 0，触点也跟随复位。

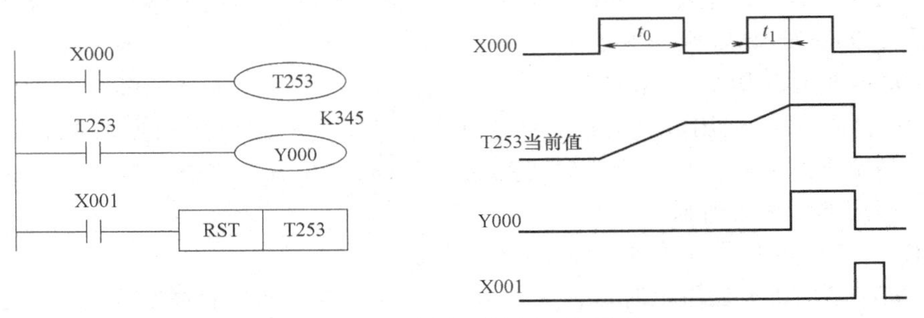

图 6-13　积算定时器的工作原理

6.2.6　计数器（C）

FX_{2N} 系列 PLC 有 256 个计数器，其地址编号按十进制规则为 C0~C255，分为内部计数器（C0~C234）和高速计数器（C235~C255）两类。表 6-14 给出了 FX_{2N} 系列 PLC 的内部计数器元件号。

表 6-14　FX_{2N} 系列 PLC 的内部计数器元件号

16 位增计数型计数器（+1~+32767）		32 位增/减型双向计数器（-2147483648~+2147483647）	
普通用途	停电保持型	普通用途	停电保持型
C0~C99 100 点	C100~C199 100 点	C200~C219 20 点	C220~C234 15 点

1. 内部计数器（C0~C234）

内部计数器是在执行扫描操作时对内部信号（如 X、Y、M、S、T 等）进行计数。内部输入信号的接通和断开时间应比 PLC 的扫描周期稍长。

（1）16位增计数器

16位增计数器（C0~C199）共200点，其中C0~C99（共100点）为通用型，C100~C199（共100点）为断电保持型（断电保持型即断电后能保持当前值，待通电后继续计数）。这类计数器为递增计数，应用前先对其设置一设定值，当输入信号（上升沿）个数累加到设定值时，计数器动作，其常开触点闭合、常闭触点断开。计数器的设定值为1~32767（16位二进制），设定值除了用常数K设定外，还可间接通过指定数据寄存器设定。

下面举例说明通用型16位增计数器的工作原理。如图6-14所示，X010为复位信号，当X010为ON时C0复位。X011是计数输入，每当X011接通1次，计数器当前值增加1（注意，若X010断开，计数器不会复位）。当计数器计数当前值为设定值10时，计数器C0的输出触点动作，Y000被接通。此后即使输入X011再接通，计数器的当前值也保持不变。当复位输入X010接通时，执行RST复位指令，计数器复位，输出触点也复位，Y000被断开。

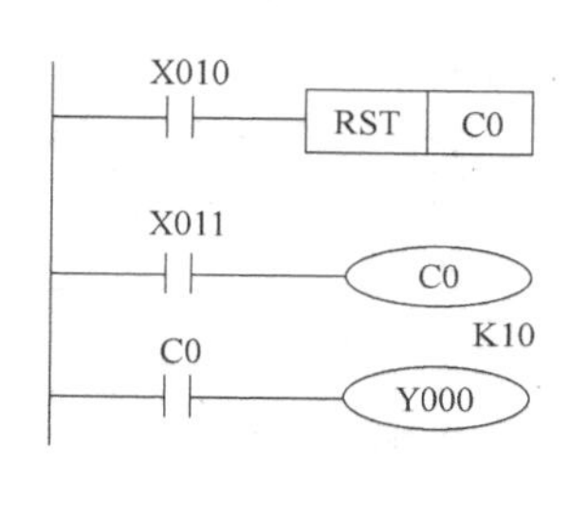

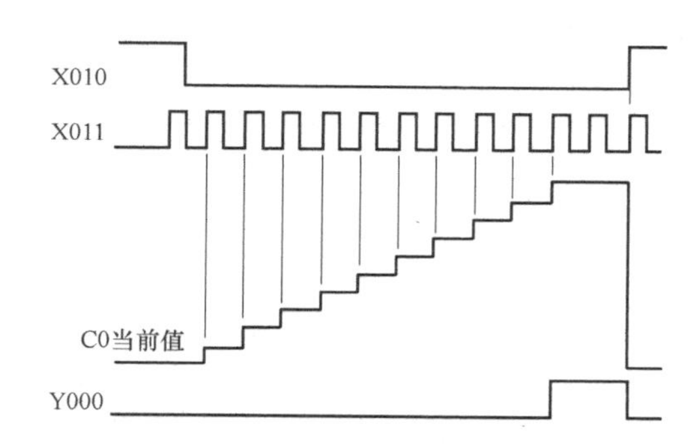

图6-14　通用型16位增计数器

（2）32位增/减计数器

32位增/减计数器（C200~C234）共有35点，其中C200~C219（共20点）为通用型，C220~C234（共15点）为断电保持型。这类计数器与16位增计数器除位数不同外，还在于它能通过控制实现加/减双向计数。设定值范围均为-214783648~+214783647（32位）。

C200~C234是增计数还是减计数，分别由特殊辅助继电器M8200~M8234设定。对应的特殊辅助继电器被置为ON时为减计数，置为OFF时为增计数。

计数器的设定值与16位计数器一样，可直接用常数K或间接用数据寄存器D的内容作为设定值。在间接设定时，要用编号紧连在一起的两个数据计数器。

如图6-15所示，X010用来控制M8200，X010闭合时为减计数方式。X012为计数输入，C200的设定值为5（可正、可负）。设C200置为增计数方式（M8200为OFF），当X012计数输入累加由4→5时，计数器的输出触点动作。当前值大于5时计数器仍为ON状态。只有当前值由5→4时，计数器才变为OFF。只要当前值小于4，则输出仍保持为OFF状态。复位输入X011接通时，计数器的当前值为0，输出触点也随之复位。

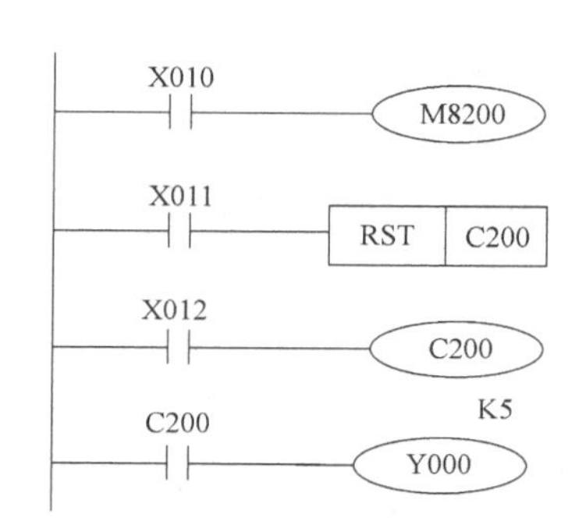

图6-15　32位增/减计数器

2. 高速计数器（C235~C255）

高速计数器与内部计数器相比，除允许输入频率高之外，应用也更为灵活，高速计数器均有断电保持功能，通过参数设定也可变成非断电保持。FX_{2N} 系列 PLC 有 C235～C255 共 21 点高速计数器，适合用来作为高速计数器输入的 PLC 输入端口有 X000～X007。X000～X007 不能重复使用，即某一个输入端已被某个高速计数器占用，它就不能再用于其他高速计数器，也不能用于其他功能。各高速计数器对应的输入端见表 6-15。

表 6-15 高速计数器简表

计数器		X000	X001	X002	X003	X004	X005	X006	X007
单相单计数输入	C235	U/D							
	C236		U/D						
	C237			U/D					
	C238				U/D				
	C239					U/D			
	C240						U/D		
	C241	U/D	R						
	C242			U/D	R				
	C243				U/D	R			
	C244	U/D	R					S	
	C245			U/D	R				S
单相双计数输入	C246	U	D						
	C247	U	D	R					
	C248				U	D	R		
	C249	U	D	R				S	
	C250				U	D	R		S
双相	C251	A	B						
	C252	A	B	R					
	C253				A	B	R		
	C254	A	B	R				S	
	C255				A	B	R		S

注：U 为增计数输入，D 为减计数输入，A 为 A 相输入，B 表示 B 相输入，R 为复位输入，S 为启动输入。X006、X007 只能用作启动信号，而不能用作计数信号。

高速计数器可分为三类：

（1）单相单计数输入高速计数器

单相单计数输入高速计数器（C235～C245），其触点动作与 32 位增/减计数器相同，可进行增或减计数（取决于 M8235～M8245 的状态）。图 6-16a 所示为无启动/复位端单相单计数输入高速计数器的应用。当 X010 断开，M8235 为 OFF，此时 C235 为增计数方式（反之为减计数）。由 X012 选中 C235，从表 6.15 中可知其输入信号来自于 X000，C235 对 X000 信号增计数，当前值达到 1234 时，C235 常开接通，Y000 得电。X011 为复位信号，当 X011 接通时，C235 复位。

图 6-16b 所示为带启动/复位端单相单计数输入高速计数器的应用。由表 6-15 可知，

X001 和 X006 分别为复位输入端和启动输入端。利用 X010 通过 M8244 可设定其增/减计数方式。当 X012 为接通，且 X006 也接通时，则开始计数，计数的输入信号来自于 X000，C244 的设定值由 D0（D1）指定。除了可用 X001 立即复位外，也可用梯形图中的 X011 复位。

（2）单相双计数输入高速计数器

单相双计数输入高速计数器（C246～C250），具有两个输入端：一个为增计数输入端，另一个为减计数输入端。利用 M8246～M8250 的 ON/OFF 动作可监控 C246～C250 的增计数/减计数动作。

如图 6-17 所示，X010 为复位信号，若其有效（ON）则 C248 复位。由表 6-15 可知，也可利用 X005 对其复位。当 X011 接通时，选中 C248，输入来自 X003 和 X004。

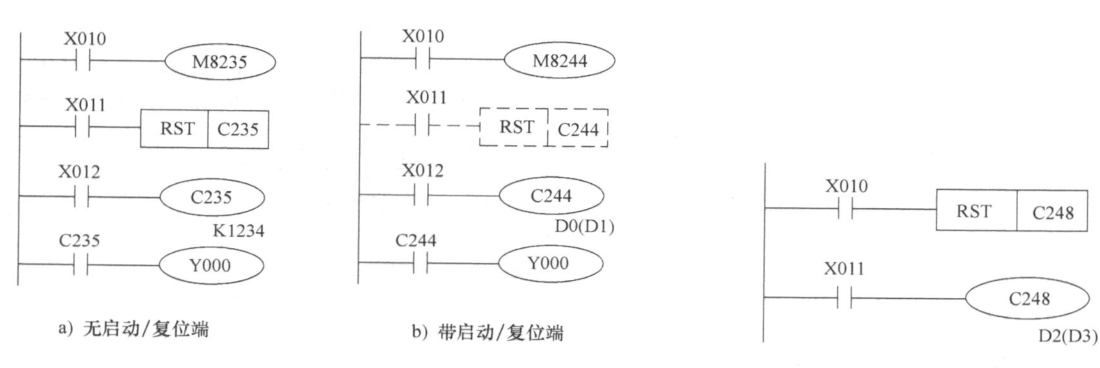

a) 无启动/复位端　　b) 带启动/复位端

图 6-16　单相单计数输入高速计数器

图 6-17　单相双计数输入高速计数器

（3）双相高速计数器

双相高速计数器（C251～C255），A 相和 B 相信号决定计数器是增计数还是减计数。当 A 相为 ON 时，若 B 相由 OFF 到 ON，则为增计数；当 A 相为 ON 时，若 B 相由 ON 到 OFF，则为减计数，如图 6-18a 所示。

如图 6-18b 所示，当 X012 接通时，C251 计数开始。由表 6-15 可知，其输入来自 X000（A 相）和 X001（B 相）。只有当计数使当前值超过设定值，则 Y002 为 ON。如果 X011 接通，则计数器复位。根据不同的计数方向，Y003 为 ON（增计数）或为 OFF（减计数），即用 M8251～M8255 可监视 C251～C255 的加/减计数状态。

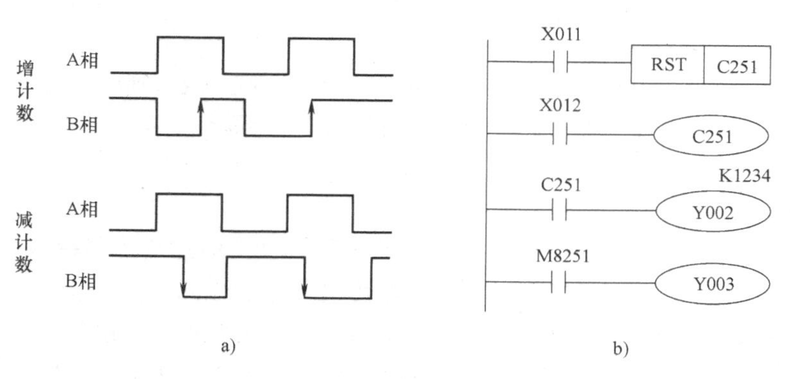

图 6-18　双相高速计数器

需要注意的是，高速计数器的计数频率较高，它们的输入信号的频率受两方面的限制。一是全部高速计数器的处理时间，因为它们采用中断方式，所以计数器用得越少，则可计数频率就越高；二是输入端的响应速度，其中，X000、X002、X003 的最高频率为 10kHz，X001、X004、X005 的最高频率为 7kHz。

6.2.7 数据寄存器（D）

PLC 在进行输入输出处理、模拟量控制、位置控制时，需要许多数据寄存器存储数据和参数。数据寄存器为 16 位，最高位为符号位。可用两个数据寄存器来存储 32 位数据，最高位仍为符号位。其数据表示见表 6-16。

表 6-16 数据寄存器分类及地址号

分类	普通用途(共 8000 点)		特殊用途	供变址用	文件数据寄存器
数据寄存器	D0~D199① 200 点	D200~D511② 312 点(供链路用) D512~D7999③ 7488 点(供滤波器用)	D8000~D8195④ 196 点	V0(V)~V7 Z0(Z)~Z7⑤ 16 点	D1000 以后的通用断电保持寄存器利用参数设置可作为最多 7000 点的文件寄存器使用

① 非后备电池区辅助继电器。利用参数设定，可变为后备电池区（断电保持）辅助继电器。

② 电池后备区辅助继电器（断电保持）依据参数设定，可变为非后备辅助继电器。

③ 电池备用区域（断电保持）固定（可利用 RST、ZRST 指令清除内容）。

④ 特殊用途数据寄存器种类及功能见书后附录，没定义的软组件不要使用。

⑤ 非电池备用区域固定。不可改变区域特性。

数据寄存器有以下几种类型：

1. 通用数据寄存器

通用数据寄存器（D0~D199）共 200 点。当 M8033 为 ON 时，D0~D199 有断电保护功能；当 M8033 为 OFF 时，则它们无断电保护，这种情况 PLC 由 RUN →STOP 或停电时，数据全部清零。

2. 断电保持数据寄存器

断电保护数据寄存器（D200~D7999）共 7800 点，其中 D200~D511（共 312 点）有断电保持功能，可以利用外部设备的参数设定改变通用数据寄存器与有断电保持功能数据寄存器的分配；其中，D490~D509 供通信用。D512~D7999 的断电保持功能不能用软件改变，但可用指令清除它们的内容。根据参数设置可以将 D1000 及以上的数据寄存器作为文件数据寄存器使用。

3. 特殊数据寄存器

特殊数据寄存器（D8000~D8255）共 256 点，其作用是监控 PLC 的运行状态，如扫描时间、电池电压等。PLC 上电时，这些数据寄存器被写入默认的值，未加定义的特殊数据寄存器，用户不能使用。

4. 文件数据寄存器

在 FX_{2N} 系列 PLC 的数据寄存器区域内，D1000~D2999 的数据寄存器可通过参数设置，作为最多 7000 点的文件数据寄存器处理。文件数据寄存器实际上是一类专用数据寄存器，用于存储大量的数据，例如采集来的数据、统计计算得到的数据、多组控制参数等。

文件数据寄存器占用机内 RAM 存储器中的一个存储区 A，以 500 点为一个单位，最多可设置 500 点×14＝7000 点。

6.2.8 变址寄存器（V/Z）

FX_{2N} 系列 PLC 有 16 个变址寄存器，分别为 V0～V7 和 Z0～Z7。变址寄存器（V/Z）实际上是一种特殊用途的数据寄存器，其作用相当于微机中的变址寄存器，通常用来修改元件的地址编号，它们都是 16 位的寄存器。变址寄存器可以像其他数据寄存器一样进行读写，需要进行 32 位操作时，可将 V、Z 串联使用（Z 为低位，V 为高位）。

例如，当 V0=8，Z1=20 时，执行指令 MOV　D5V0　D10Z1，则数据寄存器 D5V0 实际上相当于 D13（5+8=13），D10Z1 实际上相当于 D30（10+20=30）。

6.2.9 指针（P/I）

指针（P/I）用来指示分支指令的跳转目标和中断程序的入口标号。FX_{2N} 系列 PLC 有 143 个指针，其中分支用指针 128 个、中断用指针 15 个。其地址号采用十进制数分配，见表 6-17。

表 6-17　FX_{2N} 系列 PLC 指针种类及地址分配

分支用指针	中断用指针		
	输入中断用	定时器中断用	计数器中断用
P0～P127 128 点	I00□（X000） I10□（X001） I20□（X002） I30□（X003） I40□（X004） I50□（X005） 6 点	I6□□ I7□□ I8□□	I010 I020 I030 I040 I050 I060 6 点

1. 分支用指针

分支用指针 P0～P127，共 128 点，用来指示跳转指令（CJ）的跳转目标或子程序调用指令（CALL）调用子程序的入口地址。

如图 6-19 所示，当 X001 常开触点接通时，执行跳转指令 CJ P0，PLC 跳到标号为 P0 处之后的程序去执行。

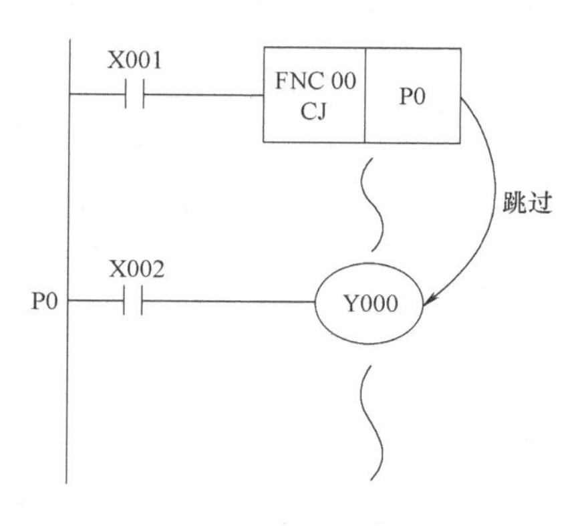

图 6-19　分支用指针

2. 中断指针

中断指针是用来指示某一中断程序的入口位置。执行中断后遇到 IRET（中断返回）指令，则返回主程序。中断用指针有以下三种类型：

（1）输入中断用指针

输入中断用指针共计 6 点，它是用来指示由特定输入端的输入信号而产生中断的中断服务程序的入口位置，这类中断不受 PLC 扫描周期的影响，可以及时处理外界信息。输入中断用指针的编号格式如下：

I□ 0□
0: 下降沿中断
1: 上升沿中断
输入号(0～5)，对应输入X0～X5，且每个只能用一次例如：I101 为当输入 X1 从 OFF→ON 变化时，执行以 I101 为标号后面的中断程序，并根据 IRET 指令返回。

（2）定时器中断用指针

定时器中断用指针共计 3 点，它是用来指示周期定时中断的中断服务程序的入口位置，这类中断的作用是 PLC 以指定的周期定时执行中断服务程序，定时循环处理某些任务。处理的时间也不受 PLC 扫描周期的限制。定时器中断用指针的编号格式如下：

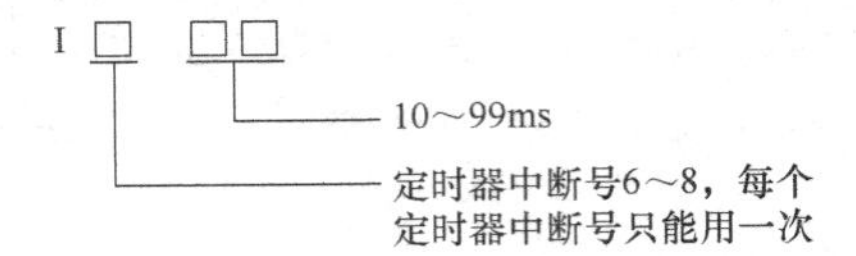

（3）计数器中断用指针

计数器中断用指针共计 6 点，它们用在 PLC 内置的高速计数器中。根据高速计数器的计数当前值与计数设定值之关系确定是否执行中断服务程序。它常用于利用高速计数器优先处理计数结果的场合。计数器中断用指针的编号格式如下：

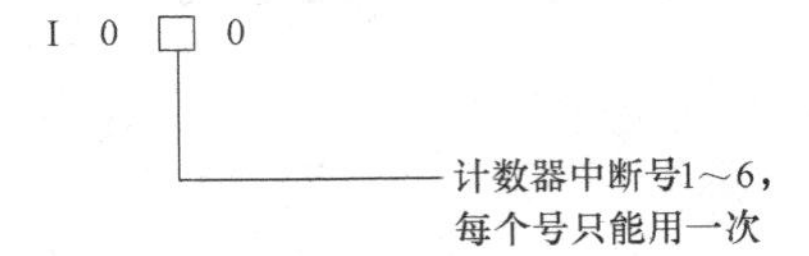

6.3 FX_{2N} 系列 PLC 的基本指令

FX_{2N} 系列 PLC 有基本指令 27 条、步进指令 2 条、应用指令 128 条，共 157 条指令。

6.3.1 逻辑取指令 LD/LDI 及线圈驱动指令 OUT

1. 指令助记符及功能

LD/LDI、OUT 指令的功能、梯形图表示、操作元件和程序步见表 6-18。

表 6-18 逻辑取指令 LD/LDI 及线圈驱动指令 OUT

中英文指令名称	助记符	功能	格式	元件	程序步
常开触点开始（Load）	LD	逻辑运算开始于常开触点	（常开触点梯形图）	X、Y、M、S、T、C	1 步
常闭触点开始（Load inverse）	LDI	逻辑运算开始于常闭触点	（常闭触点梯形图）	X、Y、M、S、T、C	1 步
输出（Out）	OUT	最终结果于线圈驱动	（线圈梯形图）	Y、M、S、T、C	Y、M：1 步 S、特殊 M：2 步 C（16 位）：3 步 C（32 位）：5 步 T：3 步

2. 指令使用说明

1）LD、LDI指令既可用于输入左母线相连的触点，也可与ANB、ORB指令配合实现块逻辑运算。

2）OUT指令可以连续使用若干次（相当于线圈并联）。对于定时器和计数器，在OUT指令之后应设置常数K或数据寄存器。

3）OUT指令目标元件为Y、M、S、T、C，但不能用于X。

3. 编程应用

逻辑取指令LD/LDI及线圈驱动指令OUT的使用如图6-20所示。

左母线　X000　Y001　Y002　T2　K20　X002　M0　M1　Y003

0	LD	X000
1	OUT	Y001
2	LDI	Y001
3	OUT	Y002
4	OUT	T2 K20
7	LDP	X002
8	OUT	M0
9	LDF	M1
10	OUT	Y003

图6-20　逻辑取指令与线圈驱动指令的使用

6.3.2　触点串联指令AND/ANI

1. 指令助记符及功能

AND、ANI指令的功能、梯形图表示、操作元件和程序步见表6-19。

表6-19　触点串联指令AND、ANI

中英文指令名称	助记符	功能	格式	元件	程序步
与运算(And)	AND	单个常开触点串联		X、Y、M、S、T、C	1步
与非运算(And inverse)	ANI	单个常闭触点串联		X、Y、M、S、T、C	1步

2. 指令使用说明

1）AND、ANI指令为单个触点的串联指令。AND用于常开触点，ANI用于常闭触点。串联触点的数量不受限制。

2）OUT指令后，可以通过触点对其他线圈使用OUT指令，称为纵接输出或连续输出。例如，图6-21中就是在OUT M101之后，通过触点T1，对Y004线圈使用OUT指令，这种纵接输出，只要顺序正确，可多次重复。但限于图形编程器的限制，应尽量做到一行不超过10个触点及一个线圈，总共不要超过24行。

3. 编程应用

触点串联指令的使用如图6-21所示。

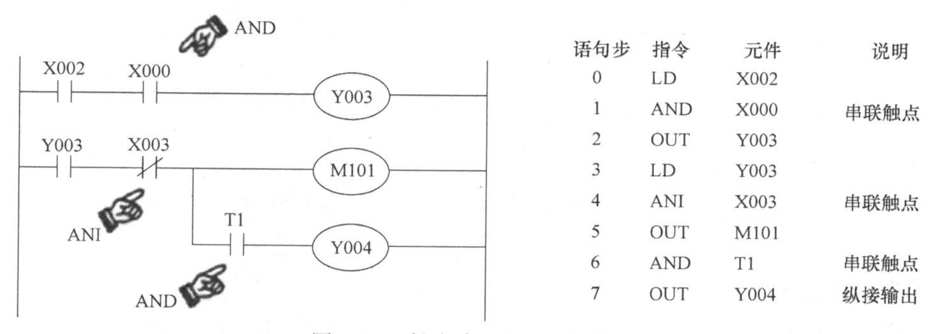

语句步	指令	元件	说明
0	LD	X002	
1	AND	X000	串联触点
2	OUT	Y003	
3	LD	Y003	
4	ANI	X003	串联触点
5	OUT	M101	
6	AND	T1	串联触点
7	OUT	Y004	纵接输出

图6-21　触点串联指令的使用

6.3.3 触点并联指令 OR/ORI

1. 指令助记符及功能

OR、ORI 指令的功能、梯形图表示、操作元件和程序步见表 6-20。

表 6-20 触点并联指令 OR、ORI

中英文指令名称	助记符	功能	格式	元件	程序步
或运算（Or）	OR	单个常开触点并联		X、Y、M、S、T、C	1 步
或非运算（Or inverse）	ORI	单个常闭触点并联		X、Y、M、S、T、C	1 步

2. 指令使用说明

1）OR、ORI 指令是单个触点的并联指令。OR 为常开触点的并联，ORI 为常闭触点的并联。

2）与 LD、LDI 指令触点并联的触点要使用 OR 或 ORI 指令，并联触点的个数没有限制，但限于编程器和打印机的幅面限制，尽量做到 24 行以下。

3）若两个以上触点的串联支路与其他回路并联时，应采用后面介绍的串联电路块并联指令 ORB。

3. 编程应用

触点并联指令的使用如图 6-22 所示。

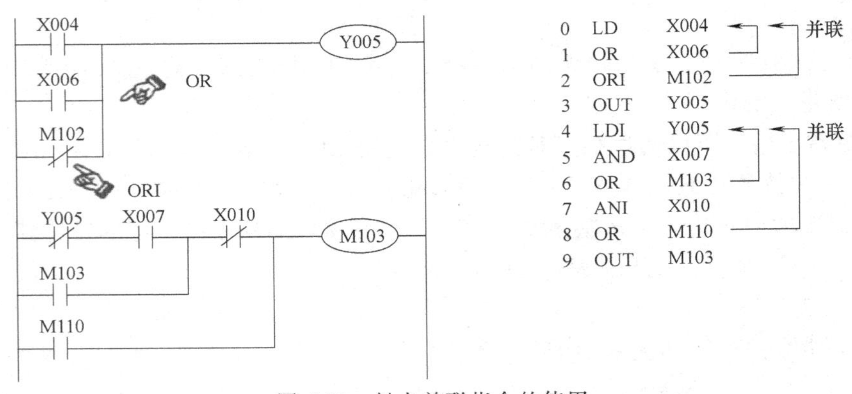

图 6-22 触点并联指令的使用

6.3.4 脉冲指令 LDP/LDF、ANDP/ANDF、ORP/ORF

1. 指令助记符及功能

LDP/LDF、ANDP/ANDF、ORP/ORF 指令的功能、梯形图表示、操作元件和程序步见表 6-21。

2. 指令使用说明

1）LDP、ANDP、ORP 指令是进行上升沿检测的触点指令，仅在指定位软元件由 OFF

→ON 上升沿变化时，使驱动的线圈接通 1 个扫描周期。

表 6-21　脉冲指令

中英文指令名称	助记符	功能	格式	元件	程序步
常开触点上升沿开始（Load pulse）	LDP	逻辑运算开始于常开触点的上升沿		X、Y、M、S、T、C	2 步
常开触点下降沿开始（Load falling pulse）	LDF	逻辑运算开始于常开触点的下降沿		X、Y、M、S、T、C	2 步
上升沿开始与运算（And pulse）	ANDP	单个常开触点上升沿串联		X、Y、M、S、T、C	2 步
下降沿开始与运算（And falling pulse）	ANDF	单个常开触点下降沿串联		X、Y、M、S、T、C	2 步
上升沿开始或运算（Or pulse）	ORP	单个常开触点上升沿并联		X、Y、M、S、T、C	2 步
下降沿开始或运算（Or falling pulse）	ORF	单个常开触点下降沿并联		X、Y、M、S、T、C	2 步

2）LDF、ANDF、ORF 指令是进行下降沿检测的触点指令，仅在指定位软元件由 ON→OFF 下降沿变化时，使驱动的线圈接通 1 个扫描周期。

3）利用取脉冲指令驱动线圈和用脉冲指令驱动线圈（后面介绍），具有同样的动作效果。如图 6-23 所示，两种梯形图都在 X010 由 OFF→ON 变化时，使 M6 接通一个扫描周期。

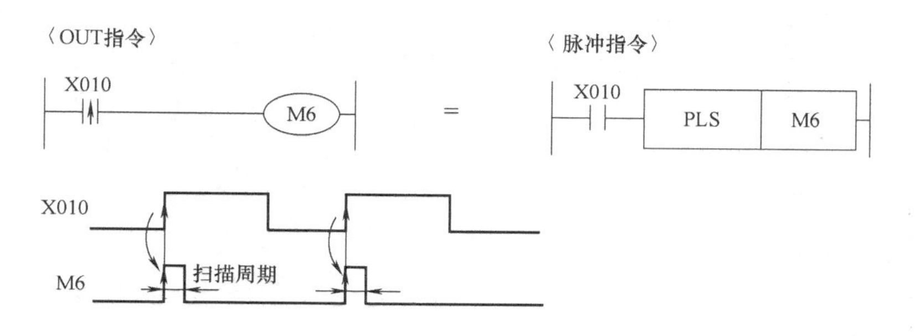

图 6-23　两种梯形图具有同样的动作效果

3. 编程应用

脉冲指令的使用如图 6-24 所示。

6.3.5　串联电路块的并联指令 ORB

1. 指令助记符及功能

ORB 指令的功能、梯形图表示、操作元件和程序步见表 6-22。

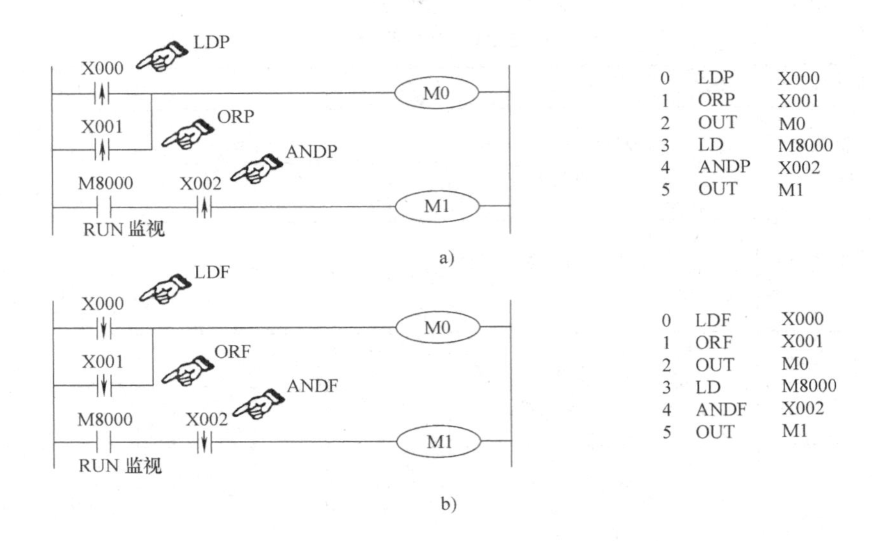

图 6-24 脉冲指令的使用

表 6-22 串联电路块的并联指令 ORB

中英文名称	助记符	功能	格式	元件	程序步
块或运算（Or block）	ORB	用于两个或两个以上的触点串联的电路之间的并联		无	1 步

2. 指令使用说明

1）几个串联电路块并联时，每个串联电路块开始时应该用 LD 或 LDI 指令。

2）有多个电路块并联回路，如对每个电路块使用 ORB 指令，则并联的电路块数量没有限制。

3）ORB 指令也可以连续使用，但这种程序写法不推荐使用，LD 或 LDI 指令的使用次数不得超过 8 次，也就是 ORB 只能连续使用 8 次以下。

3. 编程应用

ORB 指令的使用如图 6-25 所示。

X000 X001 Y006
X002 X003 ORB
X004 X005 ORB
串联电路块

```
0 LD   X000
1 AND  X001
2 LD   X002
3 AND  X003
4 ORB
5 LDI  X004
6 AND  X005
7 ORB
8 OUT  Y006
```

图 6-25 ORB 指令的使用

6.3.6 并联电路块的串联指令 ANB

1. 指令助记符及功能

ANB 指令的功能、梯形图表示、操作元件和程序步见表 6-23。

2. 指令使用说明

1）并联电路块串联时，并联电路块的开始均用 LD 或 LDI 指令。

2）多个并联回路块连接按顺序和前面的回路串联时，ANB 指令的使用次数没有限制。也可连续使用 ANB，但与 ORB 一样，使用次数在 8 次以下。

表 6-23　并联电路块串联指令 ANB

中英文指令名称	助记符	功能	格式	元件	程序步
块与运算（And block）	ANB	用于两个或两个以上触点并联的电路之间的串联		无	1 步

3. 编程应用

ANB 指令的使用如图 6-26 所示。

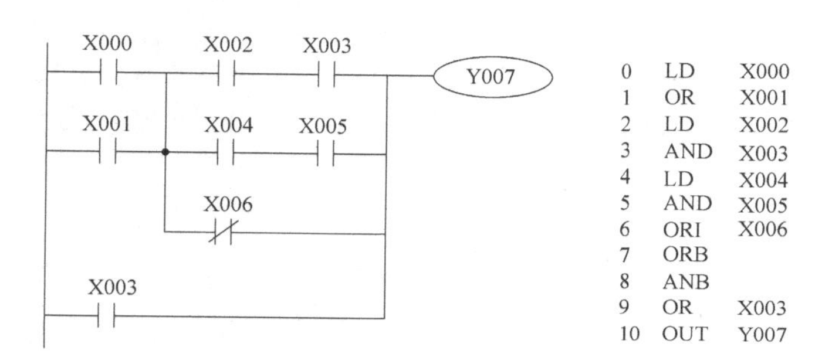

图 6-26　ANB 指令的使用

6.3.7 堆栈操作指令 MPS/MRD/MPP

1. 指令助记符及功能

MPS、MRD、MPP 指令的功能、梯形图表示、操作元件和程序步见表 6-24。

表 6-24　堆栈操作指令 MPS、MRD、MPP

中英文指令名称	助记符	功能	格式	元件	程序步
进栈（Push）	MPS	储存当前结果	MPS	无	1 步
读栈（Read）	MRD	读出当前结果	MRD	无	1 步
出栈（POP）	MPP	弹出当前结果	MPP	无	1 步

（1）MPS（进栈指令）

将运算结果送入栈存储器的第一段，同时将先前送入的数据依次移到栈的下一段。

（2）MRD（读栈指令）

将栈存储器的第一段数据（最后进栈的数据）读出且该数据继续保存在栈存储器的第一段，栈内的数据不发生移动。

（3）MPP（出栈指令）

将栈存储器的第一段数据（最后进栈的数据）读出且该数据从栈中消失，同时将栈中其他数据依次上移。

2. 指令使用说明

1）这组指令分别为进栈、读栈、出栈指令，用于分支多重输出电路中将连接点数据先存储，便于连接后面电路时读出或取出该数据。

2）在 FX_{2N} 系列 PLC 中有 11 个用来存储运算中间结果的存储区域，称为栈存储器。使用一次 MPS 指令，便将此刻的中间运算结果送入堆栈的第一层，而将原存在堆栈第一层的数据移往堆栈的下一层。MRD 指令是读出栈存储器最上层的最新数据，此时堆栈内的数据不移动。可对分支多重输出电路多次使用，但分支多重输出电路不能超过 24 行。使用 MPP 指令，栈存储器最上层的数据被读出，各数据顺次向上一层移动。读出的数据从堆栈内消失。

3）多重输出指令没有目标元件。

4）MPS 和 MPP 指令必须配对使用，而且连续使用应少于 11 次。

3. 编程应用

多重输出指令的使用如图 6-27 所示，其中图 6-27a 为一层堆栈，进栈后的信息可无限使用，最后一次使用 MPP 指令弹出信号；图 6-27b 为二层堆栈，它用了两个栈单元。

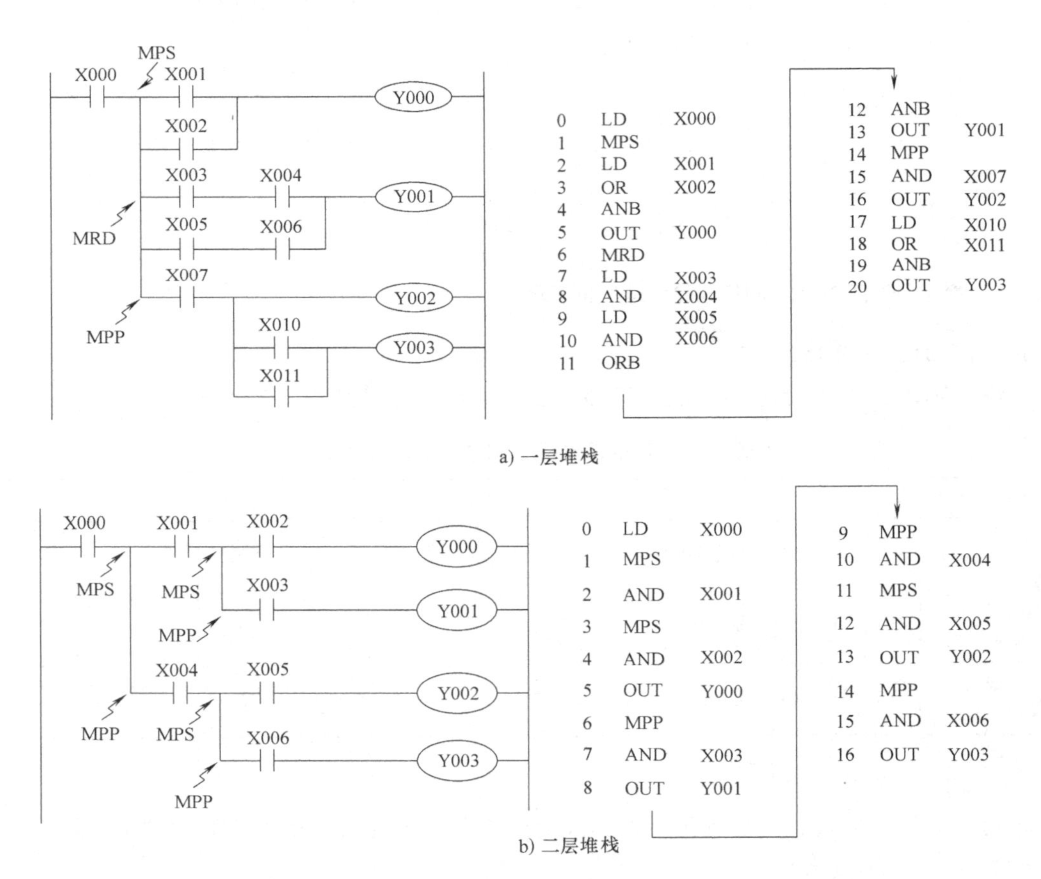

图 6-27 多重输出指令的使用

6.3.8 主控指令 MC/MCR

1. 指令助记符及功能

MC、MCR 指令的功能、梯形图表示、操作元件和程序步见表 6-25。

表 6-25　主控指令 MC、MCR

中英文指令名称	助记符	功能	格式	元件	程序步
主控（Master control）	MC	公共串联触点的连接	MC Ni Y,M 除了特殊辅助继电器M MCR Ni	Y、M M 不包含特殊辅助继电器	3 步
主控复位（Master control reset）	MCR	公共串联触点的清除			2 步

（1） MC（主控指令）

用于公共串联触点的连接。执行 MC 后，左母线移到 MC 触点的后面。

（2） MCR（主控复位指令）

它是 MC 指令的复位指令，即利用 MCR 指令恢复原左母线的位置。

在编程时常会出现这样的情况，多个线圈同时受一个或一组触点控制，如果在每个线圈的控制电路中都串入同样的触点，将占用很多存储单元，使用主控指令就可以解决这一问题。

2. 指令使用说明

1） MC、MCR 指令的目标元件为 Y 和 M，但不能用特殊辅助继电器。MC 占 3 个程序步，MCR 占 2 个程序步。

2） 主控触点在梯形图中与一般触点垂直（如图 6-28 中的 M100）。主控触点是与左母线相连的常开触点，是控制一组电路的总开关。与主控触点相连的触点必须用 LD 或 LDI 指令。

3） MC 指令的输入触点断开时，在 MC 和 MCR 之内的积算定时器、计数器，用复位/置位指令驱动的元件保持其之前的状态不变。非积算定时器和计数器，用 OUT 指令驱动的元件将复位，如图 6-28 所示，当 X000 断开，Y000 和 Y001 即变为 OFF。

4） 在一个 MC 指令区内若再使用 MC 指令称为嵌套。嵌套级数最多为 8 级，编号按 N0→N1→N2→N3→N4→N5→N6→N7 顺序增大，每级的返回用对应的 MCR 指令，从编号大的嵌套级开始复位。

3. 编程应用

MC、MCR 主控指令的使用如图 6-28 所示，利用 MC N0 M100 实现左母线右移，使 Y000、Y001 都在 X000 的控制之下，其中 N0 表示嵌套等级，在无嵌套结构中 N0 的使用次

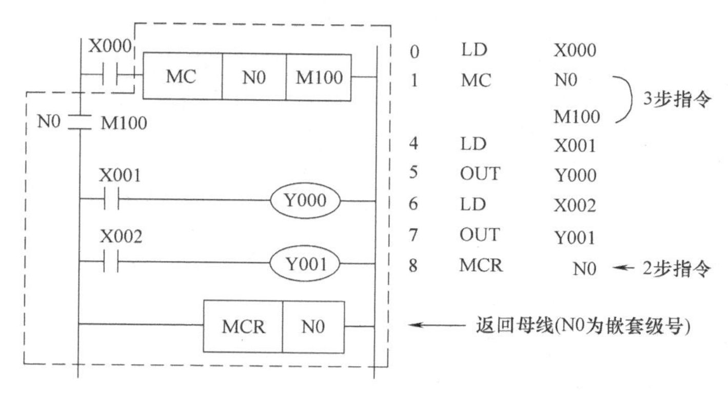

图 6-28　主控指令的使用

数无限制；利用 MCR N0 恢复到原左母线状态。如果 X000 断开，则会跳过 MC、MCR 之间的指令向下执行。

6.3.9 置位和复位指令 SET/RST

1. 指令助记符及功能

SET、RST 指令的功能、梯形图表示、操作组件和程序步见表 6-26。

表 6-26 置位和复位指令 SET、RST

中英文指令名称	助记符	功能	格式	元件	程序步
置位（Set）	SET	使目标元件置位并保持	SET Y,M,S	Y、M、S	Y、M：1 步 S、特殊 M：2 步 D、V、Z：3 步
复位（Reset）	RST	使目标元件复位并保持	RST Y,M,S,T,C,D,V,Z	Y、M、S、D、V、Z	

2. 指令使用说明

1）SET 指令的目标元件为 Y、M、S，RST 指令的目标元件为 Y、M、S、T、C、D、V、Z。RST 指令常被用来对 D、Z、V 的内容清零，还用来复位积算定时器和计数器。

2）对于同一目标元件，SET、RST 可多次使用，顺序也可随意，但最后执行者有效。

3. 编程应用

SET、RST 指令的使用如图 6-29 所示。当 X000 常开触点接通时，Y000 变为 ON 状态并一直保持该状态，即使 X000 断开，Y000 的 ON 状态仍维持不变；只有当 X001 的常开触点闭合时，Y000 才变为 OFF 状态并保持，即使 X001 常开触点断开，Y000 也仍为 OFF 状态。

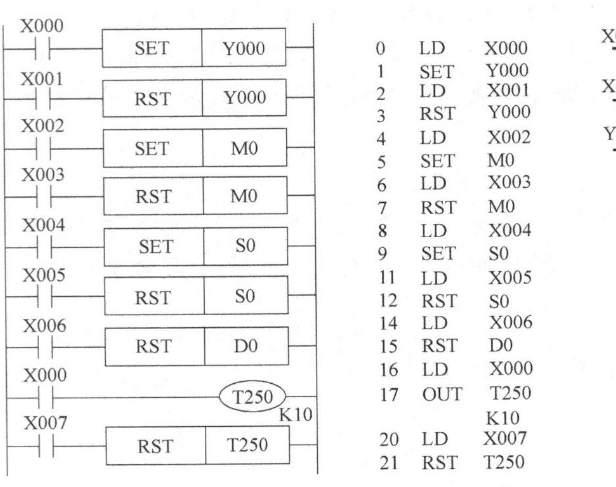

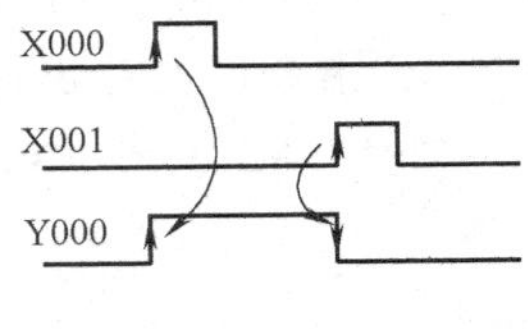

图 6-29 置位与复位指令的使用

6.3.10 微分脉冲指令 PLS/PLF

1. 指令助记符及功能

PLS、PLF 指令的功能、梯形图表示、操作元件和程序步见表 6-27。

表 6-27　微分脉冲指令 PLS/PLF

中英文指令名称	助记符	功能	格式	元件	程序步
上升沿脉冲(Pulse)	PLS	在输入信号上升沿产生 1 个扫描周期的脉冲输出	PLS　Y, M	Y、M	2 步
下降沿脉冲(Pulse falling)	PLF	在输入信号下降沿产生 1 个扫描周期的脉冲输出	PLF　Y, M	Y、M	2 步

2. 指令使用说明

1）特殊辅助寄存器不能被使用在这里。

2）使用 PLS 时，仅在驱动输入为 ON 后的一个扫描周期内目标元件 ON，如图 6-30 所示，M0 仅在 X0 的常开触点由断到通时的一个扫描周期内为 ON；使用 PLF 指令时只是利用输入信号的下降沿驱动，其他与 PLS 相同。

3）在图 6-30 程序的时序图中可以看出，PLS、PLF 指令可以将输入组件的脉宽较宽的输入信号变成脉宽等于 PLC 的扫描周期的触发脉冲信号，相当于对输入信号进行了微分。

3. 编程应用

微分脉冲指令的使用如图 6-30 所示，利用微分脉冲指令检测到信号的边沿，通过置位和复位命令控制 Y0 的状态。

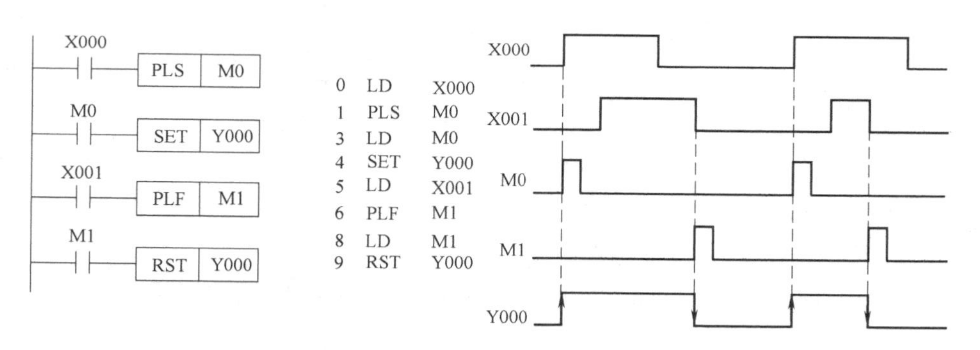

图 6-30　微分脉冲指令的使用及时序图

6.3.11　取反指令 INV

1. 指令助记符及功能

INV 指令的功能、梯形图表示、操作元件和程序步见表 6-28。执行该指令后将原来的运算结果取反。

表 6-28　取反指令 INV

中英文指令名称	助记符	功能	格式	元件	程序步
取反(Inverse)	INV	运算结果的反转	无操作软元件	无	1 步

2. 指令使用说明

1）使用 INV 指令编程时，可以在 AND 或 ANI、ANDP 或 ANDF 指令的位置后编程，也可以在 ORB、ANB 指令回路中编程，但不能像 OR、ORI、ORP、ORF 指令那样单独并联使用，也不能像 LD、LDI、LDP、LDF 那样与母线单独连接。

2）INV 指令是将执行 INV 指令的运算结果取反，不需要指定软元件的地址号。

3. 编程应用

取反指令的使用如图 6-31 所示，如果 X000 断开，则 Y000 为 ON，否则 Y000 为 OFF。

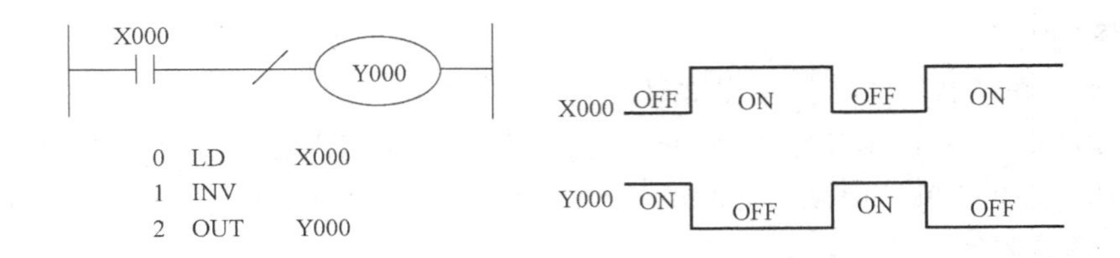

图 6-31　取反指令的使用

6.3.12　空操作指令 NOP

1. 指令助记符及功能

NOP 指令的功能、梯形图表示、操作元件和程序步见表 6-29。

表 6-29　空操作指令 NOP

中英文指令名称	助记符	功能	格式	元件	程序步
空操作(No operation)	NOP	无操作或无程序步	无	无	1 步

2. 指令使用说明

1）不执行操作，但占一个程序步。

2）执行 NOP 时并不做任何事，有时可用 NOP 指令短接某些触点或用 NOP 指令将不要的指令覆盖。

3）当 PLC 执行了清除用户存储器操作后，用户存储器的内容全部变为空操作指令。

3. 编程应用

空操作指令的使用如图 6-32 所示。由图可知，AND、ANI 指令改为 NOP 指令时会使相关触点短路，OR 指令改为 NOP 指令时会使相关电路切断。

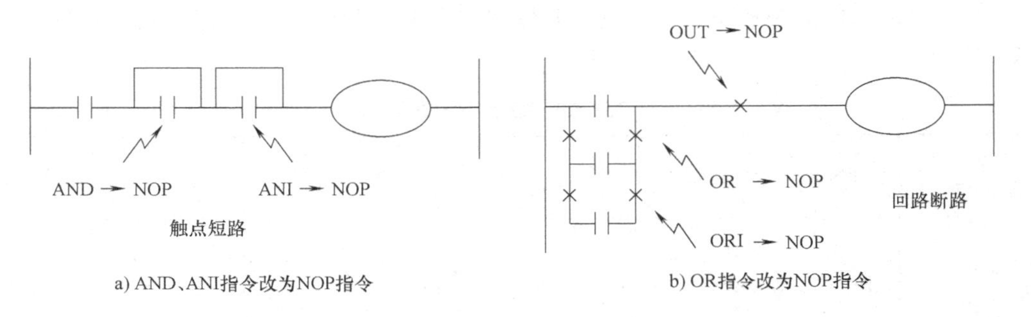

图 6-32　空操作指令的使用

由图 6-32 可知，如果 X000 断开，则 Y000 接通；如果 X000 接通，则 Y000 断开。

6.3.13　程序结束指令 END

1. 指令助记符及功能

NOP 指令的功能、梯形图表示、操作元件和程序步见表 6-30。

表 6-30　程序结束指令 END

中英文指令名称	助记符	功能	格式	元件	程序步
程序结束（End）	END	程序扫描结束	[END]	无	1 步

2. 指令使用说明

1）PLC 反复进行输入处理、程序执行和输出处理。若程序中有 END 指令，则 END 指令以后的程序步不再执行，而直接进行输出处理；若程序中没有 END 指令，则 PLC 不管实际用户程序多长，都将执行到最终的程序，然后从 0 步开始重复处理。

2）END 指令还有一个用途是可以对较长的程序分段调试。调试时，可将程序分段后插入 END 指令，从而依次对各程序段的运算进行检查。然后在确认前面电路块动作正确无误之后依次删除 END 指令。

3）执行 END 指令时，也刷新监视定时器（检查扫描周期是否过长的定时器）。

6.4　PLC 编程要领及注意事项

6.4.1　梯形图的编程规则

1）梯形图按从上到下、从左到右的顺序排列。每个继电器线圈为一个逻辑行。

2）每个逻辑行起始于左母线，然后是触点的连接，最后终止于继电器线圈或右母线（线圈右边不允许再有触点）。如图 6-33a 所示梯形图错误，图 6-33b 所示梯形图正确。

图 6-33　规则 2）说明

3）在梯形图中，某个编号的继电器线圈只能出现一次，而继电器触点（常开或常闭）可无限次引用。

4）两个或两个以上的线圈可以并联输出，如图 6-34 所示。

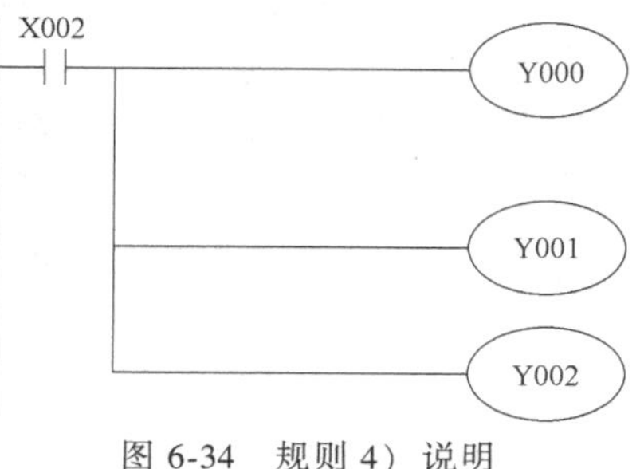

图 6-34　规则 4）说明

5）梯形图程序必须符合顺序执行的原则，即从左到右、从上到下地执行，不符合顺序执行的电路不能直接编程。例如，在图 6-35a 中，触点 E 被画在垂直线上，便很难正确识别它与其他触点的关系，也难以判断通过触点 E 对输出线圈的控制方向。因此，应根据信号单向从左到右、从上到下流动的原则和对输出线圈F的几种可能控制路径画成如图6-35b所示的形式。

6）不包含触点的分支应放在竖直方向，不可水平方向设置，以便于识别触点的组合和对输出线圈的控制路径，如图6-36所示。

7）在一个程序中，同一编号的线圈如果使用两次，称为双线圈输出，它很容易引起误操作，应尽量避免。

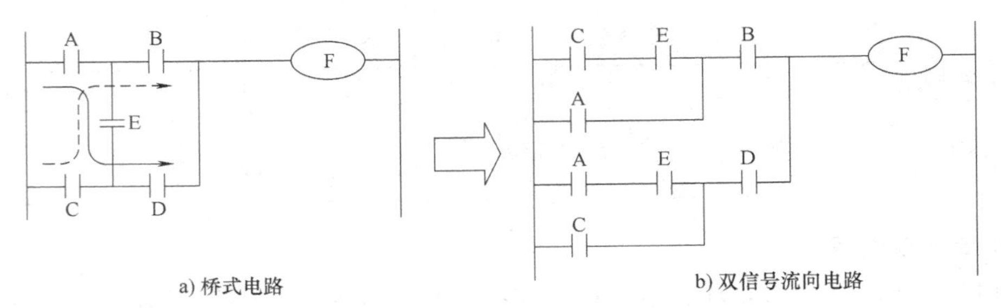

a) 桥式电路　　b) 双信号流向电路

图6-35　规则5）说明：桥式梯形图改成双信号流向的梯形图

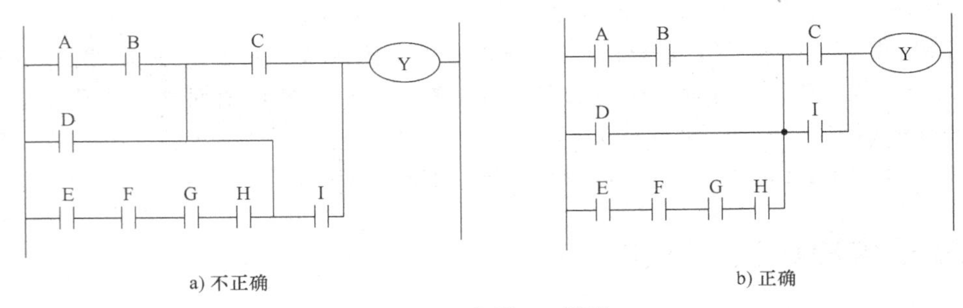

a) 不正确　　b) 正确

图6-36　规则6）说明

6.4.2　PLC设计注意事项

1）应遵守梯形图语言中的语法规定。

2）设置中间单元。在梯形图中，若多个线圈都受某一触点串并联电路的控制，为简化电路，在梯形图中可设置用该电路控制的辅助继电器，类似于继电器电路中的中间继电器。

3）分离交织在一起的电路。设计梯形图时以线圈为单位，分别考虑继电器电路图中每个线圈受到哪些触点和电路的控制，然后画出相应的等效梯形图电路。

4）常闭触点提供的输入信号的处理。设计输入电路时，应尽量采用常开触点，如果只能用常闭触点，梯形图中对应触点的常开/常闭类型应与继电器电路相反。

5）时间继电器的瞬动触点的处理。对于有瞬动触点的时间继电器，可以在梯形图中对应的定时器的线圈两端并联辅助继电器，后者的触点相当于时间继电器的瞬动触点。时间继电器可用通电后延时的定时器来实现断电延时功能。

6）外部联锁电路的设计。除在梯形图中设置对应的输出继电器的线圈串联常闭触点组成的软件互锁外，还应在PLC外部设置硬件互锁电路。

7）热继电器过载信号的处理：

① 自动复位型热继电器，其触点提供的过载信号必须通过输入电路提供给PLC，用梯形图实现过载保护。

② 手动复位型热继电器，其常闭触点可以在PLC的输出电路中与控制电动机的交流接

触器的线圈串联。

8）尽量减少PLC的输入信号和输出信号。

9）注意PLC输出模块的驱动能力能否满足外部负载的要求。PLC一般只能驱动额定电压在AC 220V及以下的负载，如果系统原来的交流接触器的线圈电压为380V，则应将线圈换成220V的，或者在PLC外部设置中间继电器。

6.4.3　PLC编程技巧

在编写PLC梯形图程序时应掌握的编程技巧有以下几个方面。

1）如果有几个电路块并联，应将串联触点最多的电路块放在最上面；若有几个电路块串联，应将并联支路多的尽量靠近左母线。这样可以使编制的程序简洁明了、指令语句减少，如图6-37所示。

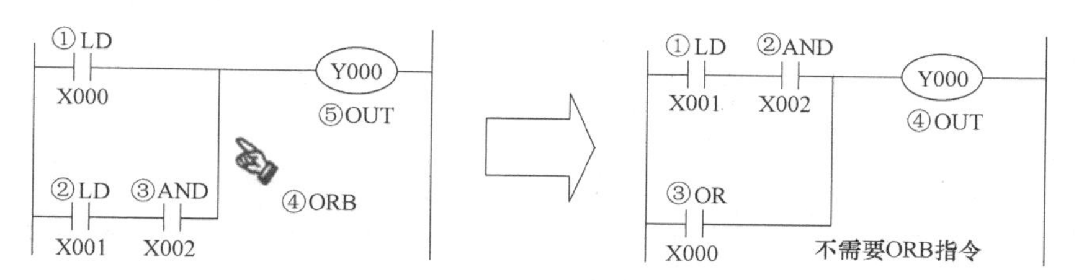

a) 串联触点多的电路块放在上面

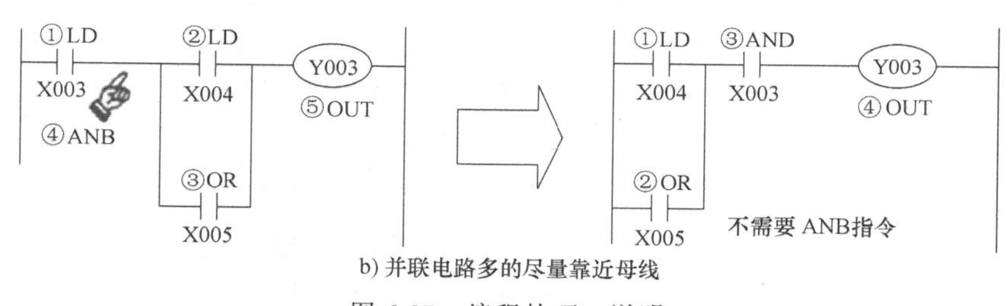

b) 并联电路多的尽量靠近母线

图6-37　编程技巧1说明

2）如果电路结构复杂，用ANB、ORB等指令难以处理时，可以重复使用一些触点改成等效电路，再进行编程，如图6-38所示。

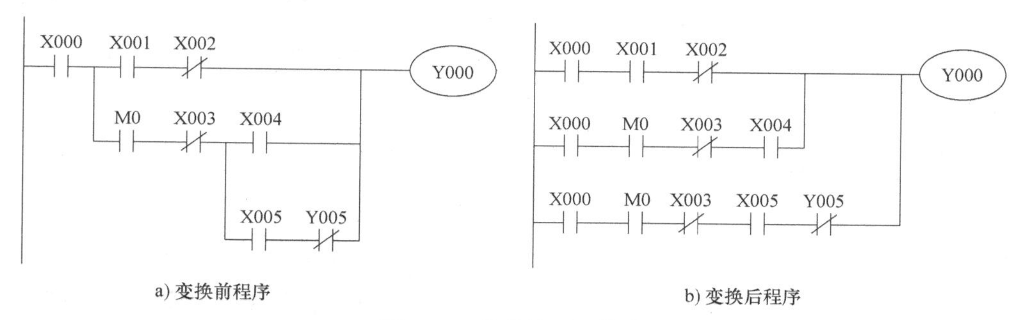

a) 变换前程序

b) 变换后程序

图6-38　编程技巧2说明

3）常闭触点输入的处理。对外部输入控制信号的常闭触点，在编程时要特别小心。现以起-保-停止控制程序为例进行分析说明。在图6-39a所示的PLC外部接线图中，若要将停止按钮SB1改为常闭按钮，则必须将图6-39b所示的梯形图改为如图6-39c所示的形式，梯形图中的常闭触点 X001 相应地改为常开触点，虽然其功能不变，但梯形图和电气原理图不一样，阅读比较困难。因此，通常将 PLC 的输入元件接成常开方式。

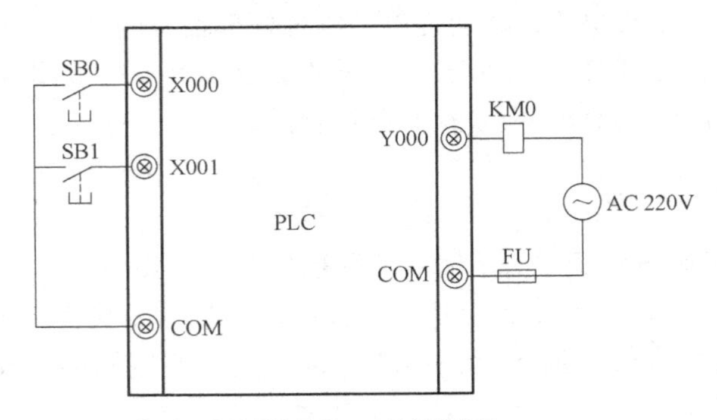

a) 起-保-停控制电路的PLC外部接线图

b) 停止按钮SB1为常开触点时对应的梯形图

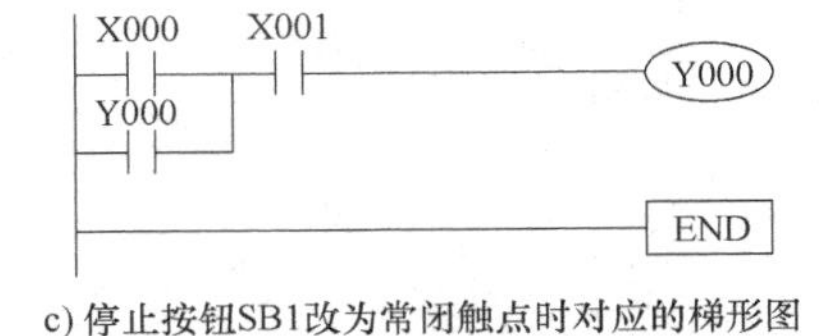

c) 停止按钮SB1改为常闭触点时对应的梯形图

图 6-39　编程技巧 3 说明

4）PLC 的输入/输出接线处理。PLC 的输入/输出接线示意图如图 6-40 所示，图中输入端所有按钮均为常开按钮。采用这种方式的目的是：①减少系统损耗；②在不操作或待机时尽量减少 PLC 输入电路通电的时间从而延长设备的使用寿命。建议读者在设计控制系统时尽量采用这种输入接线方式。

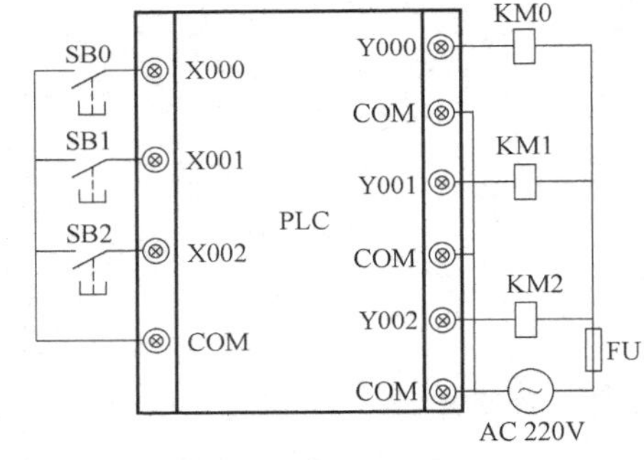

图 6-40　编程技巧 4 说明

KM0～KM2 是交流接触器的线圈，作为被 PLC 驱使的负载，通过接触器过渡再带动大功率负载，如大功率的电动机、电热炉等。负载也可以是其他设备，比如指示灯、电磁阀、小电动机等小功率负载，此时对于这些小功率负载可以直接由 PLC 驱动而无须通过交流接触器来过渡放大。在 6.5 节的典型程序中，如不加说明，均采用图 6-40 所示的输入/输出接线图形式。

6.5　常用小型实用程序

本节在基本指令的基础上介绍一些常用的单元程序。一个完整的能实现某种特定的控制功能的用户程序，可分解为一系列简单、常用的小单元程序。熟练掌握好这些单元程序，既能巩固前面所学的指令，又能从中掌握其变化规律。在这些单元程序的基础上进行合理的改造、扩充、组合，就能设计功能丰富的应用程序。

实际应用中有很多大型复杂的程序，直接处理较麻烦，可以把复杂的程序分解成一个个小单元程序，如自锁程序、互锁程序、多点控制、顺序控制、脉冲控制、二分频控制、计数控制、微分控制、闪烁控制和左移控制等单元程序。下面介绍一些常用的小单元程序。

6.5.1　三相异步电动机起-保-停电路单元

三相异步电动机单向运转控制电路在电气控制部分已经介绍过。现将电路图转绘于图6-41中。

图6-41a为PLC的输入/输出接线图，从图中可知，起动按钮SB1接于X000输入点，停车按钮SB2接于X001，交流接触器KM接于输出点Y000，这就是端子分配图，实质是为程序安排代表控制系统中事物的机内组件。

图6-41b是起-保-停单向运转控制梯形图。它是将机内组件进行逻辑组合的程序，也是实现控制系统内各事物间逻辑关系的体现。

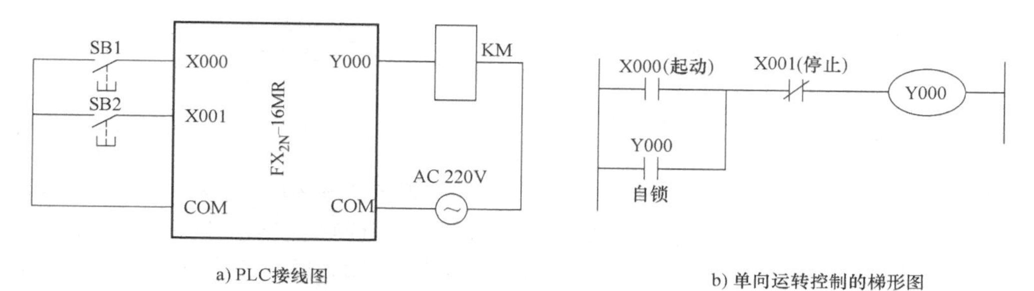

a) PLC接线图　　b) 单向运转控制的梯形图

图6-41　异步电动机单向运转控制

起-保-停单向控制电路是梯形图中最典型的单元，它包含了梯形图程序的全部要素。它们是：

1. 事件

每一个梯形图支路都针对一个事件。事件用输出线圈（或功能框）表示，本例中为Y000。

2. 事件发生的条件

梯形图支路中除了线圈外还有触点的组合，使线圈置1的条件即是事件发生的条件，本例中为起动按钮使X000置1。

3. 事件得以延续的条件

事件得以延续的条件即触点组合中使线圈置1得以保持的条件。本例中为与X000并联的Y000自锁触点闭合。

4. 使事件终止的条件

使事件终止的条件即触点组合中使线圈置1中断的条件。本例中为X001常闭触点断开。

6.5.2　互锁控制

在上例的基础上，如希望实现三相异步电动机可逆运转，只需增加一个反转控制按钮和一个反转接触器KM2即可。PLC的端子分配及梯形图如图6-42所示。梯形图设计可以这样考虑，选两套起-保-停电路，一套用于正转（通过Y000驱动正转接触器KM1），一套用于反转（通过Y001驱动反转接触器KM2）。考虑正反转两个接触器不能同时接通，在两个接触器的驱动支路中分别串入对方接触器的常闭触点（如Y000支路串入Y001常闭触点，

Y001 支路串入 Y000 常闭触点），这样当正转方向的驱动组件 Y000 接通时，反转方向的驱动组件 Y001 就不能同时接通。这种两个线圈回路中互串对方常闭触点的结构形式叫作“互锁”或“联锁”。

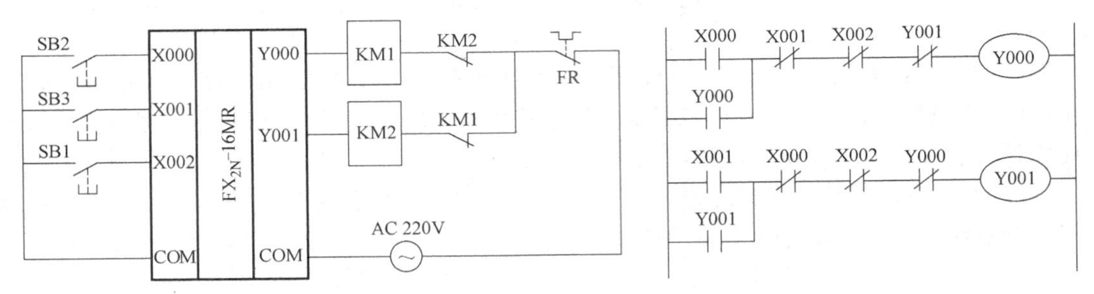

图 6-42　三相异步电动机可逆运转控制 PLC 端子分配及梯形图

6.5.3　顺序控制和自动循环控制

在程序设计实践过程中，有时要求一个拖动系统中多台电动机实现先后顺序工作，例如，机床中的润滑电动机起动后，主轴电动机才能起动。有时控制系统要求正常起动后各工序能自动循环执行。如图 6-43a 所示时序，用 X1 控制流水线四道工序的分级定时，X1 为 ON 时起动和运行，X1 为 OFF 时停机。而且每次起动均从第一道工序开始，循环进行。梯形图如图 6-43b 所示。

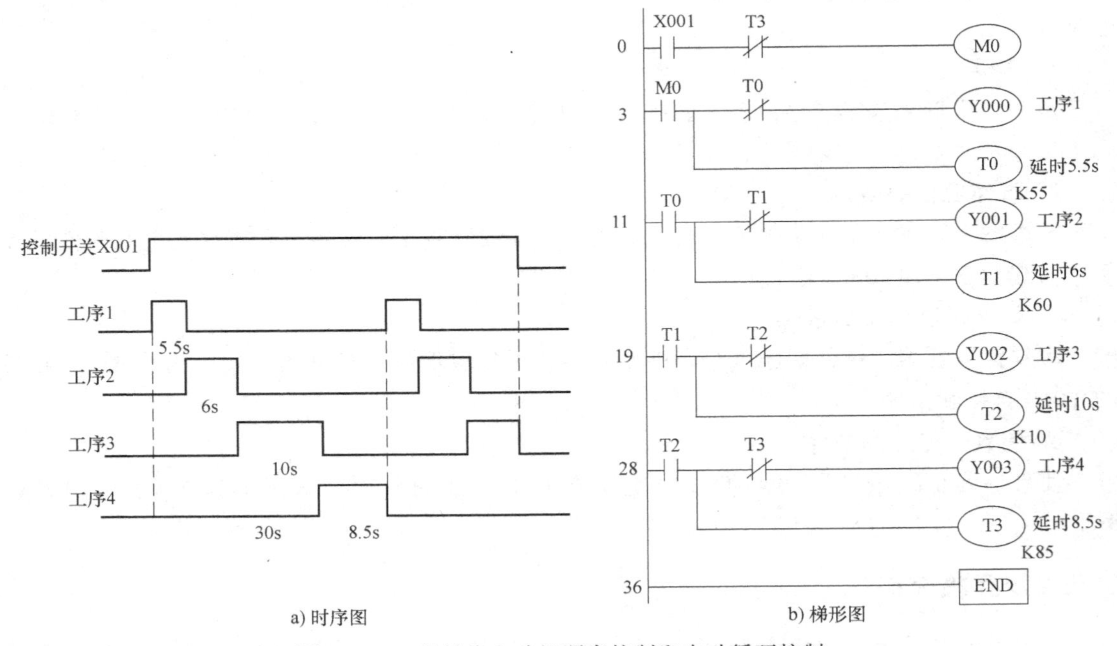

图 6-43　三相异步电动机顺序控制和自动循环控制

6.5.4　多点控制

多点控制程序的梯形图如图 6-44 所示。

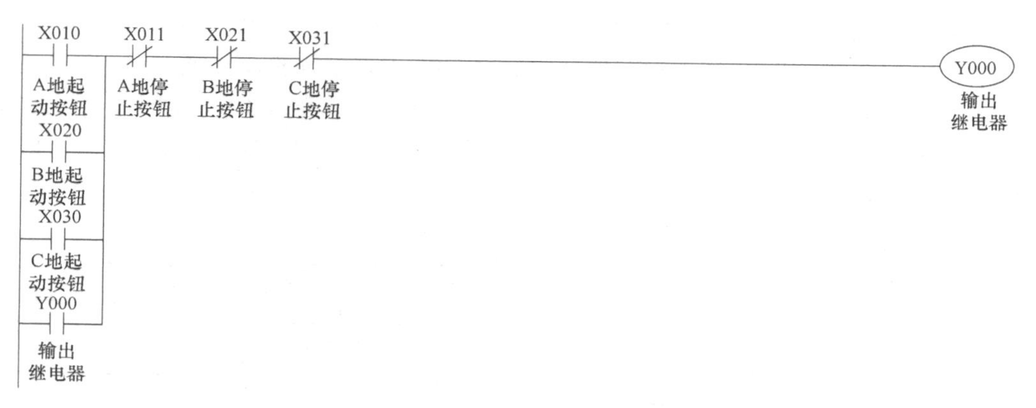

图 6-44　多点控制程序梯形图举例

说明：在日常生活中经常需要多个地方控制一套设备，即多地控制，可选择控制点来实现设备运行。如图 6-44 所示程序简单地解决了这样的问题，即由 A、B、C 等多个不同地点的按钮来控制一个输出继电器 Y000，按下任何一个按钮都能实现起动或停止线圈 Y000 的工作方式。

6.5.5　顺序脉冲发生程序

图 6-45a 所示为用 3 个定时器产生一组顺序脉冲的梯形图程序，顺序脉冲时序图如图 6-45b 所示。当 X004 接通，T40 开始延时，同时 Y031 通电，定时 10s 时间到，T40 常闭触点断开，Y031 断电。T40 常开触点闭合，T041 开始延时，同时 Y032 通电，当 T41 定时 15s 时间到，Y032 断电。T41 常开触点闭合，T42 开始延时，同时 Y033 通电，T42 定时 20s 时间到，Y033 断电。如果 X004 仍接通，则重新开始产生顺序脉冲，直至 X004 断开。当 X004 断开时，所有的定时器全部断电，定时器触点复位，输出 Y031、Y032 及 Y033 全部断电。

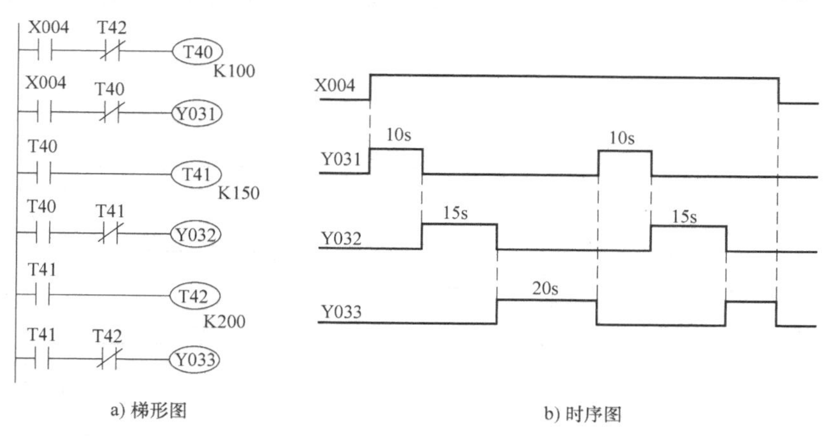

图 6-45　顺序脉冲发生程序举例

6.5.6　断开延时定时器

大多数 PLC 的定时器为接通延时定时器，即定时器线圈通电后开始延时，待定时时间到，定时器的常开触点闭合、常闭触点断开；当定时器线圈断电时，定时器的触点立刻复位。

图 6-46 所示为断开延时动作控制程序的梯形图和时序图。当 X013 接通时，M0 线圈接通并自锁，Y003 线圈通电，这时 T13 由于 X013 常闭触点断开而没有接通定时；当 X013 断开时，X013 的常闭触点恢复闭合，T13 线圈得电，开始定时。经过 10s 延时后，T13 常闭触点断开，使 M0 复位，Y003 线圈断电，从而实现从输入信号 X013 断开，经 10s 延时后，输出信号 Y003 才断开的延时功能。

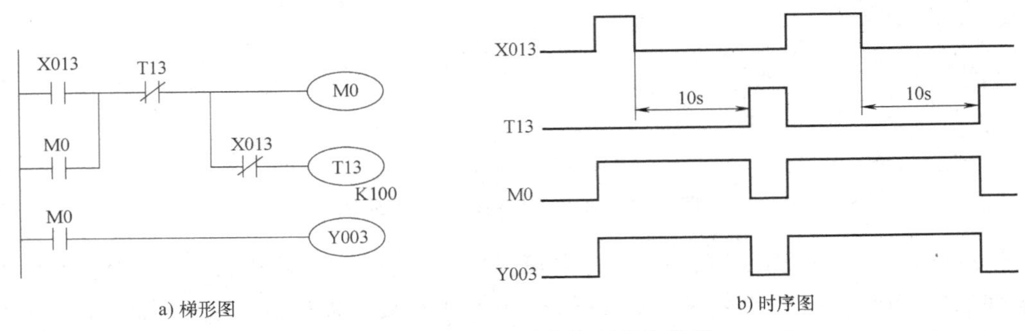

图 6-46　断电延时动作控制程序举例

6.5.7　长定时程序

一般 PLC 的一个定时器的延时时间较短，如 FX 系列 PLC 中一个 0.1s 定时器的定时范围为 0.1~3276.7s，如果需要延时时间更长的定时器，可采用以下几种方法来实现。

1. 多个定时器组合的长定时程序

图 6-47 所示为用定时器串级的长定时程序（定时时间为 1h）的梯形图及时序图，辅助继电器 M1 用于定时起停控制，采用两个 0.1s 定时器 T14 和 T15 串级使用。当 T14 开始定时后，经 1800s 延时，T14 的常开触点闭合，使 T15 再开始定时，又经 1800s 的延时，T15 的常开触点闭合，Y4 线圈接通。从 X014 接通，到 Y004 输出，其延时时间为 1800s+1800s=3600s=1h。

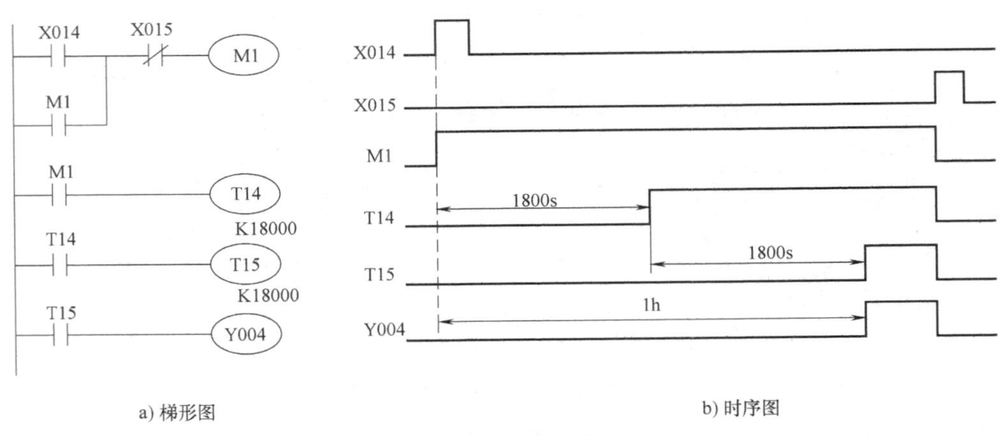

图 6-47　用定时器串级的长定时程序

2. 利用计数器的长定时程序

只要提供一个时钟脉冲信号作为计数器的计数输入信号，计数器就可以实现定时功能，时钟脉冲信号的周期与计数器的设定值相乘就是定时时间。时钟脉冲信号可以由 PLC 内部特殊继电器产生（如 FX 系列 PLC 的 M8011、M8012、M8013 和 M8014 等），也可以由连续脉冲发生程序产生，还可以由 PLC 外部时钟电路产生。

图 6-48 所示为采用计数器实现延时程序，由 M8012 产生周期为 0.1s 时钟脉冲信号。

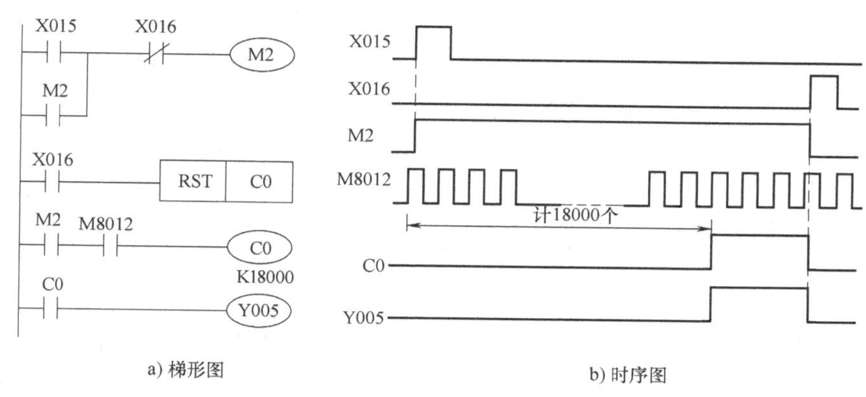

图 6-48　采用计数器实现延时程序

当启动信号 X015 闭合时，M2 得电并自锁，M8012 时钟脉冲加到 C0 的计数输入端。当累计到 18000 个脉冲时，计数器 C0 动作，C0 常开触点闭合，Y005 线圈接通，Y005 的触点动作。从 X015 闭合到 Y005 动作的延时时间为 $18000\times0.1s=1800s$。延时误差和精度主要由时钟脉冲信号的周期决定，要提高定时精度，就必须用周期更短的时钟脉冲作为计数信号。

延时程序最大延时时间受计数器的最大计数值和时钟脉冲的周期限制，图 6-48 所示计数器 C0 的最大计数值为 32767，所以最大延时时间为 $32767\times0.1s=3276.7s$。要增大延时时间，可以增大时钟脉冲的周期，但这又使定时精度下降。为获得更长时间的延时，同时又能保证定时精度，可采用两级或多级计数器串级计数。

图 6-49 所示为采用两级计数器串级计数延时的一个例子。

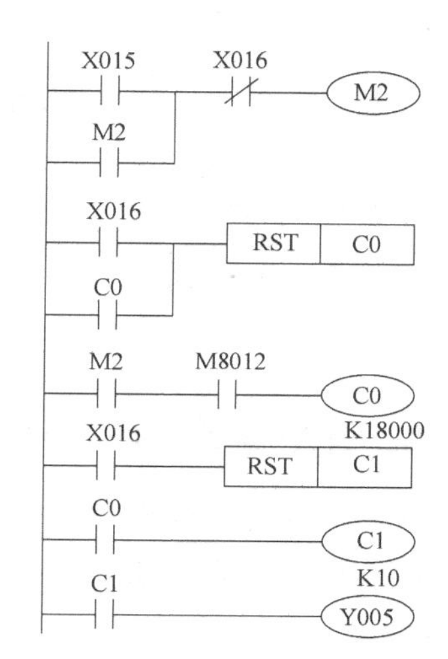

图 6-49　采用两级计数器串级计数延时程序

图中，由 C0 构成一个 1800s（30min）的定时器，其常开触点每隔 30min 闭合一个扫描周期。这是因为 C0 的复位输入端并联了一个 C0 常开触点，当 C0 累计到 18000 个脉冲时，计数器 C0 动作，C0 常开触点闭合，C0 复位，C0 计数器动作一个扫描周期后又开始计数，使 C0 输出一个周期为 30min、脉宽为一个扫描周期的时钟脉冲。C0 的另一个常开触点作为 C1 的计数输入，当 C0 常开触点接通 1 次，C1 输入 1 个计数脉冲，当 C1 计数脉冲累计到 10 个时，计数器 C1 动作，C1 常开触点闭合，使 Y005 线圈接通，Y005 触点动作。从 X015 闭合，到 Y005 动作，其延时时间为 $18000\times0.1s\times10=18000s=5h$。计数器 C0 和 C1 串级后，最大的延时时间可达 $32767\times0.1s\times32767=29824.34\ h=1242.68$ 天。

3. 定时器与计数器组合的延时程序

利用定时器与计数器级联组合可以扩大延时时间，如图 6-50 所示。

图中，T4形成一个20s的自复位定时器，当X004接通后，T4线圈接通并开始延时，20s后T4常闭触点断开，T4定时器的线圈断开并复位，待下一次扫描时，T4常闭触点才闭合，T4定时器线圈又重新接通并开始延时。所以当X004接通后，T4每过20s，其常开触点接通1次，为计数器输入1个脉冲信号，计数器C4计数1次。当C4计数100次时，其常开触点接通Y003线圈。可见，从X004接通到Y003动作，延时时间为定时器定时值（20s）和计数器设定值（100）的乘积（2000s）。图中，M8002为初始化脉冲，使C4复位。

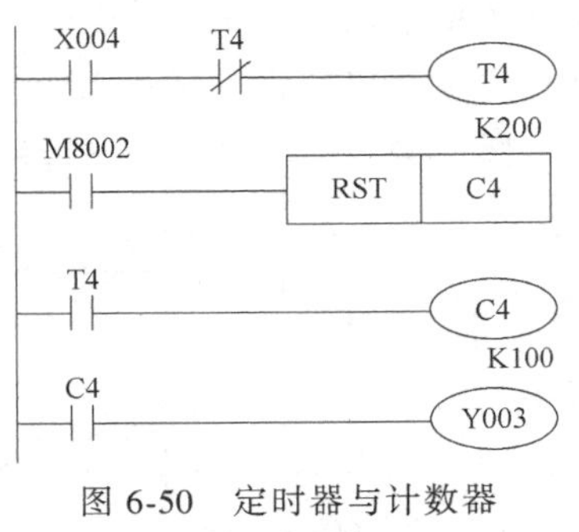

图6-50　定时器与计数器组合的延时程序

6.5.8　定时器构成的振荡电路

图6-51所示梯形图实际上是一种振荡电路，产生的脉冲宽度为一个扫描周期，周期为10s（即定时器T1的设定值）的方波脉冲。这个脉冲序列作为计数器C1的计数脉冲。

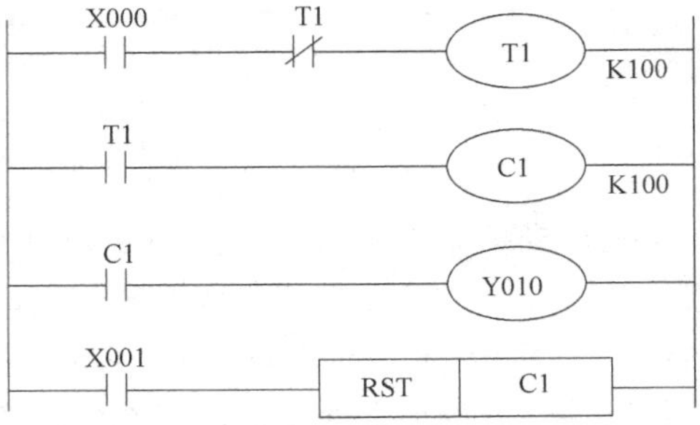

X000　T1　T1　K100

T1　C1　K100

C1　Y010

X001　RST　C1

图6-51　定时器振荡电路控制程序

6.5.9　分频电路

图6-52所示是一个二分频电路。待分频的脉冲信号加在X000端，设M101和Y010初始状态均为0。

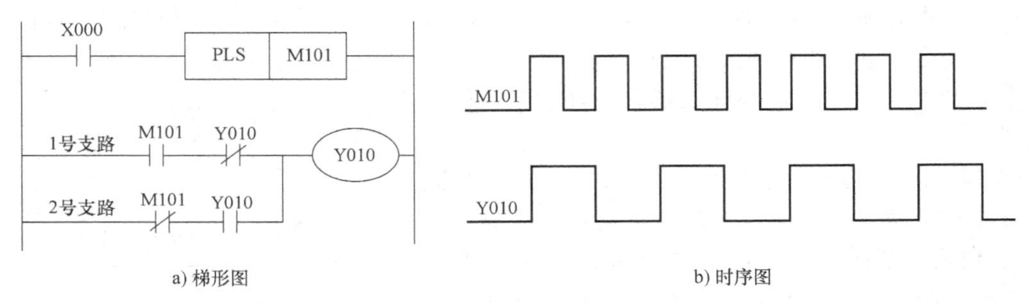

图6-52　二分频电路

6.5.10　计数器计数值范围扩展

计数器计数值范围的扩展，可以通过多个计数器级联组合的方法来实现。图6-53为两个计数器级联组合扩展的程序。X001每通/断1次，C60计数1次，当X001通/断50次时，C60的常开触点接通，C61计数1次。与此同时，C60另一对常开触点使C60复位，重新从零开始对X001的通/断进行计数，每当C60计数50次时，C61计数1次，当C61计数到40次时，X1总计通/断50×40次=2000次，C61常开触点闭合，Y031接通。可见，本程序计数值为两个计数器计数值的乘积。

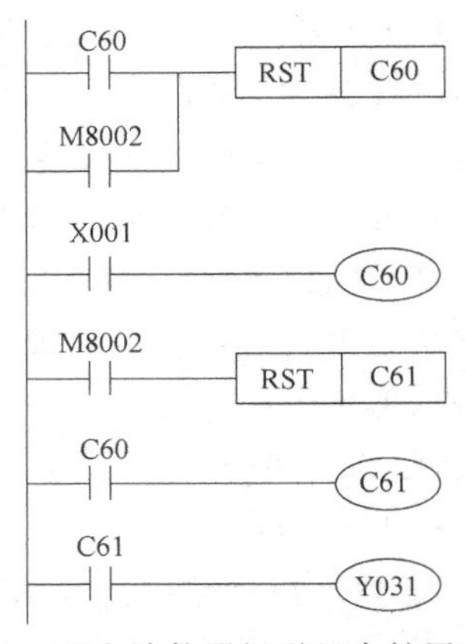

图6-53　两个计数器级联组合扩展的程序

6.6　基本指令在工程综合实例中的应用

6.6.1　抢答器的程序设计实例分析

1. 控制要求

用 PLC 构成一个 4 路抢答器系统并编制控制程序，抢答器的输出用一个七段数码管和一个蜂鸣器作为显示和声音指示，输入是 4 个不带自锁的按钮。要求：任何一组抢先按下面前的抢答按钮时，七段数码管显示器能及时显示出该组的编号并使蜂鸣器发出提示声响，同时联锁其他 3 路抢答器，使其他组的抢答按键无效，抢答器设有复位开关，只有复位后才能进行新一轮的抢答。

分析以上控制要求可知，七段数码管是由 7 段发光二极管（LED）组合起来显示数字 0~9 的，如图 6-54 所示（其中小数点段的 LED 在本项目中无须点亮，可以不予连接）。要显示数字 0~9 中的不同数字，就必须根据需要点亮七段数码管中不同段的 LED 发光。

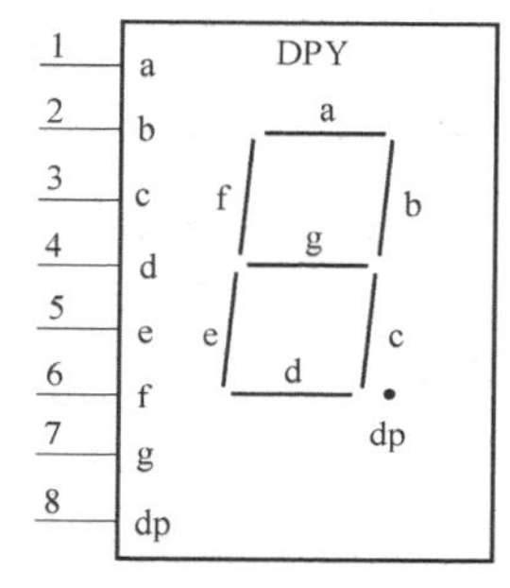

图 6-54　七段数码管示意图

2. I/O 地址分配

通过对上述控制要求的分析可知，要显示 4 个抢答组的编号 1~4 这 4 个数码必须由不同的笔画段组合显示，而且每个笔画段都有可能用到，因此除了小数点 dp 以外的 a~f 段都要接至 PLC 的输出端，以便能够根据 PLC 输出点及其内部程序的灵活控制而显示出所需的数码符号。所以该控制项目中必须由 PLC 提供 8 个输出端子用于控制数码管的 7 个笔画段和蜂鸣器。同样，由于有 4 路抢答信号和 1 路复位信号必须送入 PLC 内部进行逻辑处理，因此必须由 PLC 提供 5 个输入端子来接收 4 路抢答信号和 1 路复位信号。根据上述输入/输出端子分析即可得到表 6-31 中的 PLC 的 I/O 地址分配情况。

表 6-31　用 PLC 控制抢答器控制系统的 I/O 地址分配表

输入部分		输出部分	
输入器件	PLC 输入地址编号	输出器件	PLC 输出地址编号
复位按钮	X000	蜂鸣器	Y000
1#抢答器按钮	X001	a 笔画段	Y001
2#抢答器按钮	X002	b 笔画段	Y002
		c 笔画段	Y003
		d 笔画段	Y004
3#抢答器按钮	X003	e 笔画段	Y005
		f 笔画段	Y006
4#抢答器按钮	X004	g 笔画段	Y007

由于数码管的每一个笔画段不为某一个数字专用，而是每个数字都可能用到，由图 6-55 所示的 1~4 四个字符就可以看出用数码管显示这 4 个字符所有的笔画段都用到了。编程时由于只有 4 路抢答信号，因此不可能用一路抢答信号去控制一个笔画段，而必须将所在编号

的抢答信号用中间继电器暂存起来，然后再用该暂存信号去控制相应的笔画段以显示出所在抢答组的编号。我们将要用到的 PLC 中间继电器列表见表 6-32。

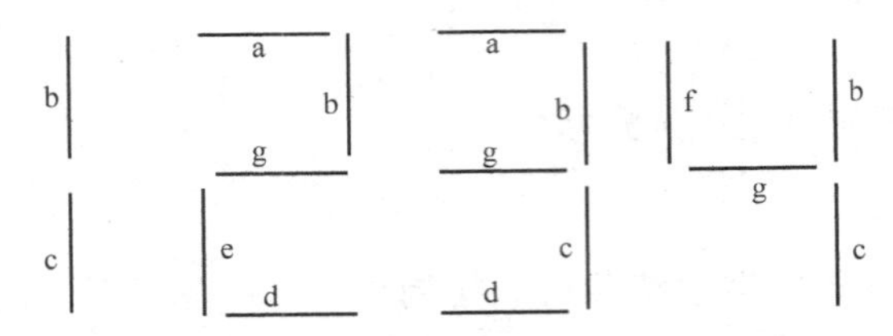

图 6-55　1～4 字符显示示意图

表 6-32　PLC 抢答器控制系统所用中间继电器（内部继电器）分配表

暂存对象	中间继电器编号	暂存对象	中间继电器编号
第一路抢答信号	M1	第三路抢答信号	M3
第二路抢答信号	M2	第四路抢答信号	M4

3. 硬件接线图

在分析上述控制要求及 I/O 分配表之后，我们根据 I/O 地址绘制出用 PLC 控制抢答器装置的外部硬件接线示意图，如图 6-56 所示。

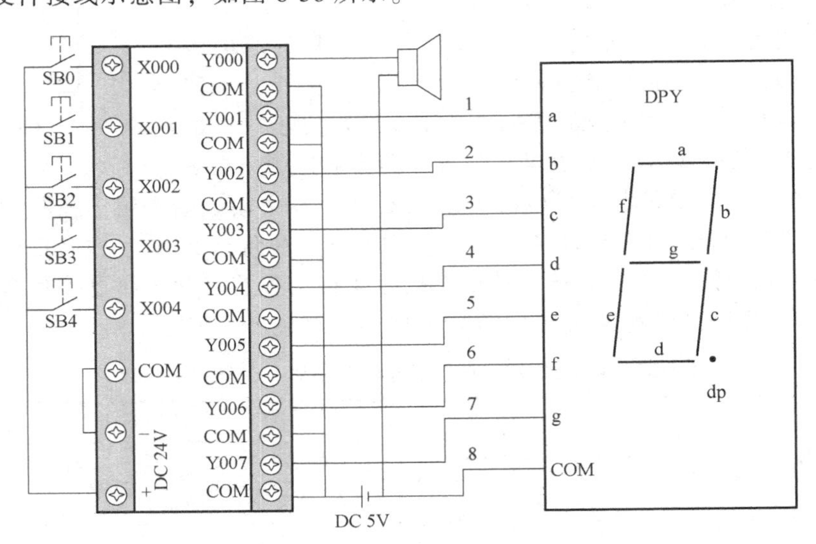

图 6-56　PLC 抢答器控制系统外部硬件连接图

4. 梯形图及指令表程序

分析图 6-55 所示的 1～4 字符不难看出，2、3 两个字符中存在 a 笔画段，因此输出控制 a 笔画段的 Y001 必须既受第二组抢答信号控制，又受第三组抢答信号控制；而 1～4 字符中均有 b 笔画段，因此控制显示 b 笔画段的 Y002 必须能够受到每一组共 4 路抢答信号的控制；而 c 笔画段则只出现在 3、4 两个字符中，因此控制 c 笔画段显示的 Y003 必须能够受到第三组、第四组两路抢答信号的控制，依此类推，即可得到控制该抢答器的梯形图程序如图 6-57 所示。

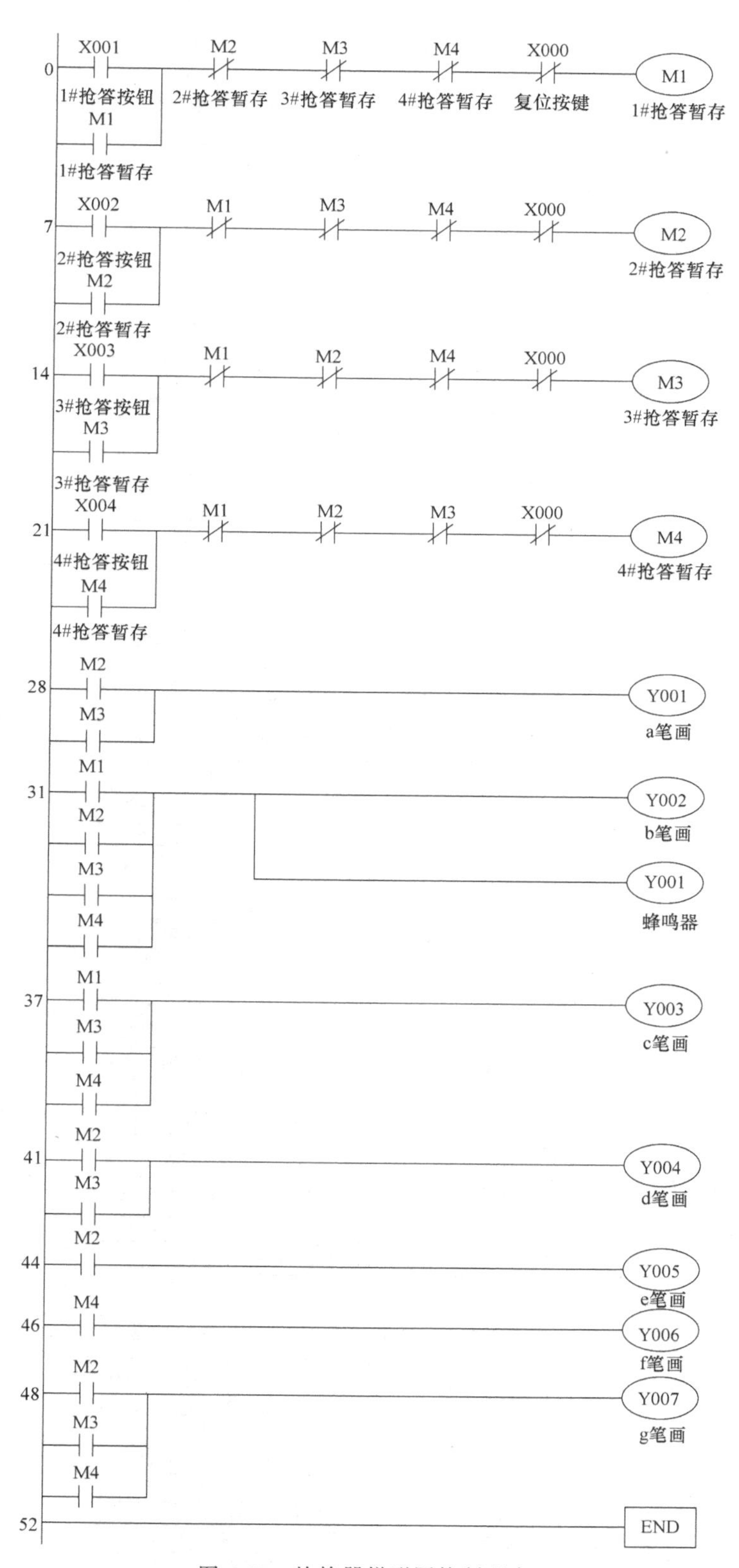

图 6-57 抢答器梯形图控制程序

6.6.2 电梯自动控制程序设计实例分析

图 6-58 所示是三层楼电梯示意图。电梯的上升、下降由一台电动机拖动控制：正转时电梯上升，反转时电梯下降。各层均设有一个呼叫开关（SB1、SB2、SB3），还都设有一个呼叫指示灯（HL1、HL2、HL3）以及一个行程开关（SQ1、SQ2、SQ3）。

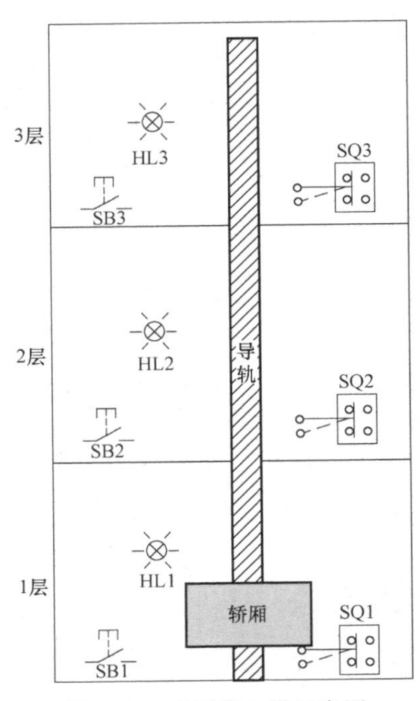

图 6-58 三层楼电梯示意图

1. 控制要求

1）各层的呼叫开关为按钮式，SB1、SB2 及 SB3 均为瞬间接通有效（即瞬间接通后立即放开仍有效）。

2）轿厢上升途中只响应上升呼叫，下降途中只响应下降呼叫，任何反方向呼叫均无效，简称为不可逆响应。具体呼叫动作控制要求见表 6-33。

3）各楼层间的有效运行时间应小于 10s，否则认为有故障，自动令电动机停转。

2. I/O 地址分配

实现上述电梯自动控制所需的 I/O 分配表见表 6-34。

表 6-33 电梯动作控制要求

序号	输入		输出	
	原停层	呼叫层	运行方向	运行结果
1	1	3	升	上升到 3 层停，这期间经过 2 层时不停（SQ2=ON 无效）
2	2	3	升	上升到 3 层停
3	3	3	停	呼叫无效
4	1	2	升	上升到 2 层停
5	2	2	停	呼叫无效
6	3	2	降	下降到 2 层停
7	1	1	停	呼叫无效
8	2	1	降	下降到 1 层停
9	3	1	降	下降到 1 层停。这期间经过 2 层时不停（SQ2=ON 无效）
10	1	2、3	升	先升到 2 层暂停 2s 后，再升到 3 层停
11	2	1、3	降	下降到 1 层停
12	2	3、1	升	上升到 3 层停
13	3	2、1	降	先降到 2 层暂停 2s 后，再降到 1 层
14	任意	任意	任意	各楼层间运行时间必须小于 10s，否则自动停车

注：序号第 11、12 种情况下，在运行中，后发出的反方向呼叫是无效的。

表 6-34 电梯自动控制程序的 PLC I/O 分配表

输入部分		输出部分	
功 能	PLC 输入地址	功 能	PLC 输出地址
1 层呼叫开关 SB1	X001	1 层呼叫指示灯 HL1	Y001
2 层呼叫开关 SB2	X002	2 层呼叫指示灯 HL2	Y002
3 层呼叫开关 SB3	X003	3 层呼叫指示灯 HL3	Y003
1 层到位开关 SQ1	X005	电梯上升 KM1	Y006
2 层到位开关 SQ2	X006	电梯下降 KM2	Y007
3 层到位开关 SQ3	X007		

3. 硬件接线图和梯形图程序

根据以上控制要求和PLC I/O分配表绘制的PLC I/O接线图和梯形图程序如图6-59所示。

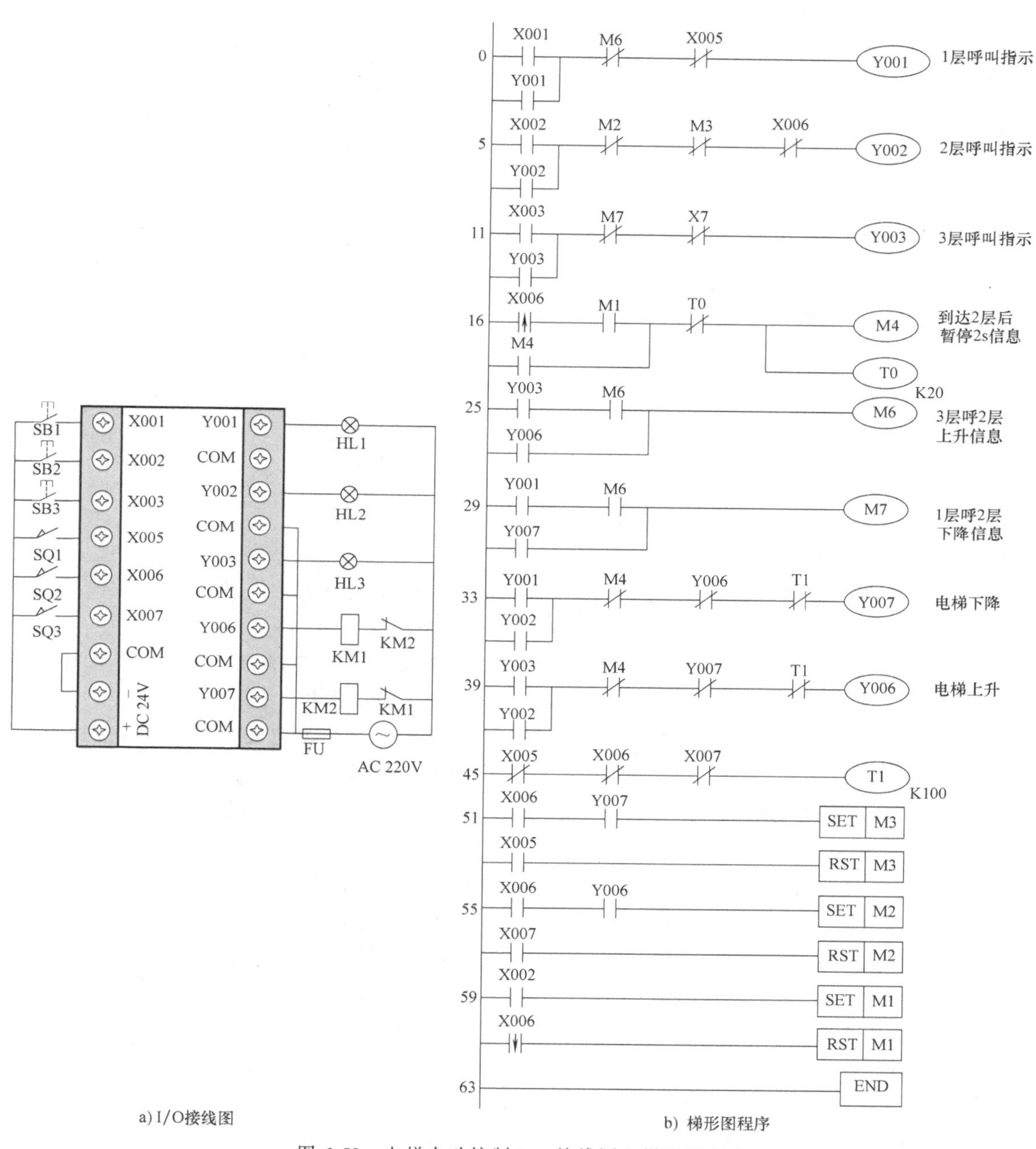

a) I/O接线图　　b) 梯形图程序

图6-59　电梯自动控制I/O接线图和梯形图程序

6.6.3 基于PLC的CA6140型车床控制电路技改实例分析

图6-60所示为国内某机床厂生产的CA6140型卧式车床的电气控制电路，不难看出，该机床控制电路所用电气元器件较多，电路较为复杂，故障隐患点亦随之增多。为了提高机床电路的稳定性并简化控制电路以减少故障隐患，现对该电路进行基于PLC的技术升级改造。

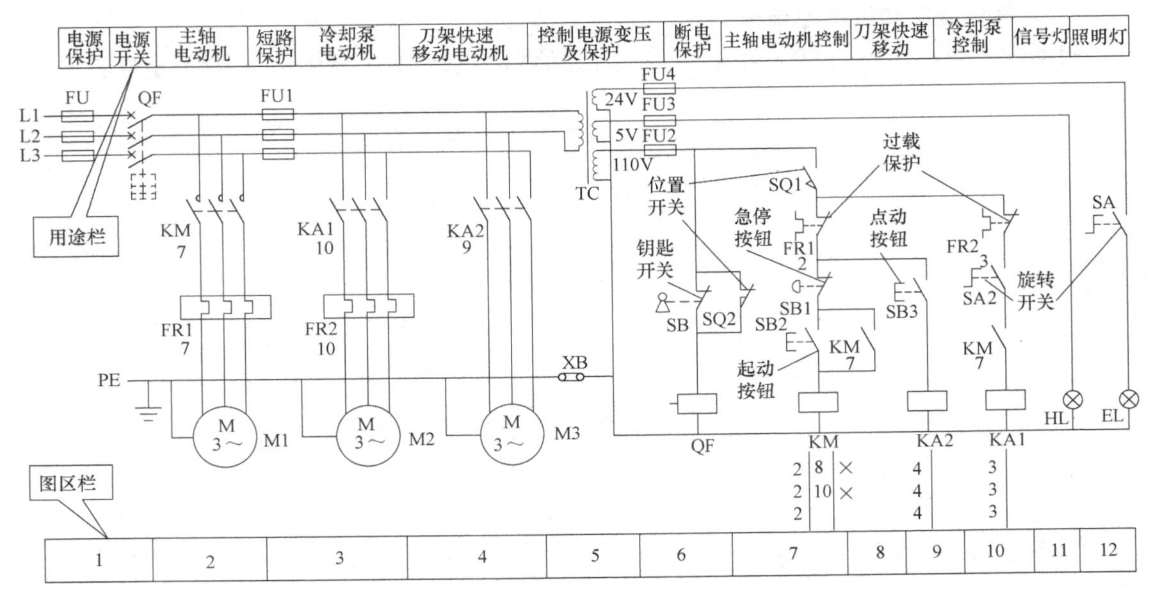

图 6-60　CA6140 型卧式车床的电气控制电路

1. CA6140 型卧式车床继电器原理图

（1）主电路分析

主电路共有 3 台电动机：M1 为主轴电动机，带动主轴旋转和刀架做进给运动；M2 为冷却泵电动机，用以输送切削液；M3 为刀架快速移动电动机。

将钥匙开关向右旋转，再扳动断路器 QF 将三相电源引入。主轴电动机 M1 由接触器 KM1 控制，热继电器 FR1 作为过载保护，熔断器 FU 作为短路保护，接触器 KM1 作为失电压和欠电压保护。冷却泵电动机 M2 由中间继电器 KA1 控制，热继电器 FR2 作为它的过载保护。刀架快速移动电动机 M3 由中间继电器 KA2 控制。由于是点动控制，故未设过载保护。FU1 作为冷却泵电动机 M2、快速移动电动机 M3 和控制变压器 TC 的短路保护。

（2）控制电路分析

控制电路的电源由控制变压器 TC 二次侧输出 110V 电压提供。正常工作时，位置开关 SQ1 的常开触点闭合。打开床头带罩后，SQ1 断开，切断控制电路电源以确保人身安全。钥匙开关 SB 和位置开关 SQ2 在正常工作时是断开的，QF 线圈不通电以确保断路器 QF 能合闸。当打开配电盘壁龛门时，QF 线圈得电，断路器 QF 自动断开。

1）主轴电动机 M1 的控制。

M1 起动：

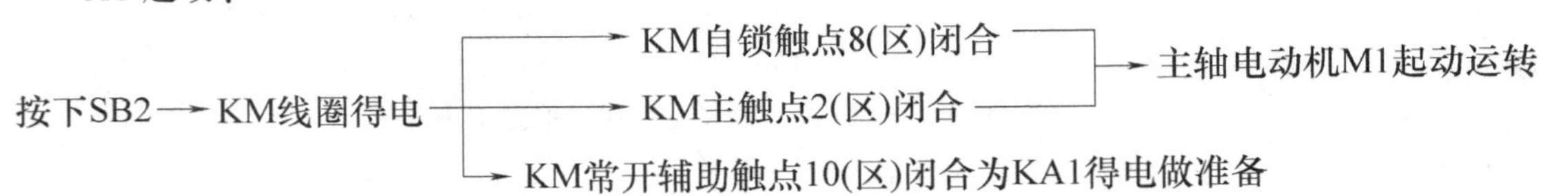

M1 停止：

按下SB1 → KM线圈失电 → KM触点复位断开 → M1失电停转

该机床设备中，主轴电动机的正反转不是通过电气手段来实现的，而是采用多片摩擦离合器的机械手段来实现的，在此不深入阐述。

2）冷却泵电动机M2的控制。该电路中由于主轴电动机M1和冷却泵电动机M2在控制电路中采用了顺序控制，所以只有当主轴电动机M1起动后，即KM常开触点（10区）闭合之后再合上手动旋转开关SA2方可起动冷却泵电动机M2。当M1停止时，M2也随之自动停止。

3）刀架快速移动电动机M3的控制。刀架快速移动电动机M3的起动是由安装在进给操作手柄顶端的按钮SB3控制，它与中间继电器KA2组成点动控制电路。刀架移动方向（前、后、左、右）的改变，是由进给操作手柄配合机械装置一起实现的。若需要快速移动，只需按下SB3即可。

4）照明、信号电路分析控制。变压器TC的二次侧分别输出24V和6V的安全电压，作为车床低压照明灯和信号灯的电源。EL作为车床的低压照明灯，由开关SA控制；HL作为电源上电指示信号灯。它们分别由FU4和FU3作为短路保护。

2. CA6140型卧式车床的PLC控制方案

采用PLC对旧机床进行电气改造时，一般保持原机床操作功能不变。机床原配的按钮、限位开关、变压器、指示灯、热继电器、接触器等电器均可保留。因为以PLC作为主要控制单元，机床原有的按钮、限位开关等主令电器均要接入PLC的输入点。接入时，原则上每个触点占用一个输入点，但是为了节省I/O资源，原电路图中串联或并联的触点可以成组处理，共同占用一个输入点。同一元器件联动的触点也可仅选一个接入。接触器及电磁阀的线圈应与PLC的输出端口连接，每个线圈原则上也要占用一个输出点。指示灯理论上也要接入输出点，但如原控制触点在硬件连接上与其他控制功能不冲突，为了节省输出口，不接入也是可以的。热继电器的触点有接入PLC输入点和接入PLC输出点两种处理方案。不接入PLC输入端口时，可将热继电器的常闭触点和相关接触器的线圈串联之后接入PLC的输出端口（这样可节省I/O点）；若采用接入输入点方案时，则需将热继电器的常开触点接入输入点且通过程序设置热继电器的保护功能。另外考虑到硬件互锁比软件互锁要可靠，故推荐采用硬件互锁或在软件互锁的基础上补充硬件互锁。根据CA6140型卧式车床控制电路中的输入器件和执行器件列出用PLC控制的I/O分配表，见表6-35。

表6-35　PLC改造CA6140型卧式车床的I/O分配表

输入			输出		
器件编号	功能	PLC输入地址	器件编号	功能	PLC输出地址
SQ1	位置开关	X0	KM	主轴电动机控制接触器	Y0
SB1	主轴电动机停止按钮	X1	KA1	冷却泵电动机控制继电器	Y1
SB2	主轴电动机起动按钮	X2	KA2	刀架快速移动电动机控制继电器	Y2
SB3	刀架快速移动电动机点动按钮	X3	QF	断路器控制线圈	Y3
SB4	冷却泵电动机起动按钮	X4			
SB	钥匙开关	X5			
SQ2	位置开关	X6			

本程序中，由于指示灯和照明灯控制简单，故不列入PLC控制范围。根据CA6140型卧式车床的控制功能要求及上述I/O分配表绘制的PLC I/O接线图及取代该车床控制电路的梯形图程序如图6-61所示。

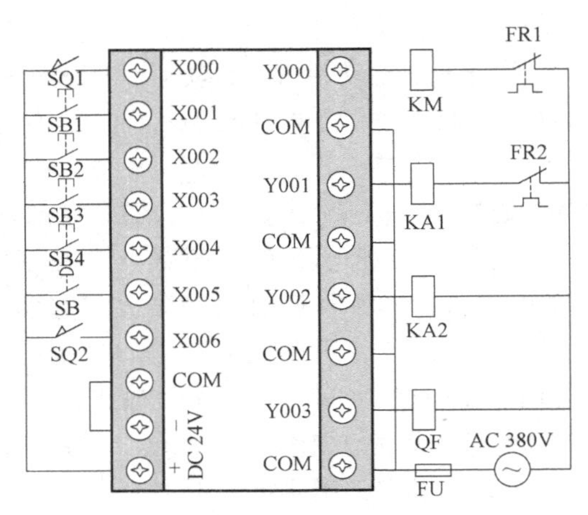

a) 用PLC控制CA6140型卧式车床的I/O接线图

0 X002 X001 X000 Y000 主轴电动机
Y000
5 X003 X000 Y002 刀架快速移动电动机
8 X004 Y000 X000 Y001 冷却泵电动机
Y001
12 X005 Y003 断路器控制线圈
X006
15 END

b) 用PLC改造CA6140型卧式车床的梯形图程序

图 6-61 用 PLC 改造 CA6140 型卧式车床的 I/O 接线图及梯形图程序

本 章 小 结

本章首先介绍了三菱 FX_{2N} 系列 PLC 的概况，包括 FX_{2N} 系列 PLC 的结构和功能、基本单元、扩展模块、特殊功能模块以及编程器；接着展开介绍了 FX_{2N} 系列 PLC 的 8 大编程软元件，它既是 PLC 的硬件资源，也是 PLC 编程的根基，读者需要重点理解每种软元件的功能和用法，才能为学习后面的指令和编程打好基础。最后本章重点介绍了 FX_{2N} 系列 PLC 的基本指令的功能和使用，并以此为基础，介绍了几种 PLC 常用小型实用程序和工程综合实例应用。

习题与思考题

6-1 简述 FX_{2N} 系列 PLC 的基本单元、扩展单元和扩展模块的用途。

6-2 简述输入继电器、输出继电器、定时器和计数器的用途。

6-3 定时器和计数器各有哪些使用要素？如果梯形图线圈前的触点是工作条件，那么定时器和计数器的工作条件有什么不同？

6-4　写出图 6-62 所示梯形图对应的指令表指令。

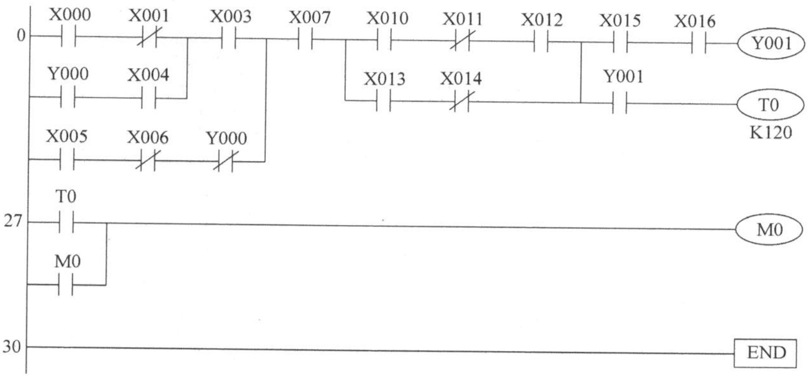

图 6-62　习题 6-4 图

6-5　根据 6-63 所示梯形图写出对应的指令表指令。

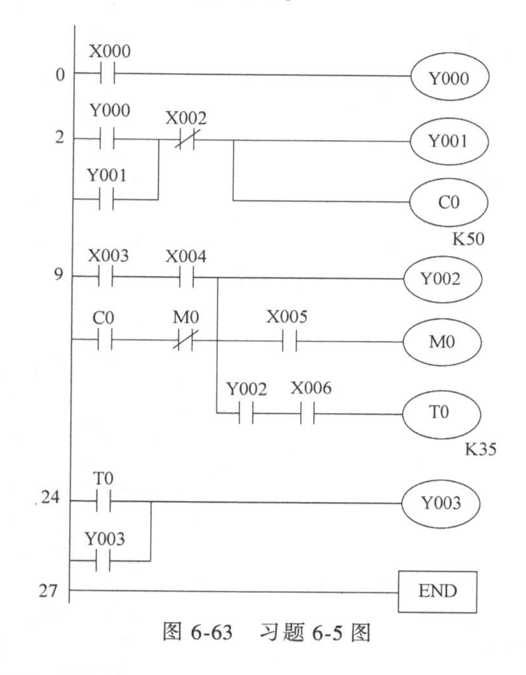

图 6-63　习题 6-5 图

6-6　画出以下指令表对应的梯形图。

0	LD　X000	11	ORB
1	MPS	12	ANB
2	LD　X001	13	OUT Y001
3	OR　X002	14	MPP
4	ANB	15	AND X007
5	OUT Y000	16	OUT Y002
6	MRD	17	LD X010
7	LD　X003	18	ORI X011
8	AND X004	19	ANB
9	LD X005	20	OUT Y003
10	ANI　X006		

6-7　画出图 6-64 中 M100 和 M206 时序图，并简单分析理由。其中 X005 的脉冲宽度为 0.2s，PLC 的扫描周期为 100ms。

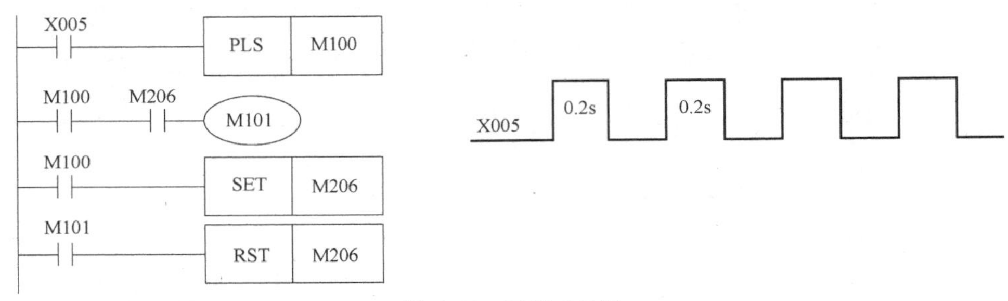

图 6-64　习题 6-7 图

6-8　试设计满足如图 6-65 所示波形的梯形图。

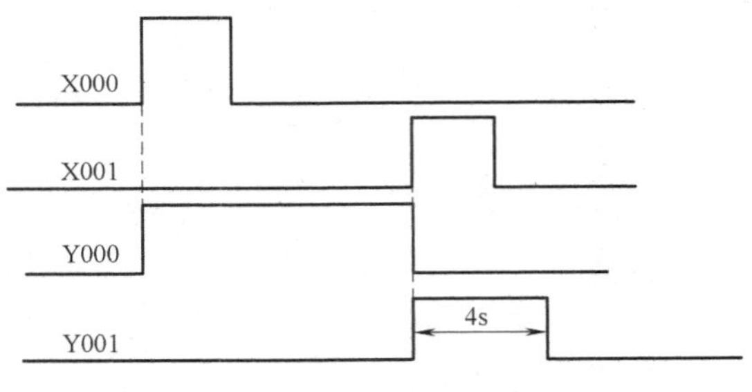

图 6-65　习题 6-8 图

6-9　画出图 6-66 中 M100 和 M206 时序图，并简单分析理由。

6-10　指出图 6-67 所示梯形图中的错误。

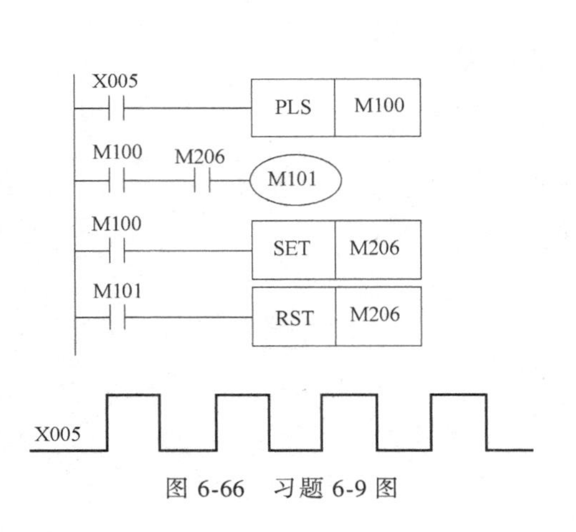

图 6-66　习题 6-9 图

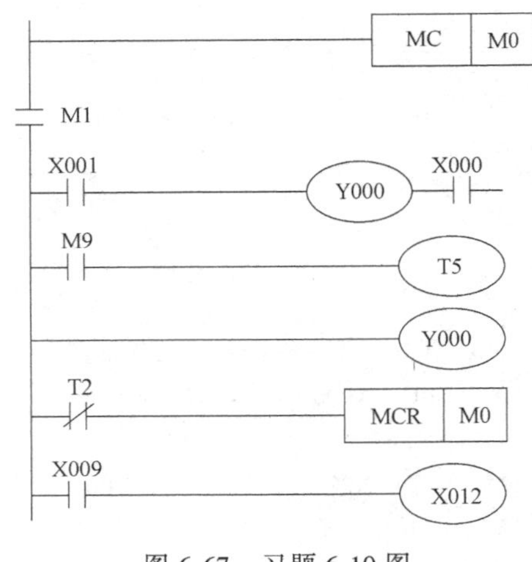

图 6-67　习题 6-10 图

第 7 章 三菱FX_{2N}系列PLC应用指令

内容简介：

本章主要介绍了三菱 FX_{2N} 系列 PLC 应用指令的分类、指令格式和使用说明。三菱 FX_{2N} 系列 PLC 具有 128 种 298 条应用指令。应用指令是 PLC 数据处理能力的标志。

学习目标：

1. 熟悉三菱 FX_{2N} 系列 PLC 应用指令的分类。
2. 熟悉三菱 FX_{2N} 系列 PLC 应用指令的指令格式。
3. 熟悉并理解三菱 FX_{2N} 系列 PLC 应用指令的具体使用。

7.1 应用指令的格式说明

7.1.1 应用指令的表示格式

早期的 PLC 大多用于开关量控制，基本指令和步进指令已经能满足控制要求。为适应控制系统的其他控制要求（如模拟量控制等），从 20 世纪 80 年代开始，PLC 生产厂家就在小型 PLC 上增设了大量的功能指令（应用指令）。FX_{2N} 系列 PLC 有丰富的应用指令，共有程序流向控制、传送与比较、算术与逻辑运算、循环与移位等应用指令。

应用指令表示格式与基本指令不同。应用指令用编号 FNC 00～FNC 294 表示，并给出对应的助记符（大多用英文名称或缩写表示）。例如 FNC 45 的助记符是 MEAN（平均），若使用简易编程器时键入 FNC 45，若采用智能编程器或在计算机上编程时也可键入助记符 MEAN。

有的应用指令没有操作数，而大多数应用指令有 1～4 个操作数。图 7-1 所示为一个计算平均值指令，它有三个操作数，[S] 表示源操作数，[D] 表示目标操作数，如果使用变址功能，则可表示为 [S.] 和 [D.]。当源或目标不止一个时，用 [S1.]、[S2.]、[D1.]、[D2.] 表示。用 n 和 m 表示其他操作数，它们常用来表示常数 K 和 H，或作为源和目标操作数的补充说明，当这样的操作数多时，可用 n1、n2 和 m1、m2 等来表示。

X000		[S.]	[D.]	n
─┤├─	FNC 45 MEAN	D0	D4Z0	K3

0	LD	X000
1	FNC	45
3		D0
5		D4Z0
7		K3

图 7-1 应用指令表示格式

图 7-1 中，源操作数为 D0、D1、D2，目标操作数为 D4Z0（Z0 为变址寄存器），K3 表示有 3 个数，当 X0 接通时，执行的操作为［（D0）+（D1）+（D2）］÷3→（D4Z0），如果 Z0 的内容为 20，则运算结果送入 D24 中。

应用指令的指令段通常占 1 个程序步，16 位操作数占 2 步，32 位操作数占 4 步。

7.1.2 应用指令的执行方式和数据长度

1. 连续执行和脉冲执行

应用指令有连续执行和脉冲执行两种类型。如图 7-2 所示，指令助记符 MOV 后面如果有“P”表示脉冲执行，即该指令仅在 X1 接通（由 OFF 到 ON）时执行（将 D10 中的数据送到 D12 中）一次；如果没有“P”则表示连续执行，即该在 X1 接通（ON）的每一个扫描周期，指令都要被执行。

2. 数据长度

应用指令可处理 16 位数据或 32 位数据。处理 32 位数据的指令是在助记符前加“D”标志，无此标志即为处理 16 位数据的指令。需要注意的是，32 位计数器（C200～C255）的一个软元件为 32 位，不可作为处理 16 位数据指令的操作数使用。如图 7-2 所示，若 MOV 指令前面有“D”，则当 X1 接通时，执行 D11D10→D13D12（32 位）。在使用 32 位数据时，建议使用首编号为偶数的操作数，不容易出错。

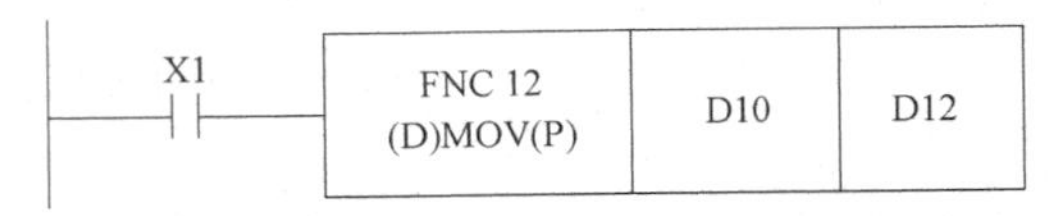

图 7-2　应用指令的执行方式与数据长度的表示

7.1.3 应用指令的数据格式

1. 位元件与字元件

像 X、Y、M、S 等只处理 ON/OFF 信息的软元件称为位元件；而像 T、C、D 等处理数值的软元件则称为字元件，一个字元件由 16 位二进制数组成。

位元件可以通过组合使用，4 个位元件为一个单元，通用表示方法是由 Kn 加起始的软元件号组成，n 为单元数。例如 K2 M0 表示 M0～M7 组成两个位元件组（K2 表示 2 个单元），它是一个 8 位数据，M0 为最低位。如果将 16 位数据传送到不足 16 位的位元件组合（n<4）时，只传送低位数据，多出的高位数据不传送，32 位数据传送也一样。在进行 16 位数操作时，若参与操作的位元件不足 16 位，高位的不足部分均当作 0 处理，这意味着只能处理正数（符号位为 0），在进行 32 位数处理时也一样。被组合的元件首位元件可以任意选择，但为避免混乱，建议采用编号以 0 结尾的元件，如 S10、X0、X20 等。

2. 数据格式

在 FX 系列 PLC 内部，数据是以二进制（BIN）补码的形式存储，所有的四则运算都使用二进制数。二进制补码的最高位为符号位，正数的符号位为 0，负数的符号位为 1。FX 系列 PLC 可实现二进制码与 BCD 码的相互转换。

为更精确地进行运算，可采用浮点数运算。FX 系列 PLC 提供了二进制浮点运算和十进制浮点运算，设有将二进制浮点数与十进制浮点数相互转换的指令。二进制浮点数采用编号连续的一对数据寄存器表示，例如，D11 和 D10 组成的 32 位寄存器中，D10 的 16 位加上 D11 的低 7 位共 23 位为浮点数的尾数，而 D11 中除最高位的前 8 位是阶位，最高位是尾数的符号位（0为正，1为负）。10进制的浮点数也用一对数据寄存器表示，编号小数据寄存器为尾数段，编号大的为指数段，例如使用数据寄存器（D1、D0）时，表示数为

$$10进制浮点数 = [尾数 D0] \times 10^{[指数D1]}$$

其中，D0、D1的最高位是正负符号位。

7.2 程序流程类指令（FNC 00～FNC 09）

程序流程类指令共有10条，指令功能编号为FNC 00～FNC 09，主要是程序的条件执行及优先处理等主要顺序控制程序的控制流程相关指令。

7.2.1 条件跳转指令CJ（FNC 00）

条件跳转指令的功能、操作数和程序步见表7-1。

表7-1 条件跳转指令

中英文指令名称	助记符	功能	操作数	程序步
			D	
条件跳转（Conditional jump）	CJ FNC 00	跳到指定指针位置	有效指针范围为P0～P127	CJ、CJP:3步 跳转指针P:1步

当CJ指令被激活时，它强制程序跳到已标识的目标指针处执行，而在CJ指令和目标指针之间的程序是被跳过不执行的，这意味着被跳过的程序不被处理，其结果是加快了程序操作的扫描时间。

如图7-3所示，当X020接通时，则由CJ指令跳转到目标标号为P9的指令处开始执行，跳过CJ指令和目标标号之间的一段程序，减少了扫描周期。如果X020断开，跳转不会执行，则按原顺序执行。

使用CJ指令的注意事项如下：

1）多条CJ指令可以指向同一指针位置，如图7-4所示。

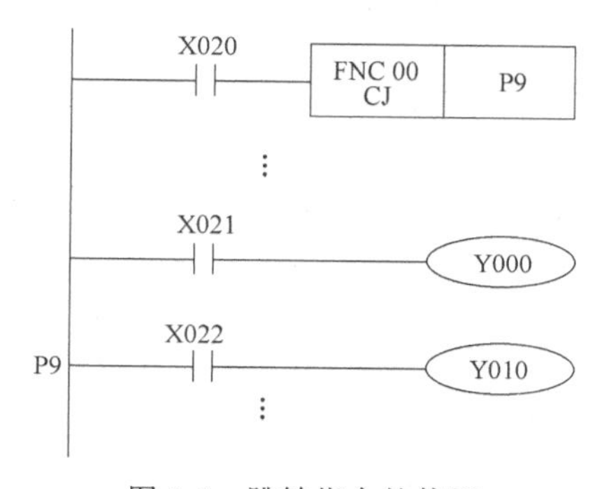

图7-3 跳转指令的使用

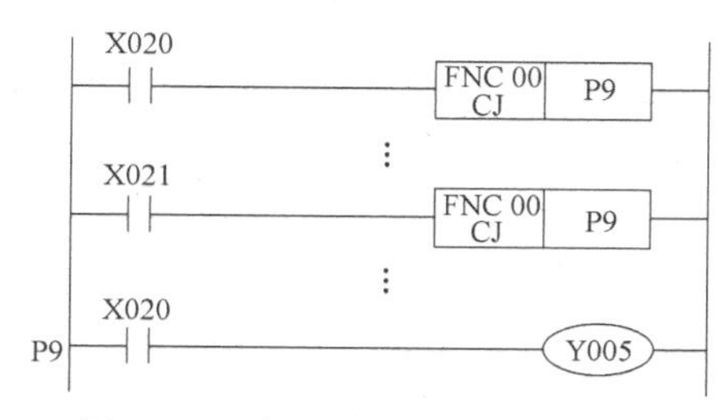

图7-4 两条CJ指令使用同一指针

2）每个指针必须有一个唯一的数字，使用指针P63相当于跳转到END指令。

3）在CJ指令执行中，CJ指令跳过的任何程序区域都不会更新，即使输入设备发生变化，输出状态也不会发生变化。

如图7-5所示，程序描述加载X001来驱动Y001的情况。假设X001是ON状态，CJ指

令被激活加载跳过 X001 和 Y001。即使在 CJ 指令期间 X001 变成 OFF 状态，Y001 将保持 ON 状态不变，强制程序跳转到指针 P0。反之亦然，即假设 X001 是 OFF 状态，CJ 指令被激活加载跳过 X001 和 Y001。如果此时 X001 变成 ON 状态，Y001 仍保持 OFF 状态。一旦 CJ 指令被停用，X001 将用正常的方式驱动 Y001。这种情况适用于所有类型的输出，如 SET、RST、OUT、Y、M、S 器件。

4）CJ 指令可以跳转到主程序体内的任何点，也可以跳转到 END 指令后的任何点。

5）标号一般设在相关的跳转指令之后，也可以设在跳转指令之前，如图 7-6 所示。应注意的是，从程序执行来看，如果 X024 接通在 200ms 以上，造成该程序的执行时间超过了看门狗定时器警戒时钟设定值，会发生监视定时器出错。

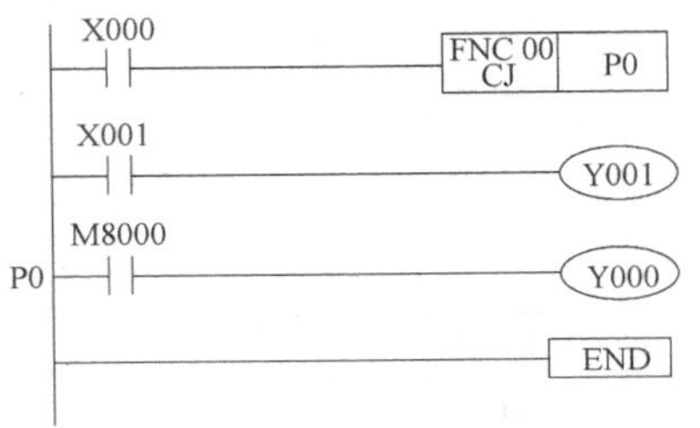

图 7-5　CJ 指令跳过的程序不会更新

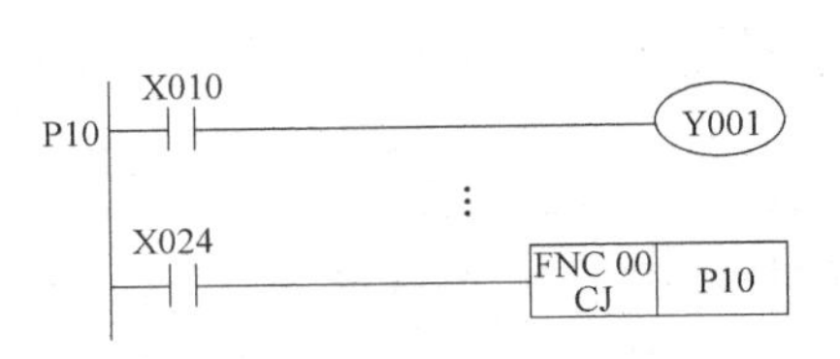

图 7-6　指针可以设在 CJ 指令之前

6）可以使用特殊的辅助继电器（如 M8000）执行无条件跳转。此时，只要 PLC 处于运行状态，程序将始终无条件地执行 CJ 指令。

7）如果 CJ 指令跳过定时器和计数器，则定时器和计数器将冻结它们的当前值。在这种情况下，高速计数器是唯一的例外，因为高速计数器的处理独立于主程序。

8）如果应用指令是在 CJ 指令和目标指针之间编程的，那么它们也会被跳过。例外的是 PLSY（FNC 57）和 PWM（FNC 58）指令，如果在 CJ 指令被驱动之前它们是激活的，那么它们将会连续运行，否则它们将作为标准应用指令被跳过处理。

9）在一个程序中，同一个目标标号只能标注一次，否则将出错。

10）若积算定时器和计数器的复位（RST）指令在跳转区外，即使它们的线圈被跳转，但对它们的复位仍然有效。

7.2.2　子程序指令（FNC 01、FNC 02）

子程序指令的功能、操作数和程序步见表 7-2。

表 7-2　子程序指令

中英文指令名称	助记符	功能	操作数	程序步
			D	
子程序调用（Call subroutine）	CALL(P) FNC 01	调用目标指针处的子程序去执行	有效指针范围为 P0 ~ P127,5 级嵌套调用	CALL、CALLP:3 步 子程序指针 P:1 步
子程序返回（Subroutine return）	SRET FNC 02	结束当前子程序,返回调用当前子程序的 CALL 指令的下一程序步	无	SRET:1 步

当 CALL 指令被激活时，它强制运行已分配了调用指针的子程序，执行子程序内容直到

遇到一个 SRET 指令。SRET 指令表示当前子程序结束，并将程序流返回调用当前子程序的 CALL 指令的下一程序步。子程序放在主程序结束指令 FEND（FNC 06）（该指令详见 7.2.4 节）和子程序返回指令 SRET（FNC 02）之间。

如图 7-7 所示，如果 X000 接通，则转到标号 P10 处去执行子程序。当执行 SRET 指令时，返回到 CALL 指令的下一步执行。

使用 CALL 指令和 FRET 指令的注意事项如下：

1）子程序可以被 CALL 指令调用多次。

2）每个子程序必须有一个唯一的指针号。指针号可以在 P0～P62 之间选择。子程序指针和用于 CJ 指令的指针不能重合。

3）子程序最多可以被 5 级嵌套调用。如图 7-8 所示，当 X001 被激活时，程序调用子程序 P10。在子程序 P10 中又调用第二个子程序 P11。此时子程序 P10 和子程序 P11 都被激活，即子程序的二级嵌套。一旦子程序 P11 到达它的 SRET 指令，它将程序返回给程序步骤紧跟着它的原始步骤 CALL。然后 P10 完成它的操作，一旦它的 SRET 指令被处理，程序再次返回到以下步骤的 CALL P10 声明。

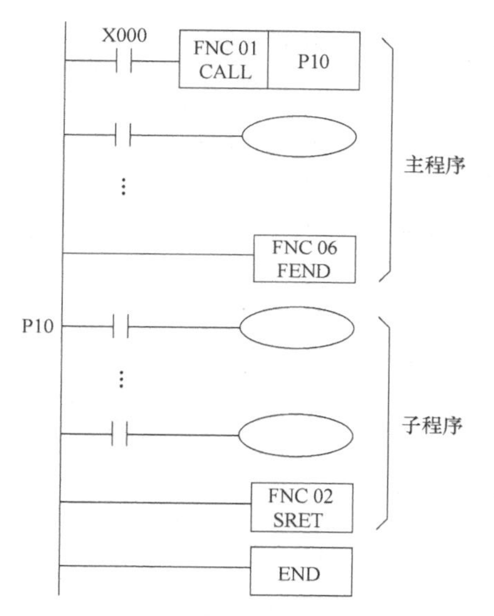

图 7-7　子程序调用与返回指令的使用

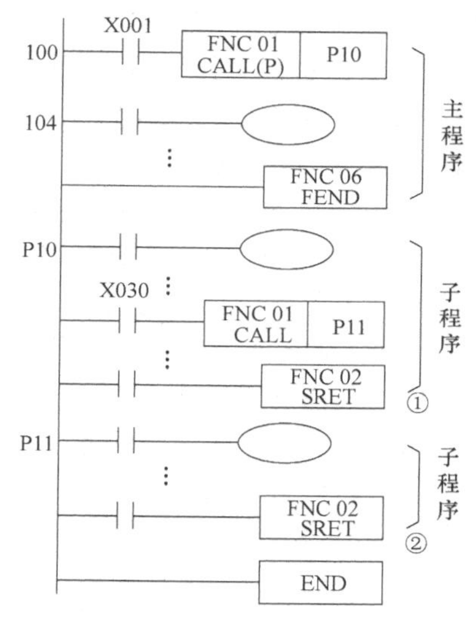

图 7-8　二级嵌套子程序

4）在子程序中使用定时器时选择范围必须从 T192～T199 和 T246～T249。

5）SRET 指令只能与 CALL 指令一起使用。

6）SRET 指令总是在 FEND 指令后编程。

7.2.3　中断指令（FNC 03～FNC 05）

中断指令有中断允许、中断禁止和中断返回三条指令，见表 7-3。中断子程序是程序的一部分。主程序在执行过程中，当有中断请求信号时，主程序若允许中断请求，则中断子程序被触发，主程序流程被立即打断，转而执行中断子程序。一旦中断子程序执行完，将回到主程序流程被打断的位置即断点处继续执行主程序。由于中断请求是机内外突发随机事件信号，时间很短，因此中断子程序的执行不受主程序运行周期的约束。FX_{2N} 系列 PLC 有三类中断：输入中断、定时器中断和计数器中断，并规定中断指针就是中断子程序的入口标号，该入口标号占据指令表的一行，不可重复使用。

表 7-3　中断指令

中英文指令名称	助记符	功能	操作数	程序步
			D	
中断返回（Interrupt return）	IRET FNC 03	结束当前中断子程序，自动返回调用当前中断子程序的下一程序步	无	1步
中断允许（Enable interrupts）	EI FNC 04	允许中断输入被处理。在EI指令之后，在FEND指令或DI指令之前，任何被激活的中断输入将被立即处理，除非它被特别禁止	无	1步
中断禁止（Disable interrupts）	DI FNC 05	禁止中断子程序处理。DI指令之后和EI指令之前激活的任何中断输入将被存储直到被下一条EI指令处理	无	1步
中断指针（Interrupt pointer）	I□□□	标记中断程序的开始位置。一种与中断类型和操作有关的3位数字代码	无	1步

中断子程序放在它唯一指定的中断指针和第一个出现的IRET指令之间。中断子程序总是在FEND指令之后出现。IRET指令只能在中断程序中使用。

PLC通常处于禁止中断状态，由EI指令和DI指令组成允许中断范围。在执行到该区间，如有中断源产生中断，CPU将暂停执行主程序转而执行中断子程序。当遇到IRET指令时，返回断点继续执行主程序。如图7-9所示，在允许中断范围中，若X000为OFF，则特殊辅助继电器M8050为OFF，标号为I000的中断子程序允许执行，即每当输入口X000接收到一次上升沿中断请求信号时，就执行该中断子程序一次，使Y000为ON，利用触点型秒脉冲特殊继电器M8013驱动Y012每秒接通一次，中断子程序执行完后返回主程序。

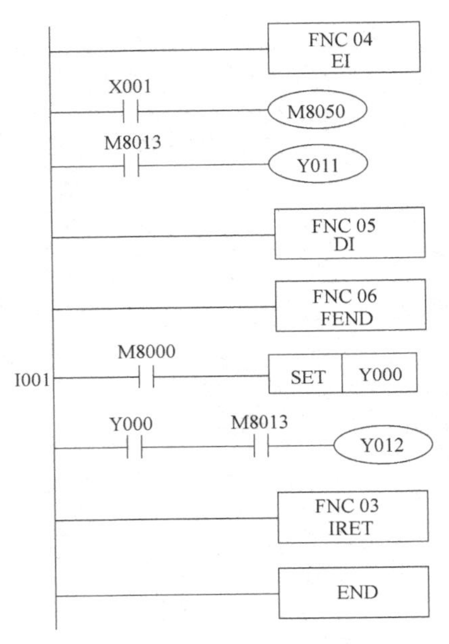

图 7-9　中断指令的使用

使用中断相关指令时应注意：

1）中断的优先级排队规则为：如果多个中断依次发生，则以发生先后为序，即发生越早优先级越高；如果多个中断源同时发出信号，则中断指针号越小优先级越高。

2）当M8050~M8058为ON时，禁止执行相应I0□□~I8□□的中断，当M8059为ON时，则I010~I060计数器被禁止。

3）无需中断禁止时，可只用EI指令，不必用DI指令。

4）执行一个中断服务程序时，如果在中断服务程序中有EI和DI，可实现二级中断嵌套，否则禁止其他中断。

7.2.4　主程序结束指令FEND（FNC 06）

主程序结束指令FEND表示主程序结束，见表7-4。

表 7-4　主程序结束指令

中英文指令名称	助记符	功能	操作数	程序步
			D	
主程序结束 (First end)	FEND FNC 06	表示主程序结束	无	1步

当执行到 FEND 指令时，PLC 进行输出处理、输入处理、监视定时器刷新后，返回程序的 0 步。子程序和中断服务程序应放在 FEND 之后。子程序和中断服务程序必须写在 FEND 和 END 之间，否则出错。

主程序结束指令的使用如图 7-10 所示。由图可见：①当 X010 为 OFF 时，不执行跳转指令，仅执行第一主程序到 FEND，返回主程序 0 步；②当 X010 为 ON 时，执行跳转指令，跳到指针标号 P20 处，执行第二主程序，在这个主程序中，当 X011 为 OFF 时，不执行跳转指令，仅执行第二主程序到 FEND，返回主程序 0 步；③当 X011 为 ON 时，调用指针标号为 P21 的子程序，子程序结束后，通过子程序末尾的 SRET 指令返回原断点，继续执行第二主程序到 FEND，返回主程序 0 步；④标号为 I100 的中断子程序是独立于主程序执行的，当有外部中断请求时，中断主程序的执行，转去执行中断子程序，通过中断程序末尾的 IRET 指令返回主程序中断点，主程序继续执行到 FEND，返回主程序 0 步。

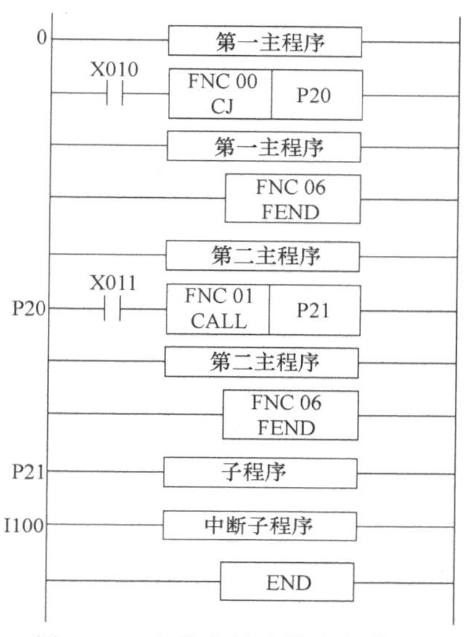

图 7-10　主程序结束指令的使用

7.2.5　监视定时器刷新指令 WDT（FNC 07）

FX_{2N} 系列 PLC 的监视定时器默认值为 200ms（可用 D8000 来设定），正常情况下 PLC 扫描周期小于此定时时间，见表 7-5。如果由于有外界干扰或程序本身的原因使扫描周期大于监视定时器的设定值，使 PLC 的 CPU 出错灯亮并停止工作，可通过在适当位置加 WDT 指令复位监视定时器，以使程序能继续执行到 END。

表 7-5　监视定时器刷新指令

中英文指令名称	助记符	功能	操作数	程序步
			D	
监视定时器刷新 (Watch dog timer refresh)	WDT(P) FNC 07	当程序扫描时对监视定时器 D8000 中的时间进行刷新	无	1步

如图 7-11 所示，利用一个 WDT 指令将一个 240ms 的程序一分为二，使它们都小于 200ms，则不再会出现报警停机。

使用 WDT 指令时应注意：

1）如果在后续的 FOR-NEXT 循环中，执行时间可能超过监控定时器的定时时间，可将 WDT 插入循环程序中。

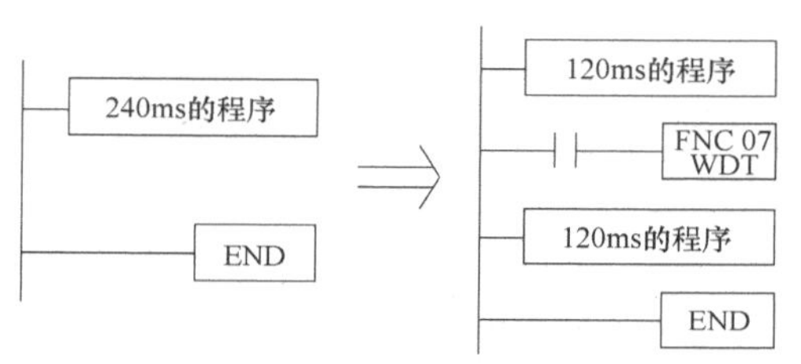

图 7-11　监控定时器指令的使用

2）当与条件跳转指令 CJ 对应的指针标号在 CJ 指令之前时（即程序往回跳）就有可能连续反复跳步使它们之间的程序反复执行，使执行时间超过监控时间，可在 CJ 指令与对应标号之间插入 WDT 指令。

7.2.6 循环程序指令（FNC 08、FNC 09）

循环程序指令共有两条，见表 7-6。

表 7-6 循环程序指令

中英文指令名称	助记符	功能	操作数	程序步
			S(.)	
循环程序开始 （Start of a FOR-NEXT loop）	FOR FNC 08	标识循环程序开始的位置	K、H、KnX、KnY、KnM、KnS、T、C、D、V、Z,5 级嵌套	3 步
循环程序结束 （End of a FOR-NEXT loop）	NEXT FNC 09	标识循环程序结束的位置	无	1 步

在程序运行时，位于 FOR 与 NEXT 间的程序反复执行 n 次（由操作数决定）后再继续执行后续程序。循环的次数 n=1~32767。如果 n 在-32767~0 之间，则当作 n=1 处理。

图 7-12 所示为一个二重嵌套循环，外层执行 5 次。如果 D0Z0 中的数为 6，则外层 A 每执行一次，内层 B 将执行 6 次。

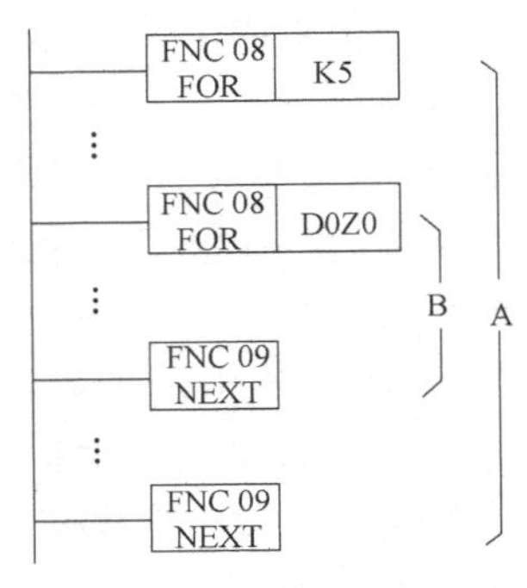

图 7-12 循环指令的使用

使用循环指令时应注意：

1）FOR 和 NEXT 必须成对使用。

2）FX_{2N} 系列 PLC 最高可循环嵌套 5 层。

3）在循环中可利用 CJ 指令在循环没结束时跳出循环体。

4）FOR 应放在 NEXT 之前，NEXT 应在 FEND 和 END 之前，否则均会出错。

7.3 传送和比较类指令（FNC 10~FNC 19）

传送和比较类指令共有 10 条，指令功能编号为 FNC 10~FNC 19，这类指令属于数据处理类指令，使用频率较高。

7.3.1 比较指令 CMP（FNC 10）

比较指令 CMP 将 S1 的数据与 S2 的数据进行比较，比较结果由首地址为 D 的 3 个连续位设备表示，见表 7-7。位设备说明如下：

表 7-7 比较指令

中英文指令名称	助记符	功能	操作数			程序步
			S1(.)	S2(.)	D(.)	
比较 （Compare）	CMP(P) DCMP(P) FNC 10	比较两个数的值，给出<、=、>的结果	K、H、KnX、KnY、KnM、KnS、T、C、D、V、Z		Y、M、S 注意：使用 3 个连续的设备	CMP、CMPP：7 步 DCMP、DCMPP：13 步

S2<S1，位设备 D=ON；

S2=S1，位设备 D+1=ON；

S2>S1，位设备 D+2=ON。

如图 7-13 所示，当 X000 为 ON 时，CMP 指令被执行，把十进制常数 100 与 C20 的当前值进行比较，比较的结果送入 M0～M2 中。反之，当 X000 为 OFF 时，CMP 指令不执行，M0～M2 的状态也保持不变。

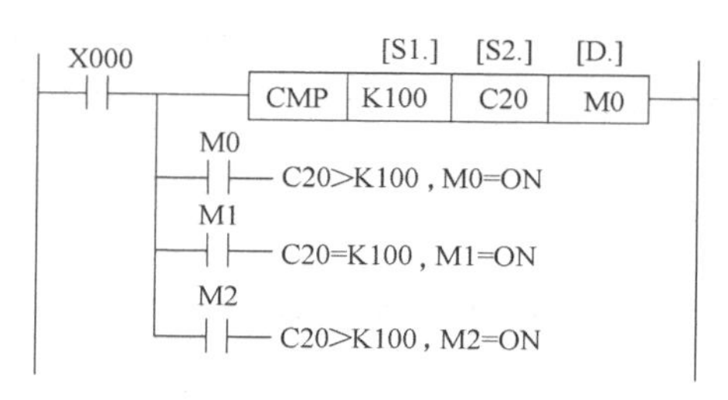

图 7-13　比较指令的使用

7.3.2　区间比较指令 ZCP（FNC 11）

区间比较指令 ZCP 将 S3 的数据与 S1～S2 的数据范围进行比较，比较结果由首地址为 D 的 3 个连续位设备表示，见表 7-8。位设备说明如下：

S3<S1，位设备 D=ON；

S1<S3<S2，位设备 D+1=ON；

S3>S2，位设备 D+2=ON。

ZCP 指令执行时源操作数［S.］与［S1.］和［S2.］的内容进行比较，将比较结果送到目标操作数［D.］中。如图 7-14 所示，当 X000 为 ON 时，把 C30 当前值与 K100 和 K120 相比较，将结果送 M3、M4、M5 中。若 X000 为 OFF，则 ZCP 不执行，M3、M4、M5 不变。

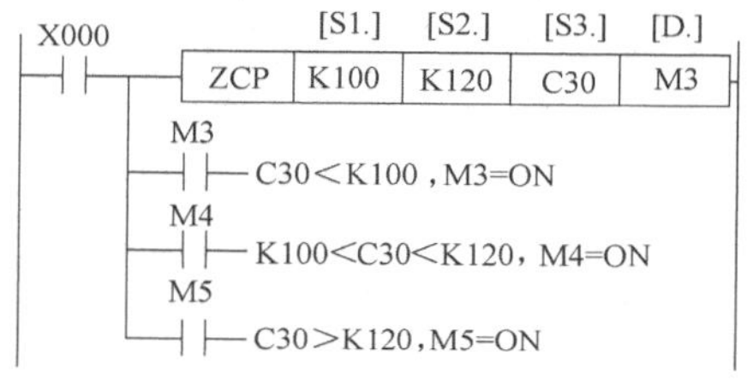

图 7-14　区间比较指令的使用

表 7-8　区间比较指令

中英文指令名称	助记符	功能	操作数				程序步
			S1(.)	S2(.)	S3(.)	D(.)	
区间比较（Zone comPare）	ZCP(P) DZCP(P) FNC 11	将一个数和一个数据范围进行比较，给出<、=、>的结果	K、H、KnX、KnY、KnM、KnS、T、C、D、V、Z 注意：S1<S2			Y、M、S 注意：使用 3 个连续的设备	ZCP、ZCPP：9 步 DZCP、DZCPP：17 步

使用 ZCP 指令的注意事项如下：

1）［S1.］、［S2.］可取任意数据格式，目标操作数［D.］可取 Y、M 和 S。

2）使用 ZCP 时，［S2.］的数值不能小于［S1.］。

3）所有的源数据都被看成二进制值处理。

7.3.3　传送指令 MOV（FNC 12）

传送指令 MOV 将源操作数 S 中的数据复制到目标操作数 D 中去，见表 7-9。

表 7-9　传送指令

中英文指令名称	助记符	功能	操作数		程序步
			S(.)	D(.)	
传送（Move）	MOV(P) DMOV(P) FNC 12	移动数据从一个存储区域到另一个新的存储区域	K、H、KnX、KnY、KnM、KnS、T、C、D、V、Z	KnY、KnM、KnS、T、C、D、V、Z	MOV、MOVP：5 步 DMOV、DMOVP：9 步

在图 7-15 中，当控制输入 X000 为 ON 时，MOV 指令被执行，即将源操作数 H0050 复制到目标操作数 D10 中去。反之，当控制输入 X000 为 OFF 时，MOV 指令不执行，没有操作发生。

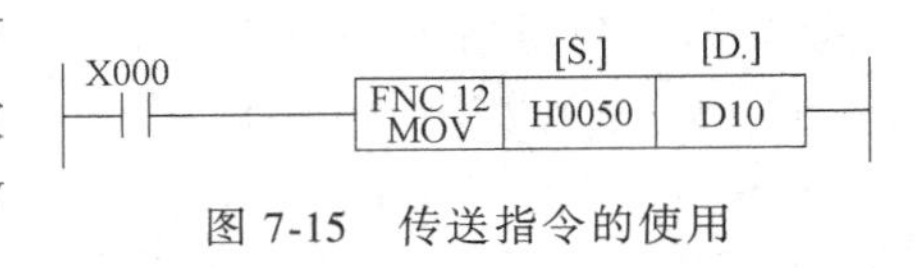

图 7-15　传送指令的使用

7.3.4　移位传送指令 SMOV（FNC13）

移位传送指令 SMOV 从 4 位十进制数（源 S）中复制指定数目的数字，并将它们放置在新的 4 位十进制数（目标 D）中的指定位置，在目标数据中指定位置的原有数据将被覆盖，见表 7-10。

表 7-10　移位传送指令

中英文指令名称	助记符	功能	操作数					程序步
			m1	m2	n	S(.)	D(.)	
移位传送（Shift move）	SMOV(P) FNC 13	将正的 16 位二进制数据进行移位，合成新的数据	K、H 注意：有效范围 1~4			K、H、KnX、KnY、KnM、KnS、T、C、D、V、Z	K、H、KnY、KnM、KnS、T、C、D、V、Z	11 步
						范围为 0~9999（十进制）或 0~9999（BCD），当 M8168=OFF 时，原数据先转换为 BCD 码，然后再传送，后自动转为 BIN 码；当 M8168=ON 时，不进行 BCD 码转换，直接 BIN 码传送		

关键字 m1 表示要移动的第一个数字的源位置；m2 表示要移动的源数字的数量；n 表示第一个数字的目标位置。

注意：所选目标数据不得小于源数据的数量。数字位置由数字引用：1=个位，2=十位，3=百位，4=千位。

该指令的功能是将源数据（二进制）自动转换成 4 位 BCD 码，再进行移位传送，目标操作数中未被移位传送的 BCD 位数值不变，然后再自动转换成新的二进制数。

如图 7-16 所示，当 X0 为 ON 时，将 D1 中右起第 4 位（m1=4）开始的 2 位（m2=2）BCD 码移到目标操作数 D2 的右起第 3 位（n=3）和第 2 位。然后 D2 中的 BCD 码会自动转换为二进制数，而 D2 中的第 1 位和第 4 位 BCD 码不变。

X000　[S.] D1　m1 K4　m2 K2　[D.] D2　n K3　FNC 13 SMOV

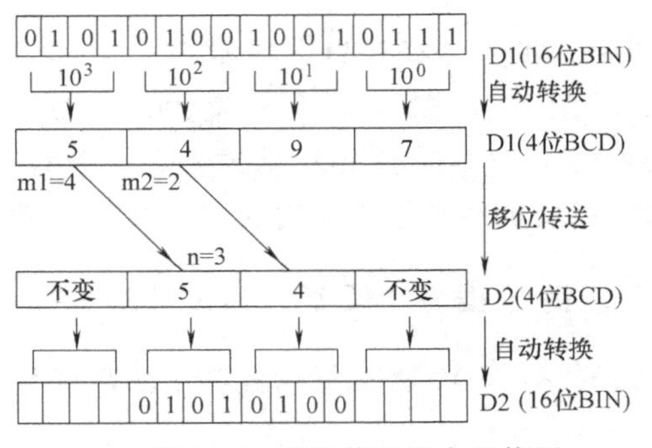

图 7-16　移位传送指令的使用

7.3.5　取反传送指令 CML（FNC 14）

取反传送指令 CML 将源操作数逐位取反后复制到目标操作数，见表 7-11。这意味着源数据中出现的每个“1”将成为目标数据中的“0”，而源数据中出现的每个“0”将成为目标数据中的“1”。如果目标数据区域小于源数据区域，则只处理直接映射的位单元。若源数据为常数 K，则该数据会自动转换为二进制数。

表 7-11　取反传送指令

中英文指令名称	助记符	功能	操作数		程序步
			S(.)	D(.)	
取反传送(Compliment)	CML(P) DCML(P) FNC 14	将源操作数逐位取反后复制到目标操作数	K、H、KnX、KnY、KnM、KnS、T、C、D、V、Z	KnY、KnM、KnS、T、C、D、V、Z	CML、CMLP:5 步 DCML、DCMLP:9 步

如图 7-17 所示，当 X000 为 ON 时，执行 CML 指令，将 D0 的低 4 位取反后传送到 Y003～Y000 中。

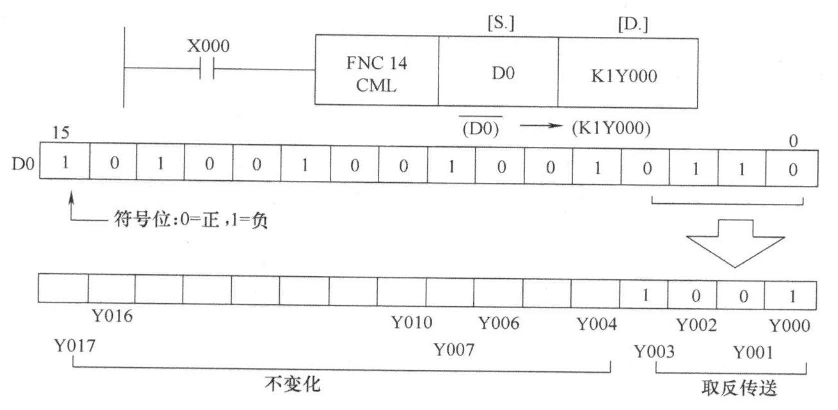

图 7-17　取反传送指令

7.3.6　块传送指令 BMOV（FNC 15）

块传送指令 BMOV 将源操作数指定元件开始的 n 个数据组成数据块传送到指定目标，见表 7-12。如果元件号超出允许范围，数据则仅传送到允许范围的元件。可以将连续发生的数据元素的数量复制到新的目标。源数据被标识为一个设备头地址和一组连续的数据元素（n）。这些数据元素被移动到目标设备（D），对应相同数量的元素（n）。

表 7-12　块传送指令

中英文指令名称	助记符	功能	操作数			程序步
			S(.)	D(.)	n	
块传送(Block move)	BMOV(P) DBMOV(P) FNC 15	将源操作数指定元件开始的 n 个数据组成数据块传送到指定目标	KnX、KnY、KnM、KnS、T、C、D、V、Z、文件寄存器	KnY、KnM、KnS、T、C、D、V、Z、文件寄存器	K、H、D n≤512	7 步

如图 7-18 所示，传送顺序既可从高元件号开始，也可从低元件号开始，传送顺序自动决定。若用到需要指定位数的位元件，则源操作数和目标操作数的指定位数应相同。

7.3.7　多点传送指令 FMOV（FNC 16）

多点传送指令 FMOV 将单个源操作数复制到指定目标开始的 n 个元件中，传送后 n 个元件中的数据完全相同，见表 7-13。

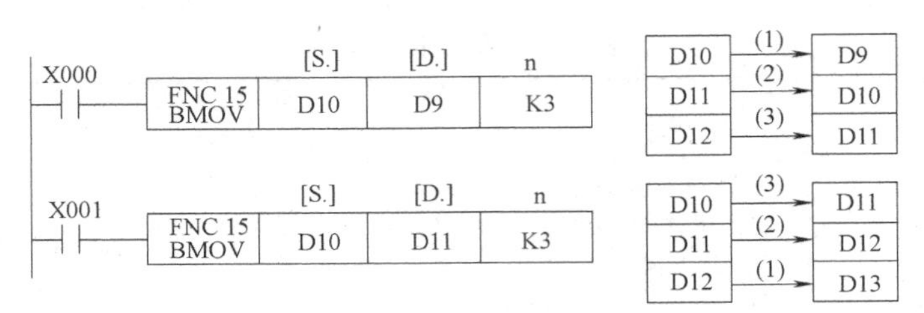

图 7-18　块传送指令

表 7-13　多点传送指令

中英文指令名称	助记符	功能	操作数			程序步
			S(.)	D(.)	n	
多点传送（File move）	FMOV DFMOV(P) FNC 16	将单个源操作数复制到目标元件开始的n个元件中	KnX、KnY、KnM、KnS、T、C、D、V、Z	KnY、KnM、KnS、T、C、D、V、Z	K、H n≤512	FMOV、FMOVP:7步 DFMOV、DFMOVP:13步

如图 7-19 所示，当 X000 为 ON 时，把 K0 传送到 D0～D9 中。如果元件号超出允许范围，数据仅送到允许范围的元件中。

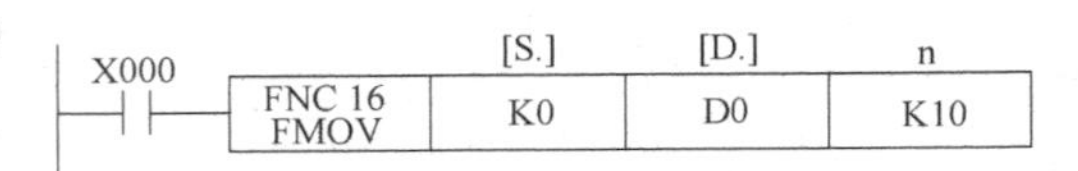

图 7-19　多点传送指令应用

7.3.8　数据交换指令 XCH（FNC 17）

数据交换指令的功能、操作数和程序步见表 7-14。

表 7-14　数据交换指令

中英文指令名称	助记符	功能	操作数		程序步
			D1(.)	D2(.)	
数据交换（Exchange）	XCH(P) DXCH(P) FNC 17	交换指定设备中的数据	KnY、KnM、KnS、T、C、D、V、Z		XCH、XCHP:5步 DXCH、DXCHP:9步

当使用指令 XCH（即打开 M8160）时，D1 和 D2 必须是同一台设备，否则将发生程序错误，M8067 将被打开。如图 7-20 所示，当 X000 为 ON 时，将 D1 和 D19 中的数据相互交换。交换指令一般采用脉冲执行方式，否则在每一次扫描周期都要交换一次。

X000 —| |— [FNC 17 XCHP | [D1.] D1 | [D2.] D19]

图 7-20　数据交换指令的使用

7.3.9　BCD 交换指令 BCD（FNC 18）

BCD 交换指令将源元件中的二进制数转换成 BCD 码送到目标元件中，见表 7-15。

表 7-15　BCD 交换指令

中英文指令名称	助记符	功能	操作数		程序步
			S(.)	D(.)	
BCD 交换（Binary coded decimal）	BCD(P) DBCD(P) FNC 18	将二进制数转换为等效的 BCD，或将浮点数据转换为科学格式	KnX、KnY、KnM、KnS、T、C、D、V、Z	KnY、KnM、KnS、T、C、D、V、Z	BCD、BCDP:5步 DBCD、DBCDP:9步
			当使用 M8023 将数据转换为科学格式时，只能使用双字(32位)数据寄存器(D)		

如图 7-21 所示，当指令进行 16 位操作时，执行结果超出 0~9999 范围将会出错；当指令进行 32 位操作时，执行结果超出 0~99999999 范围也将出错。PLC 中内部的运算为二进制运算，可用 BCD 指令将二进制数变换为 BCD 码输出到七段显示器。

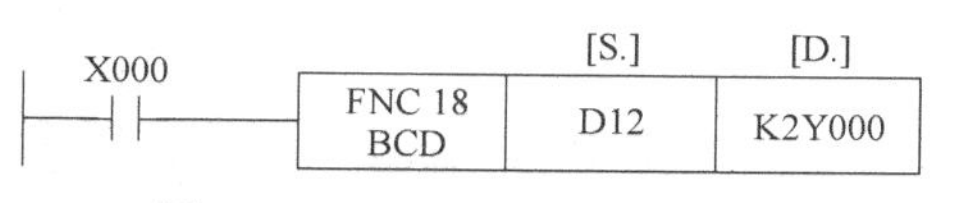

图 7-21　BCD 交换指令的使用

7.3.10　BIN 交换指令 BIN（FNC 19）

BIN 交换指令是将源元件中的 BCD 数据转换成二进制数据送到目标元件中，见表 7-16。

表 7-16　BIN 交换指令

中英文指令名称	助记符	功能	操作数		程序步
			S(.)	D(.)	
BIN 交换 (Binary)	BIN(P) DBIN(P) FNC 19	将 BCD 数字转换为其二进制等效值，或将科学格式数据转换为浮点格式	KnX、KnY、KnM、KnS、T、C、D、V、Z	KnY、KnM、KnS、T、C、D、V、Z	BIN、BINP:5 步 DBIN、DBINP:9 步
			当使用 M8023 将数据转换为浮点格式时，只能使用双字(32 位)数据寄存器(D)		

如图 7-22 所示，常数 K 不能作为本指令的操作元件，因为在任何处理之前，它们都会被转换成二进制数。

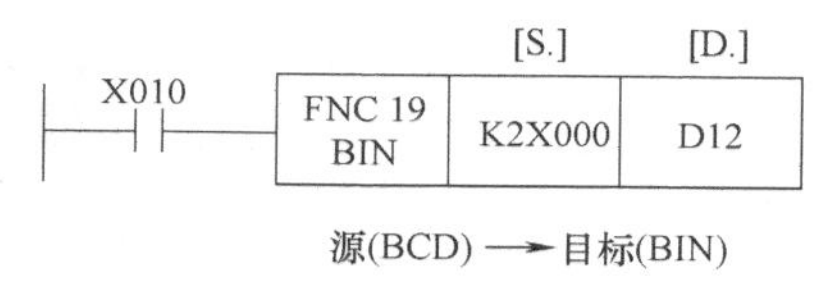

图 7-22　BIN 交换指令的使用

7.4　算术运算和逻辑运算类指令（FNC 20~FNC 29）

算术运算和逻辑运算类指令共有 10 条，指令功能编号为 FNC 20~FNC 29，这类指令是基本运算指令，可完成四则运算或逻辑运算，可通过运算实现数据的传送、变位及其他控制功能。

7.4.1　加法指令 ADD（FNC 20）

加法指令是将指定的源元件中的二进制数相加结果送到指定的目标元件中去，见表 7-17。

表 7-17　加法指令

中英文指令名称	助记符	功能	操作数			程序步
			S1(.)	S2(.)	D(.)	
加法指令 (Addition)	ADD(P) DADD(P) FNC 20	将两个源元件中的数据相加，结果保存在目标元件中	K、H、KnX、KnY、KnM、KnS、T、C、D、V、Z		KnY、KnM、KnS、T、C、D、V、Z	ADD、ADDP:7 步 DADD、DADDP:13 步

如图 7-23 所示，当 X000 为 ON 时，执行（D10）+（D12）→（D14）。

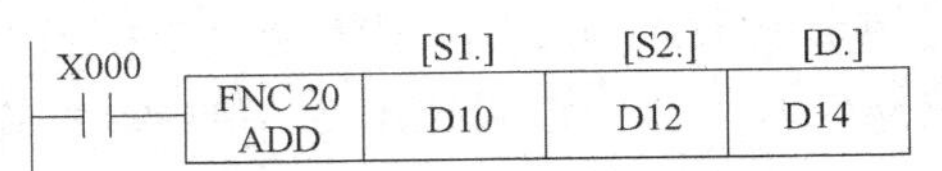

图 7-23 加法指令的使用

7.4.2 减法指令 SUB（FNC 21）

减法指令 SUB 是将［S1.］指定元件中的内容以二进制形式减去［S2.］指定元件的内容，其结果存入由［D.］指定的元件中，见表 7-18。

表 7-18 减法指令

中英文指令名称	助记符	功能	操作数			程序步
			S1(.)	S2(.)	D(.)	
减法指令（Subtract）	SUB(P) DSUB(P) FNC 21	将源元件 S1 中的数据减去源元件 S2 中的数据，结果保存在目标元件 D 中	K、H、KnX、KnY、KnM、KnS、T、C、D、V、Z		KnY、KnM、KnS、T、C、D、V、Z	SUB、SUBP：7 步 DSUB、DSUBP：13 步

如图 7-24 所示，当 X000 为 ON 时，执行（D10）-（D12）→（D14）。

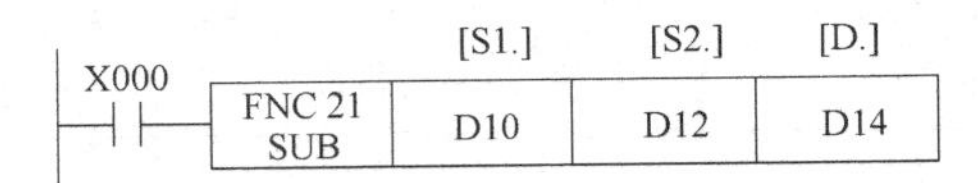

图 7-24 减法指令的使用

加法指令的数据为有符号二进制数，最高位为符号位（0 为正，1 为负）。加法指令有三个标志：零标志（M8020）、借位标志（M8021）和进位标志（M8022）。当运算结果超过 32767（16 位运算）或 2147483647（32 位运算），则进位标志置 1；当运算结果小于-32767（16 位运算）或-2147483647（32 位运算），借位标志就会置 1。

7.4.3 乘法指令 MUL（FNC 22）

乘法指令是将指定的两个源元件的二进制数相乘，结果送到指定的目标元件中去，见表 7-19。

表 7-19 乘法指令

中英文指令名称	助记符	功能	操作数			程序步
			S1(.)	S2(.)	D(.)	
乘法指令（Multiplication）	MUL(P) DMUL(P) FNC 22	将两个源元件中的数据相乘，结果保存在目标元件中	K、H、KnX、KnY、KnM、KnS、T、C、D、V、Z（V 和 Z 限 16 位运算）		KnY、KnM、KnS、T、C、D	MUL、MULP：7 步 DMUL、DMULP：13 步

32 位乘法运算中，如用位元件作目标，则只能得到乘积的低 32 位，高 32 位将丢失，这种情况下应先将数据移入字元件再运算。

如图 7-25 所示，当 X000 为 ON 时，将二进制 16 位数［S1.］、［S2.］相乘，结果送［D.］中。D 为 32 位，即（D0）×（D2）→（D5，D4）（16 位乘法）；当 X001 为 ON 时，（D1，D0）×（D3，D2）→（D7，D6，D5，D4）（32 位乘法）。数据均为有符号数。

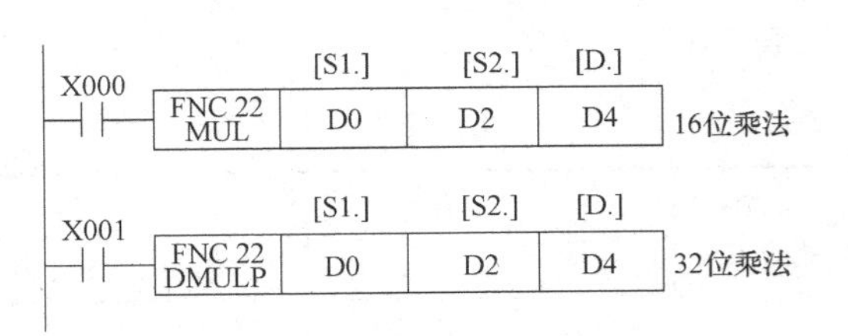

图 7-25 乘法指令的使用

7.4.4　除法指令 DIV（FNC 23）

除法指令 DIV 是将［S1.］指定为被除数，［S2.］指定为除数，将除得的结果送到［D.］指定的目标元件中，余数送到［D.］的下一个元件中，见表 7-20。

表 7-20　除法指令

中英文指令名称	助记符	功能	操作数			程序步
			S1(.)	S2(.)	D(.)	
除法指令 (Division)	DIV(P) DDIV(P) FNC 23	将源元件 S1 中的数据除以源元件 S2 中的数据,结果保存在目标元件中	K、H、KnX、KnY、KnM、KnS、T、C、D、V、Z(V 和 Z 限 16 位运算)		KnY、KnM、KnS、T、C、D	DIV、DIVP:7 步 DDIV、DDIVP:13 步

如图 7-26 所示，当 X000 为 ON 时，（D0）÷（D2）→（D4）商，（D5）余数（16 位除法）；当 X001 为 ON 时，（D1，D0）÷（D3，D2）→（D5，D4）商，（D7，D6）余数（32 位除法）。

除法指令中，操作数取 Z 时只有 16 位乘法时能用，32 位不可用。除法运算中将位元件指定为［D.］，则无法得到余数，除数为 0 时发生运算错误。积、商和余数的最高位为符号位。

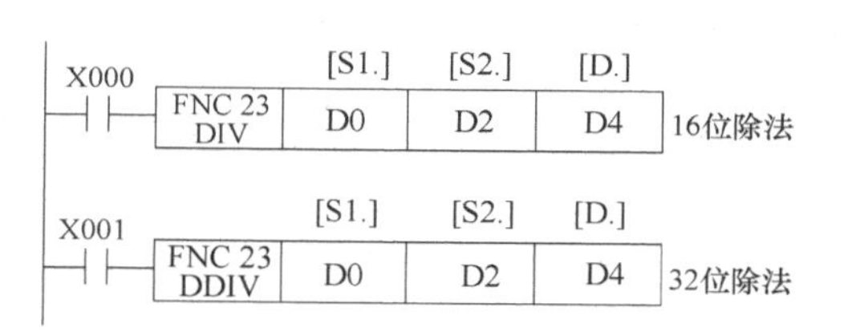

图 7-26　除法指令的使用

7.4.5　加 1 指令 INC（FNC 24）

加 1 指令 INC 是当条件满足时，将目标操作数 D 指定的元件内容加 1，见表 7-21。

表 7-21　加 1 指令

中英文指令名称	助记符	功能	操作数	程序步
			D(.)	
加 1 (Increment)	INC(P) DINC(P) FNC 24	目标元件中的数据加 1 并保存	KnY、KnM、KnS、T、C、D、V、Z	INC、INCP:3 步 DINC、DINCP:5 步

如图 7-27 所示，当 X000 为 ON 时，（D10）+1→（D10），若指令是连续指令，则每个扫描周期均进行一次加 1 运算。在 INC 指令运算时，如数据为 16 位，则由+32767 再加 1 变为-32768，但标志不置位；同样，32 位运算由+2147483647 再加 1 就变为-2147483648 时，标志也不置位。

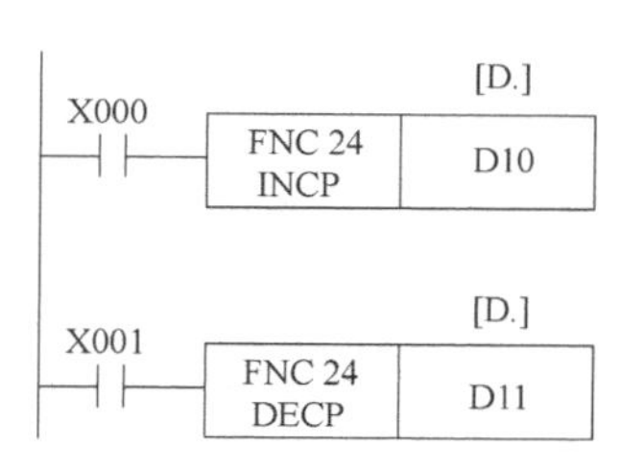

图 7-27　加 1 指令和减 1 指令的使用

7.4.6　减 1 指令 DEC（FNC 25）

减 1 指令 DEC 是当条件满足时将目标操作数 D 指定的元件内容减 1，减 1 指令的使用如图 7-27 所示。当 X001 为 ON 时，（D11）-1→（D11），若指令是连续指令，则每个扫描周期均进行一次减 1 运算。在 DEC 指令运算时，16 位运算 -32768 减 1 变为 +32767，且标志不置位；32 位运算由 -2147483648 减 1 变为 +2147483647，标志也不置位。

表 7-22 减 1 指令

中英文指令名称	助记符	功能	操作数	程序步
			D(.)	
减 1 (Decrement)	DEC(P) DDEC(P) FNC 25	目标元件中的数据减 1 并保存	KnY、KnM、KnS、T、C、D、V、Z	DEC、DECP:3 步 DDEC、DDECP:5 步

7.4.7 逻辑与指令 WAND（FNC 26）

逻辑与指令 WAND 是将两个源元件 S1 和 S2 中数据按各位对应的位置进行逻辑与运算，结果保存在目标元件 D 中，见表 7-23。

表 7-23 逻辑与指令

中英文指令名称	助记符	功能	操作数			程序步
			S1(.)	S2(.)	D(.)	
逻辑与 (Logical word AND)	WAND(P) DWAND(P) FNC 26	将两个源元件中的数据按位进行与操作，结果保存在目标元件中	K、H、KnX、KnY、KnM、KnS、T、C、D、V、Z		KnY、KnM、KnS、T、C、D、V、Z	WAND、WANDP:7 步 DWAND、DWANDP:13 步

指令的使用如图 7-28 所示，当 X000 有效时，(D10) ∧ (D12)→(D14)。

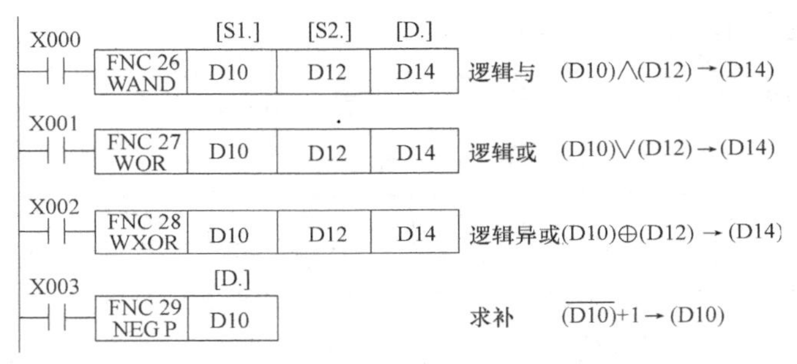

图 7-28 逻辑运算指令的使用

7.4.8 逻辑或指令 WOR（FNC 27）

逻辑或指令 WOR 是将两个源元件 S1 和 S2 中数据按各位对应的位置进行逻辑或运算，结果保存在目标元件 D 中，见表 7-24。

表 7-24 逻辑或指令

中英文指令名称	助记符	功能	操作数			程序步
			S1(.)	S2(.)	D(.)	
逻辑或 (Logical word OR)	WOR FNC 27	将两个源元件中的数据按位进行或操作，结果保存在目标元件中	K、H、KnX、KnY、KnM、KnS、T、C、D、V、Z		KnY、KnM、KnS、T、C、D、V、Z	WOR、WORP:7 步 DOR、DORP:13 步

指令的使用如图 7-28 所示，当 X001 有效时，(D10) ∨ (D12) → (D14)。

7.4.9 逻辑异或指令 WXOR（FNC 28）

逻辑异或指令 WXOR 是将两个源元件 S1 和 S2 中数据按各位对应的位置进行逻辑异或运算，结果保存在目标元件 D 中，见表 7-25。

表 7-25　逻辑异或指令

中英文指令名称	助记符	功能	操作数			程序步
			S1(.)	S2(.)	D(.)	
逻辑或（Logical exclusive OR）	WXOR(P) DWXOR(P) FNC 28	将两个源元件中的数据按位进行异或操作，结果保存在目标元件中	K、H、KnX、KnY、KnM、KnS、T、C、D、V、Z		KnY、KnM、KnS、T、C、D、V、Z	WXOR、WXORP：7 步 DXOR、DXORP：13 步

指令的使用如图 7-28 所示，当 X002 有效时，（D10）⊕（D12）→（D14）。

7.4.10 求补指令 NEG（FNC 29）

求补指令 NEG 是将目标元件内容的各位先取反再加 1，再将其结果存入原来的元件中，见表 7-26。

表 7-26　求补指令

中英文指令名称	助记符	功能	操作数	程序步
			D(.)	
求补（Negation）	NEG(P) DNEG(P) FNC 29	将目标元件中的数据按位取反再加 1	KnY、KnM、KnS、T、C、D、V、Z	NEG、NEGP：3 步 DNEG、DNEGP：5 步

指令的使用如图 7-28 所示。

7.5 循环和移位类指令（FNC 30～FNC 39）

循环和移位类指令共有 10 条，指令编号为 FNC 30～FNC 39。从指令功能上来说，循环移位是指数据在单字节或双字内的移动，是一种环形移动；而非循环移位是线性的移位，数据移出部分将丢失，移入部分从其他数据获得。移位指令可用于数据的 2 倍乘处理，形成新数据，或形成某种控制开关。字移位与位移位不同的是，它可用于字数据在存储空间中的位置调整等功能。

7.5.1 循环右移指令 ROR（FNC 30）

循环右移指令 ROR 是目标元件中的数据向右循环移动 n 位，最后移出的一位数据同时存入进位标志 M8022 中，见表 7-27。

表 7-27　循环右移指令

中英文指令名称	助记符	功能	操作数		程序步
			D(.)	n	
循环右移（Rotation right）	ROR(P) DROR(P) FNC 30	目标元件中的数据向右循环移动 n 位，最后移出的位数据同时存入进位标志 M8022	KnY、KnM、KnS、T、C、D、V、Z	K、H	ROR、RORP：5 步 DROR、DRORP：9 步

指令的使用如图 7-29a 所示。

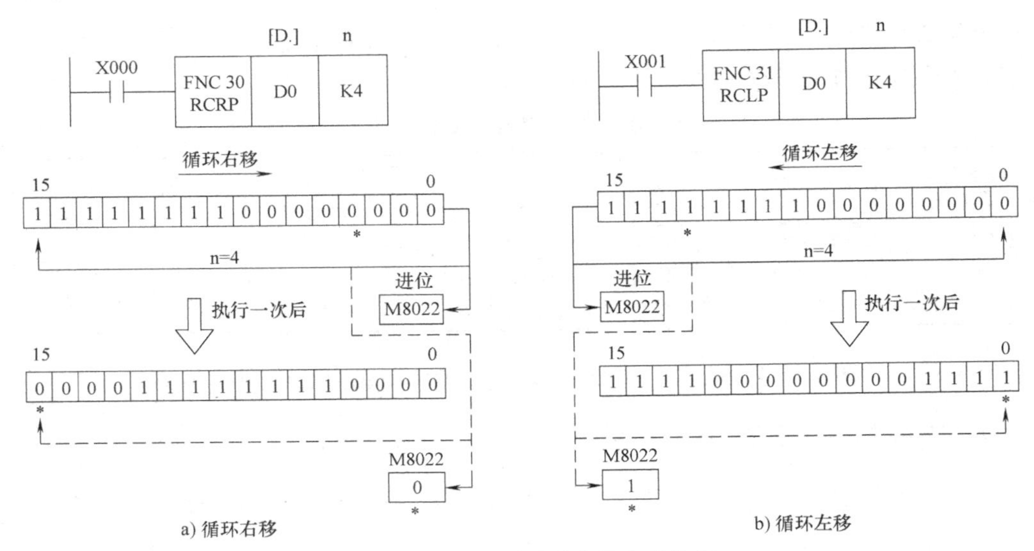

图 7-29　右、左循环移位指令的使用

7.5.2　循环左移指令 ROL（FNC 31）

循环左移指令 ROL 是目标元件中的数据向左循环移动 n 位，最后一次移出的数据同时存入进位标志 M8022 中，见表 7-28。

表 7-28　循环左移指令

中英文指令名称	助记符	功能	操作数		程序步
			D(.)	n	
循环左移(Rotation left)	ROL(P) DROL(P) FNC 31	目标元件中的数据向左循环移动 n 位，最后移出的位数据同时存入进位标志 M8022	KnY、KnM、KnS、T、C、D、V、Z	K、H	ROL、ROLP：5 步 DROL、DROLP：9 步

指令的使用如图 7-29b 所示。

7.5.3　带进位的循环右移指令 RCR（FNC 32）

带进位的循环右移指令 RCR 是将目标元件中的数据连同进位标志 M8022 一起向右循环移动 n 位，见表 7-29。

表 7-29　带进位的循环右移指令

中英文指令名称	助记符	功能	操作数		程序步
			D(.)	n	
带进位的循环右移(Rotation right with carry)	RCR(P) DRCR(P) FNC 32	目标元件中的数据连同进位标志 M8022 一起向右循环移动 n 位	KnY、KnM、KnS、T、C、D、V、Z	K、H	RCR、RCRP：5 步 DRCR、DRCRP：9 步

指令的使用如图 7-30a 所示。

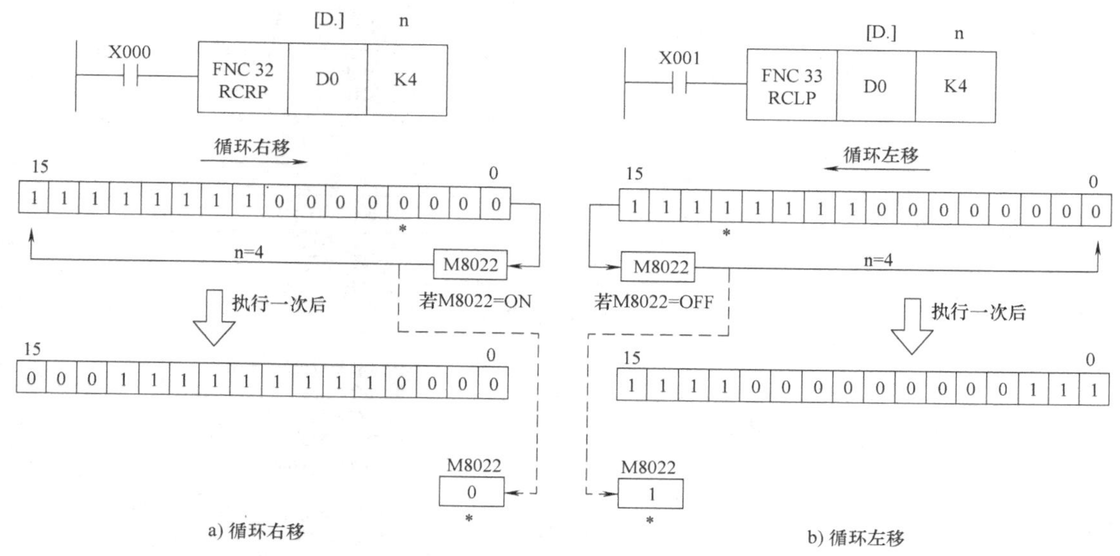

图 7-30　带进位的循环右移和循环左移指令的使用

7.5.4　带进位的循环左移指令 RCL（FNC 33）

带进位的循环左移位指令 RCL 是将目标元件中的数据连同进位标志 M8022 一起向左循环移动 n 位，见表 7-30。

表 7-30　带进位的循环左移指令

中英文指令名称	助记符	功能	操作数		程序步
			D(.)	n	
带进位的循环左移（Rotation left with carry）	RCL(P) DRCL(P) FNC 33	目标元件中的数据连同进位标志 M8022 一起向左循环移动 n 位	KnY、KnM、KnS、T、C、D、V、Z	K、H	RCL、RCLP:5 步 DRCL、DRCLP:9 步

指令的使用如图 7-30b 所示。

7.5.5　位右移指令 SFTR（FNC 34）

位右移指令 SFTR 是将目标位元件 D 中的数据成组向右移动一次，n1 指定目标位元件的长度，n2 指定源位元件 S 的数据组长度（一般 n2≤n1≤1024），见表 7-31。

表 7-31　位右移指令

中英文指令名称	助记符	功能	操作数				程序步
			S(.)	D(.)	n1	n2	
位右移（Bit shift right）	SFTR(P) FNC 34	对 n1 位的目标位元件进行 n2 位的源位元件成组数据的右移	X、Y、M、S	Y、M、S	K、H		SFTR、SFTRP:9 步

位右移指令的使用如图 7-31a 所示。

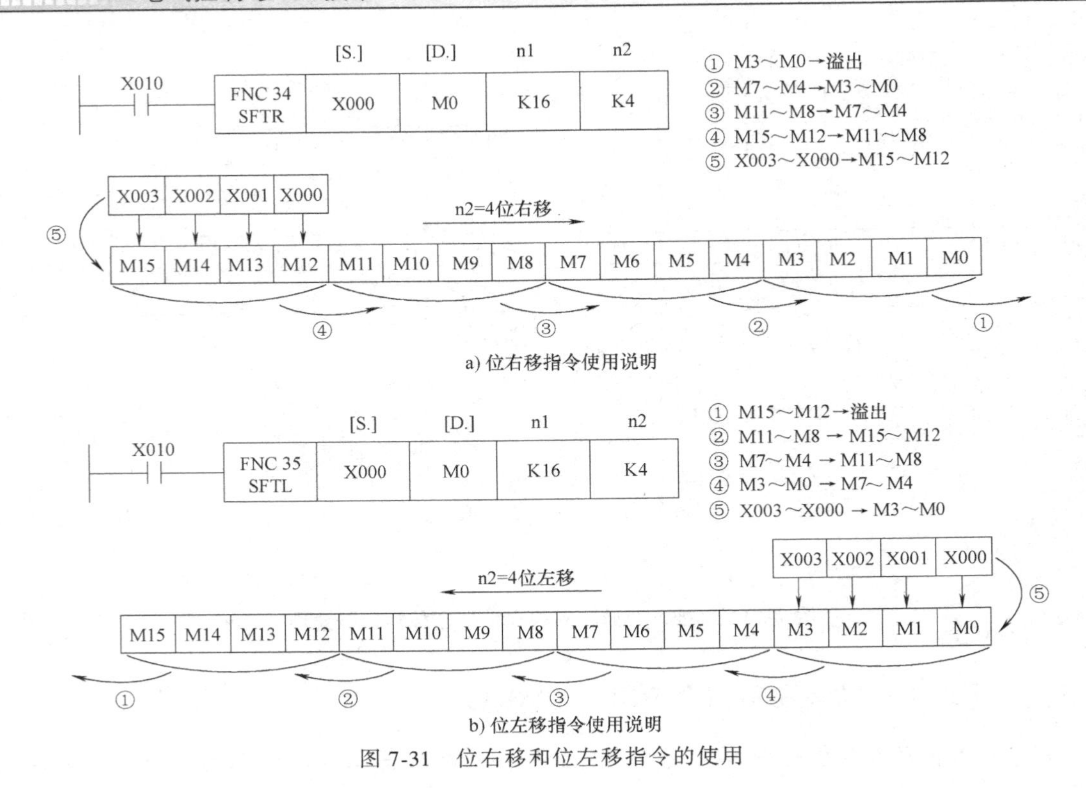

图 7-31 位右移和位左移指令的使用

7.5.6 位左移指令 SFTL（FNC 35）

位左移指令 SFTL 是将目标位元件 D 中的数据成组向左移动一次，n1 指定目标位元件的长度，n2 指定源位元件 S 的数据组长度。一般为 n2≤n1≤1024，见表 7-32。

表 7-32 位左移指令

中英文指令名称	助记符	功能	操作数				程序步
			S(.)	D(.)	n1	n2	
位左移（Bit shift left）	SFTL(P) FNC 35	对 n1 位的目标位元件进行 n2 位的源位元件成组数据的左移	X、Y、M、S	Y、M、S	K、H		SFTL、SFTLP:9 步

位左移指令的使用如图 7-31b 所示。

7.5.7 字右移指令 WSFR（FNC 36）

字右移指令 WSFR 是以字为单位，其工作的过程与位移位指令相似，n2≤n1≤512，见表 7-33。

表 7-33 字右移指令

中英文指令名称	助记符	功能	操作数				程序步
			S(.)	D(.)	n1	n2	
字右移（Word shift right）	WSFR(P) FNC 36	对 n1 位的目标字元件进行 n2 位的源字元件成组数据的右移	KnX、KnY、KnM、KnS、T、C、D	KnY、KnM、KnS、T、C、D	K、H		WSFR、WSFRP：9 步

7.5.8 字左移指令 WSFL（FNC 37）

字左移指令 WSFL 是以字为单位，其工作的过程与位移位指令相似，n2≤n1≤512，见表 7-34。

表 7-34 字左移指令

中英文指令名称	助记符	功能	操作数				程序步
			S(.)	D(.)	n1	n2	
字左移 (Word shift left)	WSFL(P) FNC 37	对 n1 位的目标字元件进行 n2 位的源字元件成组数据的左移	KnX、KnY、KnM、KnS、T、C、D	KnY、KnM、KnS、T、C、D	K、H		WSFL、WSFLP:9 步

7.5.9 移位写入指令 SFWR（FNC 38）

移位写入指令的功能、操作数和程序步见表 7-35。

表 7-35 移位写入指令

中英文指令名称	助记符	功能	操作数			程序步
			S(.)	D(.)	n	
移位写入 (Shift register write)	SFWR(P) FNC 38	建立 n 个元件长度的 FIFO 堆栈，并将源元件数据推入堆栈	K、H、KnX、KnY、KnM、KnS、T、C、D、V、Z	KnY、KnM、KnS、T、C、D、V、Z	K、H	SFWR、SFWRP：7 步

移位写入指令的使用如图 7-32 所示，当 X000 由 OFF 变为 ON 时，SFWRP 执行，D0 中的数据写入 D2，而 D1 变成指针，其值为 1（D1 必须先清 0）；当 X000 再次由 OFF 变为 ON 时，D0 中的数据写入 D3，D1 变为 2，依次类推，D0 中的数据依次写入数据寄存器。D0 中的数据从右边的 D2 顺序存入，源数据写入的次数放在 D1 中，当 D1 中的数达到 n-1 后不再执行上述操作，同时进位标志 M8022 置 1。2≤n≤512。

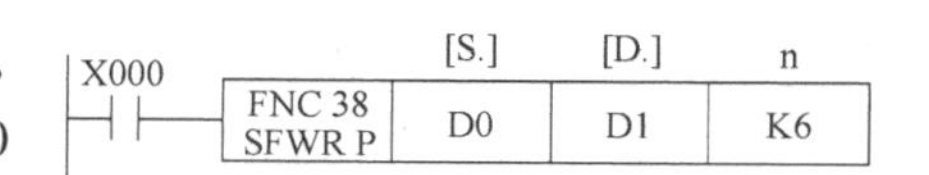

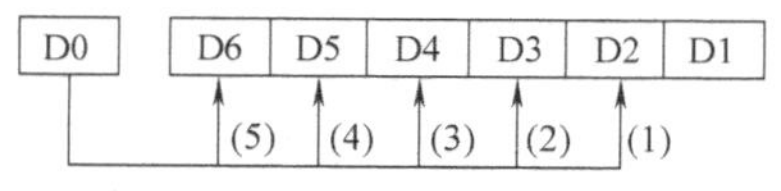

图 7-32 移位写入指令的使用

7.5.10 移位读出指令 SFRD（FNC 39）

移位读出指令的功能、操作数和程序步见表 7-36。

表 7-36 移位读出指令

中英文指令名称	助记符	功能	操作数			程序步
			S(.)	D(.)	n	
移位读出 (Shift register read)	SFRD(P) FNC 39	从 FIFO 堆栈中弹出一个数据给目标元件	K、H、KnX、KnY、KnM、KnS、T、C、D、V、Z	KnY、KnM、KnS、T、C、D、V、Z	K、H	SFRD、SFRDP：7 步

移位读出指令的使用如图 7-33 所示，当 X000 由 OFF 变为 ON 时，D2 中的数据送到 D10，同时指针 D1 的值减 1，D3～D6 的数据向右移一个字，数据总是从 D2 读出，当指针 D1 为 0 时，不再执行上述操作且 M8020 置 1。2≤n≤512。

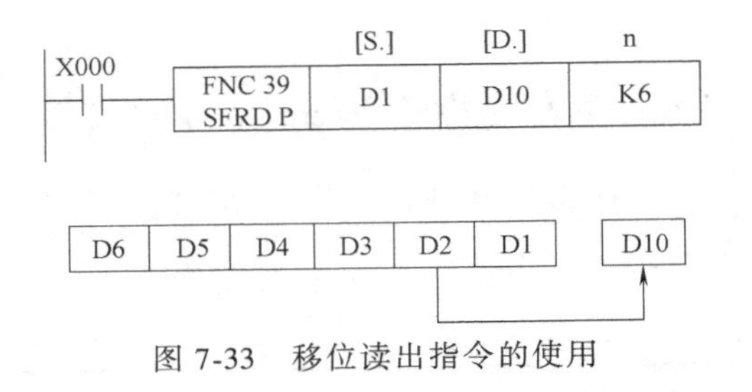

图 7-33 移位读出指令的使用

7.6 数据处理指令（FNC 40～FNC 49）

数据处理类指令共有 10 条，指令功能编号为 FNC 40～FNC 49，包含批复位指令、编/解码指令及平均值计算等指令。其中，批复位指令可用于数据区的初始化，编/解码指令可用于字元件中某一置 1 位的位码的编译。

7.6.1 区间复位指令 ZRST（FNC 40）

区间复位指令 ZRST 是将指定范围内的同类元件成批复位，见表 7-37。

表 7-37 区间复位指令

中英文 指令名称	助记符	功能	操作数		程序步
			D1(.)	D2(.)	
区间复位指令 (Zone reset)	ZRST(P) FNC 40	将指定范围内的同类元件全部复位	Y、M、S、T、C、D		ZRST、ZRSTP:5 步

如图 7-34 所示，当 X000 有效时，位元件 M500～M599 成批复位，字元件 C235～C255 也成批复位。[D1.] 的元件号应小于 [D2.] 指定的元件号，若 [D1.] 的元件号大于 [D2.] 元件号，则只有 [D1.] 指定的元件被复位。

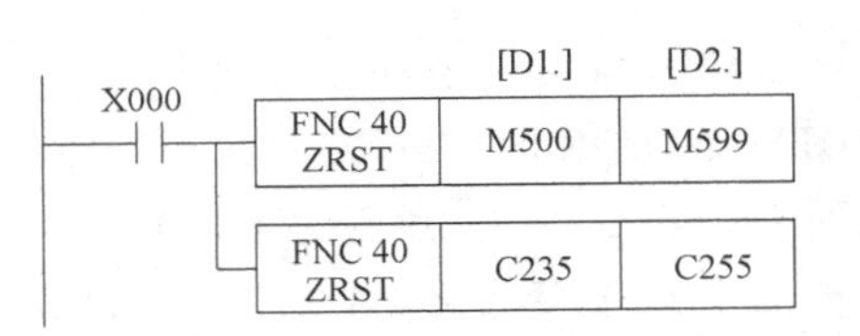

图 7-34 区间复位指令的使用

7.6.2 解码指令 DECO（FNC 41）

解码（也称译码）指令的功能、操作数和程序步见表 7-38。

表 7-38 解码指令

中英文 指令名称	助记符	功能	操作数			程序步
			S(.)	D(.)	n	
解码 (Decode)	DECO(P) FNC 41	由源元件的值标识目标元件的第几位为 ON	K、H、X、Y、M、S、T、C、D、V、Z	Y、M、S、T、C、D	K、H	DECO、DECOP:7 步

解码指令 DECO 的使用如图 7-35 所示，n＝3 则表示 [S.] 源操作数为 3 位，即为 X000、X001、X002。其状态为二进制数，当值为 011 时相当于十进制 3，则目标操作数 M7～M0 组成的 8 位二进制数的第 3 位 M3 被置 1，其余各位为 0；如果值为 000，则 M0 被置

1。用解码指令可通过［D.］中的数值来控制元件的ON/OFF。若［D.］指定的目标元件是字元件T、C、D，则n≤4；若是位元件Y、M、S，则n=1~8。

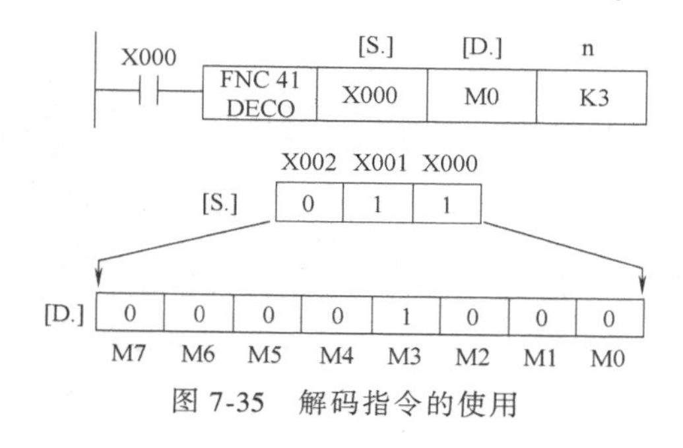

图7-35　解码指令的使用

7.6.3　编码指令ENCO（FNC 42）

编码指令的功能、操作数和程序步见表7-39。

表7-39　编码指令

中英文指令名称	助记符	功能	操作数			程序步
			S(.)	D(.)	n	
编码（Encode）	ENCO(P) FNC 42	将源元件最高位的1的位数的二进制放入目标元件中	X、Y、M、S、T、C、D、V、Z	T、C、D、V、Z	K、H	ENCO、ENCOP：7步

编码指令ENCO的使用如图7-36所示，当X001有效时执行编码指令，将［S.］中最高位的1（M3）所在位数（3）放入目标元件D10中，即把011放入D10的低3位。操作数为字元件时应使用n≤4，为位元件时则n=1~8，n=0时不做处理。若指定源操作数中有多个1，则只有最高位的1有效。

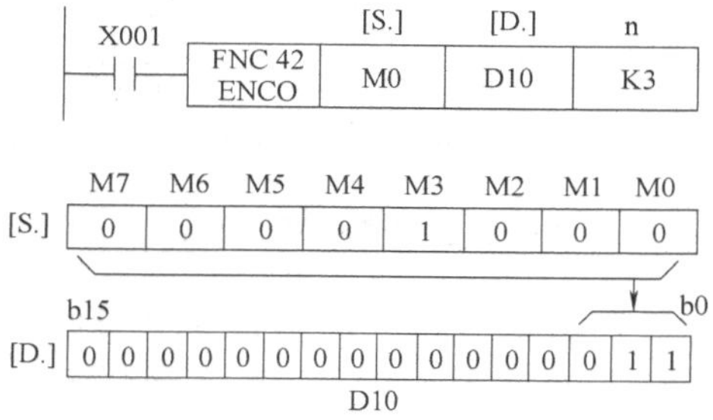

图7-36　编码指令的使用

7.6.4　ON位数统计指令SUM（FNC 43）

ON位数统计指令SUM用来统计指定元件中1的个数，见表7-40。该指令的使用如图7-37所示，当X000有效时执行SUM指令，将源操作数D0中1的个数送入目标操作数D2中，若D0中没有1，则零标志M8020将置1。

表7-40　ON位数统计指令

中英文指令名称	助记符	功能	操作数		程序步
			S(.)	D(.)	
ON位数统计（Sum of active bits）	SUM(P) DSUM(P) FNC 43	统计源元件中1的个数，并放入目标元件	K、H、KnX、KnY、KnM、KnS、T、C、D、V、Z	KnY、KnM、KnS、T、C、D、V、Z	SUM、SUMP：7步 DSUM、DSUMP：9步

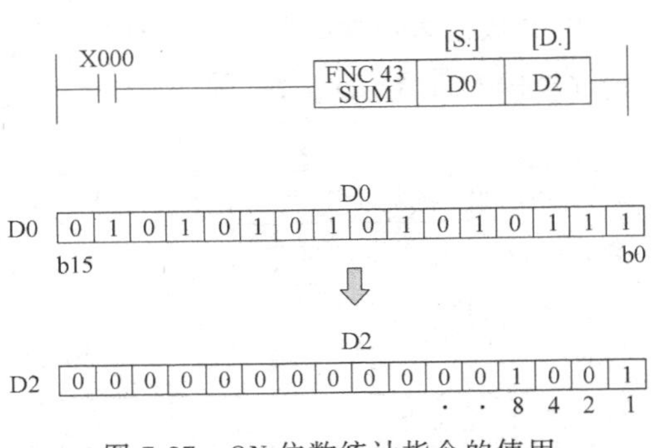

图 7-37　ON 位数统计指令的使用

7.6.5　ON 位判别指令 BON（FNC 44）

ON 位判别指令的功能、操作数和程序步见表 7-41。

表 7-41　ON 位判别指令

中英文指令名称	助记符	功能	操作数			程序步
			S(.)	D(.)	n	
ON 位判别指令（Check specified bit status）	BON(P) DBON(P) FNC 44	由源元件指定位置是否为 1 来决定目标元件为 ON 或 OFF	K、H、KnX、KnY、KnM、KnS、T、C、D、V、Z	Y、M、S	K、H 注意：16bit，n = 0 ~ 15；32bit，n = 0 ~ 31	BON、BONP：7 步 DBON、DBONP：13 步

ON 位判别指令 BON 的使用如图 7-38 所示，当 X000 为有效时，执行 BON 指令，由 K15 决定检测的是源操作数 D10 的第 15 位，当检测结果为 1 时，则目标操作数 M0 = 1，否则 M0 = 0。

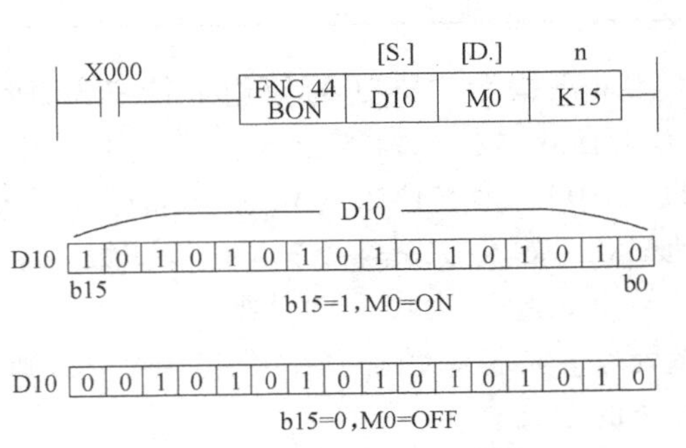

图 7-38　ON 位判别指令的使用

7.6.6　平均值指令 MEAN（FNC 45）

平均值指令 MEAN 是将 n 个源数据的平均值送到指定目标（余数省略），若程序中指定的 n 值超出 1 ~ 64 的范围将会出错，见表 7-42。

表 7-42　平均值指令

中英文指令名称	助记符	功能	操作数			程序步
			S(.)	D(.)	n	
平均值（Mean）	MEAN(P) DMEAN(P) FNC 45	将 n 个源元件的平均值保存到目标元件，余数省略	KnX、KnY、KnM、KnS、T、C、D	KnY、KnM、KnS、T、C、D、V、Z	K、H 注意：n = 1 ~ 64	MEAN、MEANP：7 步 DMEAN、DMEANP：13 步

平均值指令的使用如图 7-39 所示。

7.6.7　报警器置位指令 ANS（FNC 46）

报警器置位指令的功能、操作数和程序步见表 7-43。

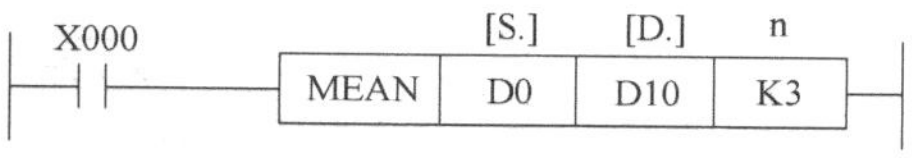

X000　[S.]　[D.]　n

MEAN　D0　D10　K3

功能:

$$D=\frac{\sum_{S0}^{Sn}S}{n}=\frac{S0+S1+\cdots+Sn}{n}$$

例如:

$$D10=\frac{(D0)+(D1)+(Dn)}{3}$$

图 7-39　平均值指令的使用

表 7-43　报警器置位指令

中英文 指令名称	助记符	功能	操作数			程序步
			S(.)	n(.)	D(.)	
报警器置位 (Timed annunciator set)	ANS FNC 46	启动定时器,当定时器溢出时置位目标元件	T 注意: T0 ~ T199	K 注意:n = 1 ~ 32767,单位为100ms	S 注意:S900 ~ S999	ANS:7 步

报警器置位指令 ANS 的使用如图 7-40 所示，若 X000 和 X001 同时为 ON 时超过 1s，则 S900 置 1；当 X000 或 X001 变为 OFF，虽然定时器复位，但 S900 仍保持 1 不变；若在 1s 内 X000 或 X001 再次变为 OFF，则定时器复位。

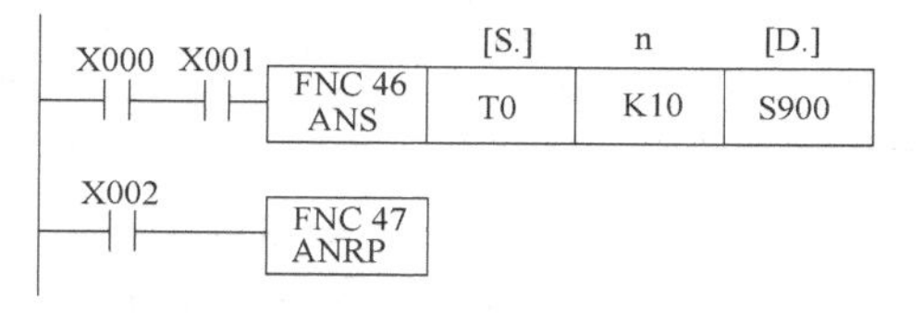

图 7-40　报警器置位和报警器复位指令的使用

7.6.8　报警器复位指令 ANR（FNC 47）

报警器复位指令的功能、操作数和程序步见表 7-44。

表 7-44　报警器复位指令

中英文 指令名称	助记符	功能	操作数	程序步
			D	
报警器复位 (Annunciator reset)	ANR(P) FNC 47	在本指令的每一个操作上,最低的活动报警器被重置	无	ANR、ANRP:1 步

报警器复位指令 ANR 的使用如图 7-40 所示，当 X002 接通时，则将 S900 ~ S999 之间被置 1 的报警器复位。若有多于 1 个的报警器被置 1，则元件号最低的那个报警器被复位。ANR 指令如果连续执行，则会按扫描周期依次逐个将报警器复位。

7.6.9　二进制二次方根指令 SQR（FNC 48）

二进制二次方根指令的功能、操作数和程序步见表 7-45。

表 7-45　二进制二次方根指令

中英文指令名称	助记符	功能	操作数		程序步
			S(.)	D(.)	
二进制二次方根(Square root)	SQR(P) DSQR(P) FNC 48	求源元件的二次方根,保存在目标元件	K、H、D	D	SQR、SQRP:5 步 DSQR、DSQRP:9 步

二进制二次方根指令 SQR 的使用如图 7-41 所示，当 X000 有效时，则将存放在 D45 中的数开二次方，结果存放在 D123 中（结果只取整数）。源操作数需要大于 0。

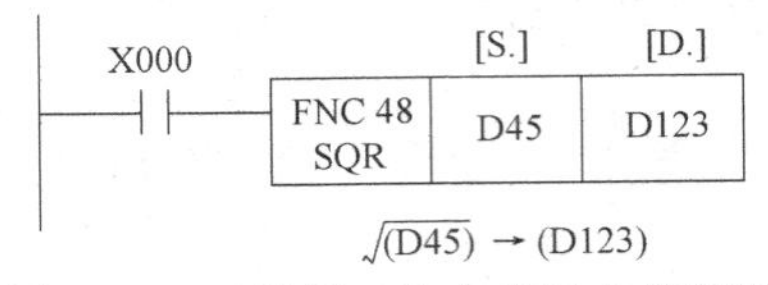

图 7-41　二进制二次方根指令的使用

7.6.10　二进制整数转换二进制浮点数指令 FLT（FNC 49）

二进制整数转换二进制浮点数指令的功能、操作数和程序步见表 7-46。

表 7-46　二进制整数转换二进制浮点数指令

中英文指令名称	助记符	功能	操作数		程序步
			S(.)	D(.)	
二进制整数转换二进制浮点数(Floating point)	FLT(P) DFLT(P) FNC 49	将源元件的二进制整数转换二进制浮点数,保存于目标元件	D	D	FLT、FLTP:5 步 DFLT、DFLTP:9 步

二进制整数转换二进制浮点数指令 FLT 的使用如图 7-42 所示，当 X001 有效时，将存入 D10 中的数据转换成浮点数并存入 D13、D12 中。

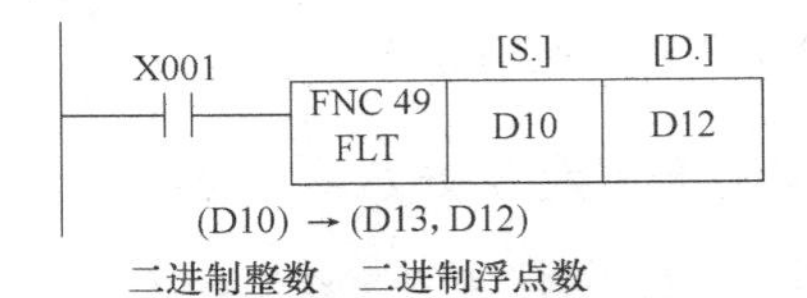

图 7-42　二进制整数转换二进制浮点数指令的使用

7.7　外部设备 I/O 指令（FNC 70~FNC 79）

外部设备 I/O 指令是 FX_{2N} 系列 PLC 与外部设备交换信息的指令，共有 10 条。分别是 10 键输入指令 TKY（FNC 70）、16 键输入指令 HKY（FNC 71）、数字开关输入指令 DSW（FNC 72）、七段译码指令 SEGD（FNC 73）、带锁存的七段显示指令 SEGL（FNC 74）、方向开关指令 ARWS（FNC 75）、ASCII 码转换指令 ASC（FNC 76）、ASCII 打印指令 PR（FNC 77）、特殊功能模块读指令 FROM（FNC 78）和特殊功能模块写指令 TO（FNC 79）。

7.7.1　10 键输入指令 TKY（FNC 70）

10 键输入指令的功能、操作数和程序步见表 7-47。

表 7-47　10 键输入指令

中英文指令名称	助记符	功能	操作数			程序步
			S(.)	D1(.)	D2(.)	
10 键输入 (Ten key input)	TKY DTKY FNC 70	用 10 个按键输入十进制数	X、Y、M、S	KnY、KnM、KnS、T、C、D、V、Z	Y、M、S	TKY:7 步 DTKY:13 步

10 键输入指令 TKY 的使用如图 7-43 所示。源操作数 [S.] 用 X000 为首元件，10 个键 X000～X011 分别对应数字 0～9。当 X030 接通时执行 TKY 指令，如果以 X002 (2)、X001 (1)、X003 (3)、X000 (0) 的顺序按键，则目的操作数 [D1.] 为 D0，用二进制保存十进制数据 2130，实现了将按键变成十进制的数字量。当送入的数大于 9999，则高位溢出并丢失。若使用 32 位指令 DTKY 时，D0 和 D1 组合使用，大于 99999999 则高位溢出。

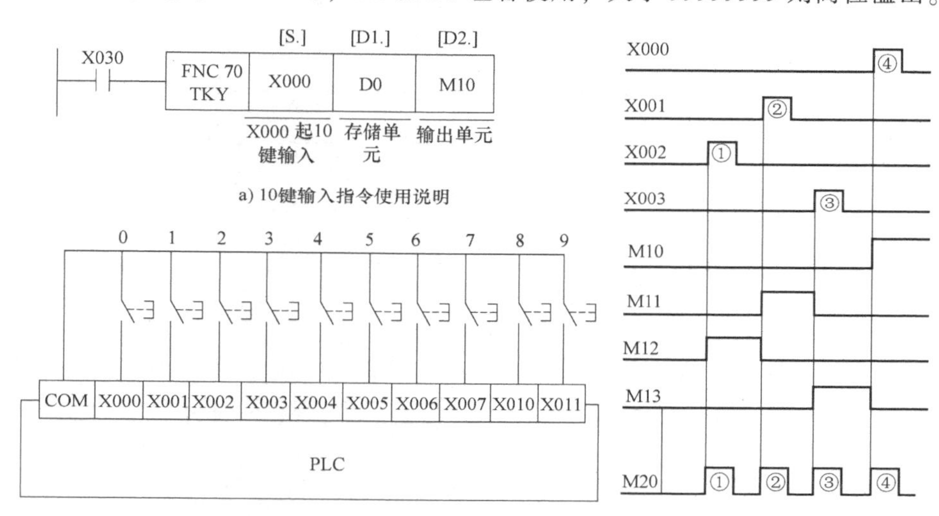

图 7-43　10 键输入指令的使用

当按下 X002 键后，M12 置 1 并保持至 X001 键被按下，其他键也一样。M10～M19 动作对应于 X000～X011。任一键按下，键信号置 1 直到该键放开。当两个或更多的键被按下时，则首先按下的键有效。X030 变为 OFF 时，D0 中的数据保持不变，但 M10～M19 全部为 OFF。该指令在程序中只能使用一次。

7.7.2　16 键输入指令 HKY（FNC 71）

16 键输入指令的功能、操作数和程序步见表 7-48。

表 7-48　16 键输入指令

中英文指令名称	助记符	功能	操作数				程序步
			S(.)	D1(.)	D2(.)	D3(.)	
16 键输入 (Hexadecimal key input)	HKY DHKY FNC 71	用 16 个按键输入数字及功能信号	X	Y	T、C、D、V、Z	Y、M、S	HKY:9 步 DHKY:17 步

16 键输入指令 HKY 的作用是通过对键盘上的数字键和功能键输入的内容实现输入的复合运算。如图 7-44 所示，[S.] 指定 4 个连号的输入元件，[D1.] 指定 4 个连号的扫描输出元件，[D2.] 为键输入的存储元件。[D3.] 指定 8 个连号的读出元件。16 键采用 4×4 矩阵连接方式，其中 0~9 为数字键，A~F 为功能键，HKY 指令输入的数字范围为 0~9999，以二进制的方式存放在 D0 中，如果大于 9999 则溢出。DHKY 指令可在 D0 和 D1 中存放最大为 99999999 的数据。功能键 A~F 与 M0~M5 对应，按下 A 键，M0 置 1 并保持，按下 D 键 M0 置 0，M3 置 1 并保持，其余类推。如果同时按下多个键，则先按下的有效。该指令扫描全部 16 键需 8 个扫描周期。HKY 指令在程序中只能使用一次。

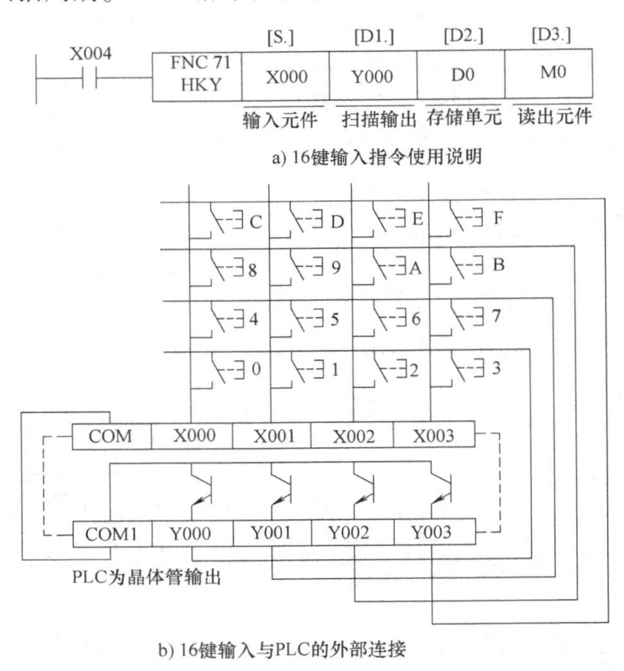

图 7-44　16 键输入指令的使用

7.7.3　数字开关指令 DSW（FNC 72）

数字开关指令的功能、操作数和程序步见表 7-49。

表 7-49　数字开关指令

中英文指令名称	助记符	功能	操作数				程序步
			S(.)	D1(.)	D2(.)	n	
数字开关（Digital switch）	DSW FNC 72	读入 1 组或 2 组 4 位 BCD 数字开关的数据	X	Y	T、C、D、V、Z	K、H	DSW：9 步

数字开关指令 DSW 的功能是读入 1 组或 2 组 4 位 BCD 数字开关的设置值。如图 7-45 所示，源操作数 [S.] 为 X，用来指定输入点。目标操作数 [D1.] 为 Y，用来指定选通点。[D2.] 为指定数据存储单元。n 指定数字开关组数。该指令在一个程序中可以使用两次。图中，n=1 指有 1 组 BCD 码数字开关。输入开关为 X010~X013，按 Y010~Y013 的顺序选

通读入。数据以二进制数的形式存放在 D0 中。若 n=2，则有 2 组开关，第 2 组开关接到 X014~X017 上，仍由 Y010~Y013 顺序选通读入，数据以二进制的形式存放在 D1 中，第 2 组数据只有在 n=2 时才有效。当 X001 保持为 ON 时，Y010~Y013 依次为 ON。一个周期完成后，标志位 M8029 置 1。

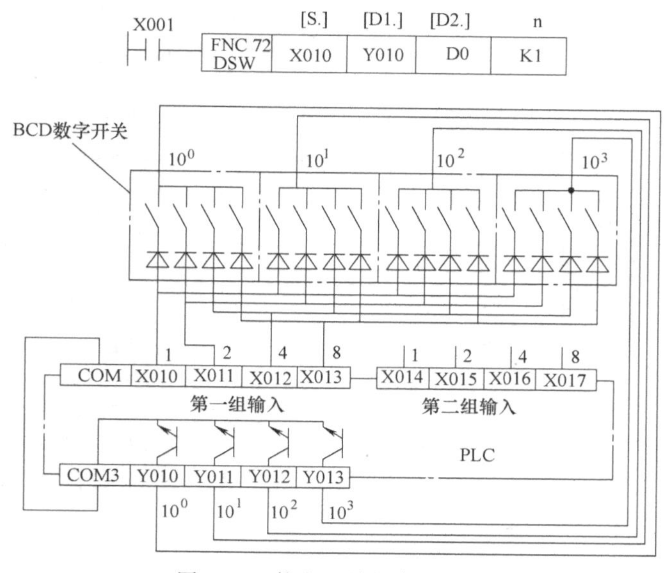

图 7-45　数字开关指令的使用

7.7.4　七段码译码指令 SEGD（FNC 73）

七段码译码指令的功能、操作数和程序步见表 7-50。

表 7-50　七段码译码指令

中英文指令名称	助记符	功能	操作数		程序步
			S(.)	D(.)	
七段码译码（Seven segment decoder）	SEGD(P) FNC 73	驱动 1 位七段码显示器	K、H、KnX、KnY、KnM、KnS、T、C、D、V、Z	KnY、KnM、KnS、T、C、D、V、Z	SEGD、SEGDP：5 步

七段码译码指令 SEGD 的使用如图 7-46 所示，将源操作数［S.］指定的常数或字元件低 4 位所确定的十六进制数（0~F）经译码后存于目标操作数［D.］指定的元件中，并驱动七段显示器显示，［D.］的高 8 位保持不变。如果要显示 0，则应在 D0 中放入数据为 3FH。

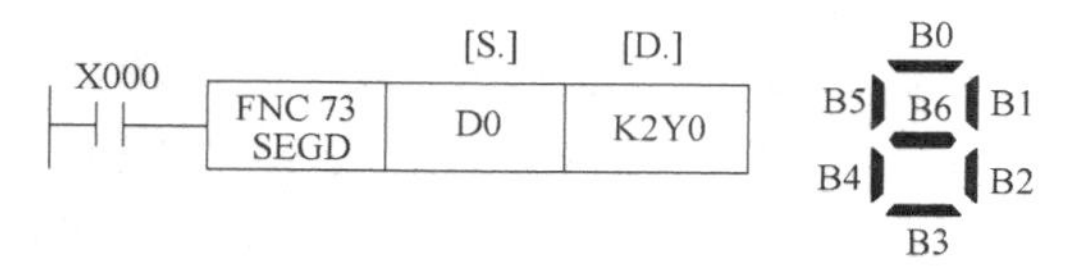

图 7-46　七段码译码指令的使用

七段码译码表见表 7-51。表中，B0~B7 对应目的操作数 D 指定位元件的 Y000~Y007。

表 7-51　七段码译码表

S（.）		七段码组合数字	D（.）								显示数据
十六进制	二进制		B7	B6	B5	B4	B3	B2	B1	B0	
0	0000		0	0	1	1	1	1	1	1	0
1	0001		0	0	0	0	0	1	1	0	1
2	0010		0	1	0	1	1	0	1	1	2
3	0011		0	1	0	0	1	1	1	1	3
4	0100		0	1	1	0	0	1	1	0	4
5	0101		0	1	1	0	1	1	0	1	5
6	0110	B0	0	1	1	1	1	1	0	1	6
7	0111	B5 B6 B1	0	0	1	0	0	1	1	1	7
8	1000	B4 B2	0	1	1	1	1	1	1	1	8
9	1001	B3	0	1	1	0	1	1	1	1	9
A	1010		0	1	1	1	0	1	1	1	A
B	1011		0	1	1	1	1	1	0	0	b
C	1100		0	0	1	1	1	0	0	1	C
D	1101		0	1	0	1	1	1	1	0	d
E	1110		0	1	1	1	1	0	0	1	E
F	1111		0	1	1	1	0	0	0	1	F

7.7.5　带锁存的七段码显示指令 SEGL（FNC 74）

带锁存的七段码显示指令的功能、操作数和程序步见表 7-52。

表 7-52　带锁存的七段码显示指令

中英文指令名称	助记符	功能	操作数			程序步
			S(.)	D(.)	n	
带锁存的七段码显示（Seven segment with latch）	SEGL(P) FNC 74	驱动 1 组或 2 组 4 位带锁存的七段码显示器	K、H、KnX、KnY、KnM、KnS、T、C、D、V、Z	Y	K、H n=0~7	SEGL、SEGLP：5 步

带锁存的七段码显示指令的使用说明如图 7-47 所示。执行图 7-47a 所示指令时，若是 4 位一组锁存显示（n=0~3），则将源操作数 S 指定 D0 中的二进制数自动转换成 4 位一组的 BCD 码（即 8421 码），按目标操作数 D 指定的第 2 个 4 位 Y004~Y007 的选通信号，依次从目标操作数 D 指定的第 1 个 4 位 Y000~Y003 输出，锁存于七段码显示器的锁存器中进行显示；若是 4 位二组锁存显示（n=4~7），则将源操作数 S 指定 D0 中的数据向目标操作数 D 指定的第 1 个 4 位 Y000~Y003（第一组）输出，D1 中的数据向目标操作数 D 指定的第 3 个 4 位 Y010~Y013（第二组）输出，第 2 个 4 位 Y004~Y007 为两组显示器共用的输出选通信号。

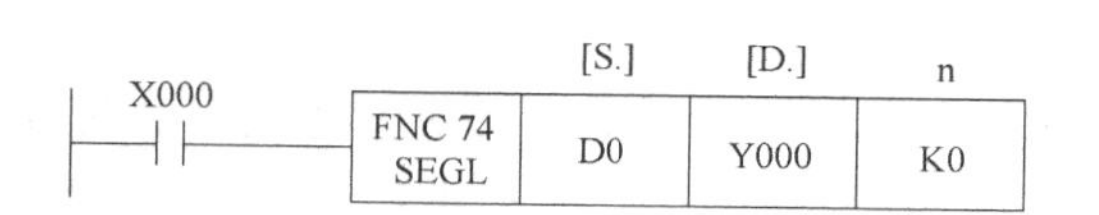

a) 带锁存七段码显示指令使用说明

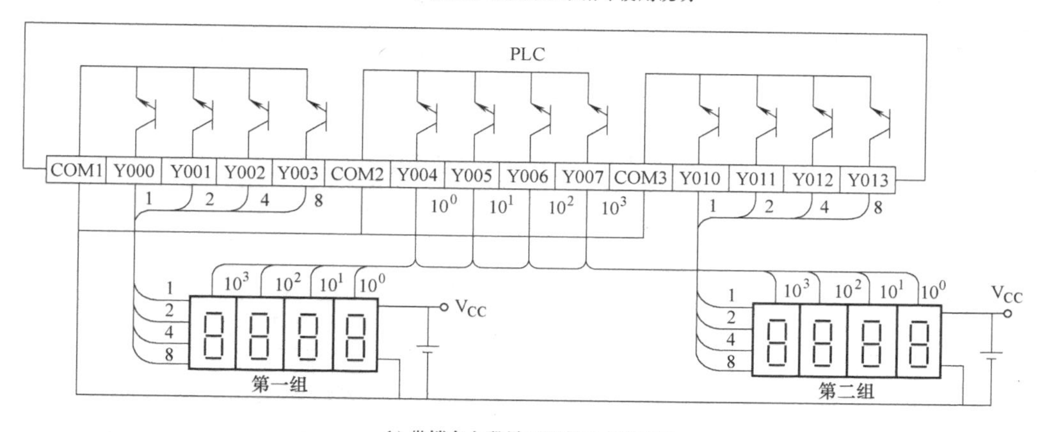

b) 带锁存七段显示器与PLC的连接

图 7-47　带锁存的七段码显示指令的使用说明

7.7.6　方向开关指令 ARWS（FNC 75）

方向开关指令的功能、操作数和程序步见表 7-53。

表 7-53　方向开关指令

中英文指令名称	助记符	功能	操作数				程序步
			S(.)	D1(.)	D2(.)	n	
方向开关(Arrow switch)	ARWS FNC 75	用于方向开关的输入和显示	X、Y、M、S	T、C、D、V、Z	Y	K、H	ARWS:9 步

方向开关指令 ARWS 是用于方向开关的输入和显示。如图 7-48 所示，图中选择 X010 开始的 4 个按钮，位左移键和位右移键用来指定输入的位，增加键和减少键用来设定指定位的

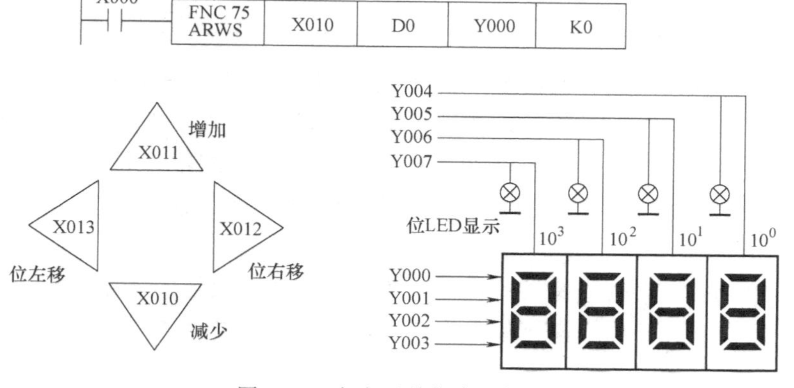

图 7-48　方向开关指令的使用

数值。X000接通时指定的是最高位，按一次位右移键或位左移键可移动一位。指定位的数据可由增加键和减少键来修改，其值可显示在七段显示器上。目标操作数［D1.］为输入的数据，由七段显示器监视其中的值，［D2.］只能用Y作操作数。ARWS指令只能使用一次，必须用晶体管输出型的PLC。

7.7.7 ASCII码转换指令ASC（FNC 76）

ASCII码转换指令的功能、操作数和程序步见表7-54。

表7-54 ASCII码转换指令

中英文指令名称	助记符	功能	操作数		程序步
			S(.)	D(.)	
ASCII码转换（ASCII code conversion）	ASC FNC 76	将字母或数字转换为ASCII码	8个以下的字母或数字	T、C、D、使用连续4个单元	ASC：11步

ASCII码转换指令是将字母或数字转换成ASCII码，并存放在指定的元件中。如图7-49所示，当X003有效时，则将FX2A变成ASCII码并送入D300和D301中。源操作数是8个以下的字母或数字。

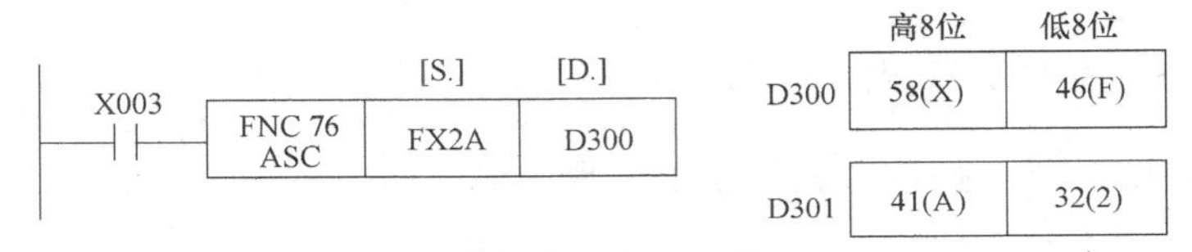

图7-49 ASCII码转换指令说明

7.7.8 ASCII码打印指令PR（FNC 77）

ASCII码打印指令的功能、操作数和程序步见表7-55。

表7-55 ASCII码打印指令

中英文指令名称	助记符	功能	操作数		程序步
			S(.)	D(.)	
ASCII码打印（Print）	PR FNC 77	串行输出ASCII码数据，例如给显示设备	T、C、D	Y	PR：5步

ASCII码打印指令的使用说明如图7-50所示。若ASCII码数据已存放在D300～D303中，当X000为ON时，源操作数S指定D300～D303单元中的8个ASCII码数据按由低到高的顺序输出到目标操作数D指定的单元Y000（低位）～Y007（高位）输出，Y010为发送选通脉冲信号，Y011为正在执行标志信号。每发送一个ASCII码，需要3个扫描周期T0和一个Y010选通脉冲信号。

当M8027=OFF时，8字节模式，使用源操作数S为首地址的4个连续元件；当M8027=ON时，16字节模式，使用源操作数S为首地址的8个连续元件。输出使用目标操作数D为首地址的10个连续元件。

PLC需选用晶体管输出型。在ASCII码指令执行中，若X000由ON变为OFF，则发送

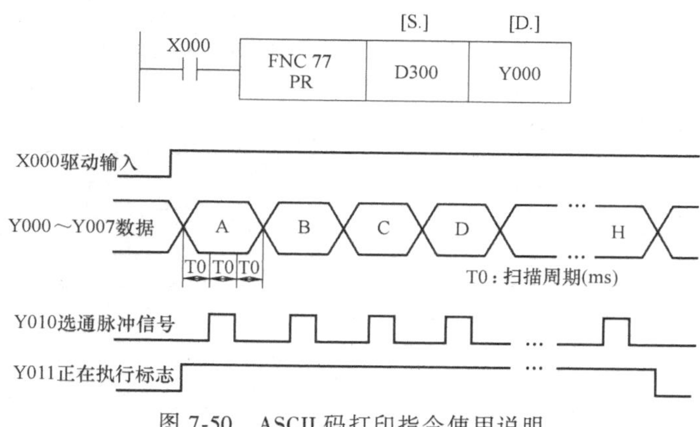

图 7-50　ASCII 码打印指令使用说明

被中断。若 X000 再次变为 ON 时，该指令从头重新开始执行。

7.7.9　BFM 读出指令 FROM（FNC 78）

BFM 读出指令的功能、操作数和程序步见表 7-56。

表 7-56　BFM 读出指令

中英文指令名称	助记符	功能	操作数				程序步
			m1	m2	D(.)	n	
BFM 读出（FROM）	FROM(P) DFROM(P) FNC 78	从特殊功能模块的缓冲存储器中读出数据到 PLC 中	K、H	K、H	KnY、KnM、KnS、T、C、D、V、Z	K、H	FROM、FROMP：9 步 DFROM、DFROMP：17 步

FX_{2N} 系列 PLC 最多可以连接 8 个增设的特殊功能模块，从最靠近基本单元的模块开始顺序编号为 No. 0～No. 7 的模块号，模块号可供 FROM/TO 指令指定哪一个模块工作。有些特殊功能模块中有 32 个 16 位的 RAM 单元（如 FX_{2N}-4AD、FX_{2N}-4DA），称为缓冲存储器（Buffer Memory，BFM），BFM 编号范围为#0～#31。该指令格式中，m1＝0～7，m2＝0～32767，n＝1～32（16 位指令），n＝1～16（32 位指令）。

BFM 读出指令的使用说明如图 7-51 所示。当 X001＝ON 时，该指令将 No. 2 特殊功能模块的#10 缓冲存储器为首地址的连续 6 个单元的 16 位数据传送到 PLC 以 D10 为首地址的连续 6 个单元中。

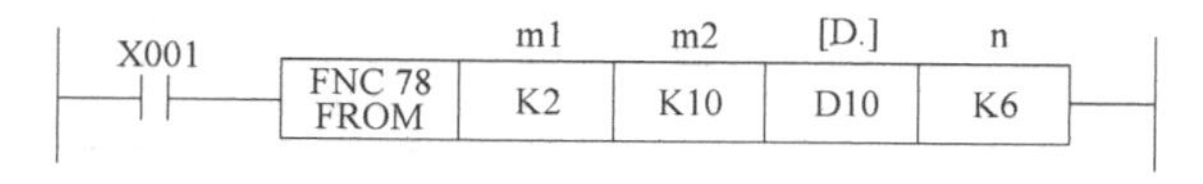

图 7-51　BFM 读出指令的使用说明

若为 16 位指令时，传送的点数 n 是点对点的单字传送，如图 7-52a 所示；若为 32 位指令时，指令中的 m2 起始号是低 16 位，后续号是高 16 位，传送的点数 n 是对与对的双字传送，如图 7-52b 所示。

7.7.10　BFM 写入指令 TO（FNC 79）

BFM 写入指令的功能、操作数和程序步见表 7-57。

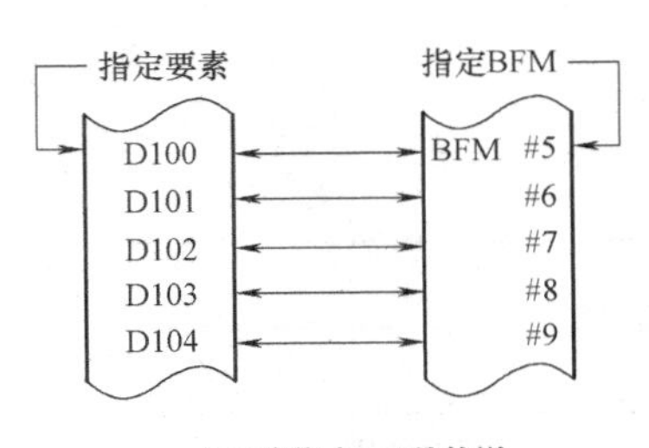

a) 16位指令n=5的传送

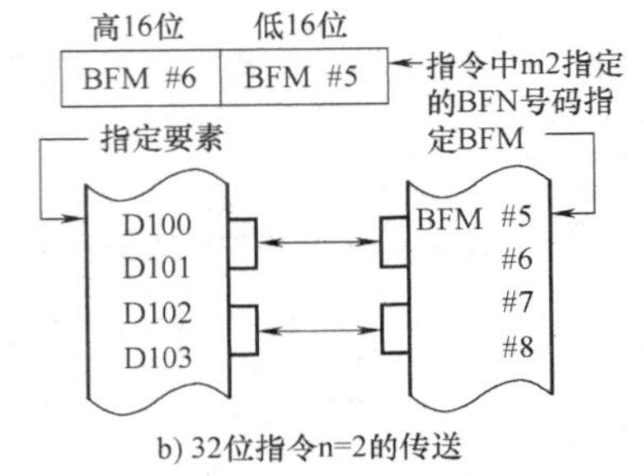

b) 32位指令n=2的传送

图 7-52　16 位/32 位 BFM 读出指令中 n 的意义

表 7-57　BFM 写入指令

中英文指令名称	助记符	功能	操作数				程序步
			m1	m2	S(.)	n	
BFM 写入（TO）	TO(P) FNC 79	将常数或 PLC 中的数据写入特殊功能模块的缓冲存储器中	K、H	K、H	K、H、KnX、KnY、KnM、KnS、T、C、D、V、Z	K、H	TO、TOP：9 步 DTO、DTOP：17 步

该指令格式中，m1 = 0 ~ 7，m2 = 0 ~ 32767，n = 1 ~ 32（16 位指令），n = 1 ~ 16（32 位指令）。BFM 写入指令的使用说明如图 7-53 所示。当 X000 = ON 时，该指令将 PLC 的 D10 中的 16 位数据传送到 No. 2 特殊功能模块的#10 缓冲存储器中。

X000　FNC 79 TO　m1 H2　m2 K10　[S.] D20　n K1

图 7-53　BFM 写入指令的使用说明

本章小结

本章首先介绍了三菱 FX_{2N} 系列 PLC 的应用指令格式，接着重点介绍了三菱 FX_{2N} 系列 PLC 的应用指令，包括程序流向控制、传送与比较、算术与逻辑运算、循环与移位等应用指令。

习题与思考题

7-1　试用 SFTL 位左移指令构成移位寄存器，实现广告牌字的闪耀控制。用 HL1 ~ HL4 分别照亮“欢迎光临”四个字。其控制流程要求见表 7-58。每步间隔 1s。

表 7-58　广告牌字闪耀流程

步序	1	2	3	4	5	6	7	8
HL1	×				×		×	
HL2		×			×		×	
HL3			×		×		×	
HL4				×	×		×	

7-2　三台电动机相隔 5s 起动，各运行 10s 停止，循环往复。使用传送比较指令完成控制要求。

7-3　试用比较指令，设计一密码锁控制电路。密码锁有 8 个按钮，分别接入 X000 ~ X007，若按 H65（表示十六进制数 65），正确后 2s，开照明；按 H87，正确后 3s，开空调。

7-4　设计一个时间中断子程序，每 20ms 读取输入口 K2X000 数据一次，每 1s 计算一次平均值，并送 D100 存储。画出梯形图。

7-5　设计蜂鸣器声音程序，具体要求是当 M0 闭合后，由 Y0 输出负载上的蜂鸣器开始以响 1s 停 1s 的周期（占空比为 1∶1）鸣叫。试设计出相关的梯形图。

7-6　喷泉控制设计：有 A、B、C 三组喷头，要求启动后 A 组先喷 5s，之后 B、C 同时喷，5s 后 B 停止，再过 5s，C 停止而 A、B 同时喷，再过 2s C 也喷；A、B、C 同时喷 5s 后全部停止，再过 3s 重复前面过程；当按下停止按钮后，马上停止。时序图如图 7-54 所示。试编出 PLC 的控制程序。

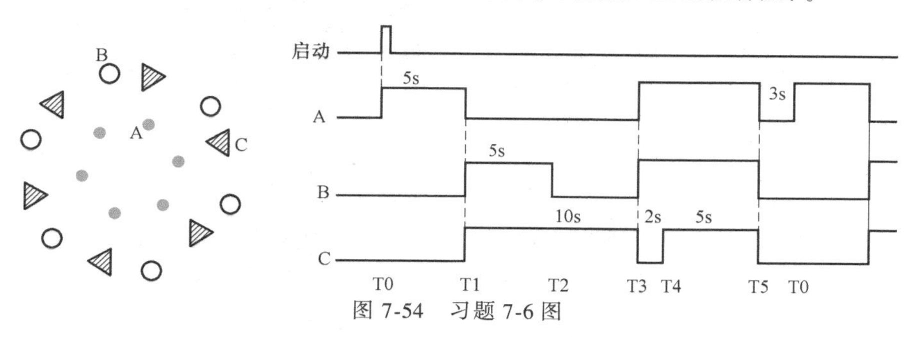

图 7-54　习题 7-6 图

7-7　某一车库门要求自动控制，如图 7-55 所示。车库的门内外各有一传感器，用来检测是否有车通过。当有车要进车库时，门外传感器检测到有车来，车库门自动打开，车开进车库，门开到上限时，开门过程结束。当门内传感器检测到车已通过时，开始关门。碰到门下限，关门结束。当车要出车库时，门内传感器检测到有车通过，车库门打开，当车通过门外传感器后，车库门自动关上。车库门外有一数字牌，用来显示车库内停车的数量，当车库内停满 10 辆车后，如外面再有车进来，车库门不开，但库内的车可以开出车库。试用 PLC 编出控制程序，完成车库门的控制。

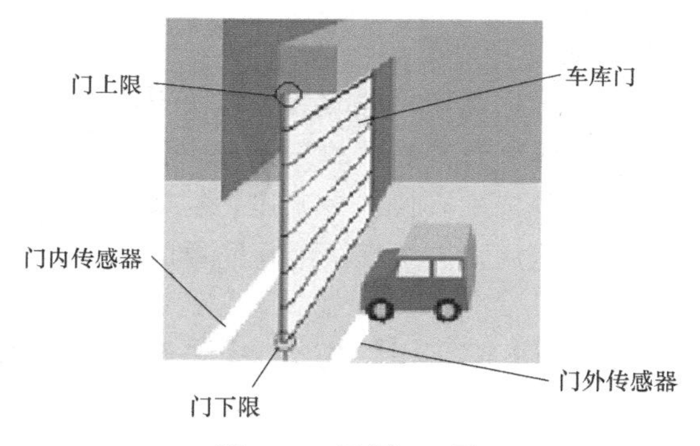

图 7-55　习题 7-7 图

7-8　采用 3 位七段码静态显示 3 位数字，使用机内译码指令和采用机外译码电路各需占用多少位输出口？

7-9　采用 3 位七段码静态显示 3 位数字，使用机外译码电路方式，试编制相关梯形图。

7-10　设计一个四组抢答器，任一组抢先按下键后，显示器能及时显示该组编号并使蜂鸣器发出响声，同时锁住抢答器，使其他组按下按键无效。抢答器有复位开关，复位后可重新抢答。

7-11　走廊楼道灯光的延时熄灭控制：在现实生活中，常常需要对走廊的楼道灯光进行控制。我们在夜间外出时，若先对楼道灯的开关进行操作，但并不是希望电灯马上熄灭，而是经过一段时间后（例如 10s）再自行熄灭，以方便我们夜间行走。根据画出的 PLC 外部接线图（见图 7-56），编写出梯形图程序，并写出指令语句表。

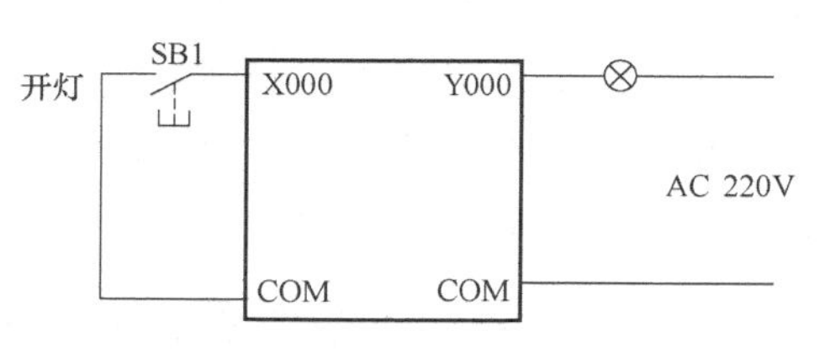

图 7-56　习题 7-11 图

7-12　传送带产品检测：用红外传感器检测传送带上的产品，若 20s 内无产品通过，则传送带停止，同时发出警告信号。设检测信号从 X002 端子输入，传送带由 Y000 驱动，警告信号由 Y001 点控制，X000 为起动按钮，X001 为停止按钮。请设计控制梯形图程序。

第 8 章 FX_{2N}系列PLC步进指令和状态编程

内容简介：

状态编程法也称为功能表图法，是程序编制的重要方法及工具。FX_{2N} 系列 PLC 的步进顺控指令及大量的状态软元件就是为其安排的；状态转移图是状态编程的重要工具，包含了状态编程的全部要素。进行状态编程时，一般先绘制状态转移图，然后转换成状态梯形图或指令表。本章主要介绍状态指令、状态元件、状态转移图三要素、状态编程思想，状态转移图与状态梯形图的对应转换关系，并通过实例介绍状态编程思想在顺序控制中的应用。

学习目标：

1. 了解状态软元件的功能和使用。
2. 理解状态转移图的三要素。
3. 具备将单流程、多流程、复杂流程的状态转移图转换成正确的梯形图程序的能力。
4. 能运用状态编程法编写简单的选择分支、并行分支的系统控制程序。

8.1 步进控制状态编程法和步进指令

8.1.1 概述

如果一个控制过程可以分解成几个独立的控制动作，并且这些动作按照一定的先后顺序一步步执行才能保证控制过程的正常运行，这样的控制系统称为步进控制系统，也称为顺序控制系统。在工业控制领域中尤其在机械行业，许多生产过程或生产的工艺流程的控制总是一步一步按顺序进行的，应用步进控制的设计方法能充分表达控制过程和生产的工艺流程，步进控制的系统图可读性较强。

步进控制设计法即状态编程法，就是针对顺序控制系统的一种专门的设计方法。PLC 的设计者们为步进控制系统的程序编制提供了大量通用和专用的编程元件，开发了专门供编制顺序控制程序用的功能表图，使这种先进的设计方法成为当前 PLC 程序设计的主要方法。

8.1.2 FX_{2N} 系列 PLC 步进指令和使用说明

1. FX_{2N} 系列 PLC 步进指令

FX_{2N} 系列 PLC 有两条步进指令：步进梯形指令 STL 和步进返回指令 RET，其指令助记符与功能见表 8-1。

表 8-1　步进顺控指令功能及梯形图符号

指令助记符、名称	功　能	梯形图符号	程序步
步进梯形指令 STL	步进触点驱动	S（STL触点）—线圈	1 步
步进返回指令 RET	步进程序结束返回	—[RET]	1 步

步进梯形指令 STL 只有与状态继电器 S 配合时才具有步进功能。使用 STL 指令的状态继电器常开触点，称为 STL 触点，没有常闭的 STL 触点。用状态继电器代表功能图的各步，每一步都具有三种功能：负载的驱动处理、条件转移和转移目标，这称为状态转移图的三要素，后两个功能是必不可少的。步进指令在状态转移图和状态梯形图中的表示方法如图 8-1 所示。

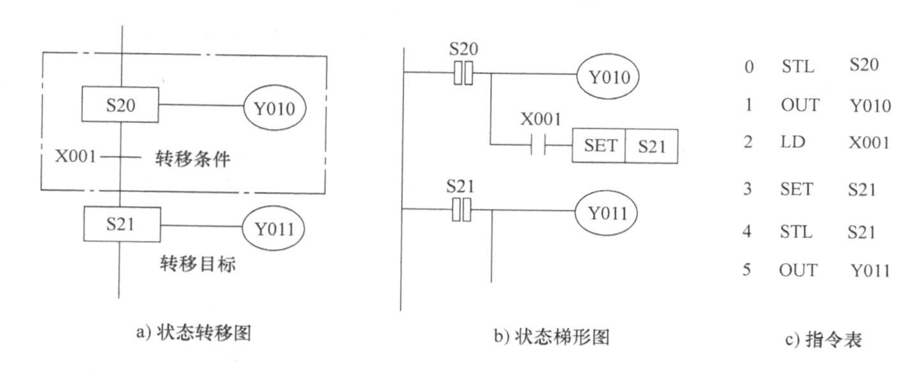

图 8-1　步进指令表示方法

图 8-1a 为状态转移图，图 8-1b 为状态梯形图，与图 8-1a 相对应，是从步进状态图“翻译”的梯形图，图 8-1c 为图 8-1b 对应的指令表。

步进指令执行的过程是：当进入状态 S20 时，S20 的 STL 触点接通，输出继电器线圈 Y010 接通（驱动负载），执行操作处理。如果 X001 接通（转移条件满足），下一步的状态继电器 S21 被置位，则下一步的步进触点 S21 接通（转移目标），转移到下一步状态，同时将自动复位原状态 S20（即自动断开）。

使用步进指令时应先设计状态转移图（简称为 SFC 图），再由状态转移图转换成状态梯形图（简称为 STL 图）。状态转移图中的每个状态表示顺序控制的每步工作的操作，因此常用步进指令实现时间或位移等顺序控制的操作过程。

2. 使用说明

1）步进触点在状态梯形图中与左母线相连，具有主控制功能，STL 右侧产生的新母线上的接点要用 LD 或 LDI 指令开始。RET 指令可以在一系列的 STL 指令最后安排返回，也可以在一系列的 STL 指令中需要中断返回主程序逻辑时使用。

2）当步进触点接通时，其后面的电路才能按逻辑动作。如果步进触点断开，则后面的电路全部断开，相当于该段程序跳过。若需要保持输出结果，可用 SET 和 RST 指令。

3）可以在步进触点内处理的顺控指令见表 8-2。

表 8-2　可在步进触点内处理的顺控指令一览表

状态		LD/LDI/LDP/LDF，AND/ANI/ANDP/ANDF，OR/ORI/ORP/ORF/INV/OUT，SET/RST，PLS/PLF	ANB/ORB，MPS/MRD/MPP	MC/MCR
初始状态/一般状态		可以使用	可以使用	不可使用
分支、汇合状态	输出处理	可以使用	可以使用	不可使用
	转移处理	可以使用	可以使用	不可使用

表 8-2 中的栈操作指令 MPS/MRD/MPP 在状态内不能直接与步进触点后的内母线连接，应接在 LD 或 LDI 指令之后，如图 8-2 所示。

在 STL 指令内允许使用跳转指令，但其操作复杂，厂家不建议使用。

4）允许同一编号元件的线圈在不同的 STL 触点后面多次使用，如图 8-3a 所示。但是应注意，同一编号定时器线圈不能在相邻的状态中出现，如图 8-3b 所示。在同一个程序段中，同一状态继电器地址号只能使用一次。

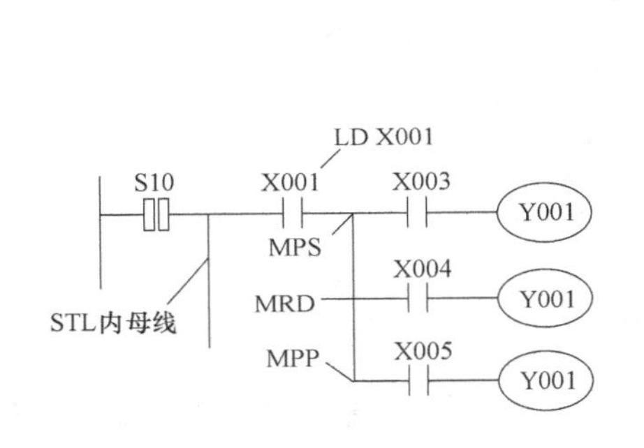

图 8-2　栈操作指令在状态内的正确使用

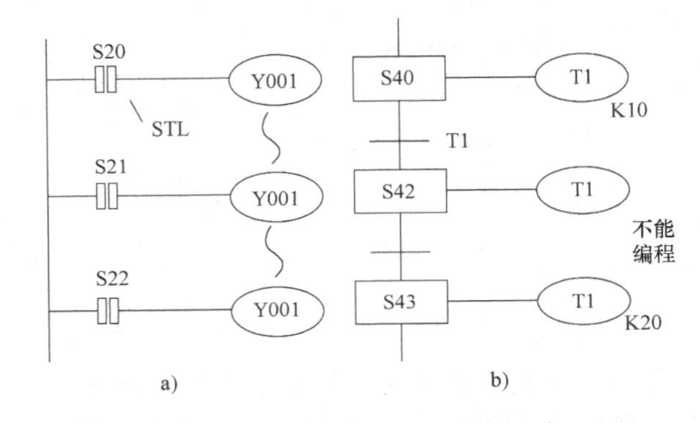

图 8-3　STL 指令使用说明第 4）点解释图

5）在 STL 指令的内母线上将 LD 或 LDI 指令编程后，对图 8-4a 所示没有触点的线圈 Y003 将不能编程，应改成按图 8-4b 所示电路才能对 Y003 编程。

6）为了避免电动机正反转时两个线圈同时接通短路，在状态内可实现输出线圈互锁，方法如图 8-5 所示。

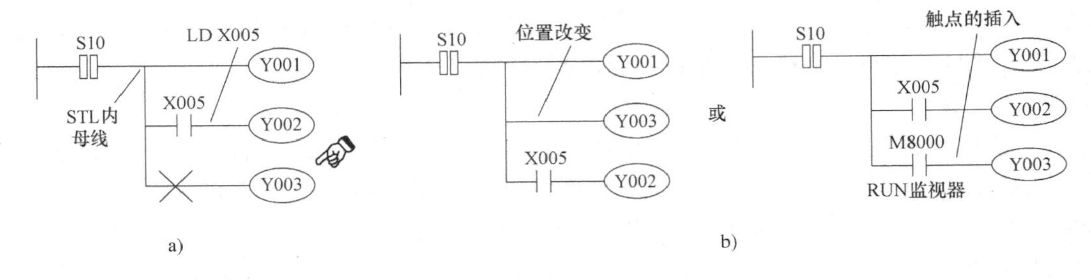

图 8-4　状态内没有触点线圈的编程

8.1.3　状态转移图的建立

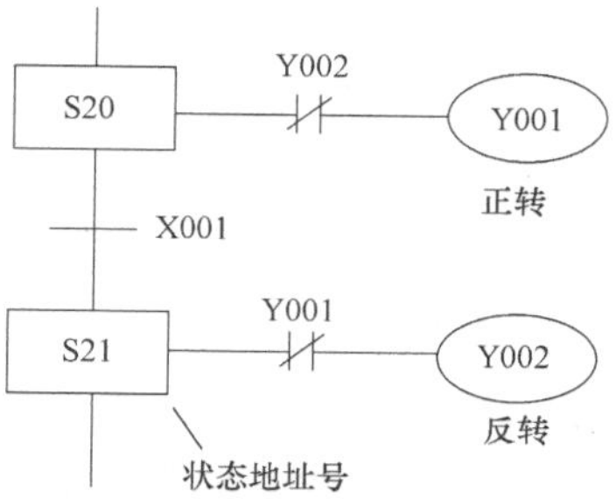

状态转移图是状态编程法的重要工具。状态编程的一般设计思想是：将一个复杂的控制过程分解为若干个工作状态，弄清各工作状态的工作细节（如状态功能、转移条件和转移方向），再依据总的控制顺序要求，将这些工作状态联系起来，就构成了状态转移图（SFC 图）。根据 SFC 图进而可以编绘出状态梯形图（STL 图）。

S20　Y002　Y001　正转　X001　S21　Y001　Y002　反转　状态地址号

图 8-5　输出线圈的互锁

1. 状态转移图的组成

状态转移图由步、转换、转换条件及有向连线组成。

（1）步

将系统的工作过程分为若干个阶段，这些阶段称为“步”。“步”是控制过程中的一个特定状态。步又分为初始步和工作步，在每一步中要完成一个或多个特定的动作。初始步表示一个控制系统的初始状态，所以，一个控制系统必须有一个初始步，初始步可以没有具体要完成的动作。当系统正处于某一步时，把该步称为“活动步”。

FX_{2N} 系列 PLC 的状态继电器元件有 900 点（S0～S899）。其中，S0～S9 为初始状态继电器，用于功能图的初始步。

（2）有向连线

在状态转移图中，随着时间的推移和转换条件的实现，将会发生步的活动状态的进展，这种进展按有向连线规定的路线和方向进行。在画状态转移图时，将代表各步的方框按它们成为活动步的先后次序顺序排列，并用有线连线将它们连接起来。步的活动状态进展方向通常是从上到下或从左至右，在这两个方向有向连线上的箭头可以省略。

（3）转换

转换用有向连线上与有线连线垂直的短画线来表示，转换将相邻；两步分隔开。步的活动状态的进展是由转换来实现的，并与控制过程的发展相对应。

（4）转换条件

步与步之间用有向连线连接，在有向连线上用一个或多个小短线表示一个或多个转换条件。当条件得到满足时，转换得以实现。转换条件可以用文字语言、布尔代数表达式或图形符号标注在表示转换的短线旁边。

2. 状态转移图的基本结构及特点

在顺序控制中，经常需要按不同的条件转向不同的分支，或者在同一条件下转向多路分支，还可能跳过某些操作或者重复某种操作。因此，在控制过程中可能具有两个以上的顺序动作过程，那么它的状态转移图也具有两个以上的状态转移分支，这样的 SFC 图称为多流程顺序控制，具体编程方法将在后续章节中详细介绍。常用的状态转移图的基本结构有单流程、选择性分支、并行分支和跳转与循环 4 种结构。任何复杂的控制过程都可以由这 4 种结构组合而成。

（1）单流程结构

单流程结构就是由一系列相继执行的工步组成的单条流程。其特点如下：

1）每个活动步后面只能有一个转移的条件，且转向仅有一个步。

2）状态不必按顺序编号，其他流程状态也可以作为状态转移的条件。如图 8-6 所示，每满足一个转换条件就依次进入下一个状态，并驱动相应线圈。

（2）选择分支结构

从多个分支流程中根据条件选择某一分支，状态转移到该分支执行，其他分支的转移条件不能同时满足，即每次只满足一个分支转移条件称为选择分支结构，如图 8-7 所示。其特点是：

1）状态转移图有单个分支流程顺序。

2）S20 为分支状态，根据不同的转移条件（X001、X004、X007），选择执行其中一个分支流程。三个转换条件不能同时为满足。

3）S27 为汇合状态，可由 S22、S24、S26 任一状态驱动。

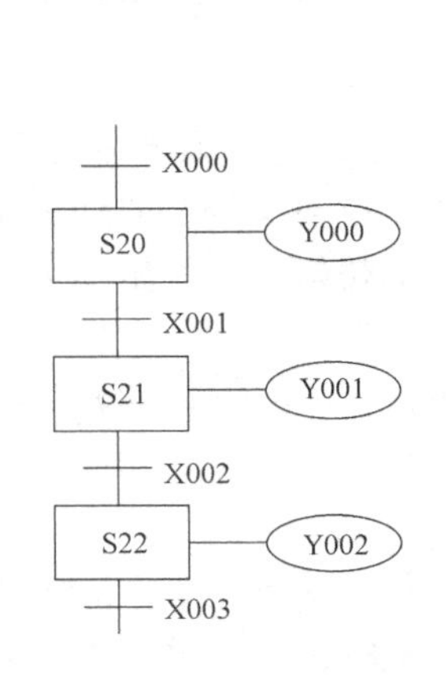

图 8-6　单流程结构示意图

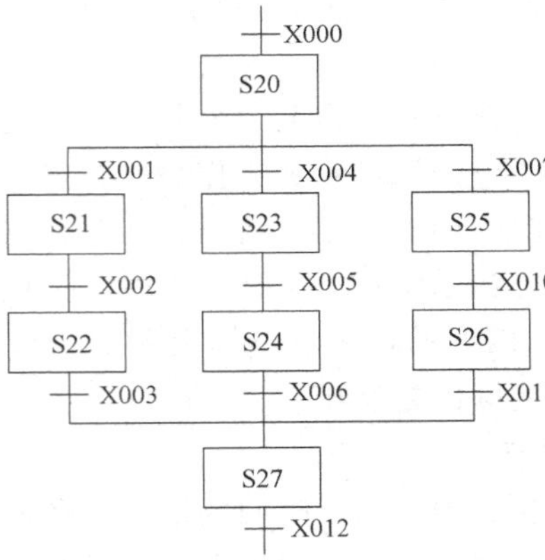

图 8-7　选择分支结构示意图

（3）并行分支结构

当满足某个条件后使多个流程分支同时执行的分支流程称为并行分支，其有向连线的水平部分用双线表示。图 8-8 中，当 X001 接通时，状态同时转移，使 S21、S31 和 S41 同时置位，三个分支同时进行，只有这三个状态都运行结束后，若 X004 接通，才能使 S50 置位，并使 S22、S32 和 S41 同时复位。

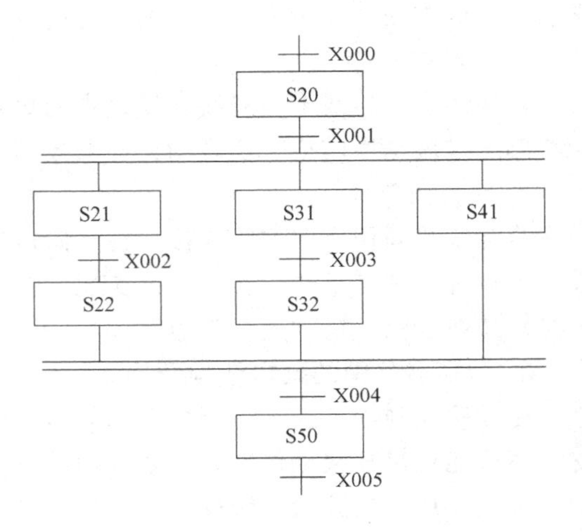

图 8-8　并行分支结构示意图

（4）跳转与循环序列

跳转与循环是选择性分支的一种特殊形式。若满足某一转移条件，程序跳过几个状态往下继续执行，这是正向跳转；或程序返回上面某个状态再开始往下继续执行，这是逆向跳转，也称为循环。图 8-9a 中，当转换条件 X005 为 ON 时，直接由状态 S21 跳转至 S24 执行，S22 和 S23 状态省略执行；图 8-9b 中，当转换条件 X005 为 ON 时，由状态 S23 返回状态 S22 重复执行，当 X004 为 ON 时，则顺序执行状态 S24。

3. 编制 SFC 图的注意事项

1）对状态编程时必须使用步进梯形指令 STL。程序的最后必须使用步进返回指令 RET，返回主母线。

2）初始状态的软元件用S0～S9，要用双框表示；S10～S19在多运行控制模式中用作返回原点的状态；中间状态软元件用S20～S899等状态，用单框表示。若需要在停电恢复后继续原状态运行时，可使用S500～S899停电保持状态元件。

3）状态编程顺序为：先进行驱动，再进行转移，不能颠倒。

4）负载的驱动、状态转移条件可能为多个元件的逻辑组合，视具体情况，按串、并联关系处理，不能遗漏，如图8-10a所示。

5）顺序状态转移用置位指令SET。若顺序不连续转移，也可以使用OUT指令进行状态转移，如图8-10b所示。

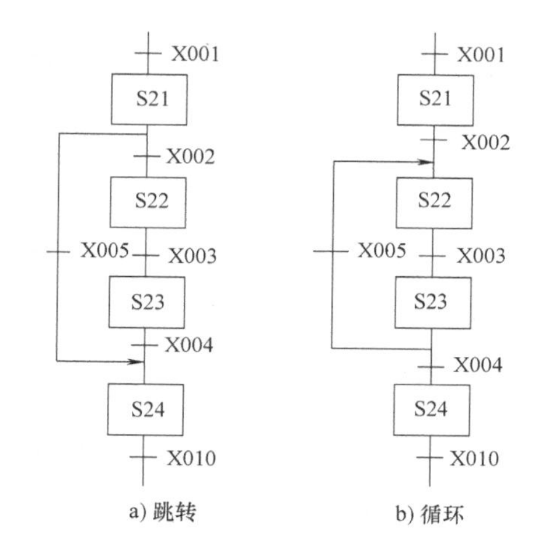

图8-9　跳转和循环分支示意图

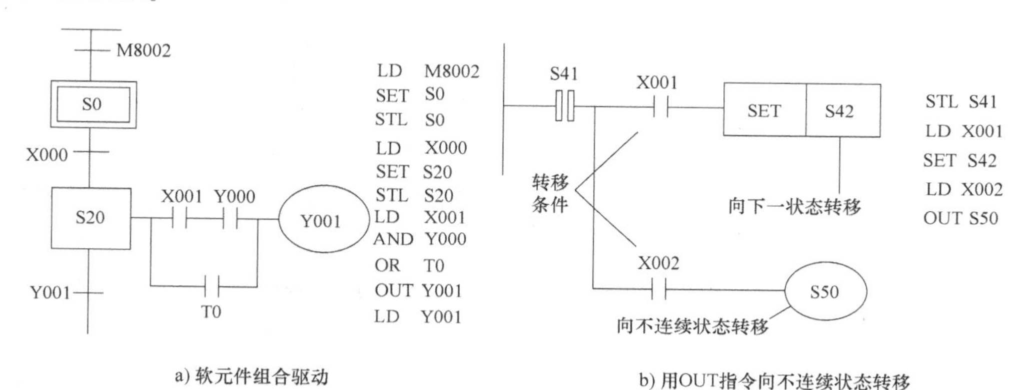

图8-10　负载组合驱动、向不连续状态转移

6）在STL与RET指令之间不能使用MC、MCR指令。

7）初始状态可由其他状态驱动，但运行开始必须用其他方法预先做好驱动，否则状态流程不能正常向下进行。一般用系统的初始条件驱动，若无初始条件，可用M8002（PLC从STOP→RUN切换时的初始脉冲）进行驱动。图8-10a中，M8002得电后转换到初始状态S0。

4. 编制SFC图的规则

1）向上面状态的转移（称循环）、向非相连的下面状态的转移或向其他流程状态的转移（称跳转），称为顺序不连续转移，顺序不连续转移的状态不能使用SET指令，要用OUT指令进行状态转移，并要在SFC图中用“↓”符号表示转移目标，如图8-11所示。

2）在流程中要表示状态的自复位处理时，要用“⊥”符号表示，自复位状态在程序中用RST指令表示，如图8-12所示。

3）SFC图中的转移条件不能使用ANB、ORB、MPS、MRD、MPP指令，应按图8-13b所示确定转移条件。

4）SFC图中，流程不能交叉，应按图8-14处理。

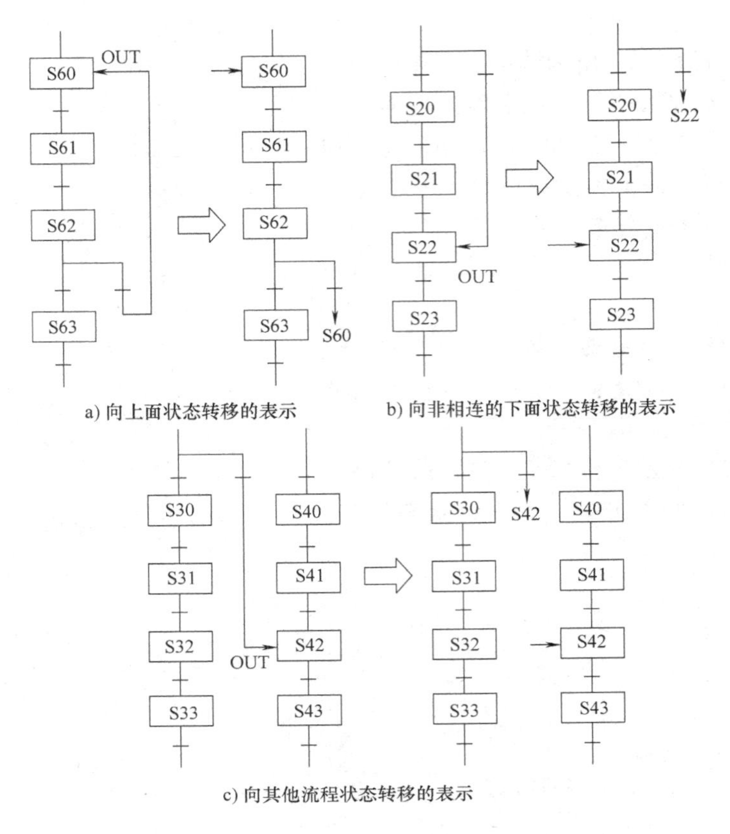

图 8-11 顺序不连续转移在 SFC 图中的表示转移

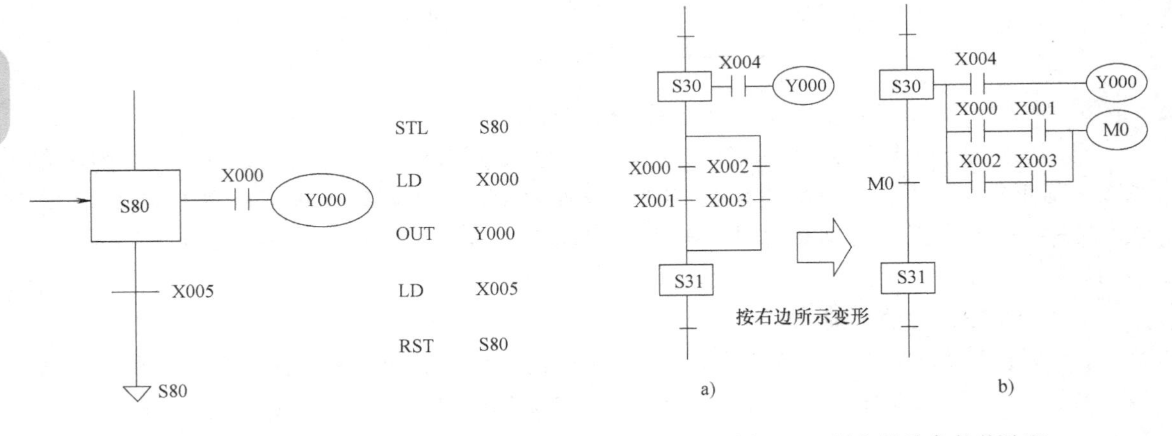

图 8-12 自复位表示方法的处理

图 8-13 复杂转移条件的处理

5）若要对某个区间状态进行复位，可用区间复位指令 ZRST 按图 8-15a 处理；若要使某个状态中的输出禁止，可按图 8-15b 所示方法处理；若要使 PLC 的全部输出继电器（Y）断开，可用特殊辅助继电器 M8034 接成图 8-15c 所示电路，当 M8034 为 ON 时，PLC 继续进行程序运算，但所有输出继电器（Y）都断开了。

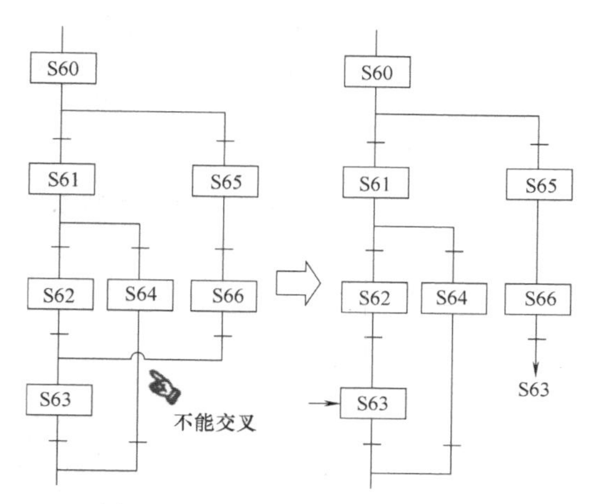

图 8-14　SFC 图中交叉流程的处理

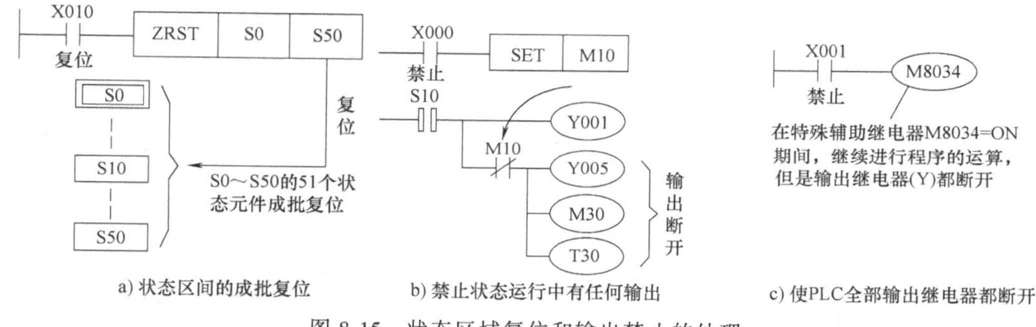

图 8-15　状态区域复位和输出禁止的处理

为了有效地编制 SFC 图，常需要采用表 8-3 的特殊辅助继电器。

表 8-3　SFC 图中常采用的特殊辅助继电器功能与用途

地址号	名称	功能与用途
M8000	RUN 监视器	PLC 在运行过程中，它一直处于接通状态。可作为驱动所需的程序输入条件与表示 PLC 的运行状态来使用
M8002	初始脉冲	在 PLC 接通瞬间，产生 1 个扫描周期的接通信号。用于程序的初始设定与初始状态的置位
M8040	禁止转移	在驱动该继电器时，禁止在所有程序步之间转移。在禁止转移状态下，状态内的程序仍然动作，因此输出线圈等不会自动断开
M8046	STL 动作	任一状态接通时，M8046 仍自动接通，可用于避免与其他流程同时启动，也可用作工序的动作标志
M8047	STL 监视器有效	在驱动该继电器时，编程功能可自动读出正在动作中的状态地址号

8.2　多流程顺序 SFC 图编程方法举例

在顺序控制中，经常需要按不同的条件转向不同的分支，或者在同一条件下转向多路分支。当然还可能需要跳过某些操作或重复某种操作。也就是说，在控制过程中可能具有两个以上的顺序动作过程，其 SFC 图也具有两个以上的状态转移分支，这样的 SFC 图称为多流程顺序控制。通过前面章节介绍，多流程顺序控制结构主要有选择分支结构、并行分支结构及跳转与循环结构。这里，分别对这些多流程顺序结构的 SFC 图编程方法进行举例说明。

8.2.1 选择性分支与汇合编程方法

编程原则是先集中处理分支状态，然后再集中处理汇合状态。现以图 8-16 所示选择性分支状态转移图为例说明其编程方法。

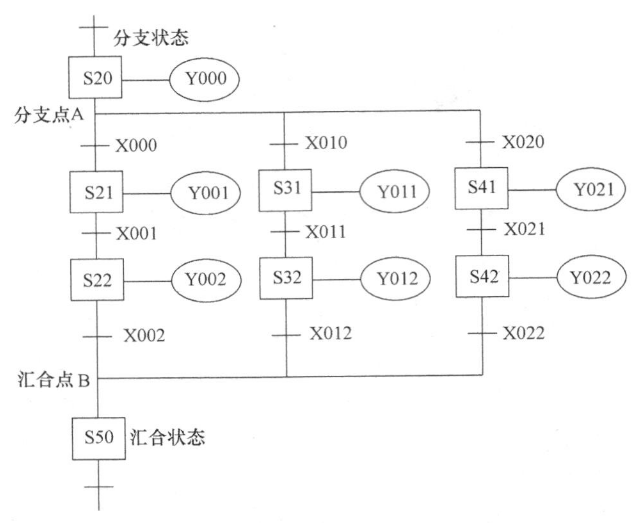

图 8-16 选择性分支状态转移图

1. 分支状态的编程

编程方法是先对分支状态 S20 进行驱动处理（OUT Y000），然后按 S21、S31、S41 的顺序进行转移处理。图 8-16 的分支状态 S20 如图 8-17a 所示，图 8-17b 是分支状态 S20 的程序。

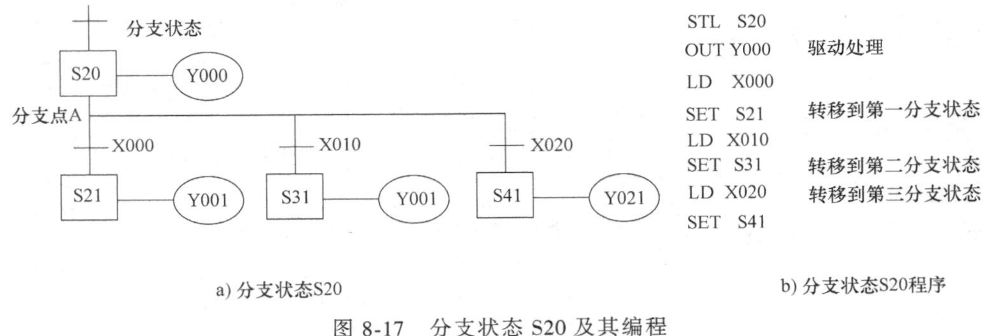

图 8-17 分支状态 S20 及其编程

2. 汇合状态的编程

编程方法是先依次对 S21、S22、S31、S32、S41、S42 状态进行汇合前的输出处理编程，然后按顺序从 S22（第一分支）、S32（第二分支）、S42（第三分支）向汇合状态 S50 转移编程。汇合状态如图 8-18a 所示，图 8-18b 是各分支汇合前的输出处理和向汇合状态 S50 转移的编程。

3. 选择性分支状态转移图对应的状态梯形图

由图 8-16 的 SFC 图和对其进行编程所得指令表程序，可绘制出其对应的状态梯形图，

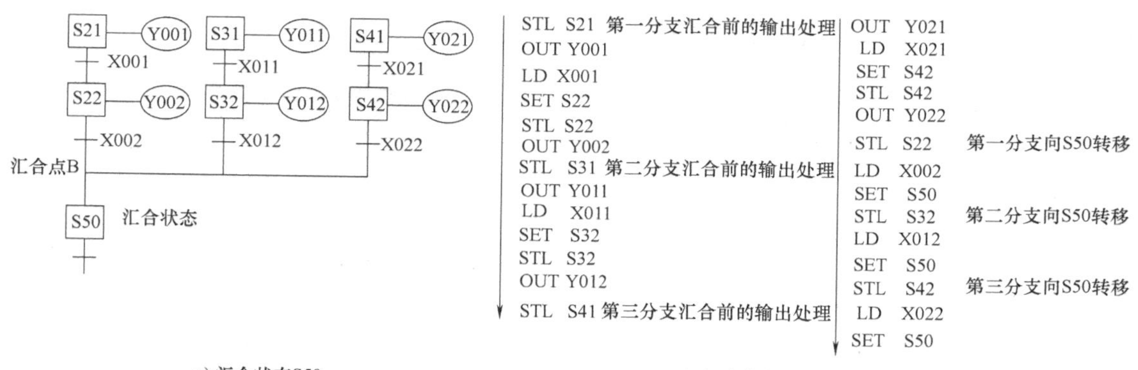

图 8-18　汇合状态 S50 及其编程

如图 8-19 所示。

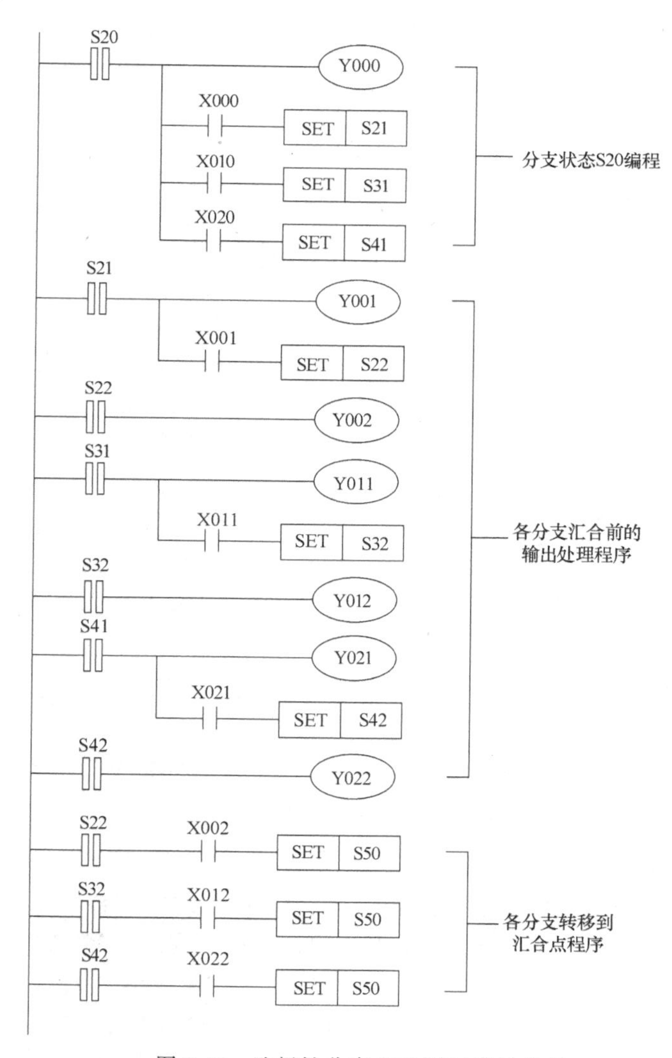

图 8-19　选择性分支 SFC 图对应的状态

8.2.2 并行分支与汇合编程方法

编程原则是先集中进行并行分支处理，再集中进行汇合处理。现以图 8-20 所示并行分支状态转移图为例说明其编程方法。

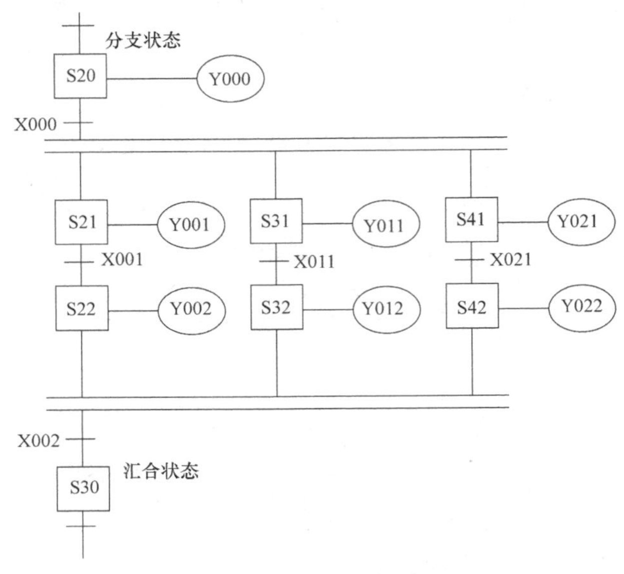

图 8-20 并行分支状态转移图梯形图

1. 并行分支的编程

编程方法是先对分支状态进行驱动处理，然后按分支顺序进行状态转移处理。图 8-21a 为分支状态 S20，图 8-21b 是并行分支状态的程序。

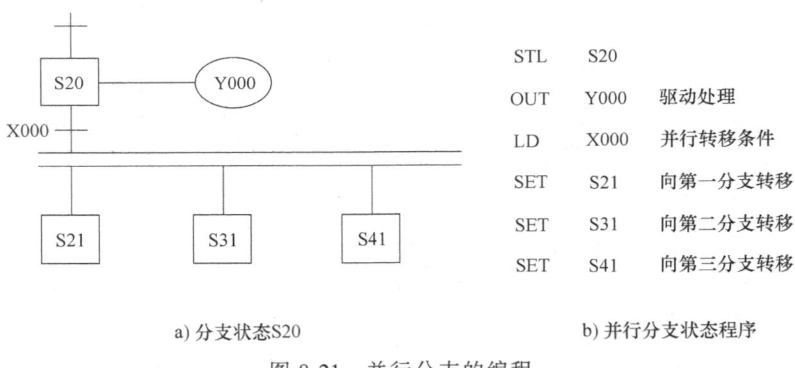

图 8-21 并行分支的编程

2. 并行汇合处理编程

编程方法是先进行汇合前状态的驱动处理，然后按顺序进行汇合状态的转移处理。按照并行汇合的编程方法，应先进行汇合前的输出处理，即按分支顺序对 S21、S22、S31、S32、S41、S42 进行输出处理，然后依次进行从 S22、S32、S42 到 S30 的转移。图 8-22a 所示为 S30 的并行汇合状态，图 8-22b 是各分支汇合前的输出处理和向汇合状态 S30 转移的程序。

3. 并行分支 SFC 图对应的状态梯形图

根据图 8-20 所示 SFC 图和上面的指令表程序，可以绘出它的状态梯形图如图 8-23

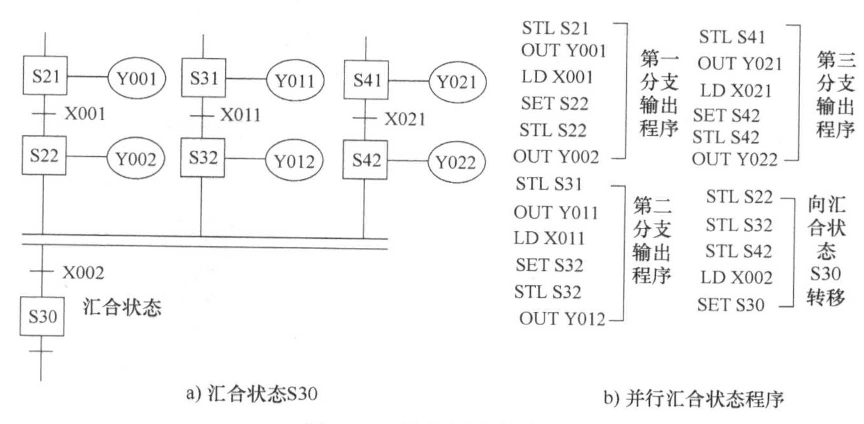

图 8-22　并行汇合的编程

所示。

4. 并行分支、汇合编程应注意的问题

1）并行分支的汇合最多能实现 8 个分支的汇合，如图 8-24 所示。

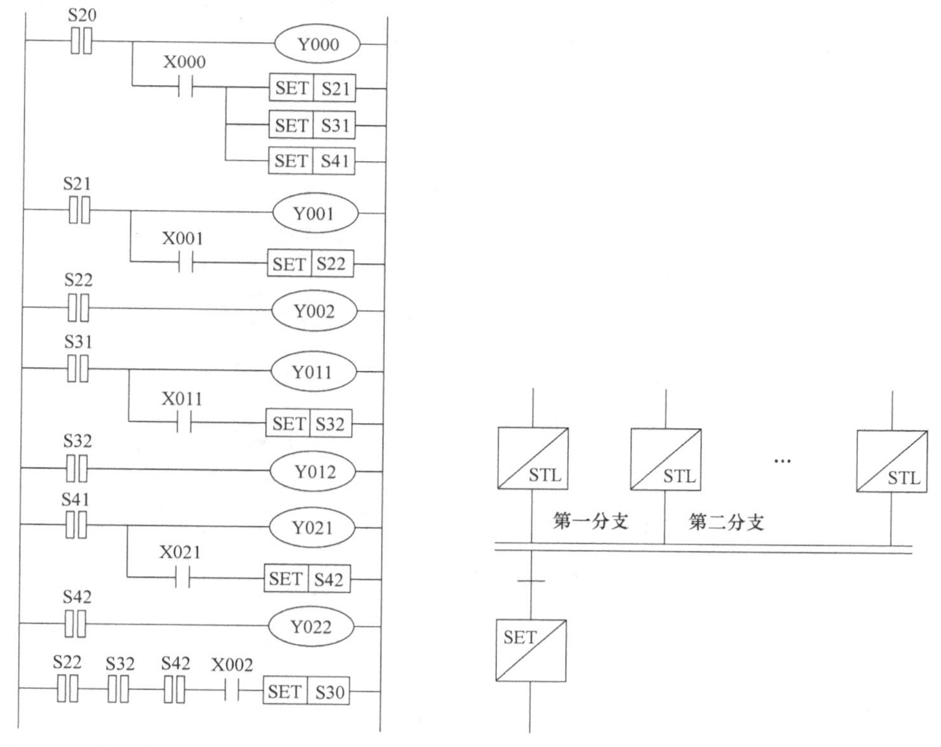

图 8-23　并行分支 SFC 图的状态梯形图　　　图 8-24　并行分支的汇合限制图

2）并行分支与汇合流程中，并行分支后面不能使用选择转移条件※，在转移条件＊后不允许并行汇合，如图 8-25a 所示，应改成图 8-25b 后，方可编程。

8.2.3　复杂组合流程的编程方法

在复杂的顺序控制中，常常会有选择性流程、并行性流程的组合。下面对几种常见的复

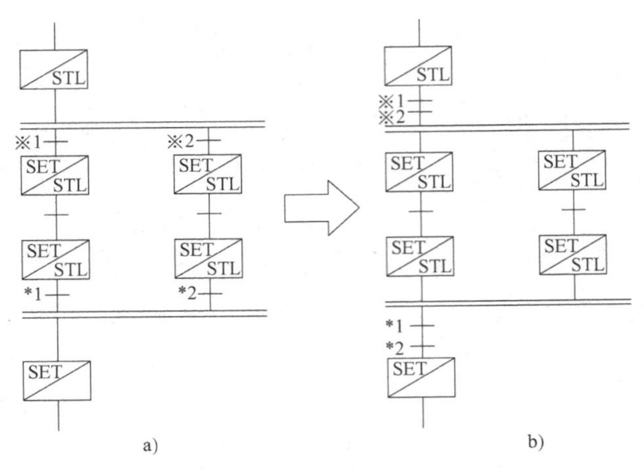

图 8-25　并行分支与汇合转移条件的处理

杂流程做简单的介绍。

1. 选择性汇合后的选择性分支的编程

图 8-26a 所示是一个选择性汇合后的选择性分支的 SFC 图，要对这种 SFC 图进行编程，必须要在选择性汇合后和选择性分支前插入一个虚拟状态（如 S100）才可以编程，如图 8-26b 所示。

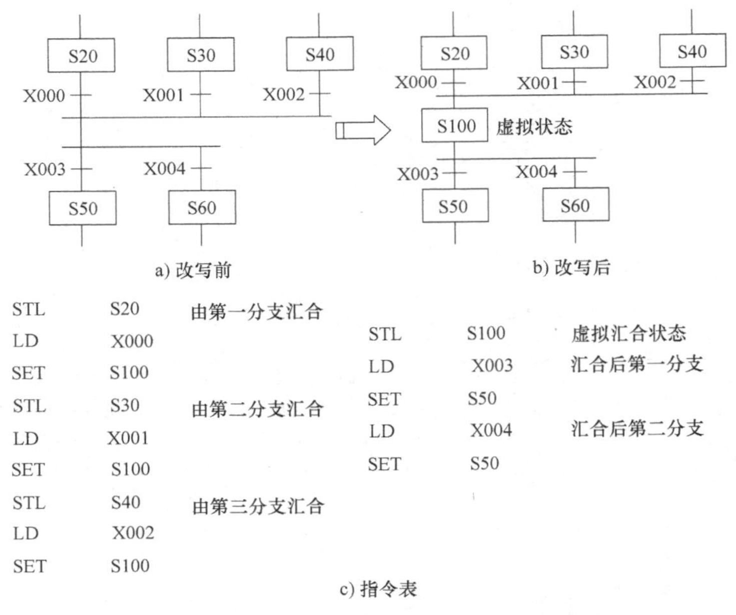

STL	S20	由第一分支汇合
LD	X000	
SET	S100	
STL	S30	由第二分支汇合
LD	X001	
SET	S100	
STL	S40	由第三分支汇合
LD	X002	
SET	S100	

STL	S100	虚拟汇合状态
LD	X003	汇合后第一分支
SET	S50	
LD	X004	汇合后第二分支
SET	S50	

c) 指令表

图 8-26　选择性汇合后的选择性分支的改写处理

2. 复杂选择性流程的编程

所谓复杂选择性流程是指选择性分支下又有新的选择性分支，同样，选择性分支汇合后又与另一选择性分支汇合组成新的选择性分支的汇合。对于这类复杂的选择性分支，可以采用重写转移条件的办法重新进行组合，如图 8-27 所示，其指令表程序参照选择性分支与汇合的编程方法。

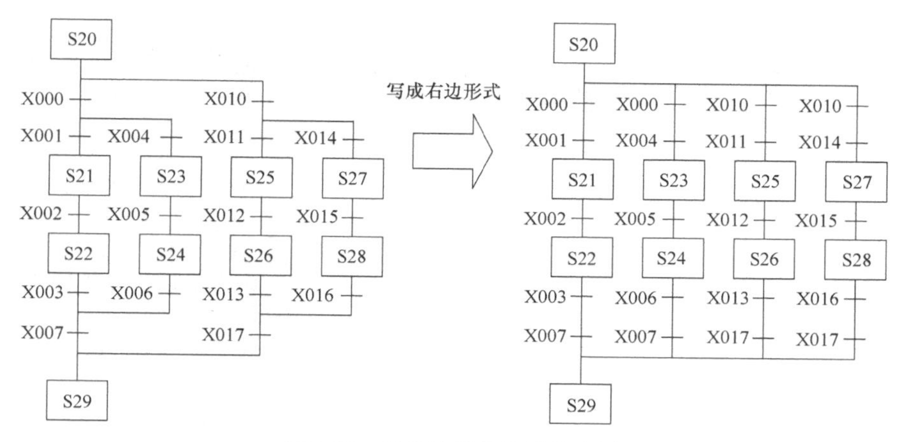

图 8-27　复杂选择性流程的改写

3. 并行性汇合后的并行性分支的编程

图 8-28 所示是一个并行性汇合后的并行性分支的 SFC 图，要对这类 SFC 图进行编程，可参照选择性汇合后的选择性分支的编程方法，即在并行性汇合后和并行性分支前插入一个虚拟状态（如 S101）才可以编程。

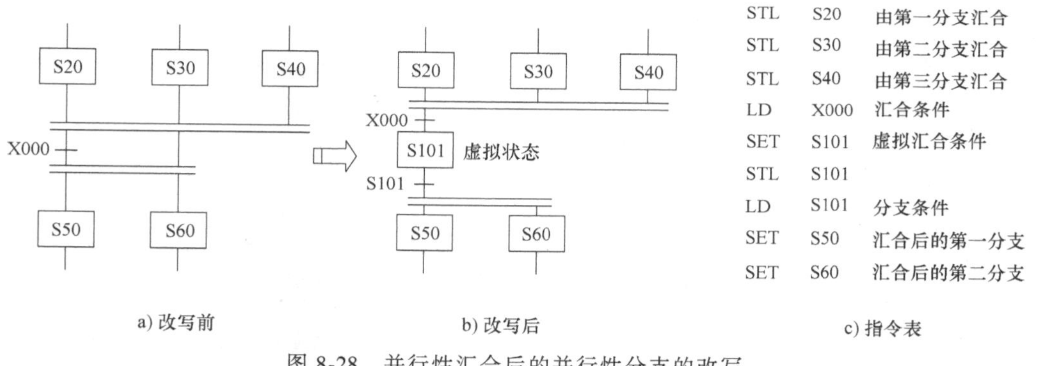

图 8-28　并行性汇合后的并行性分支的改写

4. 选择性汇合后的并行性分支的编程

图 8-29a 所示是一个选择性汇合后的并行性分支的 SFC 图，要对这种转移图进行编程，必须在并行性汇合后和选择性分支前插入一个虚拟状态（如 S102）才可以编程，如图 8-29b 所示。

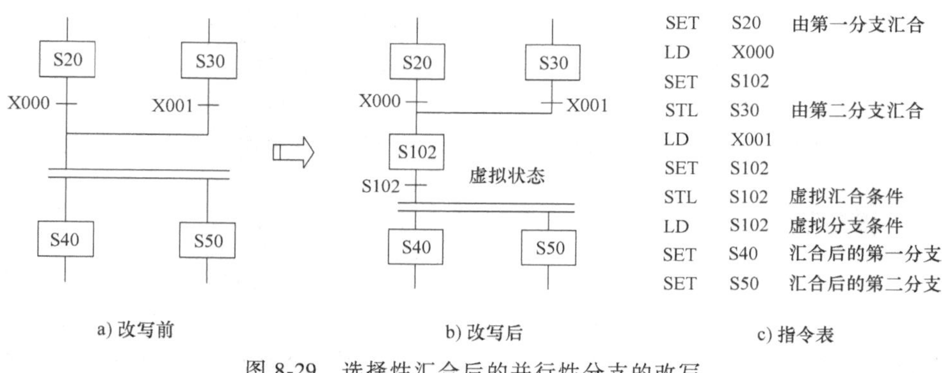

图 8-29　选择性汇合后的并行性分支的改写

5. 并行性汇合后的选择性分支的编程

图 8-30a 所示是一个并行性汇合后的选择性分支的 SFC 图，要对这种转移图进行编程，必须在并行性汇合后和选择性分支前插入一个虚拟状态（如 S103）才可以编程，如图 8-30b 所示。

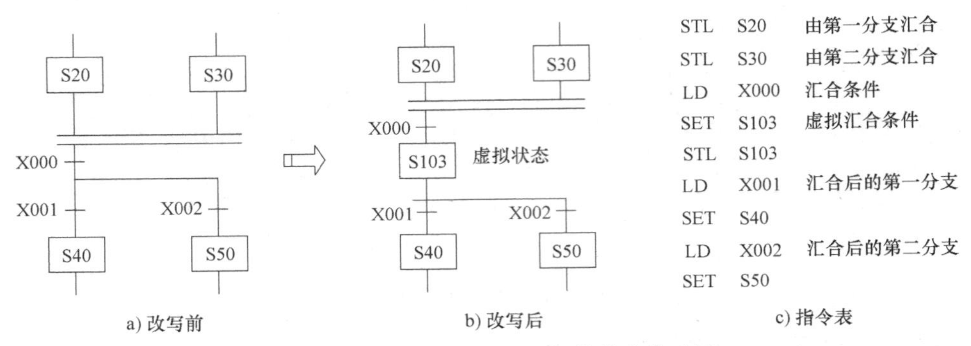

图 8-30　并行性汇合后的选择性分支的改写

6. 选择性分支里嵌套并行性分支的编程

图 8-31 所示是在选择性分支里嵌套并行性分支的 SFC 图。分支时，先按选择性流程的方法编程，然后按并行性流程的方法编程；汇合时，则先按并行性汇合的方法编程，然后按选择性汇合的方法编程。

一条并行分支或选择性分支的支路数限定为 8 条以下；有多条并行分支与选择性分支时，每个初始状态的支路总数应小于或等于 16 条，如图 8-32 所示。

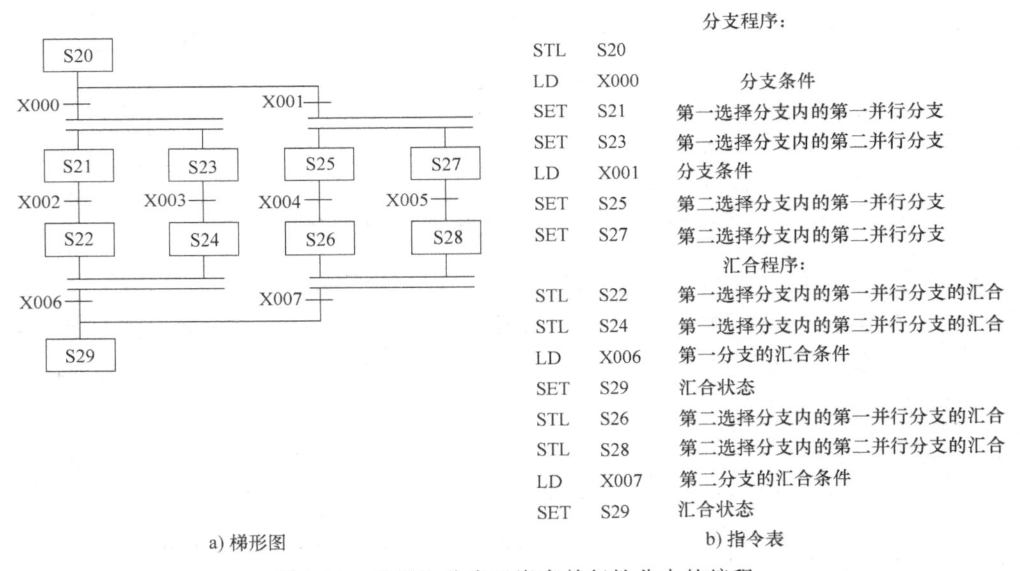

图 8-31　选择性分支里嵌套并行性分支的编程

8.2.4　跳转与循环结构编程方法

图 8-33 就是跳转与循环结构的 SFC 图和 STL 图。图中，在 S23 工作时，X003 和 X100 均接通，则进入逆向跳转，返回到 S21 重新开始执行（循环工作）；若 X100 断开，则 X100 常闭触点闭合，程序则顺序往下执行 S24；当 X004 和 X101 均接通时，程序由 S24 直接转移

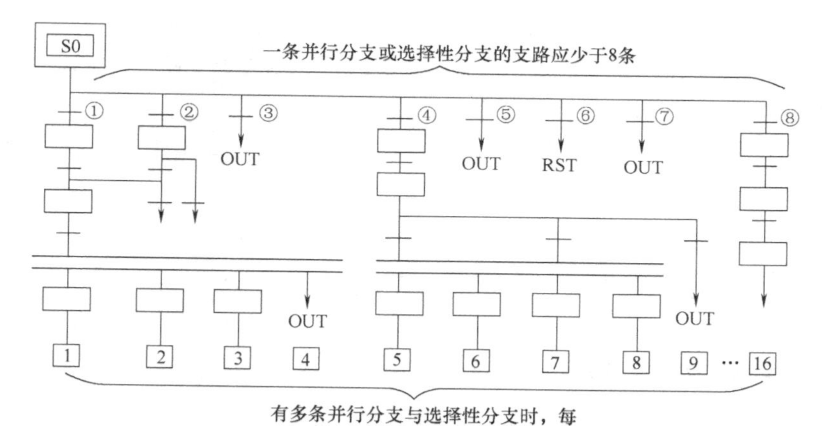

图 8-32　分支数的限定

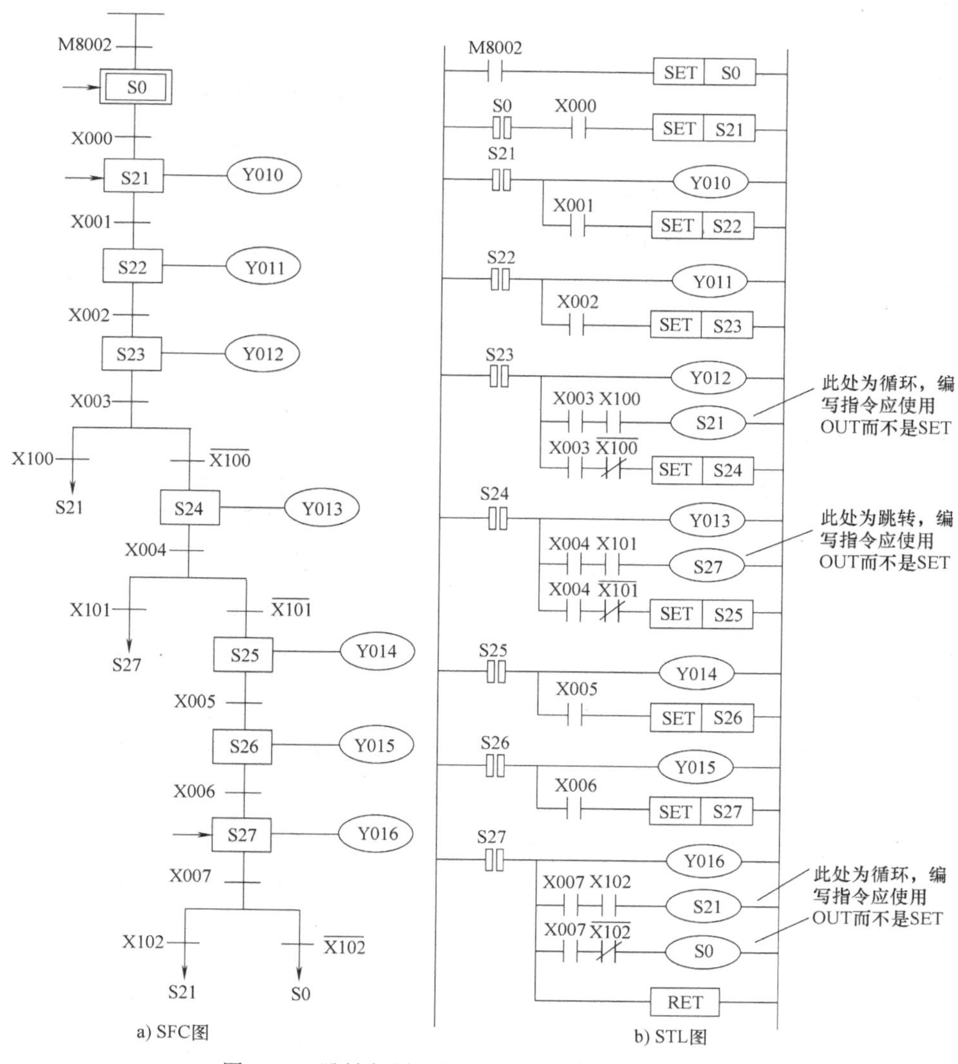

图 8-33　跳转与循环控制结构的 SFC 图和 STL 图

到 S27 状态，跳过 S25 和 S26，执行状态 S27，为正向跳转；当 X007 和 X102 均接通时，程序将返回到 S21 状态，逆向跳转，开始新的工作循环；若 X102 断开，X102 常闭触点闭合时，程序返回到预备工作状态 S0，等待新的启动命令。

跳转与循环的条件，可以由现场的行程（位置）获取，也可以用计数方法确定循环次数，在时间控制中可以用定时器来确定。

8.3 SFC 图基本结构编程应用举例

8.3.1 单流程结构编程应用

单流程编程控制的编程比较简单，其编程方法和步骤如下：

1）根据控制要求，列出 PLC 的 I/O 分配表。

2）将整个工作过程按工作步序分解，每个工作步对应一个状态，将其分为若干个状态。

3）理解每个状态的功能和作用，设计驱动程序。

4）找出每个状态的转移条件和转移方向。

5）根据以上分析，画出控制系统 SFC 图。

6）根据 SFC 图画出梯形图和指令表。

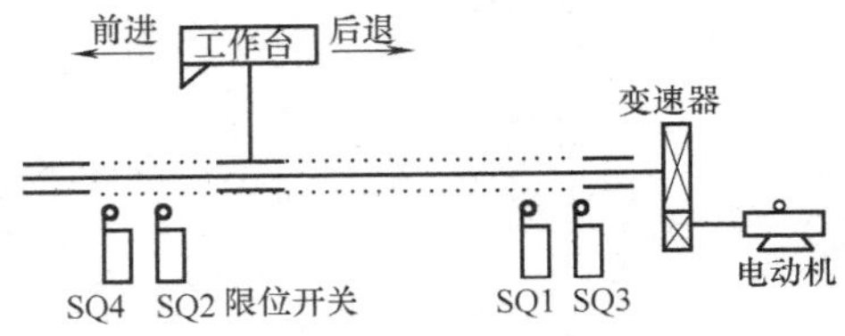

图 8-34 工作台自动往返运行工作示意图图

下面以工作台自动往返的顺序控制程序设计为例，说明单流程结构编程的应用。图 8-34 为工作台自动往返运行工作示意图。要求工作台自动往返运行，要求实现 8 次循环后工作台停在原位（在 SQ1 处）。

步骤一：进行 PLC 的 I/O 分配，分配情况见表 8-4。

表 8-4 工作台自动往返运行控制 PLC 端子 I/O 分配表

外接电器	输入端子	外接电器	输出端子	机内其他器件
系统电源控制按钮 SB		系统电源接触器 KM		特殊辅助继电器 M8002
系统停止按钮 SB1		工作台前进控制接触器 KM1	Y001	初始状态继电器 S0
工作台气动控制按钮 SB2	X002	工作台后退控制接触器 KM2	Y002	一般状态继电器 S20
后退限位控制开关 SQ1	X011			一般状态继电器 S21
前进限位控制开关 SQ2	X012			一般状态继电器 S22
后退限位保护开关 SQ3	X013			计数器 C0
前进限位保护开关 SQ4	X014			

步骤二：画出 PLC 外部接线图，如图 8-35 所示。

本例中的 PLC 接线图是把 PLC 当作一个控制电器来使用，由 SB、SB1、KM 组成系统电源的起-保-停控制。当 SB 为 ON 时，PLC 系统上电；再按下起动按钮 SB2，工作台开始运行。正常运行的停车按 8 次循环后工作台停在原位（在 SQ1 处）的要求由编程控制，完成循环后需再次运行，按下 SB2，工作台重新运行；若不再运行，按下 SB1，系统断电。紧急停车时按下 SB1，系统断电停车。

步骤三：步进状态图设计。

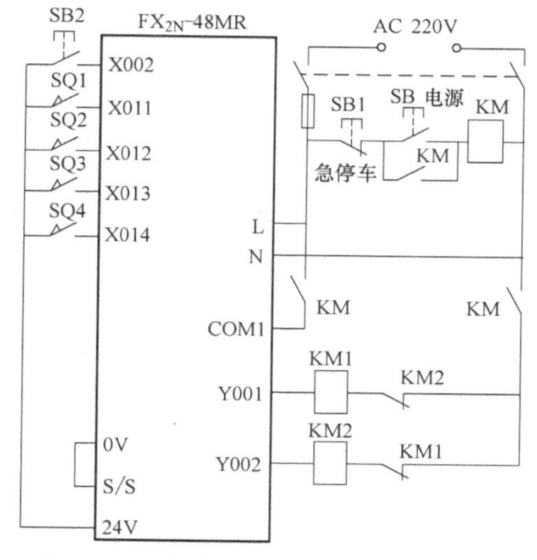

图 8-35　工作台自动往返运行 PLC 接线图

步进状态分解：根据工作台自动往返运行的控制要求，工作台初始位置停在原位（在 SQ1 处），起动运行后由“前进”到终端，然后“后退”到另一终端，再“前进”……重复 8 次后停在原位。即第一步进状态为“前进”，到终端的转移条件是限位控制开关 SQ2（X012）；第二步进状态为“后退”，到终端的转移条件是限位控制开关 SQ1（X011）。如果把第三、四等步进状态重复第一、二步进状态的控制编程，则 8 次循环后共需 16 个步进状态工作。

内循环控制：把第三步进状态考虑为计数器计数，利用计数器的常开、常闭触点作为转移条件，即运行次数不满 8 次，转移目标为 S20 继续运行；运行次数满 8 次，转移目标为 S0 停在原位，等待下次运行的起动指令。基于这种思考，本例设计构成了单流程、内循环控制，设计程序大为简化，技巧性强。工作台自动往返运行步进状态图如图 8-36 所示，与其对应的梯形图与语句表如图 8-37 所示。

电气保护：本例设计中考虑了必要的软硬件联锁保护和终端保护等措施。

步骤四：前进状态图动作过程说明。

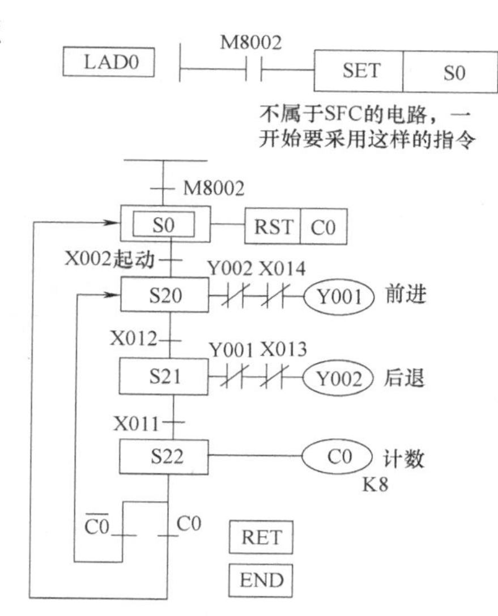

图 8-36　工作台自动往返运行步进状态图

PLC 系统上电后，由特殊辅助继电器 M8002 初始脉冲使初始状态继电器 S0 置位，同时对 C0 计数器清零。按下 SB2，X002 为 ON，状态继电器 S20 置位，Y001 驱动工作台前进；到终端后碰撞限位控制开关 SQ2（X012），状态继电器 S21 置位，执行 S21 状态下的工作，Y002 驱动工作台后退；此时前一状态 S20 被自动关闭，具有状态间的隔离作用。当工作台后退到终端后碰撞限位控制开关 SQ1（X011），状态继电器 S22 置位，计数器 C0 计数，前一状态 S21 被自动关闭。计数器到达整定值前，其触点不动作，转移到 S20 状态执行；计数器到达整定值，其触点发生动作，转移到 S0 状态等待。

8.3.2　选择性分支结构编程应用

图 8-38 为使用传送带将大、小球进行分类选择传送装置的示意图，现利用状态转移编程方法对其进行控制程序的设计，以此为例说明选择性分支结构的编程应用。要求机械臂将大球、小球分类送到右边两个不同的位置，为保证安全操作，要求机械臂必须在原点状态即左上位置才能起动运行。该系统的 PLC I/O 分配表见表 8-5。

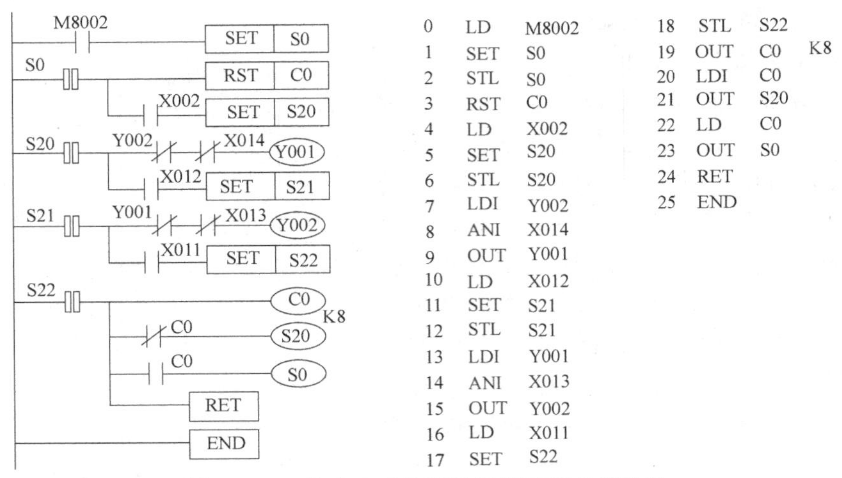

图 8-37 工作台自动往返运行步进状态梯形图

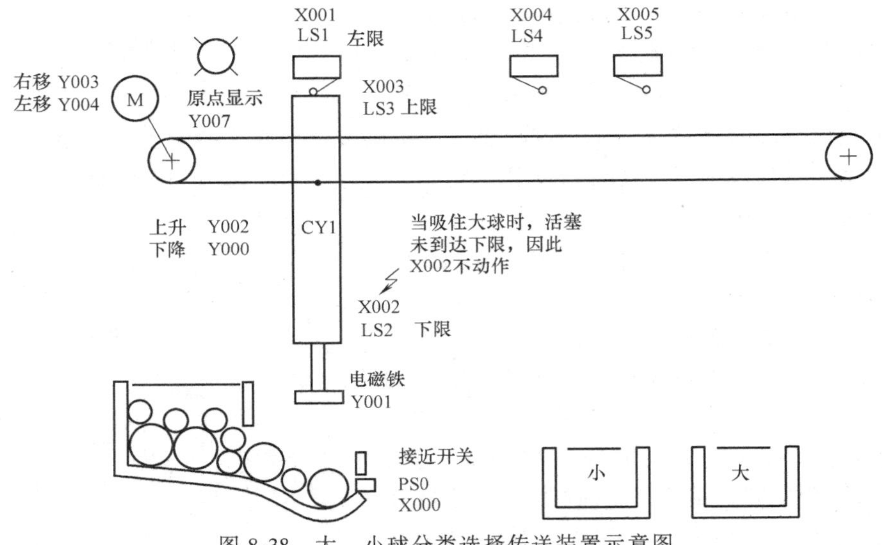

图 8-38 大、小球分类选择传送装置示意图

表 8-5 大、小球分类选择 I/O 分配表

类别	元件	元件号	备注
输入	PS0	X000	起动按钮
	LS1	X001	机械臂左行极限限位开关
	LS2	X002	机械臂下行极限限位开关
	LS3	X003	机械臂上行极限限位开关
	LS4	X004	放小球右极限限位开关
	LS5	X005	放大球右极限限位开关
输出	KM1	Y000	机械臂下降
	YV1	Y001	吸球
	KM2	Y002	机械臂上升
	KM3	Y003	机械臂右移
	KM4	Y004	机械臂左移
	HL	Y007	原点显示

装置工作原理及过程分析如下：左上为原点，机械臂的动作顺序为下降、吸住、上升、右行、下降、释放、上升、左行。机械臂下降时，当电磁铁压着大球时，下限位开关 LS2（X002）断开；压着小球时，LS2 接通，以此可判断是大球还是小球；左、右移分别由 Y004、Y003 控制；上升、下降分别由 Y002、Y000 控制，将球吸住由 Y001 控制。

根据工艺要求，该控制流程可根据 LS2 的状态（即对应大、小球）有两个分支，此处应为分支点，且属于选择性分支。分支在机械臂下降之后根据 LS2 的通断，分别将球吸住、上升、右行到 LS4（小球位置 X004 动作）或 LS5（大球位置 X005 动作）处下降，此处应为汇合点。然后再释放、上升、左移到原点。其状态转移图如图 8-39 所示。在图 8-39 中有两个分支，若吸住的是小球，则 X002 为 ON，执行左侧流程；若为大球，X002 为 OFF，执行右侧流程。根据图 8-39，可编制出如图 8-40 所示的大、小球分类传送的梯形图和指令表。

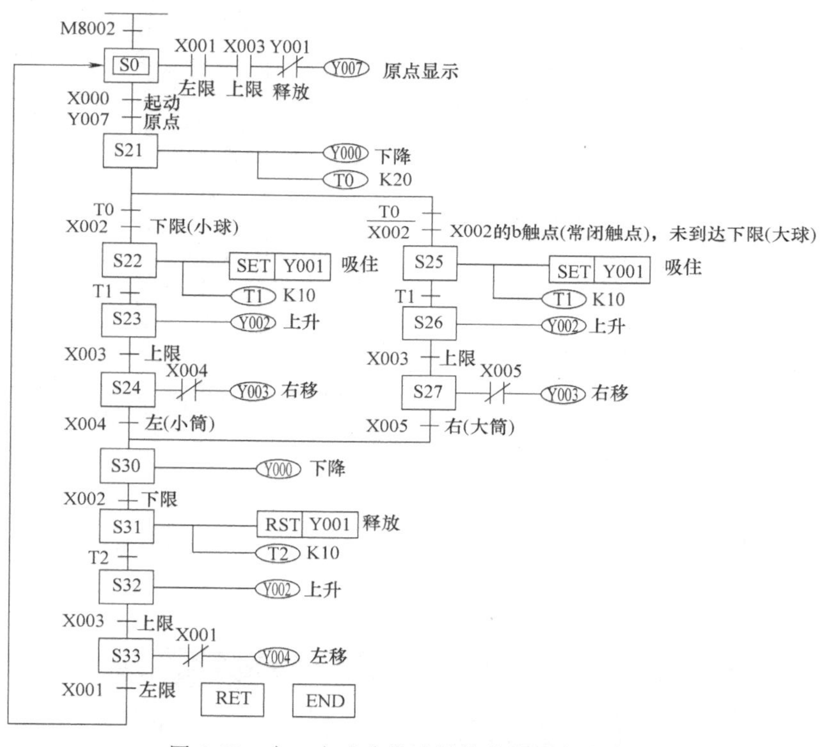

图 8-39　大、小球分类选择传送的状态转移图

8.3.3　并行分支结构编程应用

十字路口交通灯控制系统东西、南北方向红、黄、绿三色灯工作的时序图如图 8-41 所示。现利用状态转移编程方法对其进行控制程序的设计，以此为例说明并行性分支结构的编程应用。

控制任务和要求：按起动按钮后如图 8-41 时序图所示。

东西方向：绿灯亮 4s，接着闪 2s 后熄灭，接着黄灯亮 2s 后熄灭，红灯亮 8s 后熄灭。

南北方向：红灯亮 8s 后熄灭，绿灯亮 4s，接着闪 2s 后熄灭，接着黄灯亮 2s 后熄灭。

反复循环工作。按下停止按钮后，系统停止工作。PLC 端子的 I/O 分配情况见表 8-6。

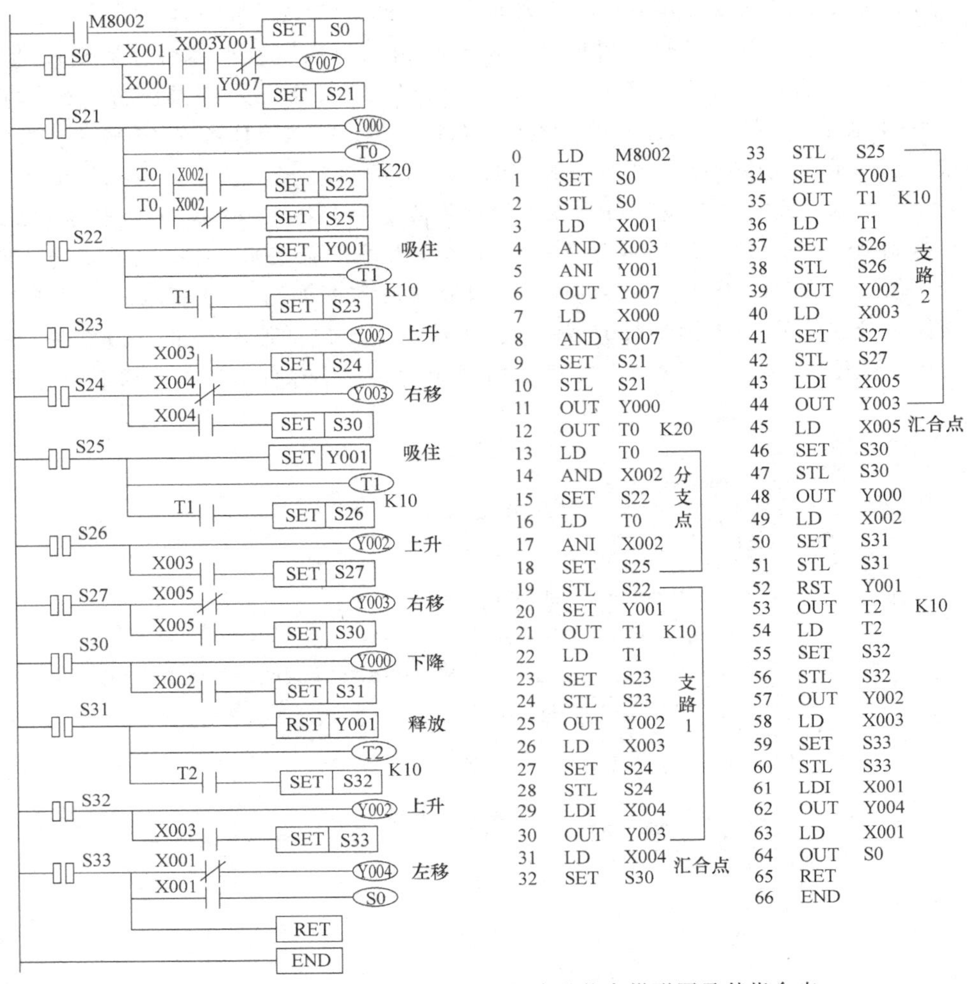

图 8-40 大、小球分类选择传送的步进状态梯形图及其指令表

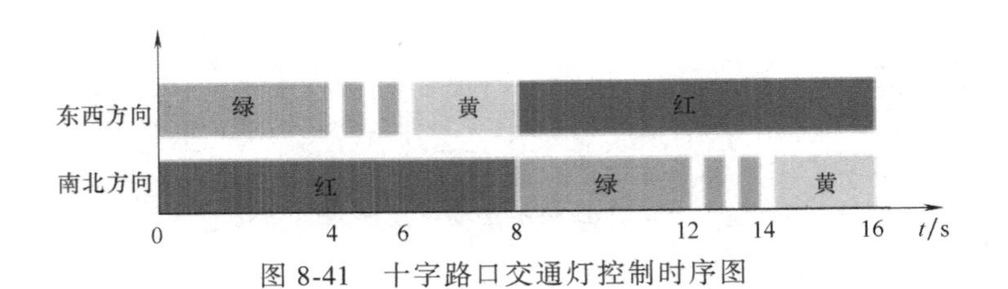

图 8-41 十字路口交通灯控制时序图

表 8-6 十字路口交通灯控制 PLC 端子 I/O 分配表

外接电器	输入端子	外接电器	输出端子	机内其他器件
起动按钮 SB1	X000	东西方向红灯	Y000	辅助继电器 M0,M10 定时器 T0,T1,T2,T3,T10,T11,T12,T13
		东西方向黄灯	Y001	
		东西方向绿灯	Y002	
停止按钮 SB2	X001	南北方向红灯	Y003	
		南北方向黄灯	Y004	
		南北方向绿灯	Y005	

应用并行分支编程可得图 8-42 所示十字路口交通灯控制并行分支状态图及其对应的梯形图。

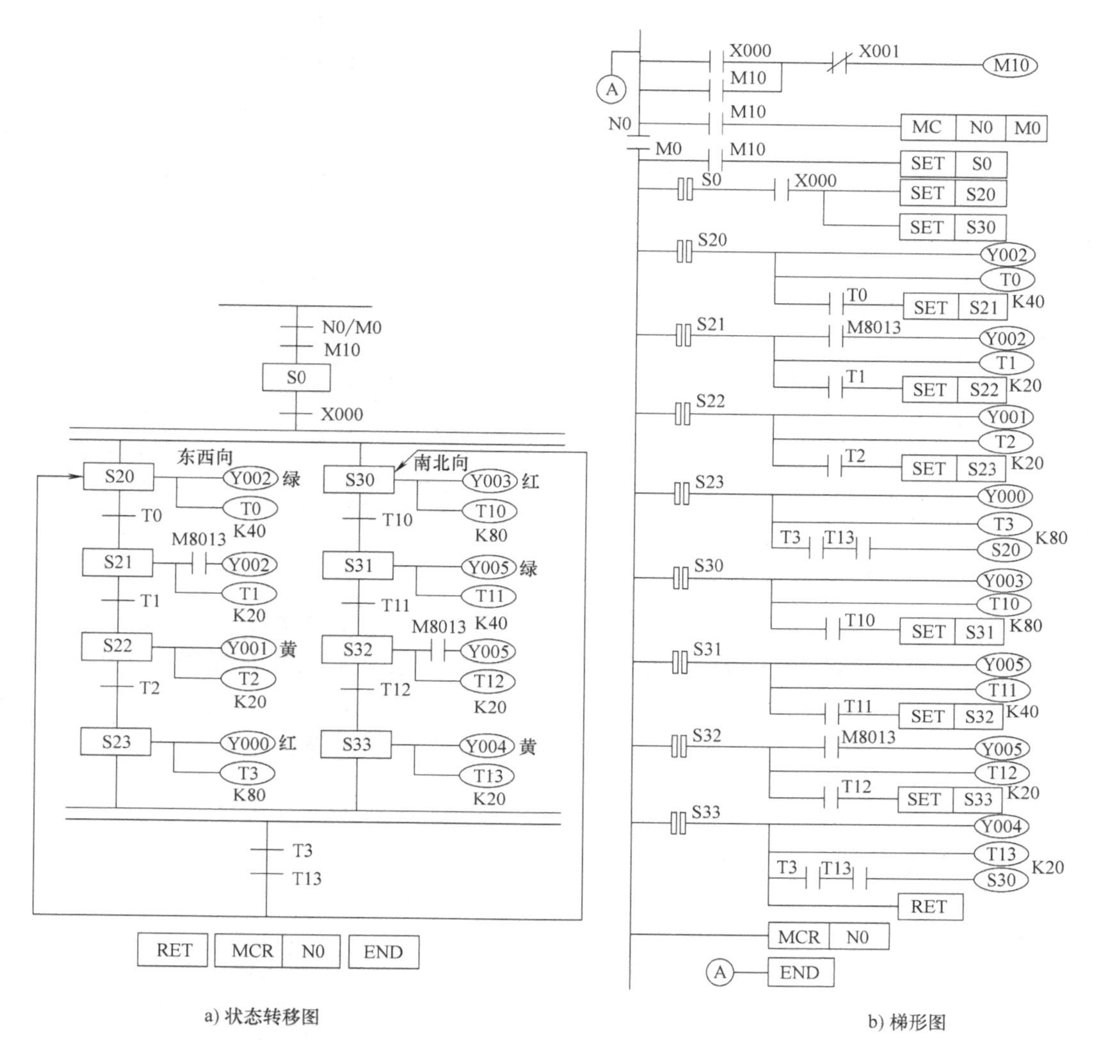

a) 状态转移图　　b) 梯形图

图 8-42 十字路口交通灯控制并行分支状态图及其梯形图

8.4 仿 STL 指令编程方式

以上介绍了如何运用状态元件和步进指令实现步进状态编程，但这并不是说只有用状态元件才能实现状态编程。作为解决顺序控制问题的一种思想，非状态元件同样可以实现状态编程。下面介绍利用辅助继电器实现状态编程的仿 STL 指令的编程方式。

以小车自动往返控制为例，图 8-43 所示小车往返运行系统步进顺序图和图 8-44 所示小车往返运行控制步进状态图采用状态编辑器编程的小车自动往返状态转移图和状态梯形中均对应一个程序单元块，每个单元块都包含了负载驱动、转移条件及转移方向等状态三要素。状态元件在状态梯形图中有两个作用，一是提供 STL 触点形成针对某个状态的专门处理区域，二是一旦某状态被“激活”就会自动将其前一个状态复位。

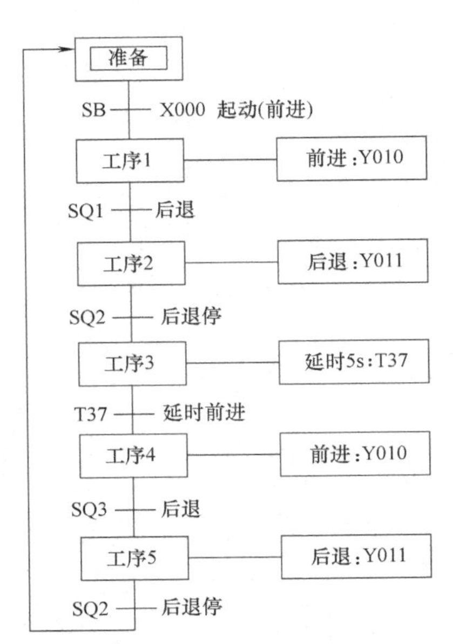

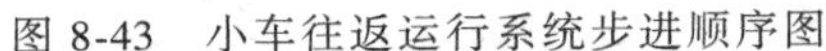
图 8-43　小车往返运行系统步进顺序图

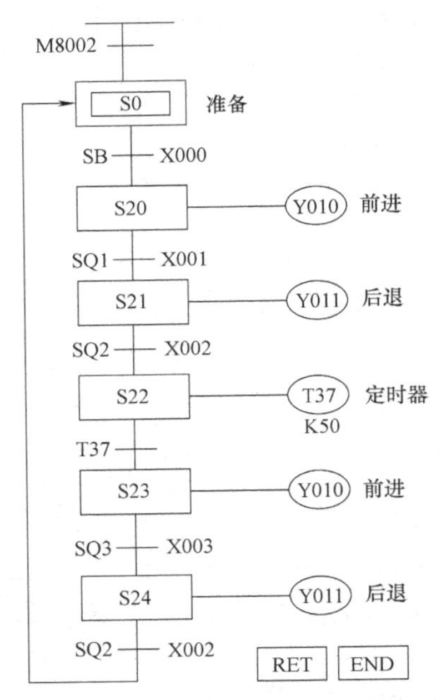

图 8-44　小车往返运行控制步进状态图

通过以上分析，如果解决了状态复位及专门处理区的问题，也就实现了状态编程。而这两个问题可以借助于辅助继电器 M 及复、置位指令实现。比如在小车程序中，用 M100～M105 分别代替 S0、S20～S24，采用复、置位指令实现的小车自动往返的梯形图如图 8-45 所示。由于基本指令梯形图中不允许出现双重输出，所以引入 M111～M114，其中 M111、M112 与 Y010 为前进，M113、M114 与 Y011 为后退。

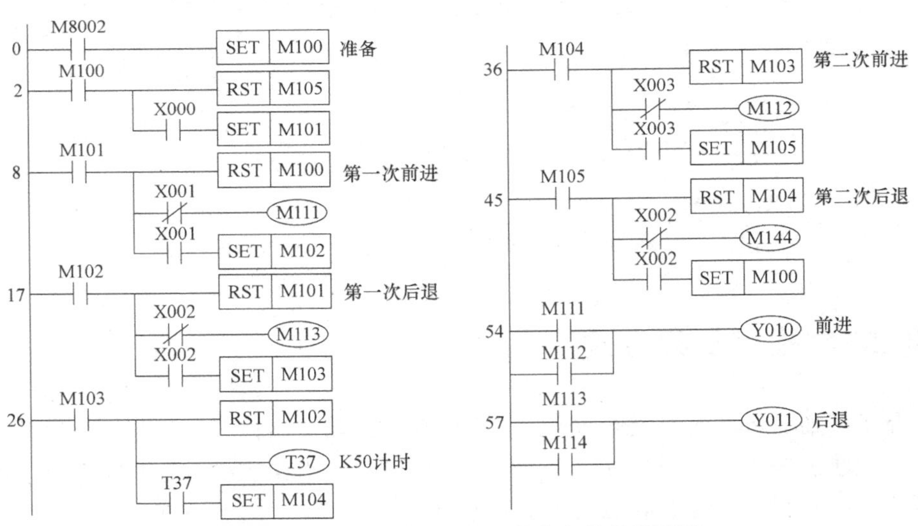

图 8-45　小车往返辅助继电器状态编程梯形图

从图 8-45 来看，它同样体现了步进状态编程的思路，每一工序同样具有三要素：负载驱动、转移条件和转移方向。只是原来由 PLC 自动完成的状态复位及双重输出等问题，此时需用户自己通过编程完成。

辅助继电器实现的状态编程方法，同基本指令梯形图的编程完全相同。注意：在设计每个工序的梯形图时，应将前工序辅助继电器的复位操作放在本工序负载驱动的前面，防止编程时出现逻辑错误，导致控制混乱。

本章小结

本章主要介绍了状态编程法的基本思想、状态转移图的基本概况、状态软元件S以及单流程、多流程状态转移的编程方法和应用。读者通过学习这些理论知识，能够理解状态转移图的三要素，绘制正确的状态转移图，能将单流程、多流程、复杂流程的状态转移图转换成正确的梯形图程序，并能对简单的选择分支、并行分支的系统运用状态编程法编写控制程序。

习题与思考题

8-1　选择性分支状态转移图如图8-46所示，请绘出状态梯形图并对其进行编程。

8-2　并行分支状态转移图如图8-47所示，请绘出状态梯形图并对其进行编程。

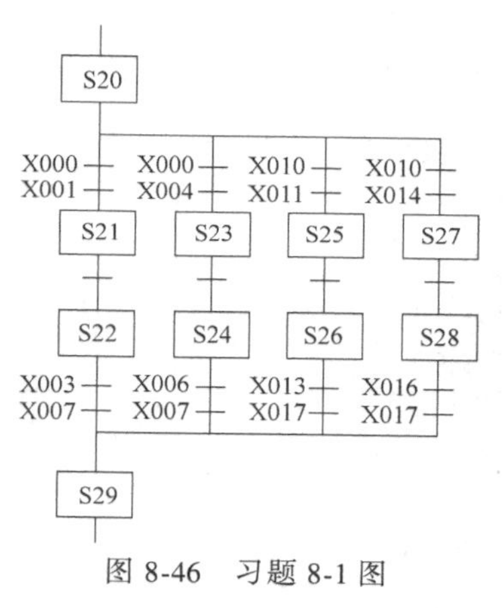

图8-46　习题8-1图

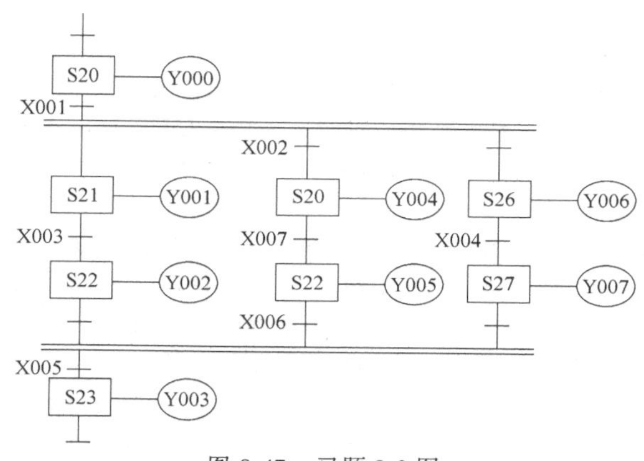

图8-47　习题8-2图

8-3　有一状态转移图如图8-48所示，请绘出状态梯形图并对其进行编程。

8-4　用STL指令设计图8-49所对应的梯形图，将M200、M201～M206改为S0、S21～S26。

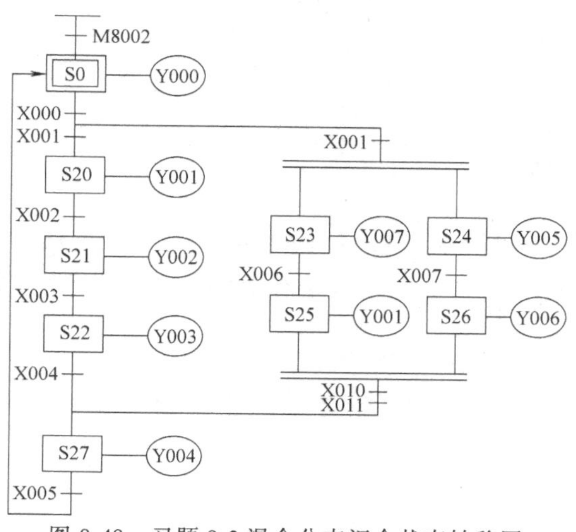

图8-48　习题8-3混合分支汇合状态转移图

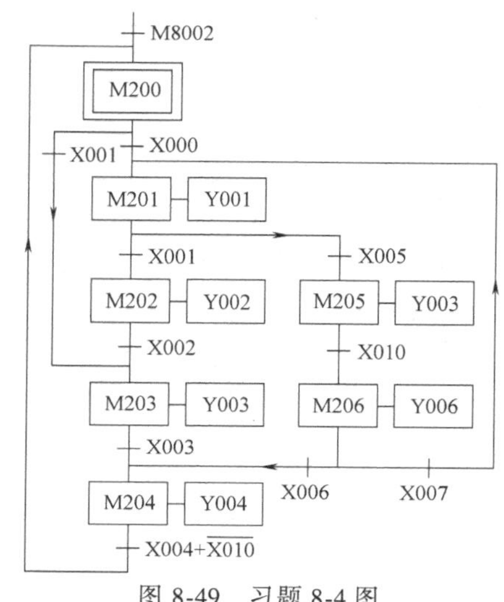

图8-49　习题8-4图

8-5　有一小车运行过程如图 8-50 所示。小车原位在后退终端，当小车压下后限位开关 SQ1 时，按下起动按钮 SB，小车前进。当运行至料斗下方时，前限位开关 SQ2 动作，此时打开料斗给小车加料，延时 8s 后关闭料斗。小车后退返回，碰撞后限位开关 SQ1 动作时，打开小车底门卸料，6s 后结束，完成一次动作。如此循环。要求：(1) 写出 PLC 输入、输出分配表；(2) 画出状态转移图；(3) 编写步进指令梯形图和指令表程序。

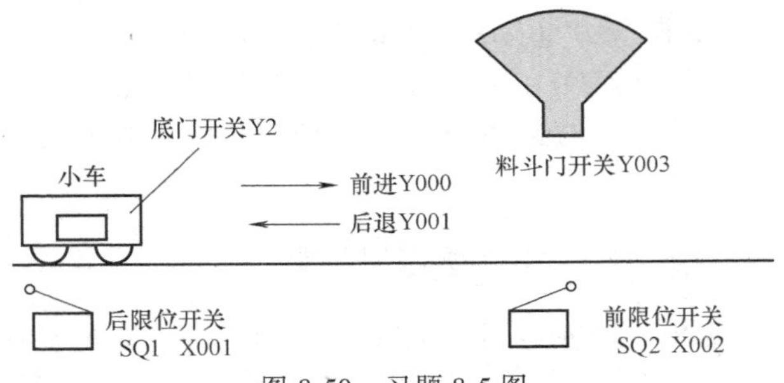

图 8-50　习题 8-5 图

8-6　液体混合装置如图 8-51 所示，上限位、中限位、下限位传感器被液体淹没时为 ON 状态，阀 A、B、C 为电磁阀，线圈通电时打开，线圈断电时关闭。开始时容器是空的，各阀门均关闭，各传感器均为 OFF 状态。按下起动按钮后，阀 A 打开，液体 A 流入容器，中限位开关变为 ON 状态时，关闭阀 A，打开阀 B，液体 B 流入容器。当液面到达上限位时，关闭阀 B，电动机 M 开始运行，搅动液体，30s 后停止搅动，打开阀 C，放出混合液体；当液面降至下限位之后再过 2s，容器放空，关闭阀 C，打开阀 A，又开始下一周期的操作。按下停止按钮，在当前工作周期的操作结束后才停止操作（停在初始状态）。给各输入、输出变量分配元件号，画出系统的顺序功能图，并设计出梯形图程序。

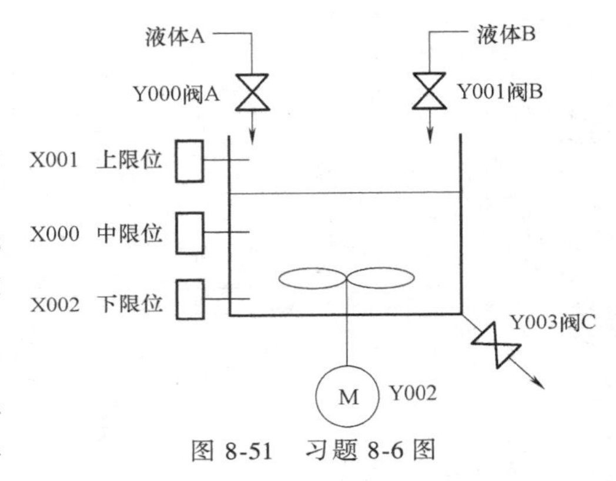

图 8-51　习题 8-6 图

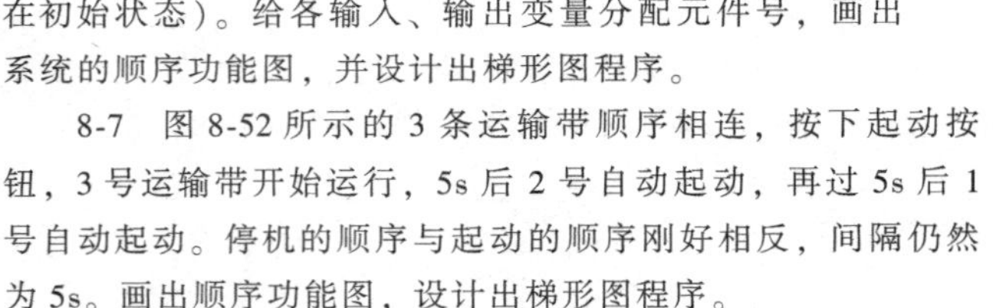

8-7　图 8-52 所示的 3 条运输带顺序相连，按下起动按钮，3 号运输带开始运行，5s 后 2 号自动起动，再过 5s 后 1 号自动起动。停机的顺序与起动的顺序刚好相反，间隔仍然为 5s。画出顺序功能图，设计出梯形图程序。

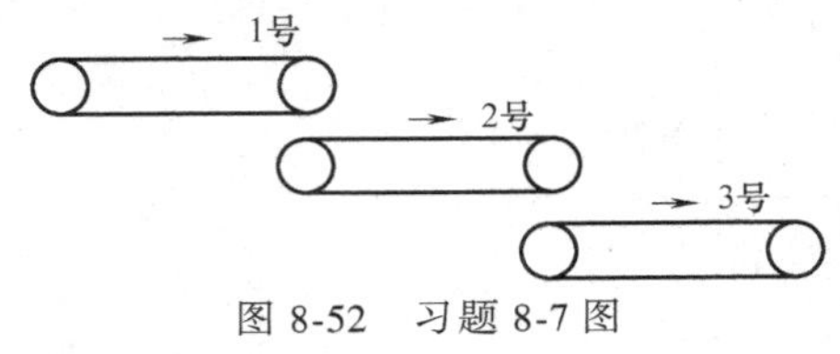

图 8-52　习题 8-7 图

8-8　冲床机械手的运动。在机械加工中经常使用冲床，某冲床机械手运动的示意图如图 8-53 所示。初始状态时机械手在最左边（X004 = ON），冲头在最上面（X003 = ON），机械手松开（Y000 = OFF）。工作要求：按下起动按钮 X000，机械手夹紧，工件被夹紧并保持，2s 后机械手右行（Y001 被置位），直到碰到 X001，以后将顺序完成以下动作：冲头下行，冲头上行，机械手左行，机械手松开，延时 1s 后，系统返回初始状态。

8-9　复杂流程的状态转移图如图 8-54 所示。请绘出状态梯形图和指令表。

8-10　将状态寄存器改为辅助继电器，设计图 8-55 所示复杂流程状态转移图所对应的梯形图。

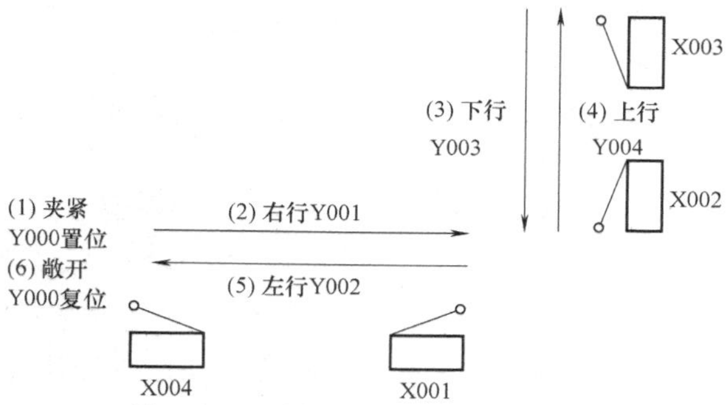

X003
(3) 下行
Y003
(4) 上行
Y004
X002
(1) 夹紧
Y000置位
(6) 敞开
Y000复位
(2) 右行Y001
(5) 左行Y002
X004
X001

图 8-53　习题 8-8 机械手工作示意图

M8002
S0
Y000
X001
X002
S20
Y000
S22
T0
K100
S30
Y004
X003
X004
T0
$\overline{X003}$
S21
Y002
S23
Y003
S31
T1
K50
X005
T1
S33
Y004
X006

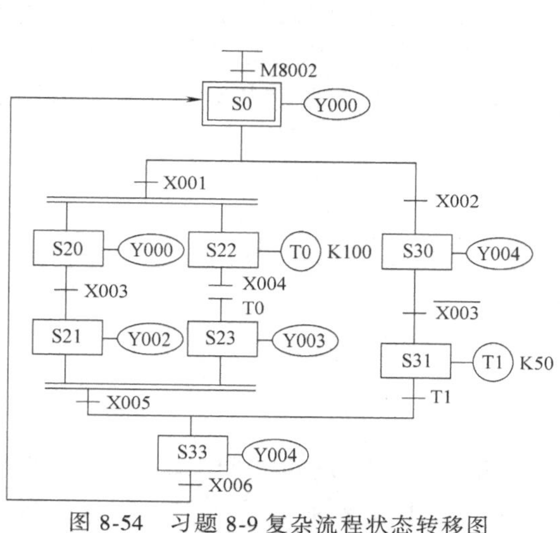

图 8-54　习题 8-9 复杂流程状态转移图

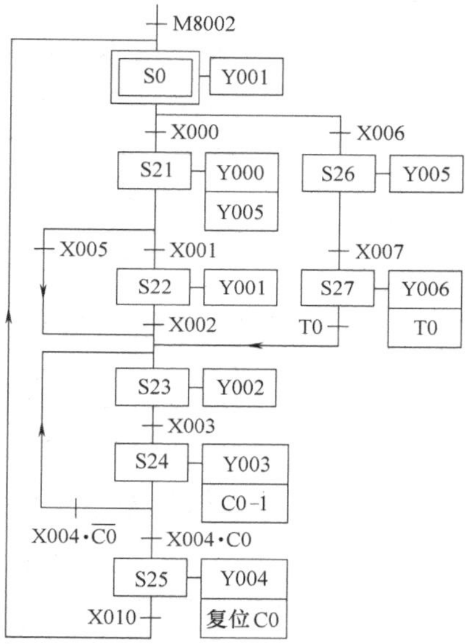

M8002
S0
Y001
X000
X006
S21
Y000
Y005
S26
Y005
X005
X001
X007
S22
Y001
S27
Y006
T0
X002
T0
S23
Y002
X003
S24
Y003
C0 -1
X004·$\overline{C0}$
X004·C0
S25
Y004
X010
复位C0

图 8-55　习题 8-10 复杂流程状态转移图

第9章 PLC控制系统设计

内容简介：

本章在对 PLC 指令系统有了一定了解的基础上，结合实际问题进行 PLC 控制系统的设计，以 PLC 为程控中心，组成电气控制系统，实现对生产过程的控制。PLC 的程序设计是 PLC 应用最关键的问题，也是整个电气控制系统设计的核心。本章将介绍 PLC 应用的设计步骤、PLC 的选型和硬件配置等，并以机械手的控制为例，让读者对 PLC 控制系统的设计有更直观深入的理解。

学习目标：

1. 了解 PLC 系统的设计内容。
2. 掌握 PLC 系统的设计步骤。
3. 会设计一个简单的 PLC 应用控制系统。

9.1 PLC 控制系统设计步骤

PLC 技术主要应用于自动化控制工程中，如何综合地运用前面学过的知识点，根据实际工程要求合理组合成控制系统是要关键解决的问题。PLC 控制系统包括电气控制线路（硬件部分）和程序（软件部分）两部分。电气控制线路是以 PLC 为核心的系统电气原理图，程序是和原理图中 PLC 的输入、输出点对应的梯形图或指令表。在此介绍 PLC 控制系统设计的原则、内容和步骤。

9.1.1 PLC 控制系统设计的基本原则

任何一种电气控制系统都是为了实现被控对象的工艺要求，来提高生产效率和产品质量。因此，在设计 PLC 控制系统时，应遵循以下基本原则：

1）最大限度地满足被控对象的控制要求。在进行系统设计前，应深入现场进行调查研究，搜集资料，并与相关部分的设计人员和实际操作人员密切配合，共同拟定控制方案，协同解决设计中出现的各种问题。

2）在满足控制要求的前提下，力求使控制系统简单、经济，使用及维修方便。

3）保证控制系统的安全、可靠。

4）考虑到生产的发展和工艺的改进，在选择 PLC 容量时，应适当留有裕量。

9.1.2 PLC 控制系统设计的主要内容

1）拟定控制系统设计的技术条件。技术条件一般以设计任务书的形式来确定，它是整个设计的依据。

2）选择用户输入设备（按钮、操作开关、限位开关、传感器等）、输出设备（继电器、接触器、信号灯等执行元件）、由输出设备驱动的执行机构（电动机、电磁阀等）以及显示器件等。一个输入信号进入 PLC 后在 PLC 内部可以多次重复使用，而且还可获得其常开、常闭、延时等各种形式的触点。因此，信号输入器件只要有一个触点即可。输出器件应尽量选取相同电源电压的器件，并尽可能选取工作电流较小的器件。显示器件应尽量选取 LED 器件，因为 LED 器件寿命较长，而且工作电流较小。

3）设计控制系统的主回路。应根据执行机构是否需要正、反向动作，是否需要高低速设计出控制系统的主回路。

4）选定 PLC 的型号。根据输入、输出信号的数量，输入、输出信号的空间分布的大致情况，具有的特殊功能等选择 PLC。

5）编制 PLC 的 I/O 分配表，绘制 I/O 端子接线图。

6）控制程序设计及模拟调试。根据系统设计的要求编写软件规格说明书，然后再用相应的编程语言（常用梯形图）进行程序设计，并利用输入信号开关板进行模拟调试检查硬件设计是否完整、正确，软件是否能满足工艺要求。

7）设计操作台、电气柜及非标准电器元部件。在控制柜中，强电和弱电控制信号应尽可能进行隔离相屏蔽，防止强电磁干扰影响 PLC 的正常运行。

8）编写技术文件。技术文件包括电气原理图、软件清单、使用说明书、元器件明细表等，根据具体任务，上述内容可适当调整。

9.1.3　PLC 控制系统设计的基本步骤

PLC 控制系统设计与调试的主要步骤如图 9-1 所示。

1. 要深入了解和分析被控对象的工艺条件和控制要求

1）被控对象就是受控的机械、电气设备、生产线或生产过程。

2）控制要求主要指控制的基本方式、应完成的动作、自动工作循环的组成、必要的保护和联锁等。对较复杂的控制系统，还可将控制任务分成几个独立部分。这样可化繁为简，有利于编程和调试。

2. 确定 I/O 设备

根据被控对象对 PLC 控制系统的功能要求，确定系统所需的用户 I/O 设备，据此确定 PLC 的 I/O 点数。常用的输入设备有按钮、选择开关、行程开关、传感器等，常用的输出设备有继电器、接触器、指示灯、电磁阀等。

3. 选择合适的 PLC 机型

根据已确定的用户 I/O 设备，统计所需的输入信号和输出信号的点数，选择合适的 PLC 类型，包括机型的选择、容量的选择、I/O 模块的选择、电源模块的选择等。

4. 定义输入、输出点的名称，分配 I/O 点

分配 PLC 的输入、输出点，编制出 I/O 分配表或者画出 I/O 端子的接线图。接着就可以进行 PLC 程序设计。

5. 设计 PLC 应用系统梯形图程序

根据工作功能图表或状态流程图等设计出梯形图即编程，同时可进行控制柜或操作台的设计和现场施工。

PLC 程序设计的步骤与内容有以下几点：

1）对于较复杂的控制系统，需绘制系统控制流程图，用以清楚地表明动作的顺序和条件。对于简单的控制系统，可省去这一步。

2）设计梯形图。这是关键的一步，也是比较困难的一步。

3）根据梯形图编制程序清单。

4）用计算机或编程器将程序键入到 PLC 的用户存储器中，并检查键入的程序是否正确。当使用简易编程器将程序输入 PLC 时，需要先将梯形图转换成指令助记符，以便输入；当使用 PLC 的辅助编程软件在计算机上、编程时，可通过上、下位机的连接电缆将程序下载到 PLC 中去。

5）对程序进行调试和修改，直到满足要求为止。

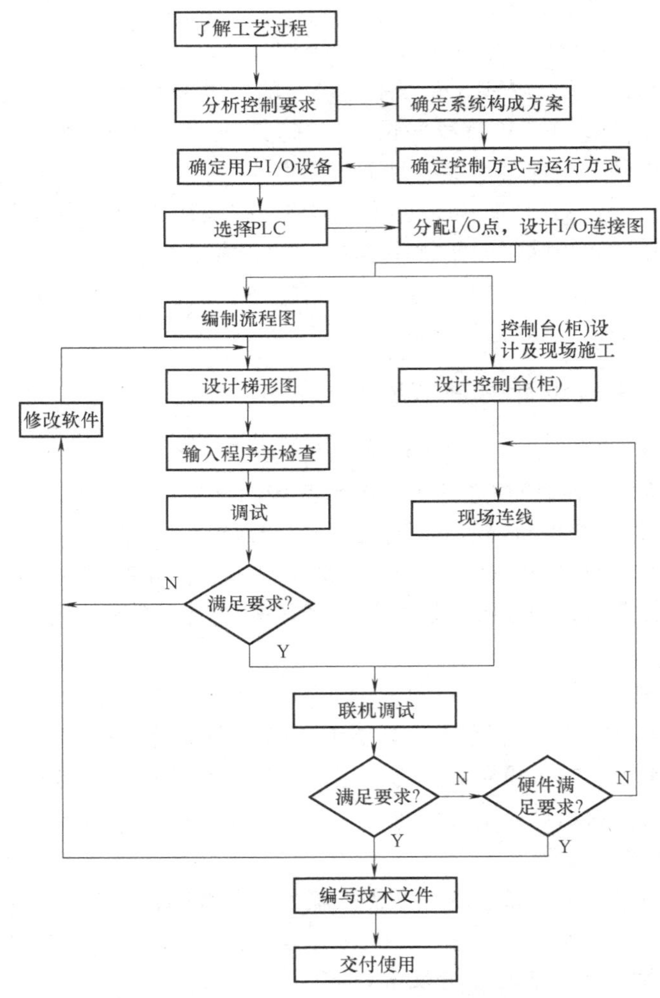

图 9-1　PLC 控制系统设计与调试的主要步骤

6. 应用系统的整体调试

在 PLC 软硬件设计和控制柜及现场施工完成后，就可以进行整个系统的联机调试。如果控制系统是由几个部分组成，则应先做局部调试，然后再进行整体调试；如果控制程序的步序较多，则可先进行分段调试，然后再连接起来总调。调试中发现的问题，要逐一排除，直至调试成功。

7. 编制技术文件

系统技术文件包括说明书、电气原理图、电器布置图、电气元器件明细表、PLC 梯形图。

8. 交付使用

将调试成功后的应用系统以及相关的系统技术文件等交付给甲方使用。

9.2 PLC 硬件系统的设计

9.2.1 PLC 型号的选择

在给出系统控制方案之前，要详细了解被控对象的控制要求，从而决定是否选用 PLC 进行控制。

一般选择机型要以满足系统功能需要为宗旨，机型的选择可从以下几个方面来考虑。

1. 对 I/O 点数的选择

盲目选择点数多的机型会造成一定浪费，要先弄清楚控制系统的 I/O 总点数，再按实际所需总点数的 10%~20%留出备用量（为系统的改造等留有余地）后确定所需 PLC 的点数。

还应考虑输入、输出的负载能力，承受的电压值和电流值。输出电流值和导通负载电流值是不同的概念。输出电流值是指每一个输出点的驱动能力。导通负载电流值是指整个输出模块驱动负载时所允许的最大电流值，即整个输出模块的满载能力。

PLC 的输出点可分为共点式、分组式和隔离式几种接法。隔离式的各组输出点之间可以采用不同的电压种类和电压等级，但这种 PLC 平均每点的价格较高。如果输出信号之间不需要隔离，则应选择前两种输出方式的 PLC。

2. 对存储容量的选择

对用户存储容量只能做粗略的估算。在仅对开关量进行控制的系统中，可以用（输入+输出）×（10~12）= 指令步数来估算，对缺乏经验的设计者，选择容量时留有裕量要大些。

3. 对 I/O 响应时间的选择

PLC 的 I/O 响应时间包括输入电路延迟、输出电路延迟和扫描工作方式引起的时间延迟（一般在 2~3 个扫描周期）等。对开关量控制的系统，PLC 和 I/O 响应时间一般都能满足实际工程的要求，可不必考虑 I/O 响应问题。但对模拟量控制的系统，特别是闭环系统就要考虑这个问题。

4. 根据是否联网通信选型

若 PLC 控制的系统需要联入工厂自动化网络，则 PLC 需要有通信联网功能，即要求 PLC 应具有连接其他 PLC、上位计算机及 CRT 等的接口。大、中型机都有通信功能，目前大部分小型机也具有通信功能。

5. 对 PLC 结构形式的选择

在相同功能和相同 I/O 点数的情况下，整体式比模块式价格低。但模块式具有功能扩展灵活、维修方便（换模块）、容易判断故障等优点，要按实际需要选择 PLC 的结构形式。

6. PLC 的 I/O 模块的选型

PLC 与工业生产过程的联系是通过各种 I/O 模板实现的，包括开关量输入、输出模板，模拟量输入、输出模板，各种智能模板。在这些模板中，又包含了各种不同信号电平的模板。通过 I/O 接口模板，PLC 检测到所需的过程信息，并将处理结果传送到外部过程，驱动各种执行机构，实现工业生产过程的控制。下面将从应用角度出发，讨论各种 I/O 模板的选择原则及注意事项。

（1）开关量输入模块的选择

开关量输入模块将外部的开关量信号转换成 PLC CPU 模块所需的信号电平，并传送到系统总线上。开关量输入模块有直流输入、交流输入和交流/直流输入三种类型。按电压分有直流 5V、12V、24V、48V、60V 和交流 110V、220V。直流输入电路的延迟时间较短，可以直接与接近开关、光电开关等电子输入装置连接。交流输入方式适合在有油雾、粉尘的恶劣环境下使用，这些条件下交流输入触点的接触较为可靠；按保护类型分有隔离和不隔离两种；按点数分有 8 点、16 点、32 点、64 点。实际应用中要注意以下几点：

1）电压等级。选择时主要根据现场输入设备与输入模块之间的距离来考虑。一般 5V、12V、24V 用于传输距离较近场合，如 5V 输入模块最远不得超过 10m。距离较远的应选用输入电压等级较高的模块。

2）输入接线方式。开关量输入模块主要有汇点式和分组式两种接线方式，如图 9-2 所示。汇点式的开关量输入模块所有输入点共用一个公共端（COM）；而分组式的开关量输入模块是将输入点分成若干组，每一组（几个输入点）有一个公共端，各组之间是分隔的。

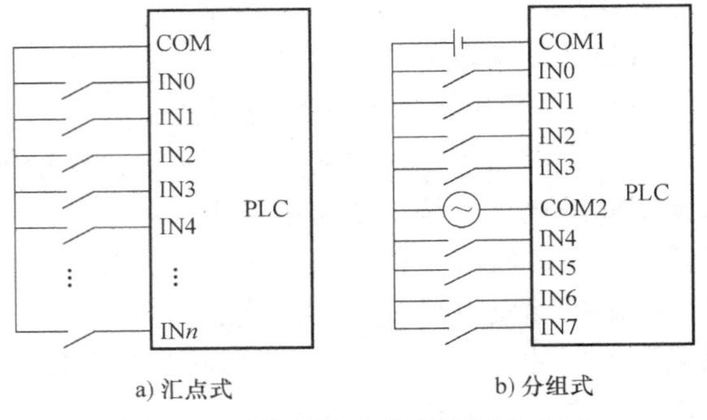

图 9-2　开关量输入模块的接线方式

3）选择模块密度。集中在一处的输入信号尽可能布置在一块和几块模块上，以便于电缆安装和系统调试，对于高密度模块，如 32 点或 64 点，同时接通点数取决于输入电压和环境温度。一般来讲，同时接通点数最好不超过模块总点数的 70%。

4）选择输入模块。

① 要根据系统抗干扰性能的要求，选择带光电隔离或不带光电隔离的输入模块。

② 根据被控设备与 PLC CPU 所安装位置之间的距离来设计是采用本地输入模块还是远程输入模块。

③ 备用输入点的设计考虑。在设计总输入点数时都留有了一定的裕量，这些备用点的分配应分别考虑到每块输入模块上，最好分配到每组输入点上。例如，一块输入模块具有 32 点输入，它们每 8 点一组，在设计时每 8 点留一个备用点，一旦其余 7 点发生故障，只要把接线从故障点改接到备用点，再修改相应地址，系统就可恢复正常。这样考虑，有利于系统设计的修改和故障的处理。

（2）开关量输出模块的选择

开关量输出模块就是将 CPU 模块处理过的内部数字量信号转换成外部过程所需的信号，并驱动外部过程的执行机构、显示灯等负载。选择开关量输出时，大部分内容与选择开关量输入模块相同，如选择电压等级、模块密度、备用点设计等。除此之外，根据开关量输出模块的情况，选择的时候还应注意下列问题：

1）输出方式的选择。对于一般的负载，选择任何一种输出方式的数字量输出模块都可以满足需要。而对于开闭频繁、电感性、低功率因数的负载，建议使用晶体管和晶闸管元件的数字量输出模块，因为继电器输出模块使用寿命短，当驱动感性负载时，受最大开闭频率的限制。对于电压范围变化较大，且各种电压等级集中在一块模块上的，则使用继电器输出模块更加方便。

2）输出功率的选择。PLC 手册上都给出了开关量输出模块每一点的输出功率。在选择模块时，要注意手册上给出的输出功率大于实际负载所需的功率。

3）驱动能力。开关量输出模块的输出电流（驱动能力）必须大于 PLC 外接输出设备的额定电流。用户应根据实际输出设备的电流大小来选择输出模块的输出电流。如果实际输出设备的电流较大，输出模块无法直接驱动，可增加中间放大环节。在设计上可有两种方法：一是采用中间继电器，开关量输出驱动中间继电器的线圈，中间继电器驱动负载，这种方法可用于多个负载的并联驱动（所并联的负载动作应完全一致）；另一种方法是用多个数字量输出点并联驱动一个负载，此时应注意多个输出点的动作一致性。

4）注意同时接通的输出点数量。选择开关量输出模块时，还应考虑能同时接通的输出点数量。同时接通输出设备的累计电流值必须小于公共端所允许通过的电流值，如一个 220V/2A 的 8 点输出模块，每个输出点可承受 2A 的电流，但输出公共端允许通过的电流并不是 16A（8×2A），通常要比此值小得多。一般来讲，同时接通的点数不要超出同一公共端输出点数的 60%。

5）输出接线方式。开关量输出模块主要有分组式和分隔式两种接线方式，如图 9-3 所示。分组式输出是几个输出点为一组，一组有一个公共端，各组之间是分隔的，可分别用于驱动不同电源的外部输出设备；分隔式输出是每一个输出点就有一个公共端，各输出点之间相互隔离。一般整体式 PLC 既有分组式输出，也有分隔式输出。

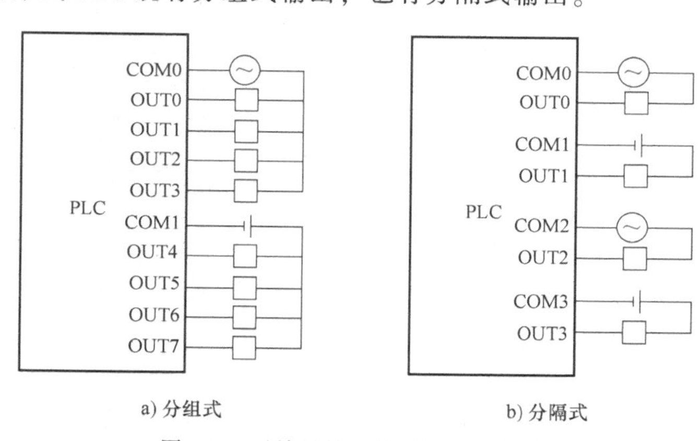

图 9-3　开关量输出模块的接线模式

6）负载。针对负载情况要注意两点：对于电磁抱闸这类负载，虽然负载电流很小，但匝数多，断电瞬间其反向电压很高，有时会使输出晶体管反向击穿，此时要在负载两端并接电容和电阻抑制反向电压；对于灯负载，要注意启动冲击电流。一般启动电流为负载额定电流的 10 倍。驱动负载时，手册上都给出相应的输出功率。

7）输出模块噪声的抑制。对于数字量输出模块，当接通或断开负载时，将产生较高的噪声电压。因此应采取一定措施抑制噪声。对于交流输出模块，可在负载两端并联一个电阻电容网络吸收交流噪声；对于直流输出模块，可在负载两端并联一个二极管吸收直流噪声。

其中电阻和电容的选择可按表 9-1 进行。

表 9-1　电阻电容参数对应表

名称	数值		
R/Ω	120	47	50
$C/\mu F$	0.1	0.7	0.5

电容的耐压和电阻功率要根据实际情况选择，二极管的击穿电压和额定电流则要根据负载状况选择。

(3) 模拟量输入模块的选择

模拟量输入模块是将外部生产过程缓慢变化的模拟信号转换为 PLC 内部的数字信号。在选择模拟量输入模块和应用时要注意以下几点：

1) 模拟量值的输入范围。模拟量输入模块有各种输入范围，它们包括 0~10V、±10V、4~20mA 等。在选用时一定要注意与现场过程检测信号范围相对应，无论什么样输入范围的模块，除输入回路不同外，其内部结构大致相同。有的产品用外加输入量程子模块来实现各种输入范围，使得同一个模拟量输入模块可以适应不同的输入范围；也有的产品将各种不同输入范围的模块做成各自独立的模拟量输入模块。

2) 模拟量值的数字表示方法。模拟量输入模块的功能是进行模拟量到二进制数值的转换。在选择时要注意转换二进制数值的位数，转换后的位数越高，精度就越高。一般的模拟量输入模块都是将模拟量输入的采样值转换成 12 位的二进制数。在采用两个字节表示时，除了 12 位数值外，其余的位则用来提高相应的信息，应用时要注意各个位所表示的意义。

3) 采样循环时间。一个模拟量输入模块包括 8 路或 16 路模拟量输入通道，它在处理模拟量输入值时采用循环处理方法，所以采样循环时间是一个主要参数，它反映了系统处理模拟量输入的响应时间。

4) 模拟量输入模块的外部连接方式。外部检测元件各种各样，它们的信号范围和要求的连接也不相同。为适应这些要求，模拟量输入模块可提供各种连接方式，包括电阻的连接方式、热电偶的连接方式、各种传感器的连接方式，有时还包括两线连接和带补偿的四线连接，这些都要根据实际需要选择。

5) 抗干扰措施。模拟量输入值属于小信号，在应用中要注意抗干扰措施。其主要方法有：注意与交流信号和可产生干扰源的供电电源保持一定距离；模拟量输入信号接线要采取屏蔽措施；采用一定的补偿措施，减少环境对模拟量输入信号的影响。

(4) 模拟量输出模块的选择

模拟量输出模块将 PLC 内部的数字结果转换成外部生产过程的模拟量信号。与模拟量输入模块一样，它包括各种输出范围的模块。使用时要注意以下几个方面：

1) 输出范围和输出类型。模拟量输出范围包括 0~10V、±10V、4~20mA。输出类型有电压输出和电流输出，一般模拟量模块都同时具有这两种输出类型，只是在与负载连接时接线方式不同。另外，模拟量输出模块还有不同的输出功率，在使用时要根据负载情况选择。

2) 对负载的要求。模拟量输出模块对负载的要求主要是负载阻抗，在电流输出方式下一般给出最大的负载阻抗。在电压输出方式下，则给出最小负载阻抗。

3) 模拟量值的表示方法。模拟量输出模块的外部接线、抗干扰措施等都与模拟量输入模块的情况类似，参照手册上给出的性能指标与负载情况确定即可。

（5）智能I/O模块的选择

智能I/O模块自身带有微处理器芯片、系统程序、存储器。智能接口通过系统总线与CPU模块相连，并在CPU模块的协调管理下独立进行工作。一般的智能I/O模块包括通信处理模块、高速计数模块、带有PID调节的模拟量控制模块、中断控制模块、数字位置译码模块、阀门控制模块、ASCII/BASIC模块等。下面就其中几种，从应用角度进行讨论，其他模块读者可查阅相应手册进行选择。

1）通信处理模块。通信处理模块就是实现PLC之间、PLC和其他计算机之间的数据交换。在选择时，要考虑以下几个方面：

① 通信协议。大部分模块通信处理都能提供RS-232和RS-422的串行接口，有的模块也可提供并行接口，一般的通信处理模块都可实现主从通信和点对点通信。

② 通信处理模块所能连接的设备。一般的PLC中的通信处理模块都可连接与其同类型的PLC和其他的计算机系统，有的还可连接打印机、显示终端等设备。

③ 通信速率。通信速率反映了数据传输的响应速度。在设计中要注意模块给出的通信速率应满足实际系统通信要求，否则通信系统将影响整个控制系统的响应速度。

④ 应用软件编制方法。在这一点上，各种系统之间相差较大。有的已将大部分软件都固化在模块的操作系统中，用户只需编制极为简单的几条指令就可完成通信软件的编程；有的则需用户编制大量的通信软件来实现要求的通信功能。

⑤ 系统的自诊断功能。通信系统在整个控制系统中占有重要的地位，一旦通信处理模块发生故障就会影响整个控制系统工作，所以通信模块都要有一定的错误诊断能力。不同厂家的通信处理模块的错误诊断能力也不相同，其功能有强有弱，使用时要加以注意。

2）高速计数模块。高速计数模块可用于脉冲和方波计数器、实时时针、脉冲发生器、图形码盘译码、机电开关等信号处理过程中。它可满足快速变化过程和准确定位的需要，为高速计数、时序控制、采样控制提供了强有力的工具。如轧钢生产线上的飞剪都采用高速计数模块实现起停控制。在选择高速计数模块时要注意以下几点：

① 所能接收的计数脉冲。一般的高速计数模块对脉冲源有一定要求，大多数高速计数模块都可接收码盘译码输出信号、数字转速表输出信号、机械开关信号、晶体管开关信号、光电开关信号等。所接收的信号电平也有一定要求，有的是TTL电平，有的是10~30V的直流信号，也有其他形式的信号电平。

② 计数器的个数。一般高速计数模块都包括几路计数功能，对于具有多路计数功能的高速计数模块，既可分开独立使用，也可串联起来，以增加技术范围。

③ 计数频率和计数范围。高速计数模块的性能参数还包括计数频率和计数范围。计数频率一般给出最高值，计数范围给出每一个通道的最大值。

④ 计数方式。高速计数模块具有很多工作方式。最基本的计数方式应包括向上计数、向下计数、内部信号计数、外部信号计数、上升沿计数、下降沿计数、电平计数等。这些计数方式在选择模块时要注意各种型号的差别。

3）PID闭环控制模块。为了适应数字闭环控制系统的需要，许多厂家开发了适用于PLC的PID闭环控制模块。PID闭环控制系统可应用于各种回路控制中，在不同的硬件结构和软件程序作用下可分别实现P、PI、PD和PID控制功能。在选择PID闭环控制模块时要从以下几个方面考虑：

① PID算法。PID算法的多少显示了PID闭环控制模块功能的强弱。

② 操作方式。PID 闭环控制模块应支持多种操作方式，一般应包括自动/手动、自动/本地、自动/远程等几种操作方式。支持的操作方式越多，系统构成和应用就更灵活。

③ ID 控制的回路数。一个 PID 闭环控制模块有时包括多条控制回路，这一点在选择时也要加以考虑。

④ 控制精度。作为闭环控制模块，其控制精度是一个重要的参数。这一点要结合实际控制对象的要求进行考虑。

7. 电源模块的选择

电源模块选择仅对于模块式结构的 PLC 而言，对于整体式 PLC 不存在电源的选择。电源模块的选择主要考虑电源输出额定电流和电源输入电压。电源模块的输出额定电流必须大于 CPU 模块、I/O 模块和其他特殊模块等消耗电流的总和，同时还应考虑今后 I/O 模块的扩展等因素；电源输入电压一般根据现场的实际需要而定。

9.2.2 输入/输出点的分配

一般输入点和输入信号、输出点和输出控制是一一对应的。分配好后，按系统配置的通道与接点号，分配给每一个输入信号和输出信号，即进行编号。在个别情况下，也有两个信号用一个输入点的，那样就应在接入输入点前，按逻辑关系接好线（如两个触点先串联或并联），然后再接到输入点。

1. 确定 I/O 通道范围

不同型号的 PLC 的 I/O 通道的范围是不一样的，应根据所选 PLC 型号，查阅相应的编程手册和有关操作手册。

2. 分配内部辅助继电器

内部辅助继电器不对外输出，不能直接连接外部器件，而是在控制其他继电器、定时器/计数器时作数据存储或数据处理用。

从功能上讲，内部辅助继电器相当于传统电控柜中的中间继电器。根据程序设计的需要，应合理安排 PLC 的内部辅助继电器，在设计说明书中应详细列出各内部辅助继电器在程序中的用途，避免重复使用。

3. 分配定时器、计数器

PLC 的定时器、计数器数量分别见有关操作手册。

9.2.3 系统硬件设计文件的撰写

根据上述介绍的硬件系统设计内容，基本完成了系统硬件的粗略设计，此时就可以撰写系统硬件设计文件，完成整个系统的硬件设计。一般系统的设计文件应包括系统硬件配置图、模块统计表、PLC 的 I/O 接口图和 I/O 地址表。

1. 系统硬件配置图

系统硬件配置图应完整地给出整个系统硬件组成，包括系统构成级别（设备控制级和过程控制级）、系统联网情况、网上 PLC 的站数、每个 PLC 站上的中心单元和扩展单元构成情况、每个 PLC 中的各种模块构成情况。图 9-4 给出了一般二级控制系统的基本系统硬件配置图。对于具体的控制对象，过程站和设备控制站都有不同的个数，每个站的构成也不完全相同，而对于一个简单的控制对象，也可能只有一个设备控制站，不包括图中的其他部分。

2. **模块统计表**

由系统硬件配置图就可得知系统所需各种模块数量。为了便于了解整个系统硬件设备状况和硬件设备投资计算，应做出模块统计表。模块统计表应包括模块名称、模块类型、模块订货号、所需模块个数等内容。

3. **I/O 硬件接口图**

I/O 硬件接口图是系统设计的一部分，它反映的是 PLC 输入/输出模块与现场设备的连接。图 9-5 所示为工作台自动往返运行 PLC I/O 硬件接口图。

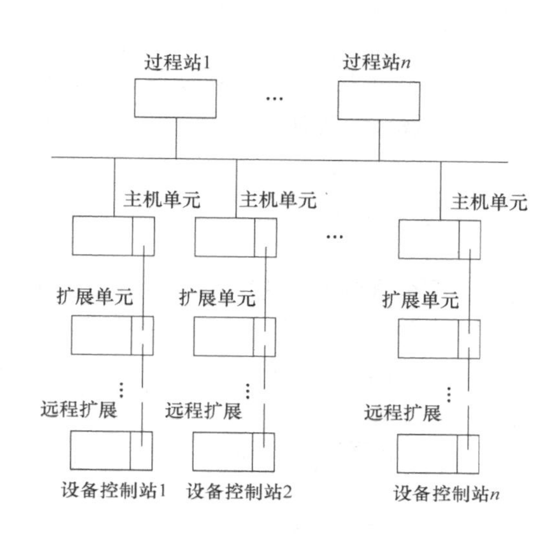

图 9-4 基本的系统硬件配置图

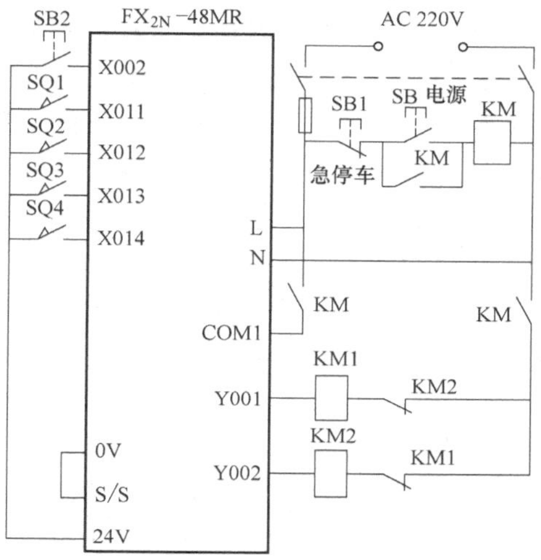

图 9-5 工作台自动往返运行 PLC I/O 硬件接口图

4. **I/O 地址表**

在系统设计中还要把输入、输出列表，给出相应的地址和名称，以备软件编程和系统调试时使用。这种表称为 I/O 地址表，也叫输入/输出表。表 9-2 给出了料斗上料生产线 PLC 端子 I/O 地址表的典型格式。

表 9-2 料斗上料生产线 PLC 端子 I/O 地址表

类别	外接电器	PLC 元件	作用	类别	外接电器	PLC 元件	作用
输入	SB1	X000	卷扬机上升起动按钮	输入	SQ1	X003	上限位行程开关
	SB2	X001	卷扬机下降起动按钮		SQ2	X004	下限位行程开关
	SB3	X002	停止按钮	输出	KM1	Y000	M1 电动机上升控制
	SB4	X010	系统试车起动按钮		KM2	Y001	M1 电动机下降控制
	SB5	X011	取消系统试车按钮		KM3	Y002	M2 电动机运行控制
	SB6	X012	带式运输机试车启动按钮		KM4	Y003	电磁制动抱闸控制

9.3 PLC 软件系统的设计

软件系统设计的主要工作就是应用（用户）控制程序的设计。本节主要讨论 PLC 应用软件系统的设计流程及方法。

9.3.1 PLC 软件设计基本要求和基本原则

1. 基本要求

由 PLC 本身的特点及其在工业控制中主要完成的控制功能决定了其程序设计有如下的基本要求：

1）与生产工艺结合紧密。每个控制系统都是为完成一定的生产过程控制而设计的。各种生产工艺要求不同，各种控制逻辑、控制运算都是由生产工艺决定的，程序设计人员必须严格遵守生产工艺的具体要求设计应用软件。

2）与硬件控制系统结合紧密。因为硬件系统可采用不同厂家的不同系列设备，所以软件系统也就随之改变，不可能采用同一种语言形式进行程序设计。程序设计时必须根据硬件系统的形式、接口情况，编制相应的应用程序。

3）设计人员需要具备计算机和自动化控制方面的双重知识。

2. 基本原则

应用系统的软件设计是以系统要实现的工艺要求、硬件组成和操作方式等条件为依据来进行的。设计人员都要遵从一些基本的设计原则：

1）对 CPU 外围设备的管理，由系统自身完成，不必由应用人员再进行处理，程序设计时，一般只需关心用户程序。

2）对信号的输入/输出统一操作，确定了各个信号在一个周期内的唯一状态，避免了由同一信号不同状态而引起的逻辑混乱。

3）由于 CPU 在每个周期内都固定进行某些窗口服务，占用一定机器时间，使周期时间不能无限制缩短。

4）计时器的时间设定值不能小于周期扫描时间，而且在定时器时间设定值不是平均周期扫描时间的整倍数时，可能带来定时误差。

5）用户程序中如果多次对同一参数进行赋值操作，则最后一次操作结果有效，前几次操作结果不影响实际输出状态。

9.3.2 PLC 软件设计的内容

对于 PLC 应用控制系统设计，其软件（程序）设计是核心。应用程序设计是指根据系统硬件结构和工艺要求，在软件系统规格书的基础上，使用相应编程语言，对实际应用程序的编制和相应文件的形成过程。其基本内容一般包括参数表的定义、程序框图的绘制、程序的编制和程序说明书编写四项内容。

1. 参数表的定义

参数表定义就是按一定格式对系统各接口参数进行规定和整理，为编制程序做准备。参数表的定义包括对输入信号表、输出信号表、中间标志表和存储单元表的定义。

一般情况下，输入/输出信号表要明显地标出模块的位置、信号端子号或线号、输入/输出地址号、信号别名、信号名称和信号的有效状态等；中间标志表的定义要包括信号地址、信号别名、信号处理和信号的有效状态等；存储单元表中要含有信号地址和信号名称。信号的顺序一般是按信号地址由小到大排列，实际中没有使用的信号也不要漏掉，这样便于在编程调试时查找。

2. 程序框图的绘制

程序框图是指依据工艺流程而绘制的控制过程框图。程序框图包括两种：程序结构框图和控制功能框图。程序结构框图是一台 PLC 的全部应用程序中各功能单元在内存中的先后顺序的缩影。使用中可以根据此结构图去了解所有控制功能在整个程序中的位置。功能框图是描述某一种控制功能在程序中的具体实现方法及控制信号流程。设计者根据功能框图编制实际控制程序，使用者根据功能框图可以详细阅读程序清单。程序设计时，一般先绘制程序结构框图，而后再详细绘制各控制功能框图，实现各控制功能。两者缺一不可。

3. 程序的编制

程序的编制是程序设计最主要且最重要阶段，是控制功能的具体实现过程。编制程序就是通过编程器或 PC 加编程软件用编程语言对控制功能框图的程序实现。

4. 程序说明书的编写

程序说明书是对整个程序内容的注释性的综合说明，主要是让使用者了解程序的基本结构和某些问题的处理方法，以及程序阅读方法和使用中应注意的事项，此外还应包括程序中所使用的注释符号、文字缩写的含义说明和程序的测试情况。

9.3.3 PLC 软件设计的一般步骤

PLC 的软件设计是硬件知识和软件知识的综合体现，需要计算机知识、控制技术和现场经验等诸多方面的知识。软件设计分 8 个步骤完成，如图 9-6 所示。

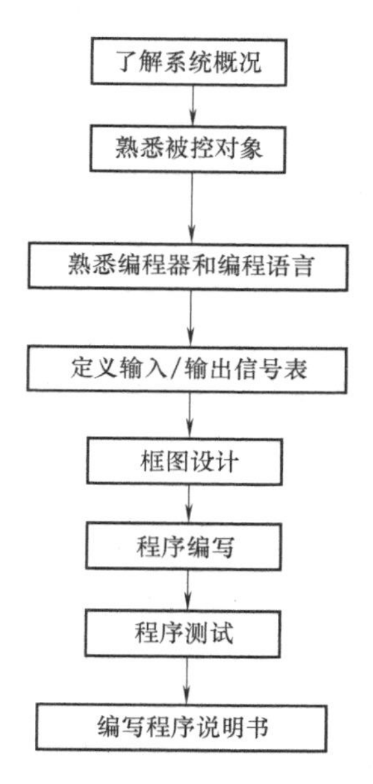

图 9-6 程序设计步骤框图

这 8 个步骤中，前 3 步是为程序设计做准备，但不可缺少，程序编写是程序设计工作的核心，其他都是为其服务的。下面具体说明每个步骤所需做的工作及方法。

1. 了解系统概况

这个步骤的主要工作就是通过系统设计方案了解控制系统的全部功能、控制规模、控制方式、输入/输出信号种类和数量、是否有特殊功能接口与其他设备的关系、通信内容与方式等，并做详细记录。

2. 熟悉被控对象

熟悉控制对象就是按照工艺说明书和软件规格书将控制对象和控制功能分类，可按响应要求、信号用途或者按控制区域划分，确定检测设备和控制设备的物理位置。深入了解每一个检测信号和控制信号的形式、功能、规模及其之间的关系和预见可能出现的问题，使程序设计有的放矢。

3. 熟悉编程器和编程语言

这一步骤的主要任务是根据有关手册详细了解所使用的编程器及其操作系统，选择一种或几种合适的编程语言形式并熟悉其指令系统和参数分类，尤其要注意研究在编程时可能要用到的指令和功能。

4. 定义输入/输出信号表

这一步只能对输入和输出信号表进行定义，中间标志和存储单元表还不能定义，要等到编写程序时才能完成。定义输入/输出信号表的主要依据是硬件接线原理图，格式一般见

表 9-3。信号名称要尽可能简明，中间标志和存储单元也可以一并列出，待编程时再填写具体内容。

表 9-3　输入/输出信号表典型格式

框架序号	模块序号	信号端子号	信号地址	信号别名	信号名称	信号的有效状态	备注

框架序号、模块序号、信号端子号三者是为查找和校核信号时使用，在表中列出便于查找。信号地址、信号别名、信号名称和信号有效状态是程序设计中常用的，地址要按输入信号、输出信号由小到大的顺序排列，没有实际定义或备用点也要列入。有效状态中要明确表明上升沿有效还是下降沿有效，高电平有效还是低电平有效，是脉冲信号还是电平信号，或其他有效方式。

5. 框图设计

框图设计的主要工作是根据软件设计规格书的总体要求和控制系统具体情况，确定应用程序的基本结构，按程序设计标准绘制出程序结构框图，然后再根据工艺要求，绘制出各功能单元的详细功能框图。图 9-7 为一典型控制系统的程序结构框图，图 9-8 为直流电动机控制逻辑典型框图。有的系统的应用软件已经模块化，那就要对相应的程序模块进行定义，规定其功能，确定各模块之间的连接关系，然后再绘制出各模块内部的详细框图。框图是编程的主要依据，应尽可能详细。这步完成后，就应该对全部控制程序功能实现有一个整体概念。

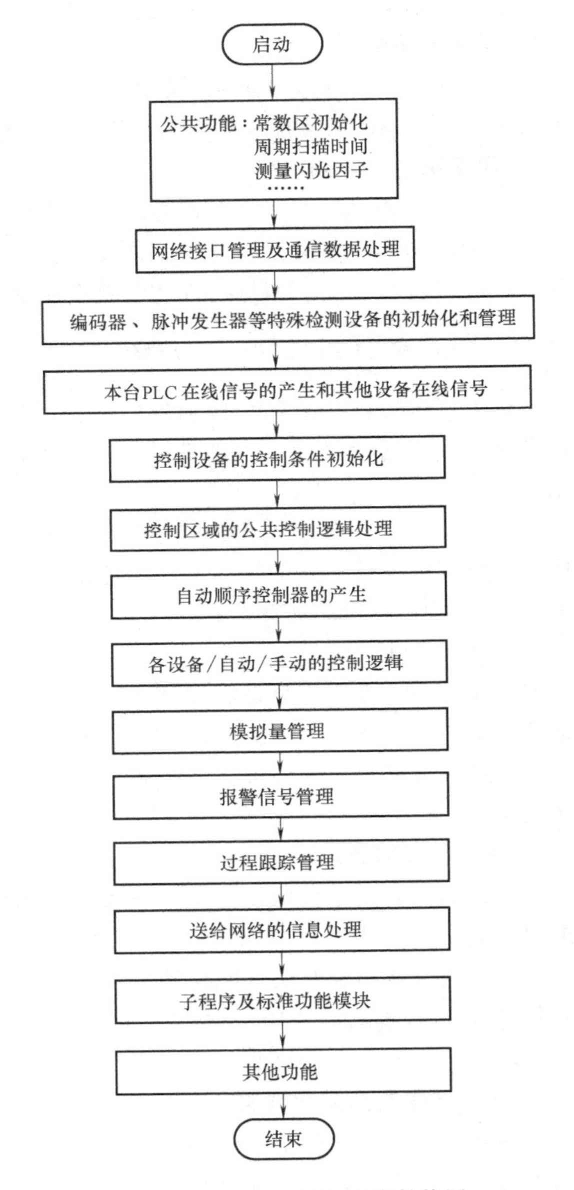

图 9-7　典型控制系统的程序结构图

6. 程序编写

程序编写就是根据设计出的框图逐字逐句地编写控制程序，这是整个程序设计工作的核心部分。如果有操作系统支持，尽量使用编程语言的高级形式，如梯形图语言。在编写过程中，根据实际需要对中间标志信号表和存储单元表进行逐个定义，要留出足够的公共暂存区，以节省内存使用。为了提高效率，相同或相似的程序段尽可能地用复制功能，也可以借用别人现成的程序段。

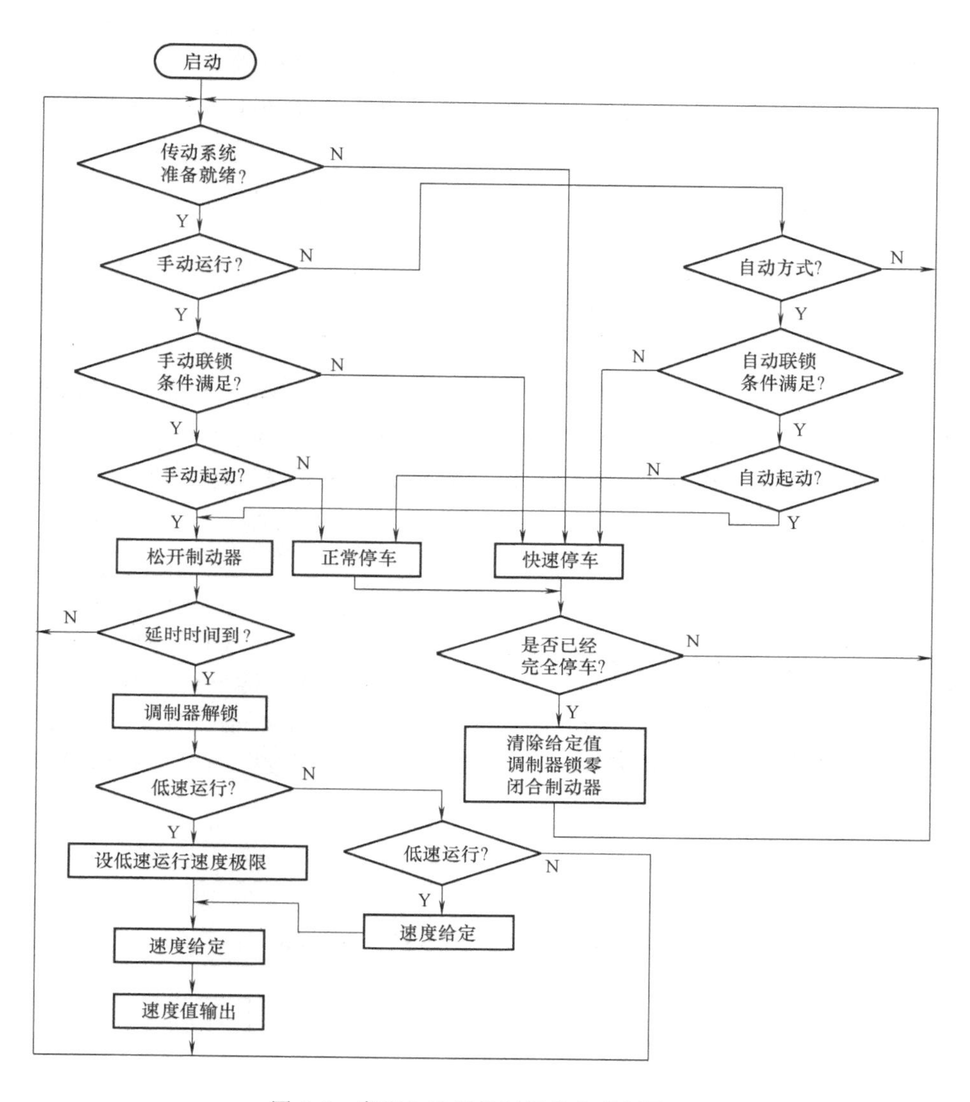

图 9-8 直流电动机控制逻辑典型框图

程序编写有两种方法：第一种方法是直接用参数地址进行编写，这样对信号较多的系统不易记忆，但较直观；第二种方法是先用容易记忆的别名编程，编完后再用信号地址对程序进行编码。用两种方法编写的程序经操作系统编译和连接后得到的目标程序是完全一样的。另外，在编写程序过程中要及时对编好的程序进行注释，以免忘记其相互之间的关系。注释包括程序的功能、逻辑关系说明、设计思想、信号的来源和去向，以便阅读和调试。

7．程序测试

程序测试是整个程序设计工作中一项很重要的内容，它可以初步检查程序的实际效果。程序测试和程序编写是分不开的，程序的很多功能是在测试中修改和完善的。测试时先从各功能单元入手，设定输入信号，观察输出信号的变化情况，必要时可以借用某些仪器仪表。各功能单元测试完成后，再连通全部程序，测试各部分的接口情况，直到满意为止。

8. 编写程序说明书

程序说明书是对程序的综合性说明，是整个程序设计工作的总结。编写程序说明书的目的是便于程序的使用者和现场调试人员使用，它是程序文件的组成部分。程序说明书一般包括程序涉及的依据、程序的基本结构、各功能单元分析、其中使用的公式和原理、各参数的来源和运算过程、程序测试情况等。

9.3.4 必要的软件措施

有时硬件措施不一定完全消除干扰的影响，采用一定的软件措施加以配合，对提高 PLC 控制系统的抗干扰能力和可靠性起到很好的作用。

1. 消除开关量输入信号抖动

在实际应用中，有些开关输入信号接通时，由于外界的干扰而出现时通时断的“抖动”现象。这种现象在继电器系统中，由于继电器的电磁惯性一般不会造成什么影响，但在 PLC 系统中，由于 PLC 扫描工作的速度快，扫描周期比实际继电器的动作时间短得多，所以抖动信号就可能被 PLC 检测到，从而造成错误的结果。因此，必须对某些“抖动”信号进行处理，以保证系统正常工作。

如图 9-9a 所示，输入 X000 抖动会引起输出 Y000 发生抖动，可采用计数器或定时器，经过适当编程，以消除这种干扰。图 9-9b 所示为消除输入信号抖动的梯形图程序。当抖动干扰 X000 断开时间间隔 $\Delta t<K\times 0.1\text{s}$ 时，计数器 C0 不会动作，输出继电器 Y000 保持接通，干扰不会影响正常工作；只有当 X000 抖动断开时间 $\Delta t\geqslant K\times 0.1\text{s}$ 时，计数器 C0 计满 K 次动作，C0 常闭触点断开，输出继电器 Y000 才断开。K 为计数常数，实际调试时可根据干扰情况而定。

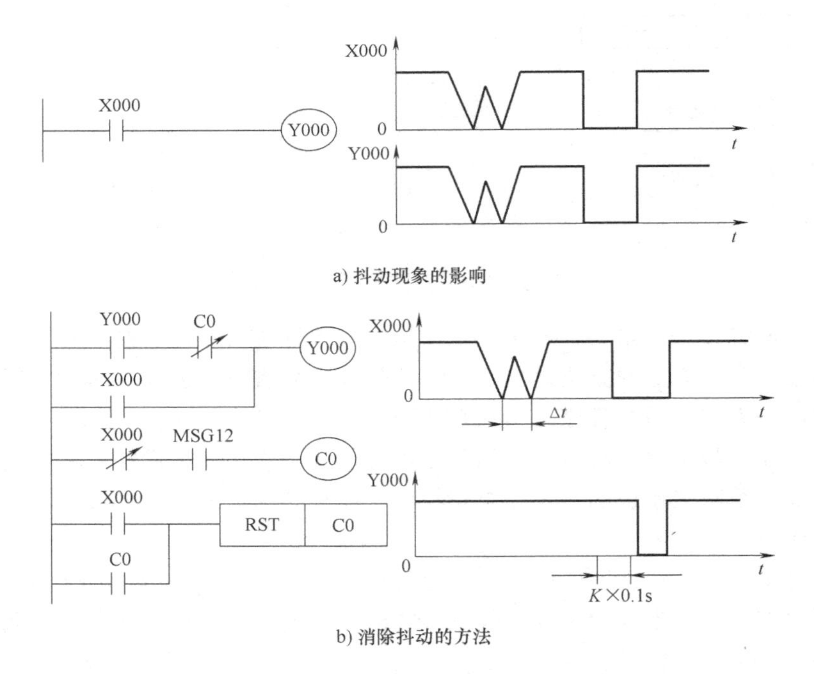

图 9-9 输入信号抖动影响及消除

2. 故障的检测与诊断

PLC的可靠性很高且本身有很完善的自诊断功能，如果PLC出现故障，借助自诊断程序可以方便地找到故障的原因，排除后就可以恢复正常工作。大量的工程实践表明，PLC外部输入、输出设备的故障率远远高于PLC本身的故障率，而这些设备出现故障后，PLC一般不能觉察出来，可能使故障扩大，直至强电保护装置动作后才停机，有时甚至会造成设备和人身事故。为了及时发现故障，在没有酿成事故之前使PLC自动停机和报警，也为了方便查找故障，提高维修效率，可用PLC程序实现故障的自诊断和自处理。

现代的PLC拥有大量的软件资源，如FX_{2N}系列PLC有几千点辅助继电器、几百点定时器和计数器，有相当大的裕量，可以把这些资源利用起来，用于故障检测。

1）超时检测。机械设备在各工艺步骤的动作所需的时间一般是不变的，即使变化也不会太大，因此可以以这些时间为参考，在PLC发出输出信号，相应的外部执行机构开始动作时启动一个定时器定时，定时器的设定值比正常情况下该动作的持续时间长20%左右。例如，设某执行机构（如电动机）在正常情况下运行50s后，它驱动的部件使限位开关动作，发出动作结束信号。若该执行机构的动作时间超过60s（即对应定时器的设定时间），PLC还没有接收到动作结束信号，定时器延时接通的常开触点发出故障信号，该信号停止正常的循环程序，启动报警和故障显示程序，使操作人员和维修人员能迅速判别故障的种类，及时采取排除故障的措施。

2）逻辑错误检测。在系统正常运行时，PLC的输入、输出信号和内部的信号（如辅助继电器的状态）相互之间存在着确定的关系，如出现异常的逻辑信号，则说明出现了故障。因此，可以编制一些常见故障的异常逻辑关系，一旦异常逻辑关系为ON状态，就应按故障处理。例如某机械运动过程中先后有两个限位开关动作，这两个信号不会同时为ON状态，若它们同时为ON状态，说明至少有一个限位开关被卡死，应停机进行处理。

3）消除预知干扰。某些干扰是可以预知的，如PLC的输出命令使执行机构（如大功率电动机、电磁铁）动作，常常会伴随产生火花、电弧等干扰信号，它们产生的干扰信号可能使PLC接收错误的信息。在容易产生这些干扰的时间内，可用软件封锁PLC的某些输入信号，在干扰易发期过去后，再取消封锁。

9.4　输入、输出端口的扩展及保护

9.4.1　输入、输出端口的扩展

输入、输出端口作为PLC的重要资源，是PLC应用规划中必须要考虑的问题。节省及扩展输入、输出端口是提高PLC控制系统经济性能指标的重要手段。本节介绍PLC的I/O端口扩展中常见的一些方法。

1. 输入端口的扩展

（1）分组法扩展输入口

分组法扩展输入口是指控制系统中不同时使用的两项或多项功能中，一个输入端口可以重复使用。比如，自动程序和手动程序不会同时执行，自动和手动这两种工作方式分别使用的输入量就可以分成两组输入。如图9-10所示，通过COM端的切换，Q1、Q2在手动时被接入X000及X001，而S1、S2在自动时被接入X000及X001。X010用来输入自动/手动命

令信号，供自动程序和手动程序切换之用。图 9-10 中的二极管用来切断寄生电路。假设图中没有二极管，系统处于自动状态，S1、Q1、Q2 闭合，S2 断开，这时电流从 COM 端子流出，经 S1、Q1 形成寄生回路流入 X010 端子，经 S1、Q1、Q2 使输入位 X001 错误地变为 ON 状态。各开关串联了二极管后，切断了寄生回路，避免了错误的产生。

（2）利用输出端扩展输入口

在图 9-10 的基础上，如果每个输入端口上接有多组输入信号，接在 COM 端的开关就必须是多掷开关。这样的多掷开关如果手动操作将很不方便，特别在要求快速输入多组信号的时候，手动操作是不可能的，这时可以使用若干个输出端口代替这个开关，如图 9-11 所示。这是一个三组输入的例子，当输出端口 Y000 接通时，K1、K2、K3 被接入电路，当输出端口 Y001 接通时，PLC 读入 K4、K5、K6 的状态。而输出端口的状态用软件控制，这种输入方式在 PLC 接入拨盘开关时很常见。

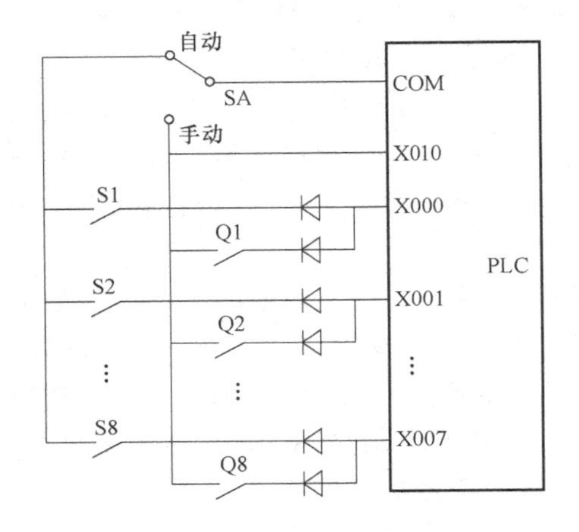

图 9-10　分组法扩展输入口

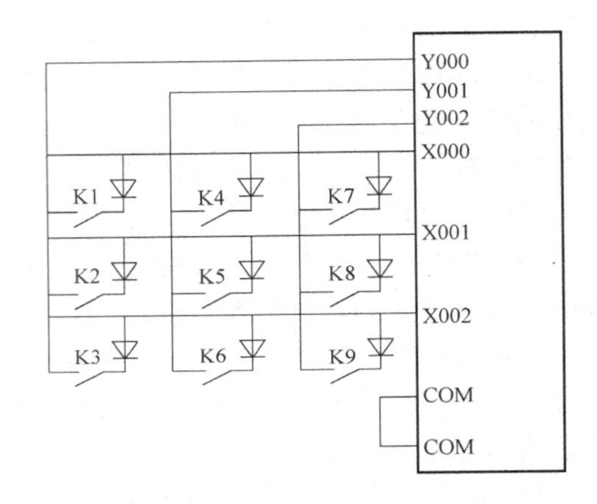

图 9-11　输出端扩展输入口

（3）输入、输出端口的合并

如果外部某些输入信号总是以某种“与或非”组合的整体形式出现在梯形图中，可以将它们对应的触点在 PLC 外部串、并联后作为一个整体输入 PLC，只占 PLC 的一个输入端口。

例如，某负载可在多处启动和停止，可以将多个启动信号并联，将多个停止信号串联，分别送入 PLC 的两个输入端口，如图 9-12 所示。与每一个启动信号和停止信号占有一个输入端口的方法相比，不仅节约了输入点，还简化了梯形图电路。

（4）将信号设置在 PLC 之外

系统的某些输入信号，如手动操作按钮、保护动作后需手动复位的热继电器 FR 的动断触点等提供的信号，可以设置在 PLC 外部的硬件电路中，如图 9-13 所示。某些手动按钮需要串接一些安全锁触点，如果外部硬件电路过于复杂，则应考虑仍将有关信号送入 PLC，用梯形图实现联锁。

（5）利用机内器件及编程扩展输入端口

按钮或限位开关配合计数器可以区别输入信号的不同的意义，如在图 9-14 中，小车仅在左限及右限间运动，将两个限位开关接在一个输入点上，但用计数器记录限位开关被碰撞的次数，如配置得当，用判断计数值的奇偶来判断小车在左限还是在右限是可能的。另外，计数值也可以区分输入的目的，用单按钮控制一台电动机的起停，或控制多台电动机起停的例子也较常见。

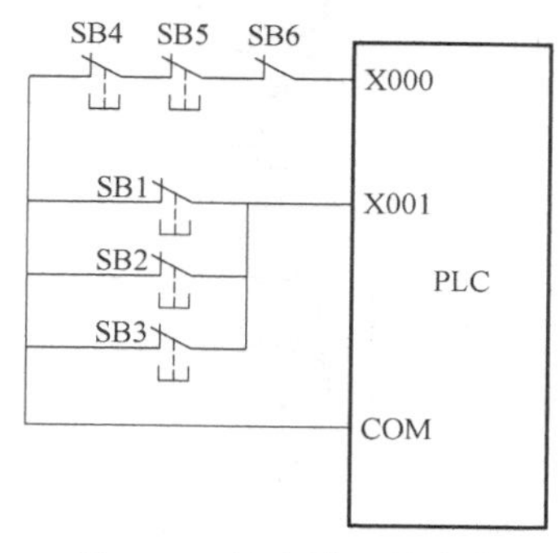

图 9-12　输入端口的合并

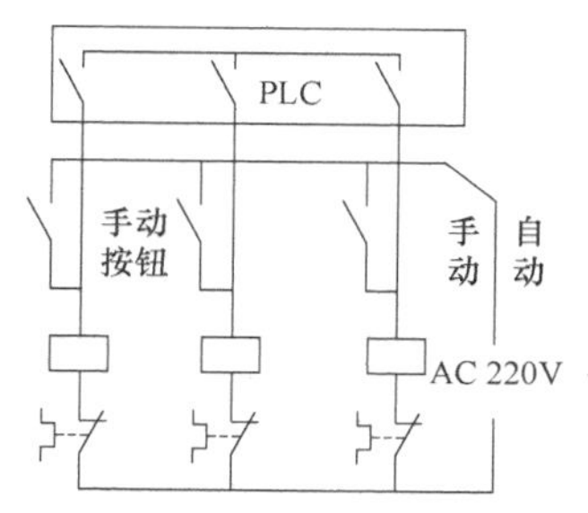

图 9-13　手动按钮接于输出接口

2. 输出端口的扩展

（1）输出端器件的合并与分组

在 PLC 输出端口功率允许的条件下，通/断状态完全相同的多个负载并联后，可以共用一个输出端口。例如，在需要用指示灯显示 PLC 驱动的负载（如接触器的线圈）状态时，可以将指示灯与负载并联，并联时负载与指示灯的额定电压应相同，总电流不应超过输出端口负载的允许值。可以选用电流小、工作可靠的 LED（发光二极管）作为指示器件。另一种情况是用一个输出点控制同一指示灯常亮或闪烁，可以表示两种不同的信息，也相当于扩展了输出端口。此外，通过外部的或 PLC 控制的转换开关的切换，一个输出点也可以控制两个或多个不同的工作负载。

系统中某些相对独立或比较简单部分的控制，可以不进入 PLC，直接用继电器电路来实现，这样同时减少了 PLC 的输入与输出触点。也可以用接触器的辅助触点来实现 PLC 外部的硬件联锁。

（2）用输出端扩展输出口

与前述利用输出端口扩展输入端口类似，也可以用输出端口分时控制一组输出端口的输出内容。比如在输出端口上接有多位 LED 7 段显示器时，如果采用直接连接，所需的输出端口是很多的。这时可使用图 9-15 所示电路利用输出端口的分时逐个点亮多位 LED 7 段显示器。

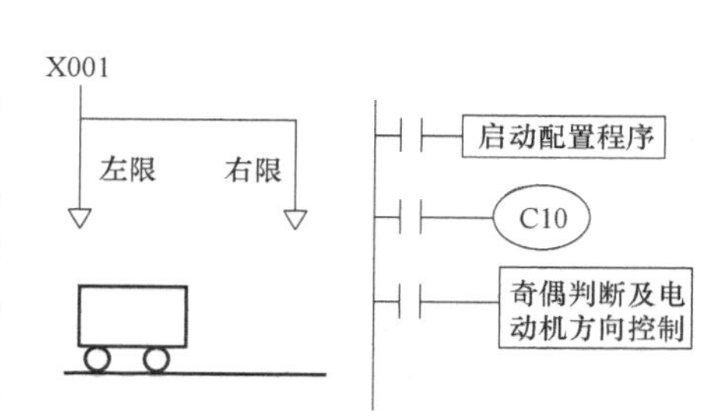

图 9-14　计数器电动机运转方向控制

在图 9-15 所示的电路中，CD4513 是具有锁存、译码功能的专用共阴极 7 段显示器驱动电路，两只 CD4513 的数据输入端 A ~ D 共用 PLC 的 4 个输出端口，其中 A 为最低位，D 为最高位。LE 是锁存使能输入端，在 LE 信号的上升沿将数据输入端输入的 BCD 数据锁存在片内的寄存器中，并将该数译码后显示出来，LE 为低电平时，显示器的数不受数据输入信号的影响。显然，N 位显示器所占用的输出端口数 $P=4+N$。图 9-15 中，当 Y004 及 Y005 分别接通时，从 Y000 ~ Y003 输入的数据分送到上下两片 CD4513 中。以上电路最好在晶体管输出的 PLC 中使用，以实现较高的切换速度来减少 LED 的闪烁。

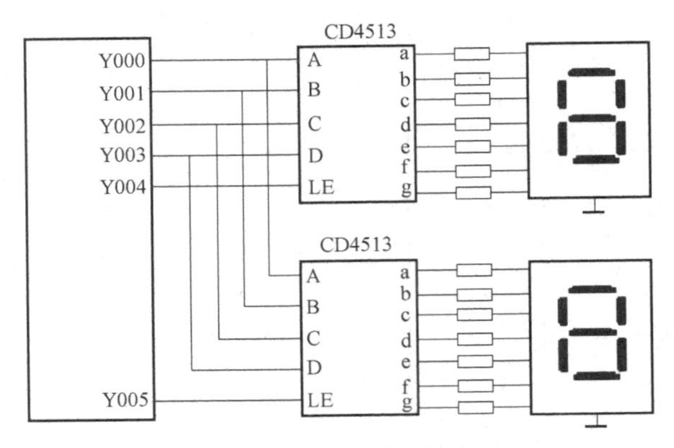

图 9-15 输出端扩展输出口

9.4.2 输入、输出端口的保护

PLC 自带的输入端口电源一般为直流 24V，技术手册提供的输入端口可承受的浪涌电压一般为 35V/0.5s，这是直流输入的情况；交流输入时输入额定电压一般为数十伏，因而当输入端口接有电感器件，有可能感应生成大于输入端口可承受的电压，或输入端口有可能窜入高于输入端口能承受的电压时，应当考虑输入端口保护。在直流输入时，可在需保护的输入端口上反并接稳压二极管，稳压值应低于输入端口的电压额定值。在交流输入时，可在输入端口并入电阻与电容串联的组合。

输出端口的保护与 PLC 的输出器件类型及负载电源的类型有关。保护主要针对输出电感性负载时，负载关断产生的可能损害 PLC 输出端口的高电压。保护电路的主要作用是抑制高电压的产生。当负载为交流感性负载时，可在负载两端并联压敏电阻，或者并联阻容吸收电路，如图 9-16 所示，阻容吸收电路可选 0.5W、100~120Ω 的电阻和 0.1μF 的电容；当负载为直流感性负载时，可在负载两端并联续流二极管或齐纳二极管加以抑制，如图 9-17 所示，续流二极管可选额定电流为 1A 左右的二极管。

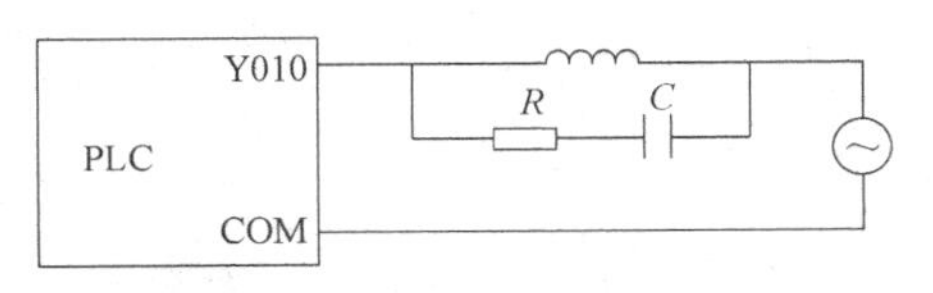

图 9-16 交流负载并联 *RC*

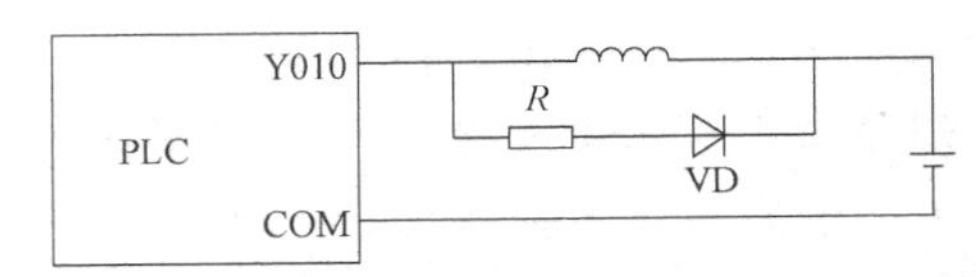

图 9-17 电路直流负载并联续流二极管电路

9.5 PLC 在机械手控制系统中的应用

9.5.1 机械手的工作过程和控制要求

1. 机械结构

机械手的升降和左右移动分别由两个具有双线圈的两位电磁阀驱动气缸来完成，其中下降与上升对应电磁阀的线圈分别为 YV1 与 YV2，右行、左行对应电磁阀的线圈分别为 YV3 和 V4。一旦电磁阀线圈通电，就一直保持现有的动作，直到相对的另一线圈通电为止。气动机械手的夹紧、松开的动作由只有一个线圈的两位电磁阀驱动的气缸完成，线圈（YV5）

断电夹住工件，线圈（YV5）通电松开工件，以防止停电时的工件跌落。机械手的工作臂都设有上、下限位和左、右限位的位置开关 SQ1、SQ2 和 SQ3、SQ4，夹持装置不带限位开关，它是通过一定的延时来表示其夹持动作的完成。机械手在最上面、最左边且除松开的电磁线圈（YV5）通电外，其他线圈全部断电的状态为机械手的原位。

2. 工作过程

机械手将工件从 A 点向 B 点传送。其控制流程图如图 9-18 所示。机械手的上升、下降与左移、右移都是由双线圈两位电磁阀驱动气缸来实现的。抓手对工件的松开夹紧是由一个单线圈两位电磁阀驱动气缸完成，只有在电磁阀通电时抓手才能夹紧。该机械手工作原点在左上方。按下降、夹紧、上升、右移、下降、松开、上升、左移的顺序依次运动。机械手工作过程如图 9-19 所示。

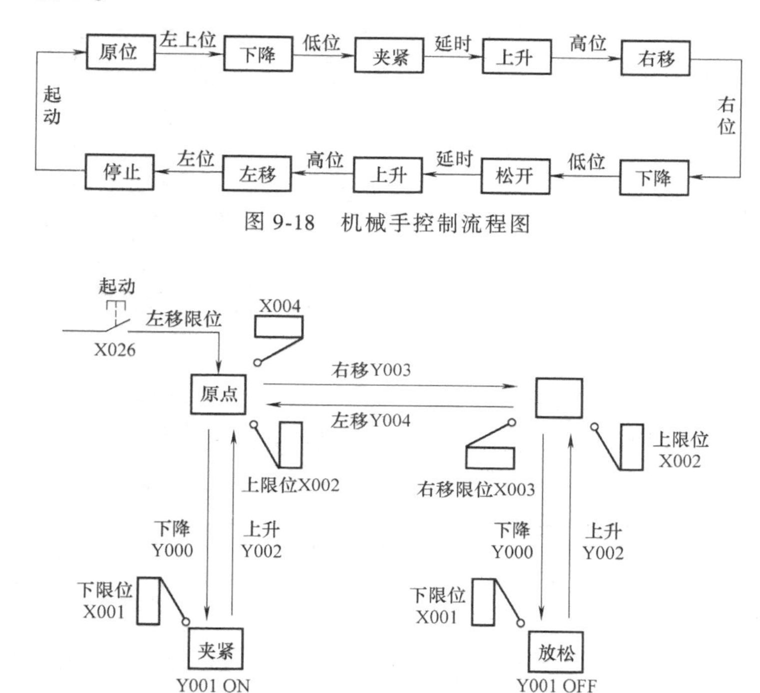

图 9-18　机械手控制流程图

图 9-19　机械手工作过程

3. 控制要求

要求有多种工作方式，有手动、回原点、单步、单周期和连续工作（自动）5 种操作方式。

1）手动操作时，用按钮单独操作机构上升、下降、左移、右移、放松、夹紧，供维修用。

2）回原点，按下此按钮，机械手自动回到原点。顺序控制中，自动运行要有一个起始点，这就是原点。机械手工作时应从原点位置按起动按钮。

3）单步运行时，按动一次起动按钮，前进一个工步，供调试用。

4）单周期运行（半自动），在原点位置按动起动按钮，自动运行一遍后回到原点停止，供首次检验用。若在中途按动停止按钮，则停止运行；再按起动按钮，从断点处继续运行，回到原点处自动停止。

5）自动控制工作时，按下起动按钮，机构从原点位置开始，自动完成一个工作循环过程，并连续反复运行，若在中途按动停止按钮，运行到原点后停止，供正常工作用。

9.5.2 机械手 PLC 选型与硬件设计

1. 操作面板的设计

根据控制要求，其工作方式共有 5 种，由于 5 种方式不是同时运行，为了操作明确，要设置切换装置。起动和急停按钮与 PLC 运行程序无关，这两个按钮用来接通和断开 PLC 外部负载的电源。根据控制要求和安全需要，设计控制面板。机械手的操作面板如图 9-20 所示，选择开关分 5 档与 5 种方式对应，上升、下降、左移、右移、放松、夹紧几个步序一目了然。

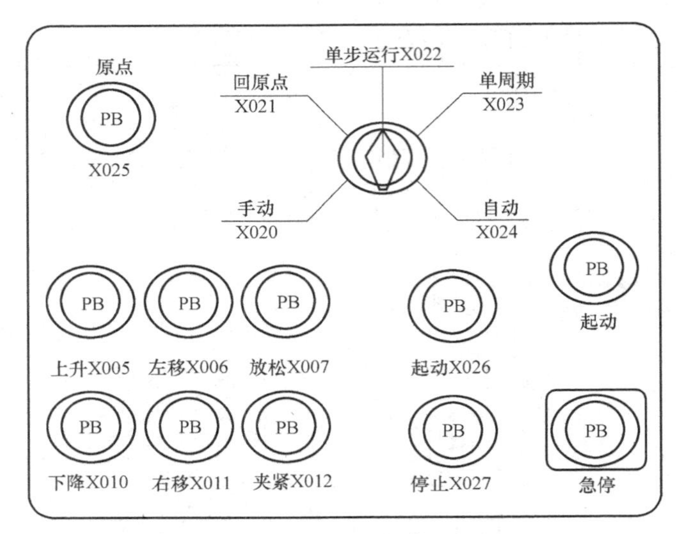

图 9-20 机械手的操作面板图

2. 硬件配置

从控制流程、运动示意图和控制面板中可以看出，在控制方式上选择需要 1 个 5 档切换按钮，分别完成自动方式、单周期、单步方式和手动方式、回原点的选择。在自动运行、单步运行中，单周期运动中需要 1 个起动按钮和 1 个停止按钮；回原点起动按钮 1 个；手动输入信号共由 6 个按钮组成：下降按钮、上升按钮、夹紧按钮、放松按钮、左移按钮和右移按钮；机械手运动的限位开关有 4 个：高位限位开关、低位限位开关、左位限位开关和右位限位开关。共有 18 个数字量输入信号。

输出信号有机械手下降驱动信号、上升驱动信号、右移移动信号、左移驱动信号、机械手夹紧驱动信号，共有 5 个数字量输出信号。系统需要数字量输入 18 点，数字量输出 5 点，不需要模拟量模块。选择 FX_{2N} 系列的 FX_{2N}-64MR-001 可以满足要求，而且还有一定的裕量。

从安全运行要求，面板上的起动和急停按钮与 PLC 运行程序无关，采用机械式的机电元件以硬接线方式构成。这两个按钮用来接通和断开 PLC 外部负载的电源，用来起动运行按钮和处理在任何情况下设备发生紧急异常状态或失控或需要操作人员紧急干预的停止按钮。

3. I/O 点分配表及原理接线图

（1）I/O 分配

将 18 个输入信号、5 个输出信号按各自的功能类型分好，并与 PLC 的 I/O 端一一对应，编排好地址。列出外部 I/O 信号与 PLC 的 I/O 端地址编号对照表，见表 9-4。

表 9-4 机械手 PLC 控制系统的 I/O 地址表

类别	元件	PLC 元件	作用	类别	元件	PLC 元件	作用
输入(I)	SB1	X026	起动	输入(I)	SB4	X005	单步上升
	SQ1	X001	下限行程		SB5	X010	单步下降
	SQ2	X002	上限行程		SB6	X006	单步左移
	SQ3	X003	右限行程		SB7	X011	单步右移
	SQ4	X004	左限行程		SB8	X007	放松
	SB2	X027	停止		SB9	X012	夹紧
	SA	X020	手动操作	输出(O)	YV1	Y000	电磁阀下降
		X021	回原点		YV2	Y002	电磁阀上升
		X022	单步运行		YV3	Y003	电磁阀右行
		X023	单周期		YV4	Y004	电磁阀左行
		X024	自动		YV5	Y001	电磁阀夹紧
	SB3	X025	原点				

（2）I/O 接线图与电气图

电源进线和控制变压器接线图如图 9-21 所示。机械手 PLC 控制系统的 I/O 接线图如图 9-22 所示。

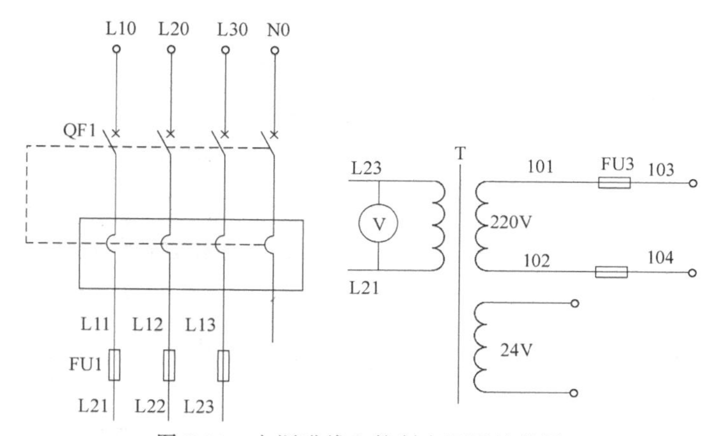

图 9-21 电源进线和控制变压器接线图

9.5.3 机械手 PLC 控制程序设计

1. 初始化程序和原点位置

在顺序控制中，自动控制必须有原点，因为顺序控制断电后再恢复供电，系统回到初始步，要实现自动运行，要使被控对象回到运行的初始步所对应初始位置和初始状态，就要求设置原点。机械手控制的原点为机械臂缩回到最上、最左位置，处于最安全状态。这就是原

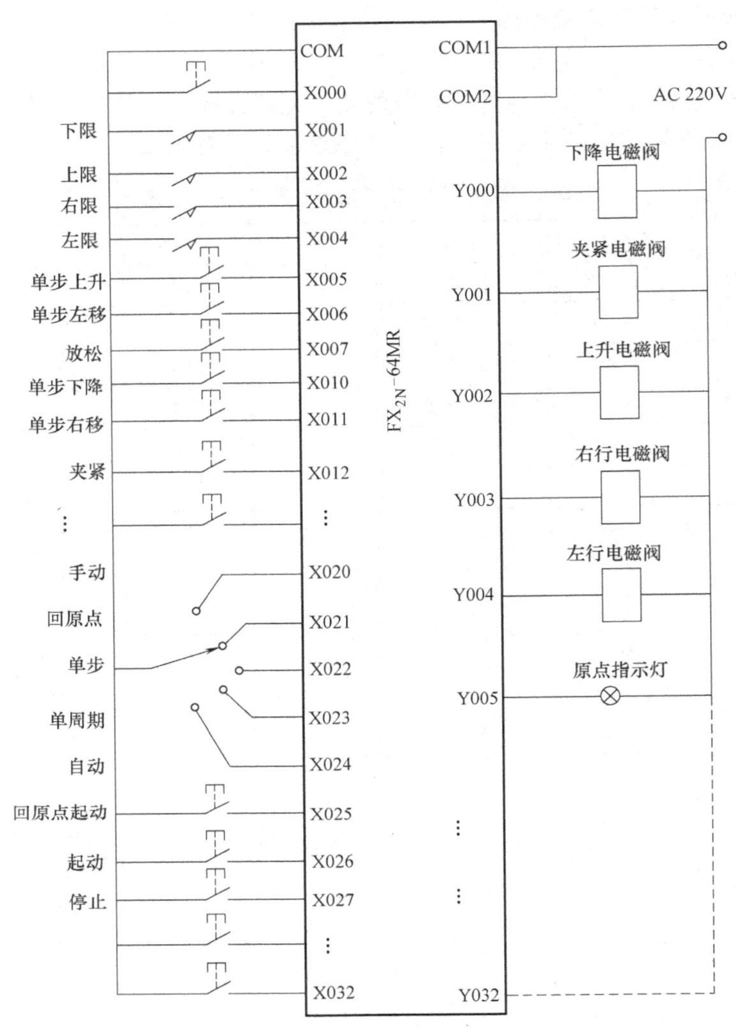

图 9-22　机械手 PLC 控制系统 I/O 接线图

点位置条件，初始化时要设置。

系统的初始化程序如图 9-23 所示，用来设置初始状态和原点位置条件。

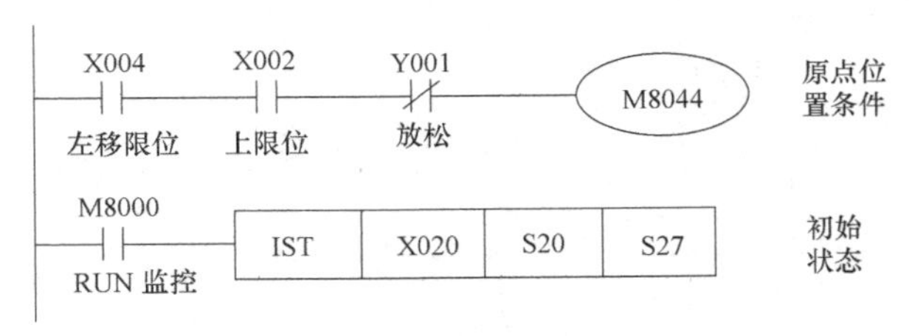

图 9-23　系统的初始化程序

IST 指令中的 S20 和 S27 用来指定在自动操作中用到的最小和最大状态继电器的元件号，IST 中的源操作数可取 X、Y 和 M，图 9-23 中 IST 指令的源操作数 X020 用来指定与工作方式有关的输入继电器的首元件，它实际上指定从 X020 开始的 8 个输入继电器，这 8 个输入继电器的意义见表 9-5。

表 9-5　输入继电器功能对照表

输入继电器 X	功能	输入继电器 X	功能
X020	手动	X024	连续运行
X021	回原点	X025	回原点起动
X022	单步运行	X026	自动起动
X023	单周期运行	X027	停止

X020～X024 中同时只能有一个处于接通状态，必须使用选择开关，以保证这 5 个输入不可能同时为 ON。IST 功能的执行条件满足时，初始状态继电器 S0～S2 和下列特殊辅助继电器被自动指定为以下功能（见表 9-6），以后即使 IST 指令的执行条件变为 OFF，这些元件的功能仍保持不变。

表 9-6　特殊辅助继电器及状态继电器功能对照表

特殊辅助继电器 M	功能	状态继电器 S	功能
M8040	禁止转换	S0	手动操作初始状态继电器
M8041	转换起动	S1	回原点初始状态继电器
M8042	起动脉冲	S2	自动操作初始状态继电器
M8043	回原点完成		
M8044	原点条件		
M8046	STL 监控有效		

如果改变了当前选择的工作方式，在“回原点方式”标志 M8043 变为 ON 之前，所有的输出继电器将变为 OFF。

2. 手动方式程序

手动控制程序如 9-24 所示。手动方式的夹紧、放松、上升、下降、左移、右移是由相应的按钮来完成的，程序相对简单，可用经验法完成。图中，上升/下降、左移/右移都有联锁和限位保护。

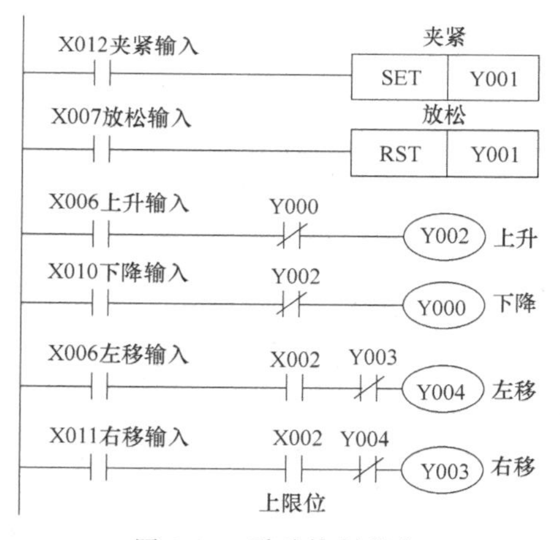

图 9-24　手动控制程序

3. 原点方式程序

回原点方式使用顺序控制设计法，功能图如图 9-25a 所示，S1 是回原点的初始状态。用 S10～S12 作回零操作元件。应注意，当用 S10～S12 进行回零操作时，在最后状态中自我复位前应使特殊继电器 M8043 置 1。回原点方式程序梯形图如图 9-25b 所示。

4. 自动方式程序

自动方式程序的顺序功能图如图 9-26 所示。特殊辅助继电器 M8041（转换启动）和 M8044（原点位置条件）是从自动程序的初始步 S2 转换到下一步 S20 的转换条件。M8041 和 M8044 都是初始化程序设定的，在程序运行中不再改变。自动方式程序的梯形图如图 9-27 所示。

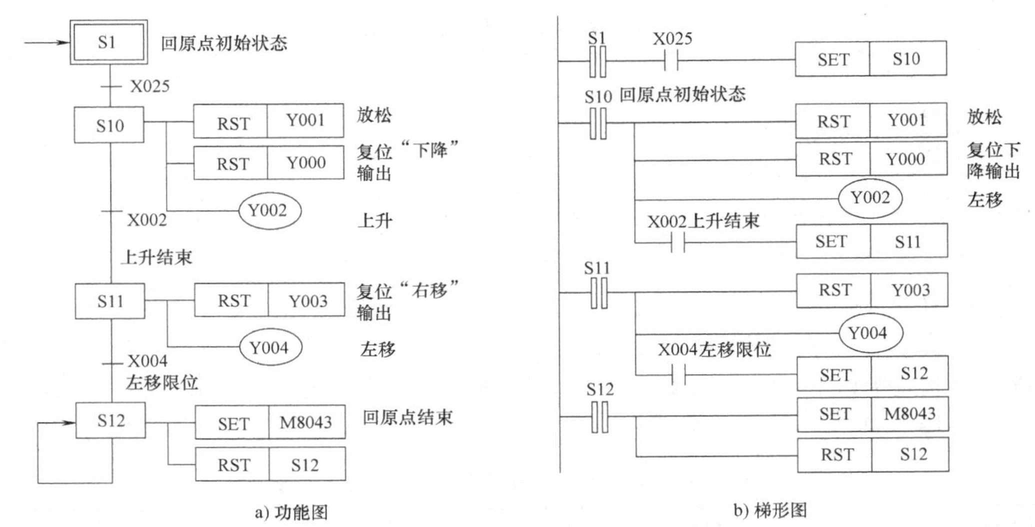

a) 功能图　　b) 梯形图

图 9-25　回原点方式的顺序功能图及梯形图

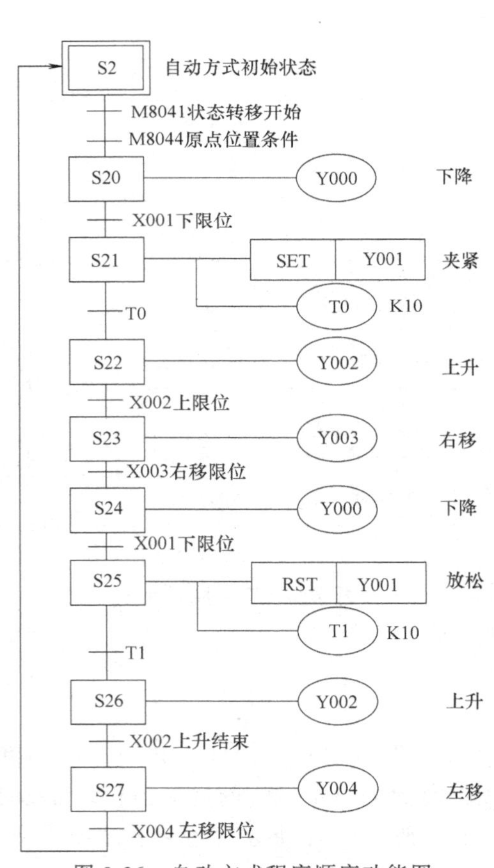

图 9-26　自动方式程序顺序功能图

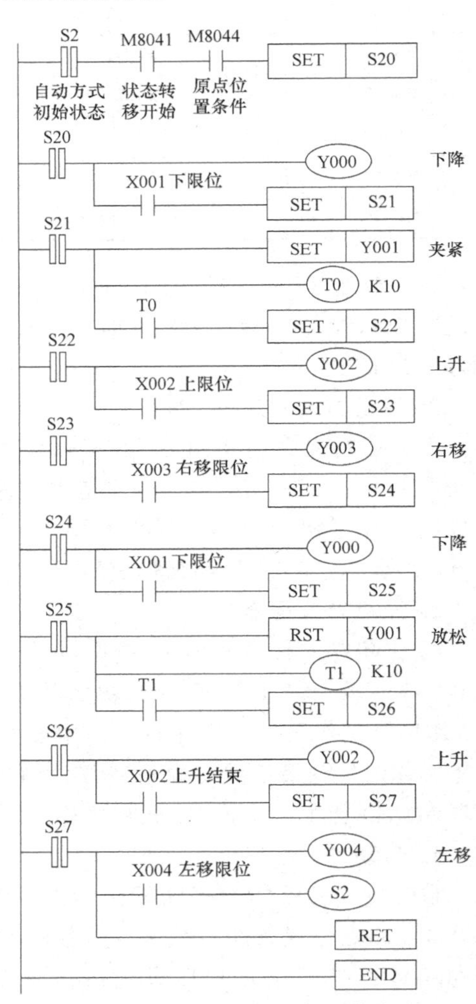

图 9-27　自动方式程序的梯形图

5. 机械手 PLC 控制系统梯形图

根据总体结构，先设计好独立的初始化程序、手动程序、回原点程序，最终仍要形成一个整体程序。如何连接各个局部程序，形成总体程序，这里介绍使用 IST 指令的多种工作方式系统程序的编制方法。

使用 IST 指令后，系统的手动、自动、单周期、单步、连续和回原点这几种工作方式的切换是由系统程序自动完成的。但必须按照前述规定安排 IST 指令中指定的控制工作方式用的输入继电器 X20~X26 的元件号顺序。

由于手动、回原点、自动是三种独立的工作方式，而单步、单周期是自动方式中的特殊执行方式，单步、单周期、连续方式可共用一个程序，在自动方式之间切换。因此，机械手控制系统程序结构如图 9-28 所示。

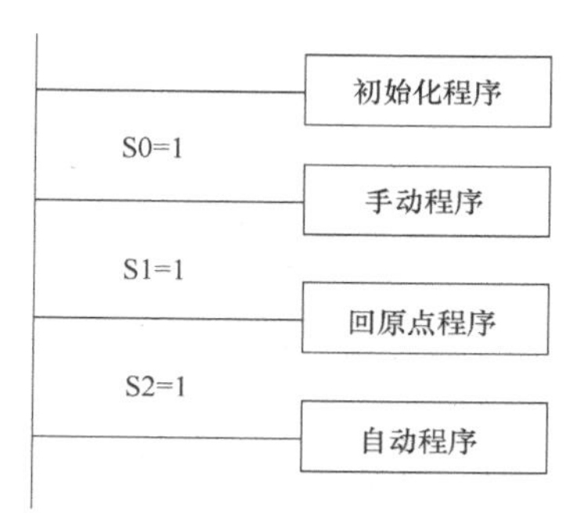

图 9-28　机械手控制系统程序结构与关联关系

由 IST 指令自动控制程序的工作方式执行过程如下。

1）手动工作方式时，X020 = 1，S0 = 1，禁止状态转换标志 M8040 一直为 ON，即禁止在手动时执行步的活动状态的转换，只执行手动操作程序，而 M8041 在手动时不起作用。

2）回原点工作方式时，X021 = 1，S1 = 1，从按下停止按钮到按下起动按钮之间 M8040 起作用。如果在运行过程中按下停止按钮，M8040 变为 ON 并自保持，转换被禁止。在完成当前步的工作后，停止当前步。按下回原点起动按钮 X025 后，M8040 变为 OFF，允许转换，系统才能转换，再连续完成剩下原点的工作。

3）单步工作方式时，X022 = 1，M8042 = 1（一个周期），S2 = 1，M8040 为 ON 并自保持。只是在按了起动按钮时解禁一个周期，允许转换，状态转换起动标志 M8041，在按起动按钮时为 ON，松开时为 OFF。起动按钮按下时前进一步后因 M8040 只解禁一个周期而停止，起动按钮松开时，M8040、M8041 均为 OFF 禁止转换。再按一次时又前进一步。

4）单周期工作方式时，X022 = 1，M8042 = 1（一个周期），S2 = 1，M8040 为 ON 并自保持。只是在按了起动按钮时 M8040 为 OFF 并自保持状态，转换起动标志 M8041 在按钮按下时为 ON，松开时为 OFF，所以运行一周因 M8041 为 OFF 而停下。

5）连续工作方式时，X024 = 2，M8042 = 1（一个周期），S2 = 1，M8040 为 ON 并自保持。只是在按了起动按钮时 M8040 为 OFF 并自保持，状态转换起动标志 M8041 在按了起动按钮时变为 ON 并自保持，按停止按钮后变为 OFF，保证了系统的连续运行。

还要说明的是，在回原点工作方式下，系统自动返回原点时，通过用户程序用 SET 指令将回原点完成标志 M8043 置位。原点条件标志 M8044，在系统满足初始条件（或称原点条件）时为 ON。STL 监控有效标志 M8047，其线圈“通电”时，当前的活动步对应的状态继电器的元件按从大到小的顺序排列，存放在特殊数据寄存器 D8040~D8047 中，由此可以监控 8 点活动步对应的状态继电器的元件号。此外，若有任何一个状态继电器为 ON，特殊辅助继电器 M8046 将为 ON。

根据上述分析，工作方式的切换与运行主要通过 M8040、M8041 的状态和初始态 S 来控制。所以使用 IST 指令后机械手 PLC 控制系统梯形图如图 9-29 所示。

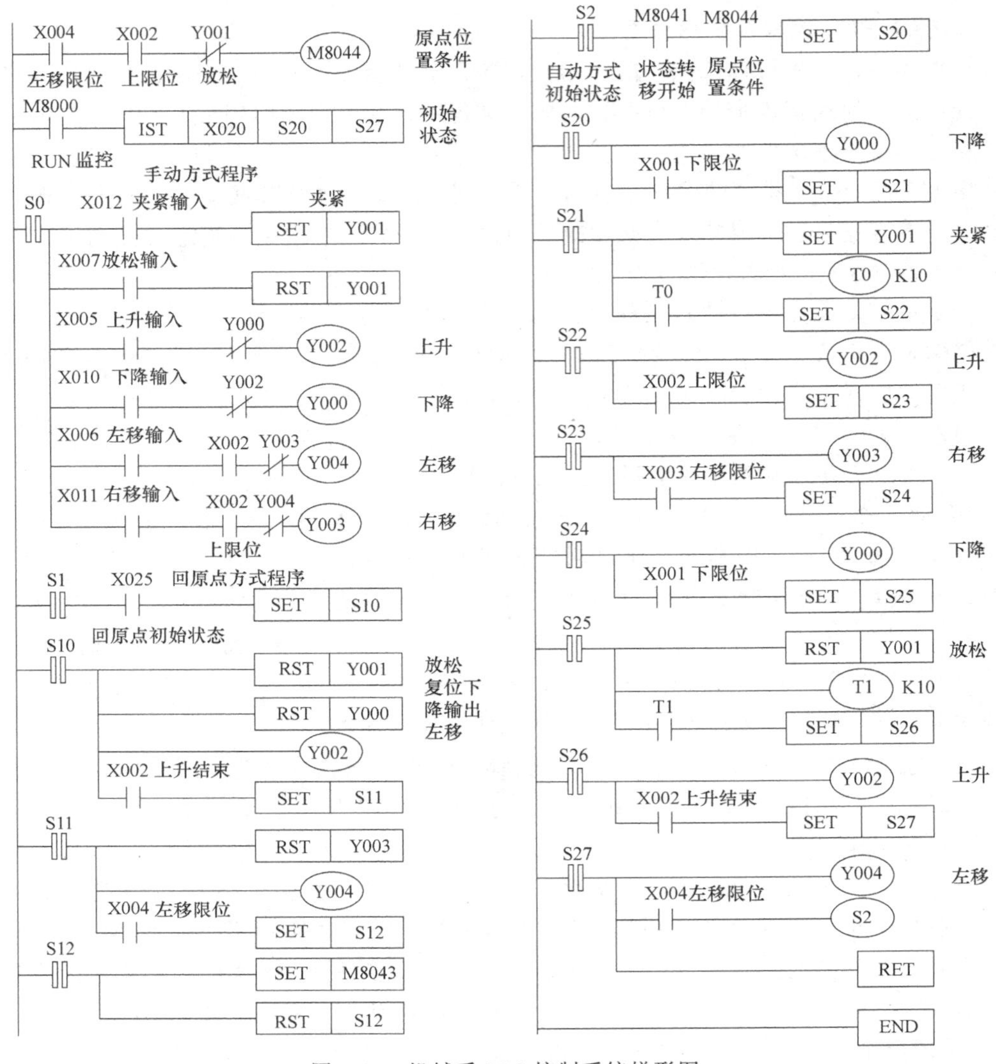

图 9-29　机械手 PLC 控制系统梯形图

9.5.4　结果讨论

上面讨论的机械手控制系统是一个多工作方式的工程实例，可以推广到其他控制系统，机械手 PLC 程序支持相互独立手动、回原点、自动的工作方式。自动工作方式又分单步、单周期、连续工作方式，它们的实现程序是同一个部分，由初始化指令幕后操纵，其自动程序通过 IST 指令、M8040 禁止转移继电器、M8041 开始转移继电器，实现单步、单周期、连续三种自动方式之间的切换。

初始化指令功能强大．FX 系列 PLC 的状态初始化指令 IST 的功能指令编号为 FNC60，它与 STL 指令一起使用、专门用来设置具有多种工作方式的控制系统的初始状态和设置有关的特殊辅助继电器的状态，可以大大简化复杂的顺序控制程序的设计工作。IST 指令只能使用一次，它应放在程序开始的地方，被它控制的 STL 电路应放在它的后面。

IST 指令中的 S20 和 S30 用来指定在自动操作中用到的最低和最高的状态继电器的元件号。IST 中源操作数可取 X、Y 和 M，IST 指令的源操作数 X010 用来指定与工作方式有关的输入继电器的首元件，它实际上指定从 X010 开始的 8 个输入继电器具有以下的意义：

X010：手动；X011：回原点；X012：单步运行；X013：单周期运行；X014：连续运行（全自动）；X015：回原点起动；X016：自动操作起动；X017：停止。

通过机械手控制实例可以看出，采用 STL 指令的方法设计机械手控制程序具有简单、直观，程序结构清晰、规范，易于理解和检查等特点。对于复杂程度高的顺序控制系统，应优先选用 STL 指令的方法，可以降低编程的复杂性，从而缩短编程的时间，提高工作效率。需要注意的是，STL 指令不具有通用性，仅适用于某厂家所生产的某些 PLC 产品。除了用 STL 指令进行顺序控制编程外，还可以使用起-（保）-停电路和以转换为中心的编程方法，完成顺序控制，使顺序控制设计法的功能更强，应用更广，提高编程效率和质量。

上面的机械手是二自由度的机械手，是最简单的机械手，机械手现在有三、四甚至六自由度的机械手，对于多自由度机械手，现在设计方法是相同的。机械手应用是广泛的，如三自由度机械手在物流业中用来运送货物、在数控加工中心用来换刀，而注塑机机械手是六自由度的。学习上面程序后，我们可根据需要自己设计专用的机械手。

本 章 小 结

本章主要介绍了一个完整的 PLC 系统设计的主要步骤和内容，并以机械手的控制为例，一步步讲述设计的内容、步骤和方法，让读者更好地理解如何设计一个控制系统，怎样使硬件和软件配合完成需要的控制功能。

习题与思考题

9-1 PLC 控制系统的应用设计一般分哪几个步骤？

9-2 PLC 的选型要考虑几方面因素？

9-3 有一运输系统由 4 条运输带顺序相连而成，分别用电动机 M1、M2、M3、M4 拖动，控制要求有以下几点。

1）按下起动按钮后，M4 先起动，经过 10s，M2 起动，再过 10s，M1 起动。

2）按下停止按钮时，电动机的停止顺序与起动顺序相反，间隔时间仍为 10s。

3）当某运输带电动机过载时，该运输带及前面运输带立即停止，而后面的运输带电动机待运完料后才停止。例如，M2 电动机过载，M1、M2 立即停止，经过 10s，M4 停止，再经过 10s，M3 停止。试设计出满足以上要求的梯形图程序。

9-4 电镀生产线有三个槽，工件由装有可升降吊钩的行车带动，经过电镀、镀液回收、清洗等工序，实现对工件的电镀。工艺要求为：工件放入镀槽中，电镀 280s 后提起，停放 28s，让镀液从工件上流回镀槽，然后放入回收液槽中浸 30s，提起后停 15s，接着放入清水槽中清洗 30s，最后提起停 15s 后，行车返回原位，电镀一个工件的全过程结束。工艺流程如图 9-30 所示。试编写满足上述要求的梯形图程序。

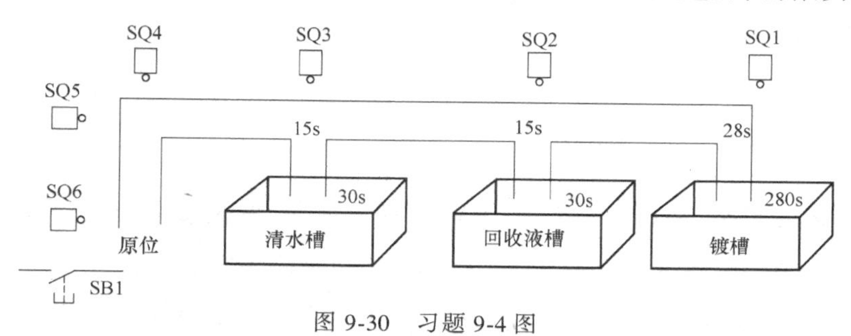

图 9-30 习题 9-4 图

第10章 FX_{2N}系列PLC特殊功能模块和通信

内容简介：

本章对三菱 FX_{2N} 系列 PLC 的某些典型的特殊功能模块的主要性能、线路连接以及 PLC 的通信的概念做了简要介绍和说明。

学习目标：

1. 模拟量输入/输出模块的正确使用。
2. 高速计数模块的编程应用。
3. 掌握 PLC 通信的一些基本概念。

在现代工程控制项目中，仅使用 PLC 的 I/O 模块不能完全解决工程上的一些实际问题，因此，PLC 生产厂家开发了很多特殊功能模块，包括模拟量输入模块、模拟量输出模块、高速计数模块、PID 过程控制调节模块、专用通信模块等。这些特殊功能模块与 PLC 主机一起连接起来，可以构成功能完善的控制系统单元，满足各种工程需求，扩大 PLC 的应用范围。

PLC 主机（基本单元）通过扩展总线最多可带 8 个特殊功能模块，一般接在 FX_{2N} 基本单元或扩展单元的右边，按 0~7 号顺序依次编号。如图 10-1 所示，该配置使用 FX_{2N} 48 点基本单元，连接 FX-4AD、FX-4DA、FX-2AD 3 块模拟量模块，它们的编号分别为 0、1、2 号。这 3 块模块不影响右边 2 块扩展模块（FX-8EX 和 FX-16ER）的编号。

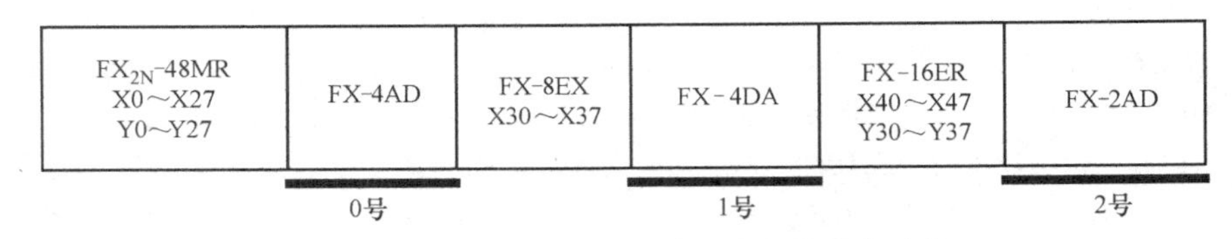

图 10-1　PLC 基本单元与特殊功能模块的连接

10.1　模拟量输入、输出模块

FX_{2N} 系列 PLC 模拟量输入模块有 2、4、8 通道电压/电流模拟量输入模块，其型号为 FX_{2N}-（2/4/8）AD；另外还有 4 通道温度传感器模拟量输入模块，其型号为 FX_{2N}-4AD-PT/TC。模拟量输出模块有 2、4 通道电压/电流模拟量输出模块，其型号为 FX_{2N}-（2/4）DA。本节主要介绍 4 通道电压/电流模拟量输入、输出模块，其他输入、输出模块可以参考产品手册使用。

10.1.1　模拟量输入模块 FX_{2N}-4AD

1. 技术指标概况

FX_{2N}-4AD 模块有 CH1～CH4 四个通道，每个通道都可进行 A/D 转换。它将接收的模拟信号转换成最大分辨率为 12 位二进制的数字量，并以二进制补码的形式存于 16 位数据寄存器中。FX_{2N}-4AD 内部有 32 个 16 位的缓冲寄存器（BMF），通过扩展总线与 FX_{2N} 基本单元进行数据交换，数值范围是-2048～+2047。采集信号电压为-10～+10V，分辨率为 5mV。电流输入时为 4～20mA 或-20～20mA，分辨率为 20μA。FX_{2N}-4AD 占用 FX_{2N} 扩展总线的 8 个点，耗电为 5V，30mA。FX_{2N}-4AD 的具体技术指标见表 10-1。

表 10-1　FX_{2N}-4AD 技术指标

项目	电压输入	电流输入
	电压或电流输入的选择基于对输入端子的选择，一次可同时使用 4 个输入点	
模拟量输入范围	DC -10～10V（输入阻抗 200kΩ） 注意：如果输入电压超过±15V，单元会被损坏	DC -20～20mA（输入阻抗 250Ω） 注意：如果输入电流超过±32mA，单元会被损坏
数字量输出范围	12 位转换结构，以 16 位二进制补码的形式存储，输出数值范围为-2048～+2047	
分辨率	5mV（10V×1/2000）	20μA（20mA×1/1000）
总体精度	±1%（对于-10～10V 的范围）	±1%（对于-20～20mA 的范围）
转换速度	15ms/通道（常速），6ms/通道（高速）	
外接输入电源	24(1±10%)V，55mA，可由 PLC 基本电源或扩展单元内部供电：5V，30mA	
模拟量用电源	-10～10V	-4～20mA 或-20～20mA
占用 I/O 点数目	8 个输入点或输出点均可	
隔离方式	模拟与数字之间为光电隔离，4 个模拟通道之间没有隔离	

2. 线路连接

FX_{2N}-4AD 通过扩展总线与 FX_{2N} 系列基本单元连接。4 个通道的外部连接则需根据外界输入的电压或电流量不同而不同，如图 10-2 所示。

图 10-2 中标注①～⑤的说明如下：

① 外部模拟输入信号通过双绞屏蔽电缆输入至 FX_{2N}-4AD 的各个通道中，电缆应远离电源线或其他可能产生电气干扰的导线。

② 如果输入有电压波动或有外部电器电磁干扰影响，可以在模块的输入端口接一个 0.1～0.47μF（25V）的平滑电容。

③ 如果外部是电流输入，应将端子 V+和 I+连接。

④ 如果存在过多的电气干扰，需将电缆屏蔽层与 FG 端连接，并连接到 FX_{2N}-4AD 接地端。

⑤ 可能的话，将 FX_{2N}-4AD 接地端与 PLC 主单元接地端连接。

FX_{2N}-4AD 三种预设方式下的模拟输入与模拟输出关系如图 10-3 所示。

3. 缓冲寄存器（BFM）

FX_{2N}-4AD 内部有 32 个 16 位的 RAM 缓冲寄存器（BMF），用来与基本单元进行数据交

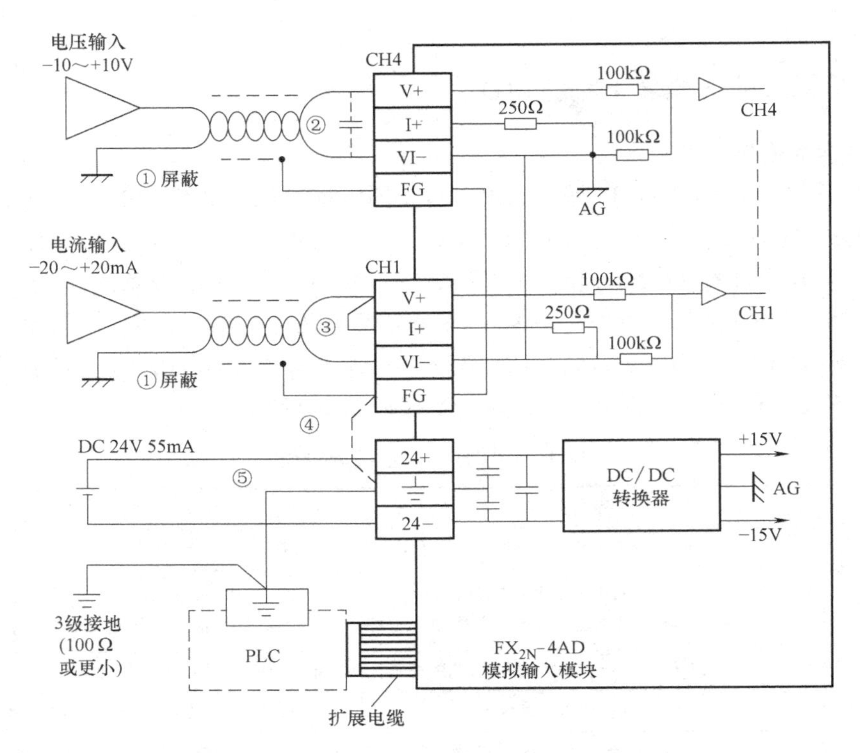

图 10-2　FX_{2N}-4AD 模块的外部接线连接图

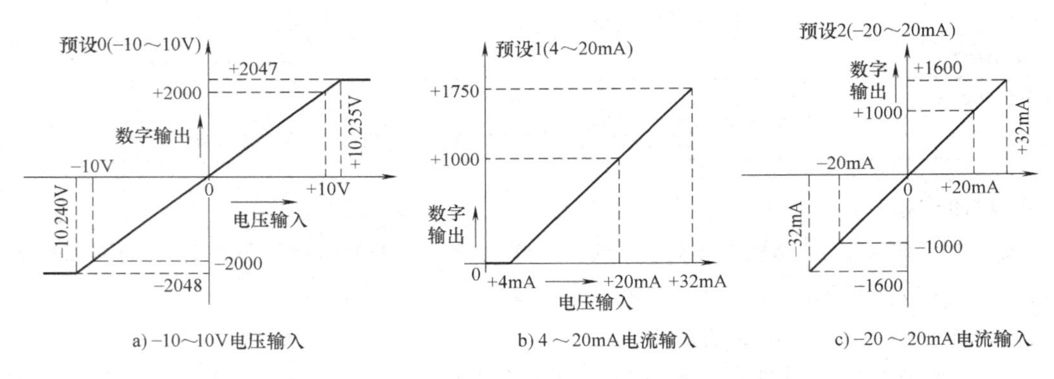

图 10-3　FX_{2N}-4AD 三种预设方式的模拟输入与模拟输出关系

换。FX_{2N}-4AD 占用 FX_{2N} 扩展总线的 8 个点，这 8 个点可以是输入点或输出点。

FX_{2N}-4AD 的 32 个缓冲寄存器的编号分配及其含义见表 10-2。

（1） 通道选择

在 BFM#0 中写入十六进制 4 位数字 H××××进行 A/D 模块通道初始化，最低位数字控制 CH1，最高位数字控制 CH4，每位写入的数字含义如下：

×=0 时，设定输入范围为-10～10V。

×=1 时，设定输入范围为 4～20mA。

×=2 时，设定输入范围为-20～20mA。

×=3 时，关闭通道。

表 10-2　FX_{2N}-4AD 的 BFM 编号分配及含义

BFM	内容		说明
* #0	在 BFM#0 中写入十六进制 4 位数字 H××××进行 A/D 模块通道初始化，默认值=H0000，最低位数字控制 CH1，最高位数字控制 CH4		1. 带 * 号的 BFM 可以使用 TO 指令从 PLC 写入 2. 不带 * 号的 BFM 可以使用 FROM 指令从 PLC 读出 3. 在从模拟特殊功能模块读出数据之前，确保这些设置已经送入模拟特殊功能模块中，否则，将使用模块里面以前保存的数值
* #1	通道 1	包含采样数（1~4096），用于得到平均结果；默认值设为 8，即正常速度；高速操作可选择 1	
* #2	通道 2		
* #3	通道 3		
* #4	通道 4		
#5	通道 1	这些缓冲区包含采样数的平均输入值；这些采样数是分别输入在#1~#4 缓冲区中的通道数据	
#6	通道 2		
#7	通道 3		
#8	通道 4		
#9	通道 1	这些缓冲区包含每个输入通道读入的当前值	
#10	通道 2		
#11	通道 3		
#12	通道 4		
#13、#14	保留		
#15	选择 A/D 转化速度	如设为 0，则选择正常速度，15ms/通道（默认）；如设为 1，则选择高速，6ms/通道	4. BFM 提供了利用软件调整偏移和增益的手段 偏移（截距）：当数字输出为 0 时的模拟量输入值 增益（斜率）：当数字输出为+1000 时的模拟量输入值
#16~#19	保留		
* #20	复位到默认值和预设，默认值=0		
* #21	若（b1，b0）设为（1，0），则禁止调整偏移、增益值，默认值=（0，1）允许		
* #22	偏移、增益值调整，G4O4、G3O3、G2O2、G1O1		
* #23	偏移值，默认值=0		
* #24	增益值，默认值=5000		
#25~#28	保留		
#29	错误状态		
#30	识别码 K2010		
#31	禁用		

例如，BFM#0=H3310 说明 CH1 设定输入范围为-10~+10V，CH2 设定输入范围为 4~20mA，CH3、CH4 两通道关闭。

（2）模拟量转换为数字转量的速度设置

在 FX_{2N}-4AD 的 BFM#15 中写入 0 或 1，可以改变 A/D 转换的速度，不过要注意下列几点：

1）为保持高速转换率，尽可能少使用 FROM/TO 指令。

2）当改变了转换速度后，BFM#1~#4 将立即设置到默认值，这一操作将不考虑它们原有的数值。

（3）增益值和偏移值的调整

1）通过将 BFM#20 设为 K1，将其激活后，包括模拟特殊功能模块在内的所有设置将复位成默认值，对于消除不希望的偏移、增益值调整，这是一种快速的方法。

2）如果将BFM#21的（b1，b0）设为（1，0），偏移、增益值的调整将被禁止，以防止操作者不正确的改动，若需要改变偏移、增益值，（b1，b0）必须设为（0，1），默认值是（0，1）。

3）BFM#23和BFM#24为偏移值和增益值设定缓冲寄存器。用TO指令进行设定，偏移值和增益值的单位是mV或μA，最小单位是5mV或20μA。其值由BFM#22的 Gi、Oi（增益、偏移）位状态送到指定的输入通道增益和偏移寄存器中。例如，BFM#22的G1、O1位置为1，则BFM#23和BFM#24的设定值送入CH1的偏移和增益寄存器中。

4）对于具有相同增益、偏移值的通道，可以单独或一起调整。

5）BFM#23和BFM#24中的增益、偏移值的单位是mV或μA，由于单元的分辨率的限制，实际的响应将以5mV或20μA为最小刻度。

（4）BFM#29的状态信息设置含义

BFM#29为 FX_{2N}-4AD运行正常与否的信息。状态信息设置含义见表10-3。

表10-3　BFM#29状态位信息表

BFM#29的位设备	ON	OFF
b0:错误	b1~b3中任何一个为ON,所有通道的A/D转换停止	无错误
b1:偏移/增益错误	在EEPROM中的偏移/增益数据不正常或者调整错误	偏移/增益正常
b2:电源故障	DC 24V电源故障	电源正常
b3:硬件错误	A/D转换器或其他硬件故障	硬件正常
b10:数字范围错误	数字输出值小于-2048或大于+2047	数字输出值正常
b11:平均值采样次数错误	平均值采样次数超出范围1~4096(使用默认值8)	平均值采样次数正常(在1~4096之间)
b12:偏移/增益调整禁止	BFM#21的(b1、b0)设为(1,0)	允许BFM#21的(b1、b0)设为(1、0)

注：b4~b9、b13~b15无定义。

（5）BFM#30的缓冲器识别码

FX_{2N}-4AD的识别码为K2010。在传输/接收数据之前，可以使用FROM指令读出特殊功能模块的识别码（或ID），以确认正在对此特殊功能模块进行操作。

（6）增益与偏移的意义和设置范围

增益与偏移是使用 FX_{2N}-4AD要设定的两个重要参数，可使用输入终端上的下压按钮来调整 FX_{2N}-4AD的增益与偏移，也可通过PLC的软件进行调整。FX_{2N}-4AD增益与偏移状态如图10-4所示。

图10-4a中，增益决定了校正线的角度或者斜率，由数字值+1000标识。图中，①为小增益，读取数字值间隔大；②为零增益（默认值），即5V或20mA；③为大增益，读取数字值间隔小。图10-4b中，偏移量决定了校正线的"位置"，由数字值0标识。图中，①为负偏移，即数字值为0时模拟值为负；②为零偏移，即数字值等于0时模拟值等于0；③为正偏移，即数字值为0时模拟值为正。

增益和偏移可以分别或一起设置，合理的增益值范围是1~5V或4~32mA，合理的偏移

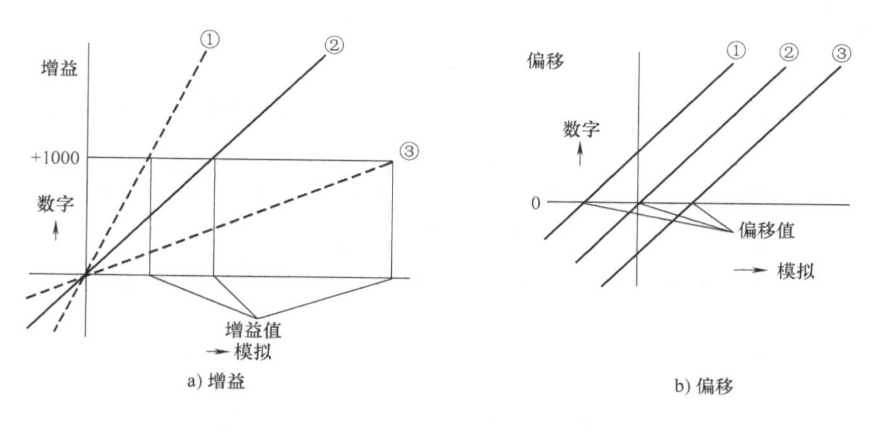

图 10-4　FX_{2N}-4AD 增益与偏移状态示意图

值范围是-5~5V 或-20~20mA。

4. 编程及应用

FX_{2N}-4AD 可以通过 FROM 和 TO 指令与 PLC 基本单元进行数据交换。FX_{2N}-4AD 模块的设置步骤流程图如图 10-5 所示。

现以液压折板机压板的同步控制作为应用实例来说明 FX_{2N}-4AD 模块的编程和应用。有一个液压折板机，需要执行压板的同步控制，其系统原理如图 10-6 所示。液压缸 A 为主动缸，液压缸 B 为从动缸，由电磁换向阀控制 A 缸的运动方向，单向节流阀调节其运动速度。位置传感器（滑杆电阻）1、2 用以检测液压缸 A 和液压缸 B 的位置，其输出范围是-10~+10V。当两者的位置存在差别时，伺服放大器输出相应的电流，驱动电液伺服阀，使液压缸 B 产生相应的运动，从而达到同步控制的目的。

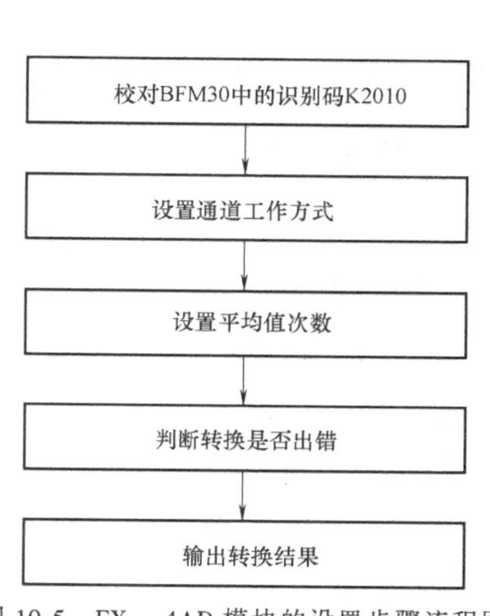

图 10-5　FX_{2N}-4AD 模块的设置步骤流程图

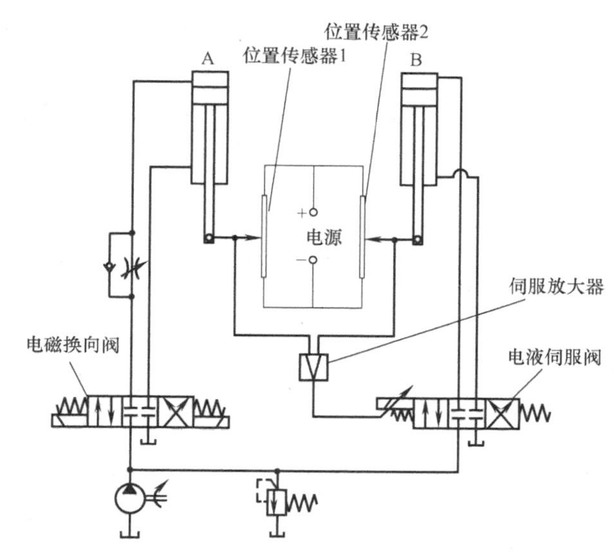

图 10-6　液压折板机系统原理示意图

本例中，要求伺服放大器的功能由 PLC、特殊功能模块 FX_{2N}-4AD 组成的系统来实现，试设计 PLC 程序。

1）模块的安装连接。位置传感器 1 和 2 的输入信号分别用双绞线连接到特殊功能模块

FX_{2N}-4AD 的 CH1、CH2 相应的端子上。

2）初始参数的设定。

① 通道选择。由于本例中 CH1、CH2 的输入范围为−10～+10V，CH3、CH4 暂不使用，所以根据表 10-2，BFM#0 单元的设置应该是 H3300。

② A/D 转换速度的选择。可以通过对 BFM #15 写入 0 或 1 来进行选择，输入 0 选择低速；输入 1 选择高速。本例输入 1，即选择高速。

③ 调整增益和偏移值。本题不需要调整偏移值，增益值设定为 K2500（2.5V）。

3）梯形图。此程序的梯形图由三部分组成。

① 初始化程序梯形图如图 10-7 所示。

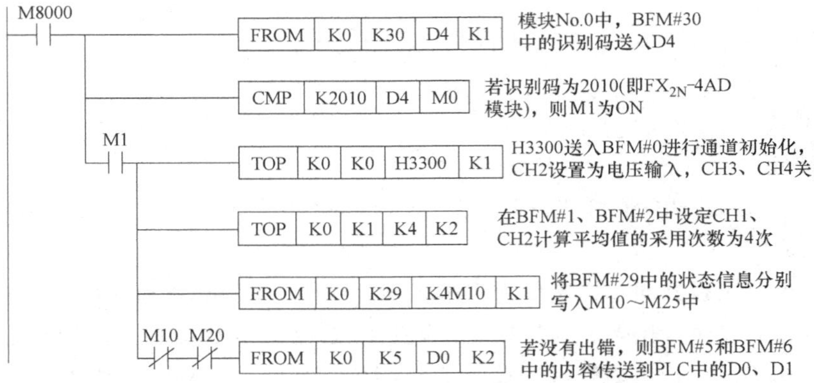

M8000
FROM K0 K30 D4 K1
模块No.0中，BFM#30中的识别码送入D4
CMP K2010 D4 M0
若识别码为2010(即FX2N-4AD模块)，则M1为ON
M1
TOP K0 K0 H3300 K1
H3300送入BFM#0进行通道初始化，CH1、CH2设置为电压输入，CH3、CH4关闭
TOP K0 K1 K4 K2
在BFM#1、BFM#2中设定CH1、CH2计算平均值的采用次数为4次
FROM K0 K29 K4M10 K1
将BFM#29中的状态信息分别写入M10～M25中
M10 M20
FROM K0 K5 D0 K2
若没有出错，则BFM#5和BFM#6中的内容传送到PLC中的D0、D1

图 10-7　初始化程序梯形图

② 增益值和偏置值调整程序梯形图如图 10-8 所示。

X007
SET M100
调整开始，X007连接调整按钮
M100
TOP K0 K21 K1 K1
将K1送入BFM#21，允许调整
TOP K0 K22 K0 K1
将K0送入BFM#22，调整偏移/增益值
(T0 K10)
T0
TOP K0 K23 K0 K1
将K0送入BFM#23，设置偏移值
TOP K0 K24 K2500 K1
将K2500送入BFM#24，调整增益值
TOP K0 K22 H0033 K1
将H0033送入BFM#22，调整CH1和CH2通道的增益值
(T1 K10)
T1
RST M100
调整结束
TOP K0 K21 K2 K1
将K2送入BFM#21，禁止调整

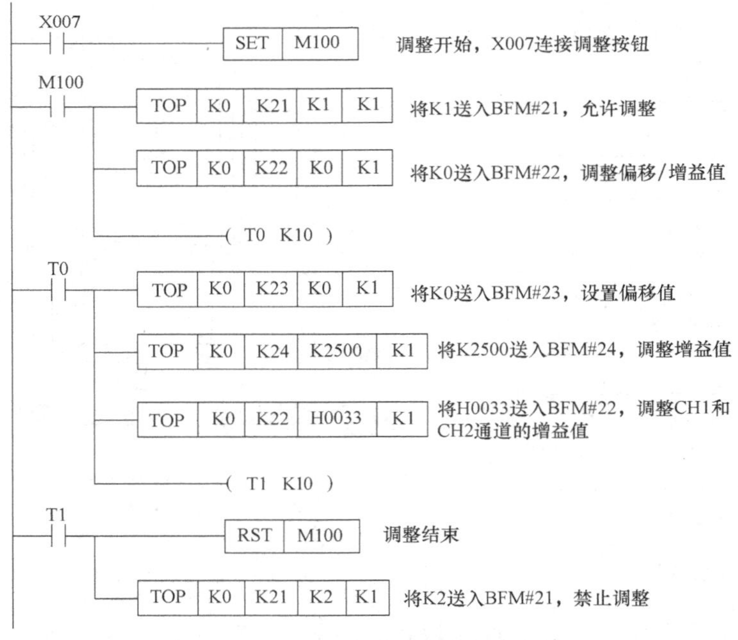

图 10-8　增益值和偏置值调整程序梯形图

③ 控制程序梯形图如图 10-9 所示。

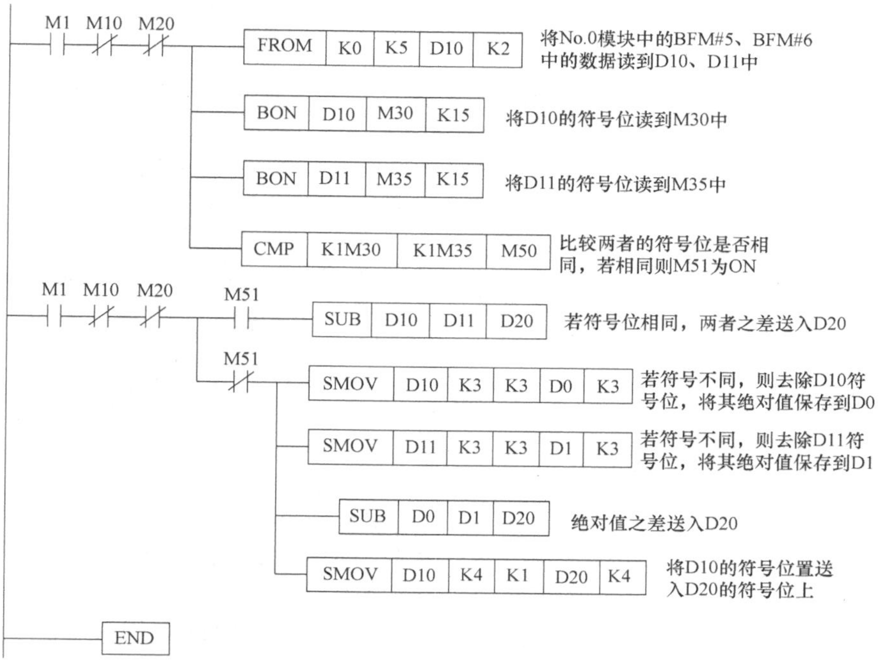

M1 M10 M20 —— FROM K0 K5 D10 K2 —— 将No.0模块中的BFM#5、BFM#6中的数据读到D10、D11中

BON D10 M30 K15 —— 将D10的符号位读到M30中

BON D11 M35 K15 —— 将D11的符号位读到M35中

CMP K1M30 K1M35 M50 —— 比较两者的符号位是否相同，若相同则M51为ON

M1 M10 M20 M51 —— SUB D10 D11 D20 —— 若符号位相同，两者之差送入D20

M51 —— SMOV D10 K3 K3 D0 K3 —— 若符号不同，则去除D10符号位，将其绝对值保存到D0

SMOV D11 K3 K3 D1 K3 —— 若符号不同，则去除D11符号位，将其绝对值保存到D1

SUB D0 D1 D20 —— 绝对值之差送入D20

SMOV D10 K4 K1 D20 K4 —— 将D10的符号位置送入D20的符号位上

END

图 10-9　控制程序梯形图

10.1.2　模拟量输出模块 FX$_{2N}$-4DA

1. 技术指标概况

FX$_{2N}$-4DA 模拟量输出模块有 4 个通道输出（CH1～CH4），每个通道均可进行 D/A 转换。数字量转换为模拟量输出的最大分辨率为 12 位。基于输入/输出电压电流选择可通过用户配线完成，可选用的输出模拟电压范围为-10～10V（分辨率为 5mV），输出模拟电流范围为 0～20mA（分辨率为 20μA），可被每个通道分别选择。FX$_{2N}$-4D 和 FX$_{2N}$ 基本单元之间通过缓冲存储器交换数据，共有 32 个 16 位缓冲存储器（BFM）。FX$_{2N}$-4D 占用 FX$_{2N}$ 扩展总线的 8 个点，这 8 个点可以分配成输入或输出。FX$_{2N}$-4DA 消耗 FX$_{2N}$ 基本电源或有源扩展单元 5V 电源槽的 30mA 电流。FX$_{2N}$-4DA 的技术指标见表 10-4。

表 10-4　FX$_{2N}$-4DA 技术指标

项目	电压输出	电流输出
模拟量输出范围	DC -10～10V(外部负载阻抗:2kΩ～1MΩ)	DC 0～20mA(外部负载阻抗:500Ω)
数字量输入	16 位,二进制,有符号(数值有效位:11 位和一个符号位)	
分辨率	5mV(10V×1/2000)	20μA(20mA×1/1000)
总体精度	±1%(对于-10～10V 的全范围)	±1%(对于 0～20mA 的全范围)
转换精度	4 个通道 2.1ms(改变使用的通道数不会改变转换精度)	
隔离方式	模拟和数字电路之间用光电耦合器隔离,与基本单元之间是 DC/DC 转换器隔离,模拟通道之间没有隔离	
外部电源	DC 24(1±10%)V,200mA,可由基本单元或扩展单元内部供电:5V,30mA	
占用 I/O 点数目	占用 8 点 I/O(输入、输出即可)	
功率消耗	5V,30mA(MPU 的内部电源或有源扩展单元)	

FX_{2N}-4DA 三种输出模式的 I/O 特性如图 10-10 所示。默认模式是模式 0。应用 PLC 指令可改变输出模式。

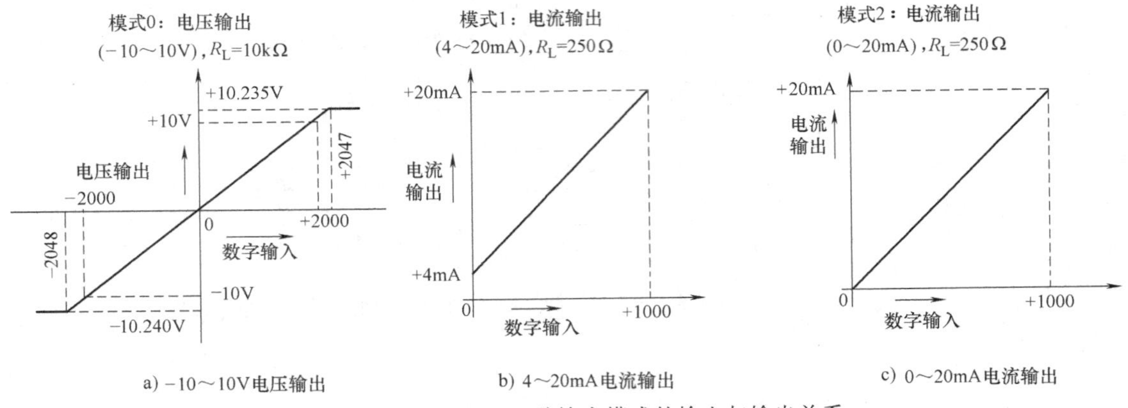

a) −10～10V电压输出　　b) 4～20mA电流输出　　c) 0～20mA电流输出

图 10-10　FX_{2N}-4DA 三种输出模式的输入与输出关系

需要注意的是，增益值为当数字输入为+1000 时的模拟输出值，偏移值为当数字输入为 0 时的模拟输出值。

当 I/O 特性曲线的斜率很陡时，数字输入的少许变化将引起模拟输出剧烈的增加或减小；当 I/O 特性曲线的斜率很缓时，数字输入的少许变化不一定改变模拟输出。

2. 线路连接

FX_{2N}-4DA 的外部接线及内部电路原理如图 10-11 所示。图中①~⑦的说明如下：

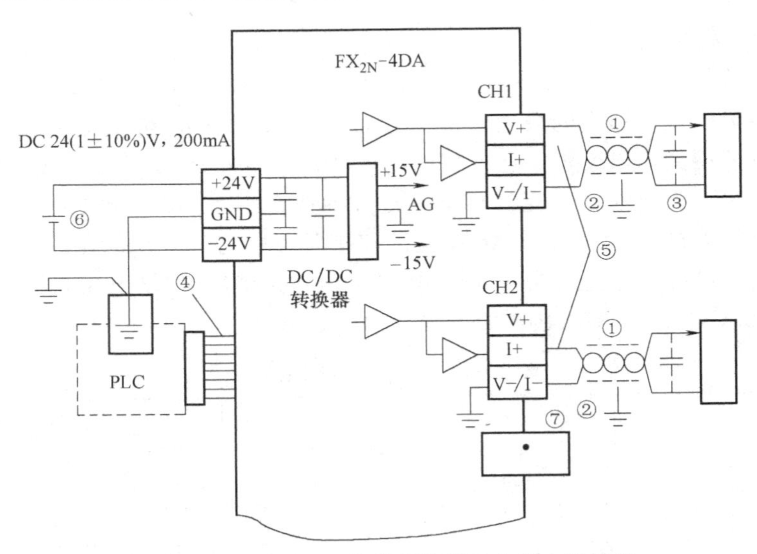

图 10-11　FX_{2N}-4DA 的外部接线及内部电路原理

① 双绞线屏蔽电缆，应远离干扰源。

② 输出电缆的负载端使用单点接地。

③ 如果输入有电压波动或有外部电器电磁干扰影响，可以在模块的输入口中接一个 0. 1~0. 47μF（25V）的平滑电容。

④ 可能的话，将 FX_{2N}-4AD 接地端与 PLC 主单元接地端连接。

⑤ 将电压输出端子短路或者连接电流输出负载到电压输出端子可能会损坏 FX_{2N}-4DA。

⑥ 也可以使用 PLC DC 24V 服务电源。

⑦ 不要将任何单元连接到未使用的端子。

3. FX_{2N}-4DA 的缓冲寄存器（BFM）

FX_{2N}-4DA 内部有 32 个 16 位的 RAM 缓冲寄存器（BMF），用来与基本单元进行数据交换。FX_{2N}-4DA 占用 FX_{2N} 扩展总线的 8 个点，这 8 个点可以是输入点或输出点。

FX_{2N}-4DA 的 32 个 BFM 的编号分配及其含义见表 10-5。

表 10-5　FX_{2N}-4DA 的 BFM 编号分配及含义

BFM	内容	
* #0(E)	模拟量输出模式选择，默认值=H0000	
* #1	CH1 输出数据	
* #2	CH2 输出数据	
* #3	CH3 输出数据	
* #4	CH4 输出数据	
* #5(E)	输出保持或回零默认值=H0000	
#6、#7	保留	
* #8(E)	CH1、CH2 的零点和增益设置命令，初值为 H0000	
* #9(E)	CH3、CH4 的零点和增益设置命令，初值为 H0000	
* #10	CH1 的零点值	单位：mV 或 μA 初始偏移值：0；输出 初始增益值：+5000；模式 0
* #11	CH1 的增益值	
* #12	CH2 的零点值	
* #13	CH2 的增益值	
* #14	CH3 的零点值	
* #15	CH3 的增益值	
* #16	CH4 的零点值	
* #17	CH4 的增益值	
* #18，#19	保留	
* #20(E)	初始化，初值=0	
* #21(E)	I/O 特性调整禁止(初始值：允许调整)	
#22～#28	保留	
#29	出错信息	
#30	识别码 K3020	
#31	保留	

注：表中带 * 号的数据缓冲寄存器可用 TO 指令写入 PLC 中，标有“(E)”的数据缓冲寄存器可以写入 EEPROM，当电源关闭后可以保持数据缓冲寄存器中的数据。

（1）BFM#0 为输出模式选择缓冲寄存器

BFM#0 的每一位可根据需要对 FX_{2N}-4DA 输出模式进行选择（电压型或电流型）。在 BFM#0 中写入十六进制 4 位数字 H××××进行 D/A 模块通道初始化，最低位数字控制 CH1，最高位数字控制 CH4，每位写入的数字含义如下：

×=0 时，设定输出电压范围为-10～10V。

×=1 时，设定输出电流范围为 4～20mA。

×=2 时，设定输出电流范围为 0～20mA。

例如，BFM#0=H1102，说明CH1设定输出电流范围为0~20mA，CH2设定输出电压范围为-10~10V，CH3、CH4两通道设定为电流输出模式4~20mA。

（2）BFM#1~BFM#4为输出通道数据缓冲器

BFM#1~BFM#4分别是通道CH1~CH4输出通道数据缓冲寄存器，它们的初始值均为零。

（3）BFM#5为数据输出保持模式缓冲寄存器

在BFM#5中写入十六进制4位数字H××××，最低位数字控制CH1，最高位数字控制CH4，每位写入的数字含义如下：

×=0：当PLC处于STOP状态，RUN状态下的最后输出数据将被保持。

×=1：复位为偏移值。

例如，BFM#5=H0011，说明通道CH4、CH3输出数据保持，通道CH1、CH2复位为偏移值。

（4）BFM#8、BFM#9为偏移值和增益值允许缓冲寄存器。对BFM#8、BFM#9的 Gi、Oi（增益、偏移）位状态各写入一个十六进制数，将可能允许设置CH1~CH4的偏移值和增益值。

BFM#8（CH2、CH1）　　　BFM#9（CH4、CH3）

H×　×　×　×　　　　　　H×　×　×　×

　G2 O2 G1 O1　　　　　　G4 O4 G3 O3

×=0：不允许设置；×=1：允许设置。

（5）BFM#10~BFM#17为偏移值和增益值设定缓冲寄存器

用TO指令进行设定，偏移值和增益值的单位是mV或μA，最小单位是5mV或20μA。

（6）BFM#20为初始化设定缓冲寄存器

通过将BFM#20设为K1，FX_{2N}-4DA全部设置变为默认值。

（7）BFM#21为I/O特性调整抑制缓冲寄存器

若BFM#21被设置为2时，则用户调整I/O特性将被禁止，该功能将一直有效，直到设置了允许命令（BFM#21=1），默认值为1，即I/O特性允许调整。所设定的值即使关闭电源也会得到保持。

（8）BFM#29为错误显示缓冲寄存器

错误信息表见表10-6，当产生错误时，利用FROM指令读出错误数值。

表10-6　BFM#29错误信息表

位	名字	位设为“1”（打开）时的状态	位设为“0”（关闭）时的状态
b0	错误	b1~b4任何一位为ON	错误无效
b1	O/G错误	存储器中偏移/增益值不正常或设置错误	偏移/增益值正常
b2	电源错误	DC24V电源故障	电源正常
b3	硬件错误	A/D或其他硬件错误	硬件正常
b10	范围错误	数字输入和模拟输出值超出正常范围	输入、输出值在正常范围
b12	G/O调整禁止状态	BFM#21设置不为1	调整状态，BFM#21=1

注：位b4~b9，b11，b13~b15未定义。

（9）BFM#30的缓冲器识别码

FX_{2N}-4DA的识别码为K3020。在传输/接收数据之前，可以使用FROM指令读出特殊功能模块的识别码（或 ID），以确认正在对此特殊功能模块进行操作。

4. FX2N-4DA 的编程应用

（1）基本应用编程

【例 10-1】 FX2N-4DA 模拟量输出模块的编号为 1 号。现要将 FX2N-48MR 中数据寄存器 D10、D11、D12、D13 中的数据通过 FX2N-4DA 的 4 个通道输出，并要求 CH1、CH2 设定为电压输出（-10～+10V），CH3、CH4 通道设定为电流输出（0～20mA），并且 FX2N-48MR 从 RUN 转为 STOP 状态后，CH1、CH2 的输出值保持不变，CH3、CH4 的输出值回零。试编写程序。

满足以上要求的梯形图如图 10-12 所示。

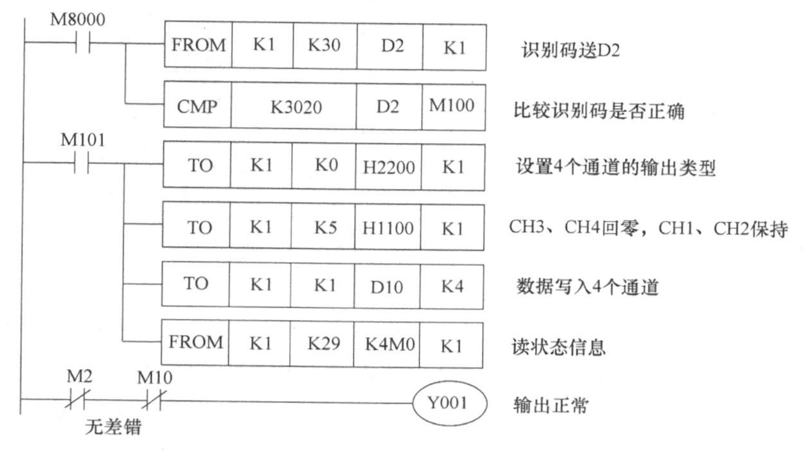

图 10-12　FX2N-4DA 的基本应用编程梯形图

注：其中为通道 CH1、CH2 传送数据的寄存器 D10、D11 的取值范围为-2000～+2000；为通道 CH3、CH4 传送数据的寄存器 D12、D13 的取值范围为 0～+1000。

（2）I/O 特性调整的编程

设 FX2N-4DA 模块 No. 1 的通道 CH2，将偏移值改变为 7mA，并且将增益值变为 20mA。需注意的是，CH1、CH3 和 CH4 设置了标准电压输出特性。调整程序梯形图如图 10-13 所示。

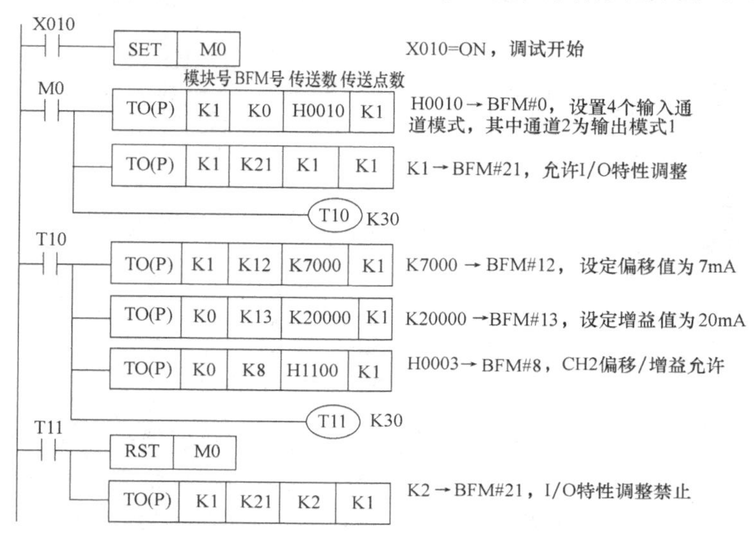

图 10-13　FX2N-4DA I/O 特性调整程序梯形图

调整后，I/O 特性将变为如图 10-14 所示。

10.1.3 FX_{2N}-4AD 及 FX_{2N}-4DA 模块在锅炉温控系统中的应用实例

利用 FX_{2N}-4AD 及 FX_{2N}-4AD 模块进行 A/D、D/A 转换可以方便地实现工业生产过程的自动化控制。

例如，工业生产过程中的锅炉温度自动化控制需要模拟量输入与模拟量输出信号的传输，本节主要介绍 FX_{2N}-4AD 及 FX_{2N}-4DA 特殊功能模块在锅炉温度控制系统中的应用。某炉温控制系统原理框图如图 10-15 所示。

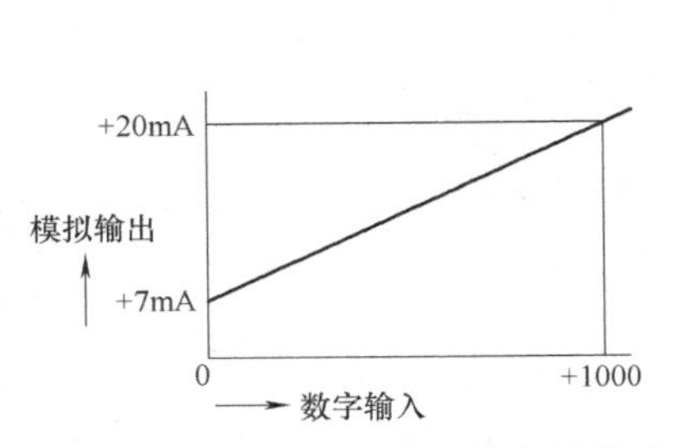

图 10-14 特性调整后输入输出的关系

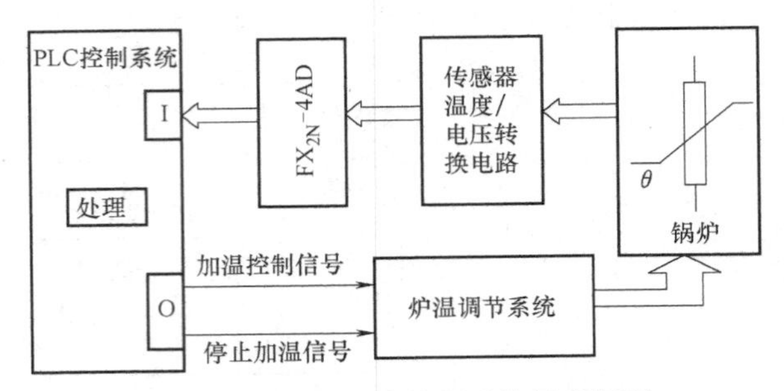

图 10-15 锅炉温度控制系统原理框图

图 10-15 所示系统利用温度传感器对炉温进行实时监控，同时将锅炉内的温度信号转换成电信号，通过电缆传送到 PLC，PLC 对温度的电信号进行处理。如果锅炉温度过高，超过设定的温度值时，PLC（或通过 FX_{2N}-4DA）向炉温调节系统发出停止加温信号，并保持炉内温度；如果锅炉内温度过低，未达到要求的温度值时，控制器则发出加温控制信号，直至温度达到设定的温度值为止。锅炉温度控制系统实验接线图如图 10-16 所示。

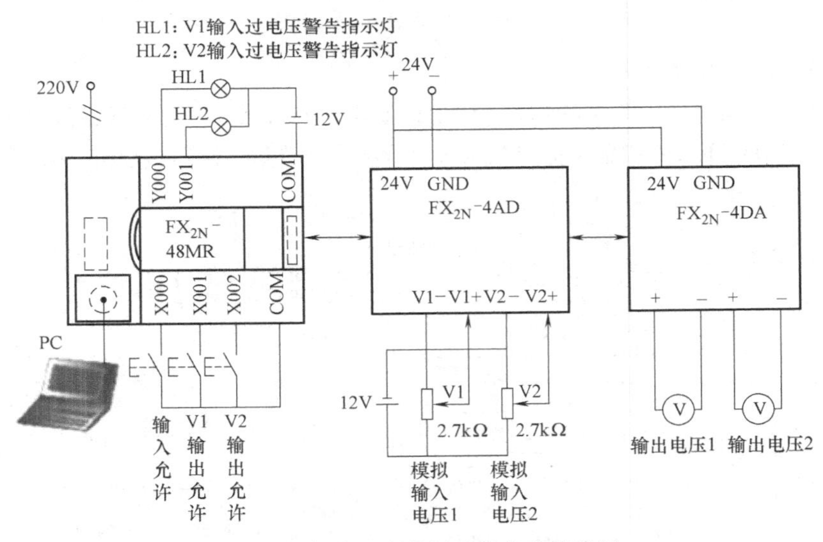

图 10-16 锅炉温度控制系统实验接线图

图 10-16 中，用两个电位器的分压值 V1、V2 模拟温度传感器输出的温度模拟信号，并输入到 FX_{2N}-4AD 的两个输入通道中。用 FX_{2N}-4DA 输出的模拟量驱动电压表指示炉温。其中 X000 是输入允许按钮，X001 是 V1 输出允许按钮，X002 是 V2 输出允许按钮，Y000 是

V1 输入过电压警告指示灯，Y001 是 V2 输入过电压警告指示灯。控制程序梯形图如图 10-17 所示。

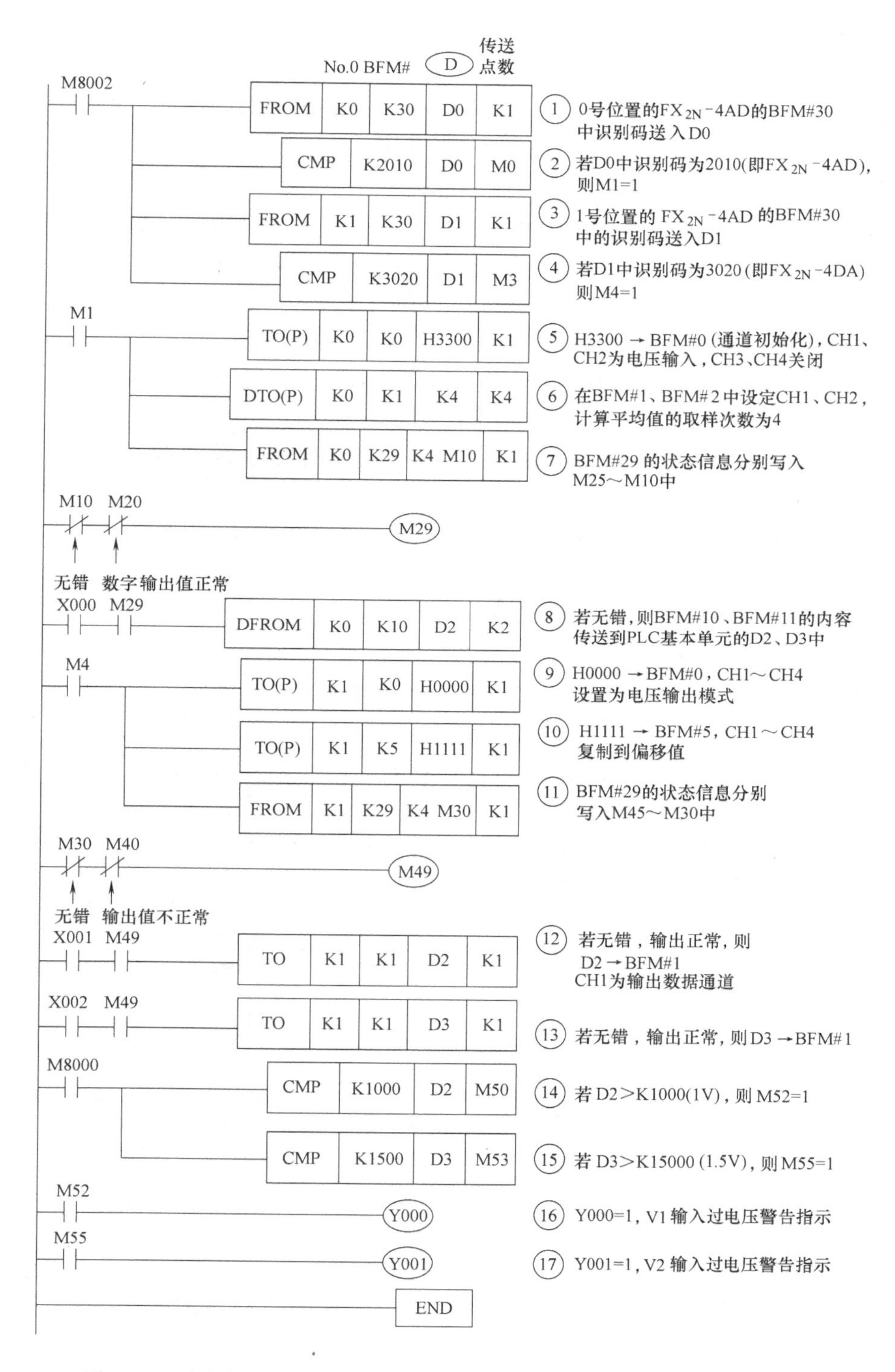

图 10-17　锅炉炉温控制系统 FX_{2N}-4AD 及 FX_{2N}-4DA 模块控制程序梯形图

10.2　高速计数模块 FX_{2N}-1HC

10.2.1　技术指标概况

FX_{2N}-1HC 高速计数模块可以进行 2 相 50kHz 脉冲的计数，其计数速度比 PLC 的内置高速计数器（2 相 30kHz，1 相 60kHz）的计数速度高，而且它可以直接进行比较和输出。其特点如下：

1）各种计数器模式可用 PLC 命令进行选择，如 1 相或 2 相，16 位或 32 位模式。只有这些模式参数设定后，FX_{2N}-1HC 单元才能进行计数。

2）输入信号源必须是 1 或 2 相编码器，可以使用 5V、12V 或 24V 电源，也可使用初始值设置命令输入（PRESET）和计数禁止命令输入（DISABLE）。

3）FX_{2N}-1HC 有两个输出。当计数值达到预置数时，输出设置 ON，输出端采用晶体管隔离。

4）FX_{2N}-1HC 有 32 个 16 位缓冲存储器，通过这些缓冲存储器与 FX_{2N} 基本单元进行数据传输。

5）FX_{2N}-1HC 占用 FX_{2N} 扩展总线的 8 个点，这 8 个点可以分配成输入或输出。

6）对 2 相输入，可以设置×1、×2、×4 乘法模式。

7）通过 PLC 或外部输入进行计数器复位。

FX_{2N}-1HC 的技术性能指标见表 10-7。

表 10-7　FX_{2N}-1HC 的技术性能指标

<table>
<tr><td colspan="2" rowspan="2">项目</td><td colspan="2">1 相输入</td><td colspan="3">2 相输入</td></tr>
<tr><td>1 个输入</td><td>2 个输入</td><td>1 倍计数</td><td>2 倍计数</td><td>4 倍计数</td></tr>
<tr><td rowspan="3">输入信号</td><td>信号水平</td><td colspan="2">A 相，B 相
PRESET，DISABLE
（由端子的连接进行选择）</td><td colspan="3">[A24+]，[B24+]：DC 24(1+10%)V，7mA 或更小
[A12+]，[B12+]：DC 12(1+10%)V，7mA 或更小
[A5+]，[B5+]：DC 3.5~5.5V，10.5mA 或更小
[XP24]，[XD24]：DC 10.8~26.4V，15mA 或更小
[XP24]，[XD24]：DC 5(1+10%)V，8mA 或更小</td></tr>
<tr><td>最大频率</td><td colspan="3">50kHz</td><td>25kHz(×2)</td><td>12.5kHz(×4)</td></tr>
<tr><td>脉冲形状</td><td colspan="2"> 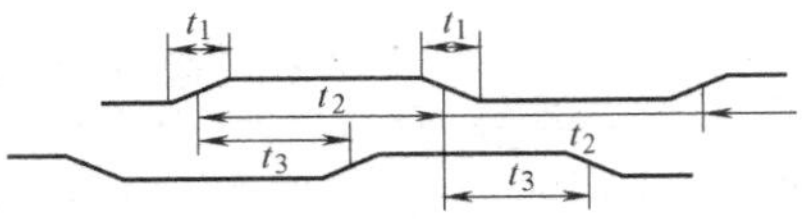</td><td colspan="3">t_1：上升/下降时间，3μs 或更小
t_2：ON/OFF 脉冲持续时间，10μs 或更大
t_3：A 相与 B 相相位差为 3.5μs 或更大
PRESET(Z 相)输入 100μA 或更大</td></tr>
<tr><td rowspan="3">计数特性</td><td>格式</td><td colspan="5">自动时：向上(加计数)/向下(减计数)(单相双输入或双相输入)；当工作在单相单输入方式时，向上/向下由 PLC 命令或外部一个输入端子决定</td></tr>
<tr><td>范围</td><td colspan="5">当用 32 位二进制计数器时：-2147483648~+2147483647
当用 16 位二进制计数器时：0~65536(上限可由用户指定)</td></tr>
<tr><td>比较类型</td><td colspan="5">当计数器的当前值与比较值(由 PLC 传送)相匹配时，每个输出被设置，而且 PLC 的复位命令可将其转向 OFF 状态
YH：由硬件比较器处理后的直接输出
YS：由软件比较器处理后的输出，其最大延迟时间为 300μs</td></tr>
</table>

（续）

项目		1 相输入		2 相输入		
		1 个输入	2 个输入	1 倍计数	2 倍计数	4 倍计数
输出信号	输出类型	YH+：YH 的晶体管输出 YH-：YH 的晶体管输出 YS+：YS 的晶体管输出 YS-：YS 的晶体管输出		NPN YH+ YS+ YH- YS-		
	输出容量	DC 5~24V，0.5A				
占用的 I/O		FX2N 扩展总线的 8 个点被占用（可以是输入或输出）				
FX_{2N}-1HC 电源		DC 5V，90mA（由基本单元或有源扩展单元的内部电源供电）				

10.2.2　线路连接

PNP 型编码器与 FX_{2N}-1HC 的电路连接如图 10-18 所示。NPN 型编码器只要注意端子极性和 FX_{2N}-1HC 端子极性相匹配即可。若是线驱动输出编码器，其电路连接如图 10-19 所示。

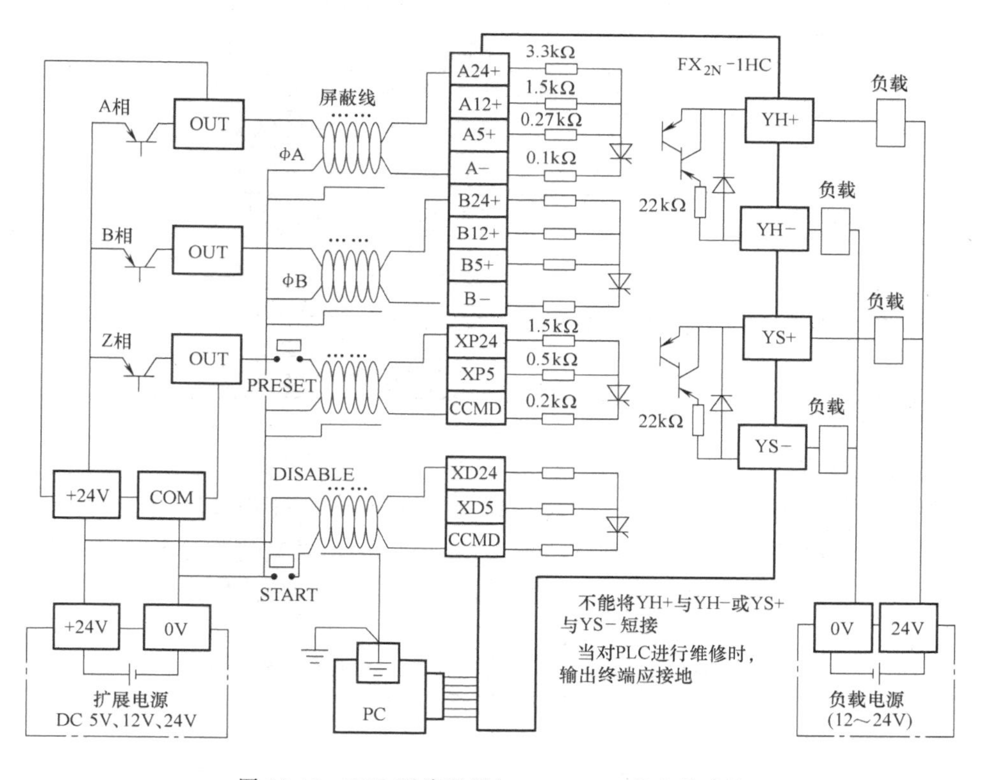

图 10-18　PNP 型编码器与 FX_{2N}-1HC 的电路连接

10.2.3　FX_{2N}-1HC 的缓冲寄存器

FX_{2N}-1HC 内部有 32 个 16 位的 RAM 缓冲寄存器（BMF），用来与基本单元进行数据交换，其编号分配和含义见表 10-8。

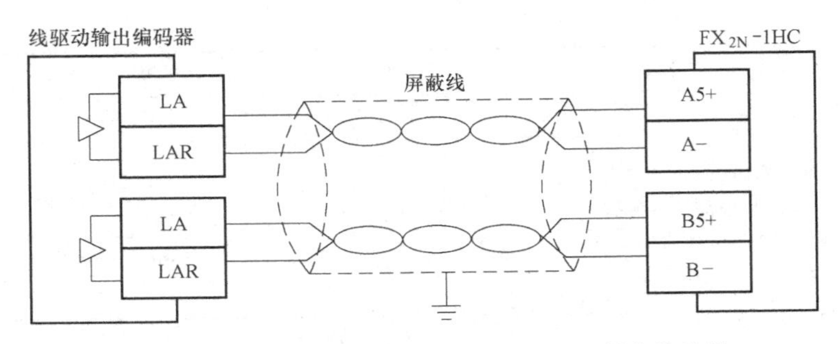

图 10-19　线驱动输出编码器与 FX_{2N}-1HC 的电路连接

表 10-8　BFM 编号及意义

BFM 编号		内容
写	#0	计数模式 K0~K11，默认值为 K0
	#1	软件加/减设置（单相输入），默认值为 K0
	#3，#2	计数器上、下限的数据值，默认值为 K65536
	#4	命令，默认值为 K0
	#11，#10	预先调整上、下限数据，默认值为 K0
	#13，#12	设置 YH 比较值高/低，默认值为 K32767
	#15，#14	设置 YS 比较值高/低，默认值为 K32767
读/写	#21，#20	计数器当前值高/低，默认值为 K0
	#23，#22	最大计数值高/低，默认值为 K0
	#25，#24	最小计数值高/低，默认值为 K0
读/写	#26	比较结果
	#27	端子状态
	#29	错误状态
	#30	模型辨识码 K4010

注：#5~#9、#16~#19、#28、#31 保留。

1. 计数模式设置（BFM#0）

设置参数值为 K0~K11，决定了 FX_{2N}-1HC 的计数形式，由 PLC 写入 BFM#0，具体见表 10-9。当一个值被写入 BFM#0，则 BFM#1~BFM#31 的值重新复位为默认值。设置 K0~K11 这些参数值通常采用 M8002 脉冲指令驱动 TO 指令，不能使用连续型指令设置参数 K0~K11。

表 10-9　BFM#0 计数模式表（K0~K11）、BFM#1 下降/上升命令

计数模式		32 位	16 位
2 相输入（相位差脉冲）	1 边缘计数	K0	K1
	2 边缘计数	K2	K3
	4 边缘计数	K4	K5
1 相 2 输入（加/减脉冲）		K6	K7
1 相 1 输入	硬件上/下	K8	K9
	软件上/下	K10	K11

（1）32位计数模式

当发生溢出时，进行增/减计数的32位二进制计数器将由下限变成上限，或由上限变成下限。上限和下限都是固定值，上限值为+2147483647，下限值为−2147483648，如图10-20a所示。

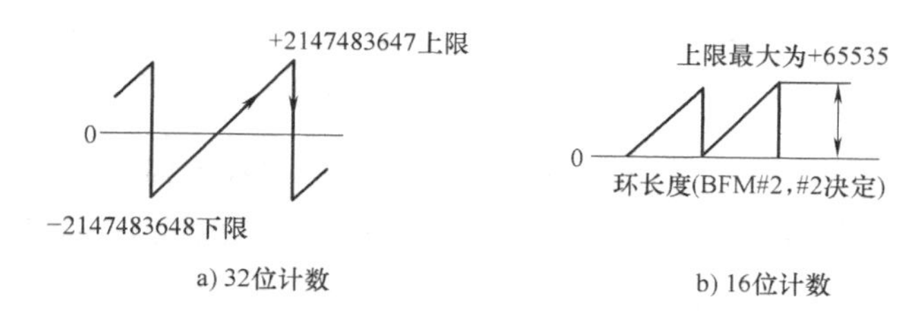

图10-20　高速计数器计数范围示意图

（2）16位计数模式

16位二进制计数只处理0~65535正数值，当发生溢出时，它由上限变为0或由0变成上限，如图10-20b所示。上限值由BFM#2和BFM#3的值决定。

（3）单相单输入计数（K8~K11）

硬件加/减计数由A相输入决定。A相OFF时为加计数，A相ON时为减计数，如图10-21a所示。软件加/减计数由BFM#1的数据决定，当BFM#1=K0时为加计数，BFM#1=K1时为减计数，如图10-21b所示。

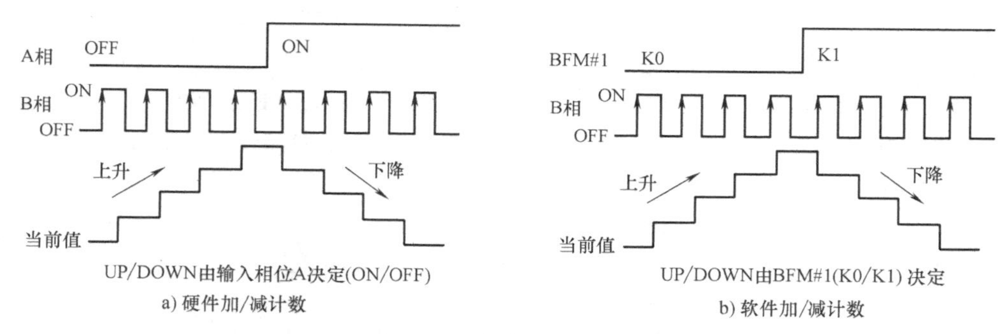

图10-21　计数方式示意图

（4）单相双输入计数（K6，K7）

单相A、B相输入脉冲计数时，A相由输入脉冲的上升沿进行减计数，B相由输入脉冲的上升沿进行加计数，若A、B相同时有脉冲，则计数器的值不变，如图10-22所示。

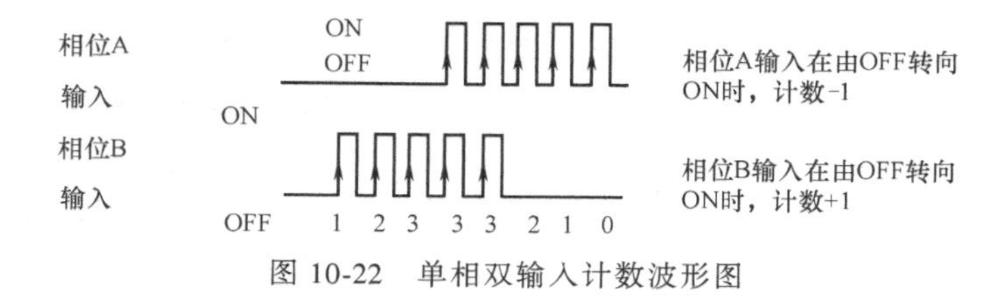

图10-22　单相双输入计数波形图

（5）双相计数（K0~K5）

1）一组计数（K0，K1）。当A相为ON，B相由OFF→ON时（上升沿），计数器的值加1；当A相为ON，B相由ON→OFF时（下降沿）计数器的值减1，如图10-23所示。

A相 ON OFF +1 +1 +1 B相 ON OFF

a) 加计数

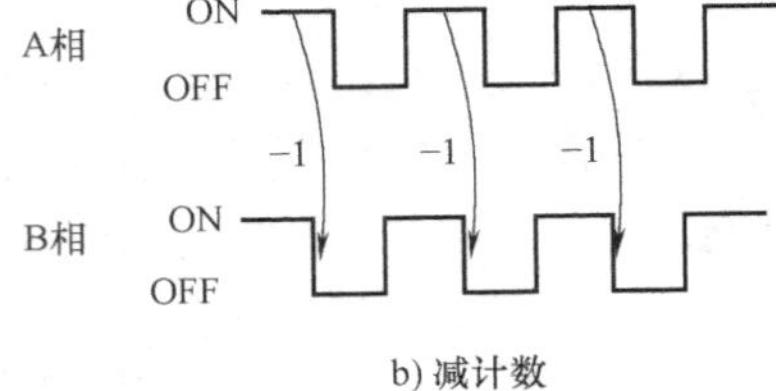

b) 减计数

图 10-23　一组计数时序波形图

2）两组计数（K2，K3）。当 A 相为 ON，B 相由 OFF→ON 时（上升沿）计数器的值加 1；当 A 相为 ON，B 相由 ON→OFF 时（下降沿）计数器的值减 1，反之也可，如图 10-24 所示。

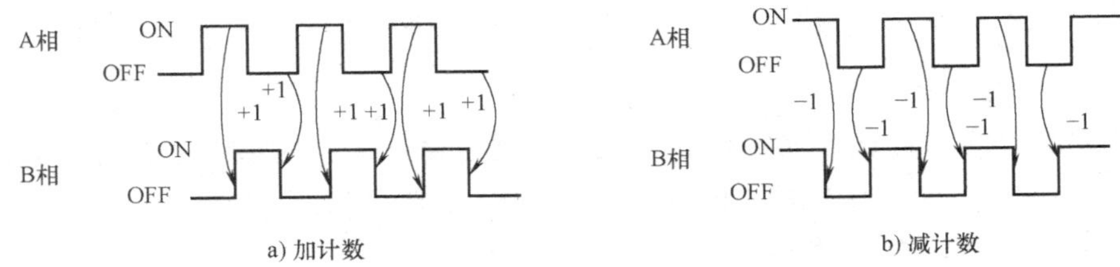

图 10-24　两组计数时序波形图

3）四组计数（K4，K5）。当 A 相为 ON，B 相由 OFF→ON 时（上升沿）计数器的值加 1，当 A 相为 OFF，B 相由 ON→OFF 时（下降沿）计数器的值加 1，当 B 相为 OFF，A 相由 OFF→ON 时（上升沿）计数器的值加 1，当 B 相为 ON，A 相由 ON→OFF 时（下降沿）计数器的值加 1；当 A 相为 OFF，B 由 OFF→ON 时（上升沿）计数器减 1，当 A 相为 ON，B 由 ON→OFF 时（下降沿）计数器减 1，当 B 相为 ON，A 相由 OFF→ON 时（上升沿）计数器减 1，当 B 相为 OFF，A 相由 ON→OFF 时（下降沿）计数器减 1。四组计数时的时序波形如图 10-25 所示。

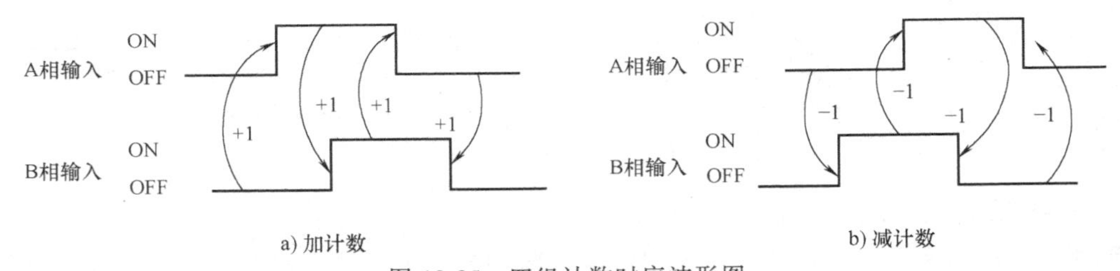

图 10-25　四组计数时序波形图

2. BFM#3、BFM#2 数据值设定

BFM#3、BFM #2 均为 16 位数据缓冲寄存器，存储计数器上、下限值，默认值为 K65536。BFM#3、BFM#2 写入数据要用（D）TO 指令，如图 10-26a 所示。

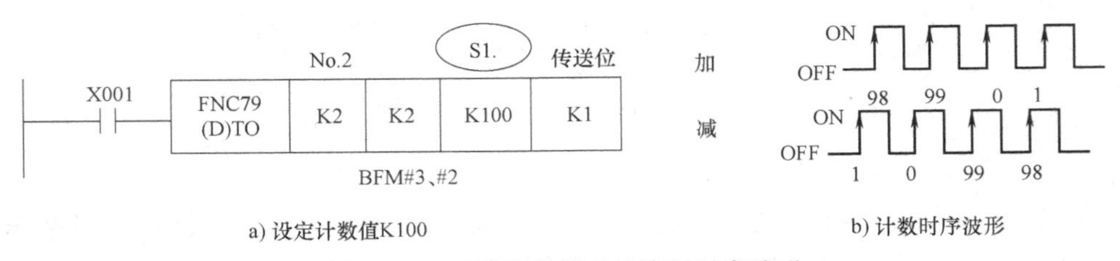

图 10-26　计数器数值的设定及时序波形

由指令可知，特殊功能块接在PLC基本单元右侧No.2的位置，把K100输入到BFM#3、BFM#2的32位中，其中BFM#3=0，BFM#2=100（允许值为2~65536）。当计数值为100时，其加/减的时序波形图如图10-26b所示。

计数数据在这个特殊功能模块中总是以两个16位值组成的对子的形式来处理的。存储在PLC寄存器中的两个16位的2的补码值不能使用。当设定的当前值在K32768~K65535之间时，这个数据将作为32位处理，即使使用的是16位环计数器。PLC基本单元与FX_{2N}-1HC交换计数器数据，应该使用（D）FROM或（D）TO指令。

3. BFM#4命令

BFM#4各位状态含义见表10-10。

表10-10　BFM#4的各位状态含义

BFM#4	"0"(OFF)	"1"(ON)	BFM #4	"0"(OFF)	"1"(ON)
b0	禁止计数	允许计数	b8	无效	错误标志复位
b1	YH输出禁止	YH输出允许	b9	无效	YH输出复位
b2	YS输出禁止	YS输出允许	b10	无效	YS输出复位
b3	YH/YS独立动作	相互复位动作	b11	无效	YH输出设置
b4	预先复位禁止	预先复位允许	b12	无效	YS输出设置
b5~b7	未定义				

表中各位的含义说明如下：

1）当b0设置为ON，并且DISABLE输入端子为OFF时，计数器被允许开始对输入脉冲进行计数。

2）如果b1不设置为ON，YH（硬件比较）输出不会变成ON。

3）如果b2不设置为ON，YS（软件比较）输出不会变成ON。

4）当b3=ON时，如果YH输出被设置，YS输出被复位；而如果YS输出被设置，则YH输出被复位。当b3=OFF时，YH和YS输出独立动作，不相互复位。

5）当b4=OFF时，PRESET输入端子的预先设置功能失去作用。

4. 计数数据预设置（BFM#11、BFM#10）

当计数器开始计数时，BFM#11、BFM#10设置的数据作为计数初始值。初始值是BFM#4的b4位设置为ON，并且PRESET输入终端由OFF变为ON时才有效。计数器的默认值为0。通过向BFM#11和BFM#10中写数据或通过使用相关指令，这个值可以被改变。

计数器的初始值也可以通过BFM#21、BFM20（计数器当前值）中写数据进行设置。

5. YH输出的比较值设置（BFM#13、BFM#12）**和YS输出的比较值设置**（BFM#15、BFM#14）

计数器当前计数值与BFM#13、BFM#12、BFM#15、BFM#14中的设定值进行比较后，FX_{2N}-1HC中的硬件和软件比较器输出比较结果。

如果使用PRESET或TO指令设置计数器的值等于比较值，YH、YS输出将不变成ON，只有当输入脉冲计数与比较值相匹配时，它才变成ON。YS比较输出大约需要300μs。

当BFM#4的b1和b2为ON，当前值与比较值相等时才进行输出。一旦有了输出，它将一直保持下去，直到它由BFM#4的b9和b10进行复位时，才发生改变。如果BFM#4的b3为ON，当其他输出被设置时，其中一个输出要被复位。

6. 当前计数器值（BFM#21、BFM#20）

计数器的当前值可以通过 PLC 进行读操作，在高速运行时，由于存在通信迟延，所以它并不是十分准确的值。通过改变 BFM 的值，可以改变计数器的当前值。

7. 最大/最小计数值（BFM#23、BFM#22/BFM#25、BFM#24）

BFM#23、BFM#22/BFM#25、BFM#24 存放着计数器计数所能达到的最大/最小值。若停止，则存储的数据被清除。

8. 比较结果（BFM#26）

BFM#26 是只读缓冲寄存器，PLC 的写命令对其不起作用，BFM#26 的各位功能含义见表 10-11。

表 10-11　BFM#26 各位功能含义

BFM#26		"0"(OFF)	"1"(ON)	BFM #26		"0"(OFF)	"1"(ON)
YH	b0	设定值≤当前值	设定值>当前值	YS	b3	设定值≤当前值	设定值>当前值
	b1	设定值≠当前值	设定值=当前值		b4	设定值≠当前值	设定值=当前值
	b2	设定值≥当前值	设定值<当前值		b5	设定值≥当前值	设定值<当前值

注：b6~b15 未定义。

9. 终端状态（BFM#27）

BFM#27 决定了 FX_{2N}-1HC 的端子状态，BFM#27 的各位功能含义见表 10-12。PRESET 可以对 BFM#27 的 b0 位状态预先复位输入，DISABLE 可以改变 b1 位失效输入状态。

表 10-12　BFM#27 各位功能含义

BFM#27	位为 OFF(=0)	位为 ON(=1)
b0	预先复位输入为 OFF	预先复位输入为 ON
b1	失效输入为 OFF	失效输入为 ON
b2	YH 输出为 OFF	YH 输出为 ON
b3	YS 输出为 OFF	YS 输出为 ON
b4~b15	未定义	

10. 错误状态（BFM#29）

该寄存器反映了 FX_{2N}-1HC 的错误状态，各位错误信息见表 10-13。

表 10-13　BFM#29 各位错误信息含义

BFM#29	错误状态	
b0	当 b1~b7 中的任何一个为 ON 时	
b1	当环的长度值写错时(不是 K2~K65536)	
b2	当预先设置值写错时	在 16 位计数器模式下，当值≥环长度时
b3	当比较值写错时	
b4	当前值写错时	
b5	当计数器超出上限时	当超过 32 位计数器的上限或下限时
b6	当计数器超出下限时	
b7	当 FROM/TO 指令不准确使用时	
b8	当计数器模式(BFM#0)写错时	当超出 K0~K11 时
b9	当 BFM 号写错时	当超出 K0~K31 时
b10~b15	未定义	

注：错误标志可由 BFM#4 的 b8 位进行复位。

11. 模型辨识码（BFM#30）

FX_{2N}-1HC 的模型辨识码为 K4010，存放在 BFM#30 中。

10.2.4　FX_{2N}-1HC 的编程及应用

FX_{2N}-1HC 的内部系统结构框图如图 10-27 所示。该模块使用时可按图 10-28 所示程序进行设计应用，若需要，在程序中加一些其他指令可对计数器当前值状态进行读取。

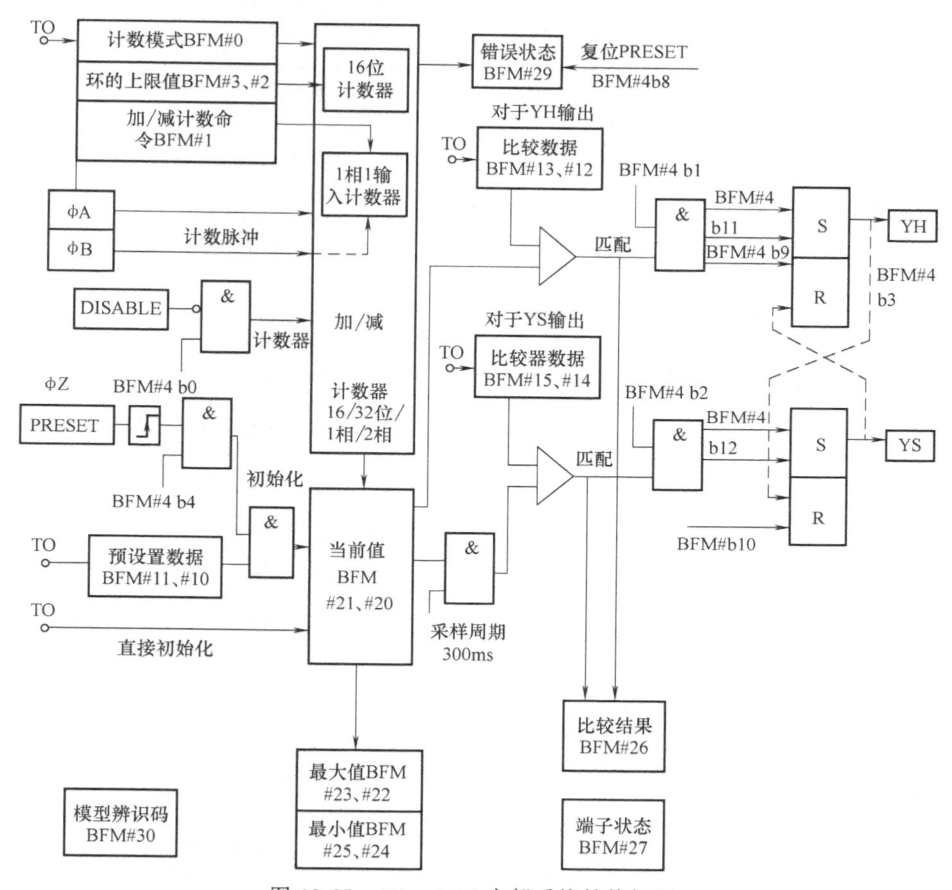

图 10-27　FX_{2N}-1HC 内部系统结构框图

10.2.5　FX_{2N}-1HC 高速计数器模块在单轴数控装置中的应用

利用高速计数器 FX_{2N}-1HC 对高速脉冲计数的功能，在数控定位、电梯控制等实际工程上得到了广泛的应用。图 10-29 是高速计数器在单轴数控装置中的应用的连接框图。

图中，PLC 选用 FX_{2N}-48MT 晶体管输出型，步进电动机的驱动器型号选用 BQS-21。BQS-21 为两组 4 拍式步进电动机中小功率驱动器，采用高频恒流斩波脉宽调制式驱动方式；使用电压范围较宽，为 DC12~36V 单电压供电，电流可调节（最大可调电流为 2A），并可以向外输出脉冲。该模块还有过热与过电流保护、错接保护、可靠性高等良好的运行特性。BQS-21 的外接端口如图 10-30 所示，各引脚的功能说明如下。

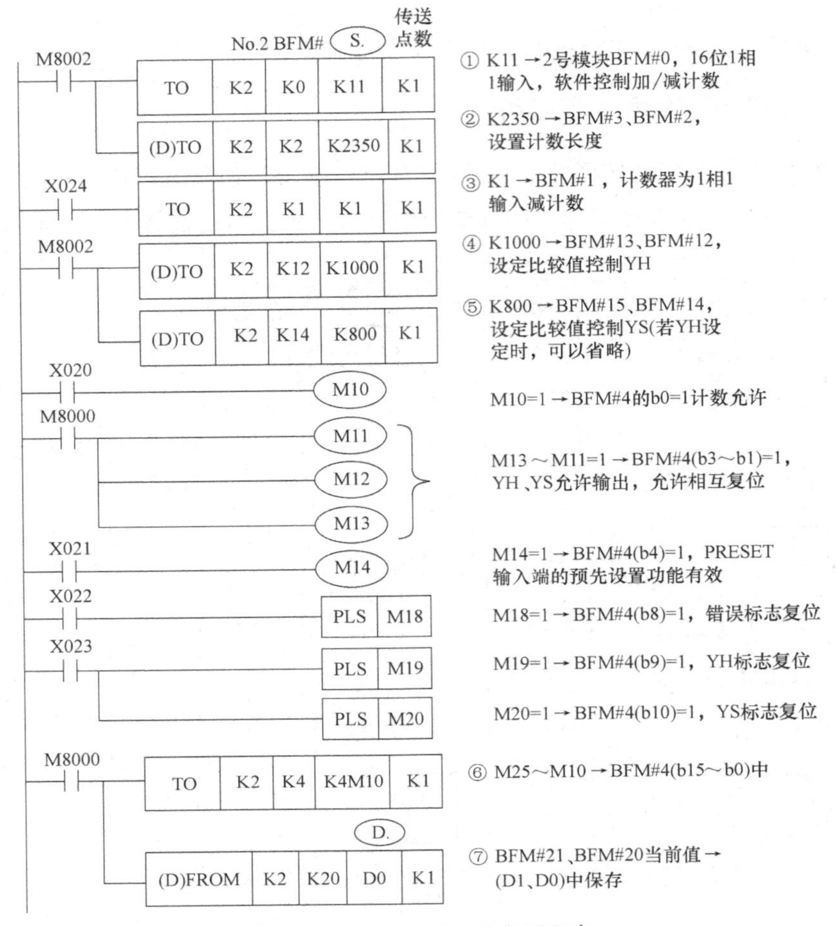

图 10-28　FX_{2N}-1HC 的应用程序

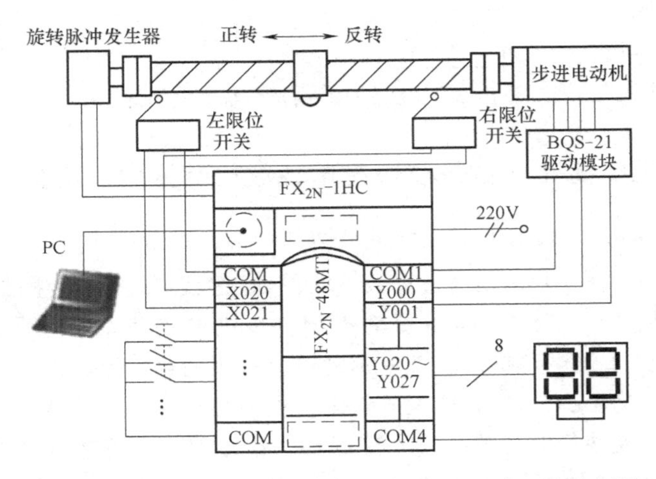

图 10-29　FX_{2N}-1HC 模块在单轴数控装置中的应用连接框图

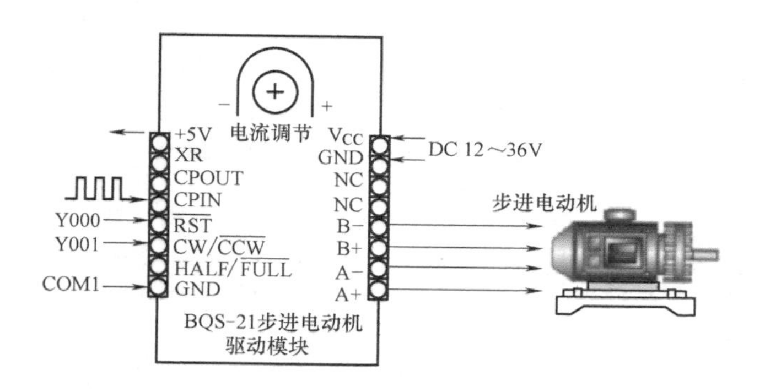

图 10-30　BQS-21 步进电动机驱动模块外形

CPIN 为时钟脉冲输入端，用以改变步进电动机的速度；RST 为复位端；CW/$\overline{CCW}$ 为运转方向控制端；HALF/ $\overline{FULL}$ 为半步控制端；CPOUT 与 XR 端外接电阻产生内部时钟脉冲，由 CPOUT 端输出；+5V 为 V_{CC} 端输入 12～36V 时的内部 5V 电源输出端。A+、A-、B+、B-为二相步进电动机的输出端连线。

单轴数控装置的 I/O 电气接口图如图 10-31 所示，控制程序梯形图如图 10-32 所示。

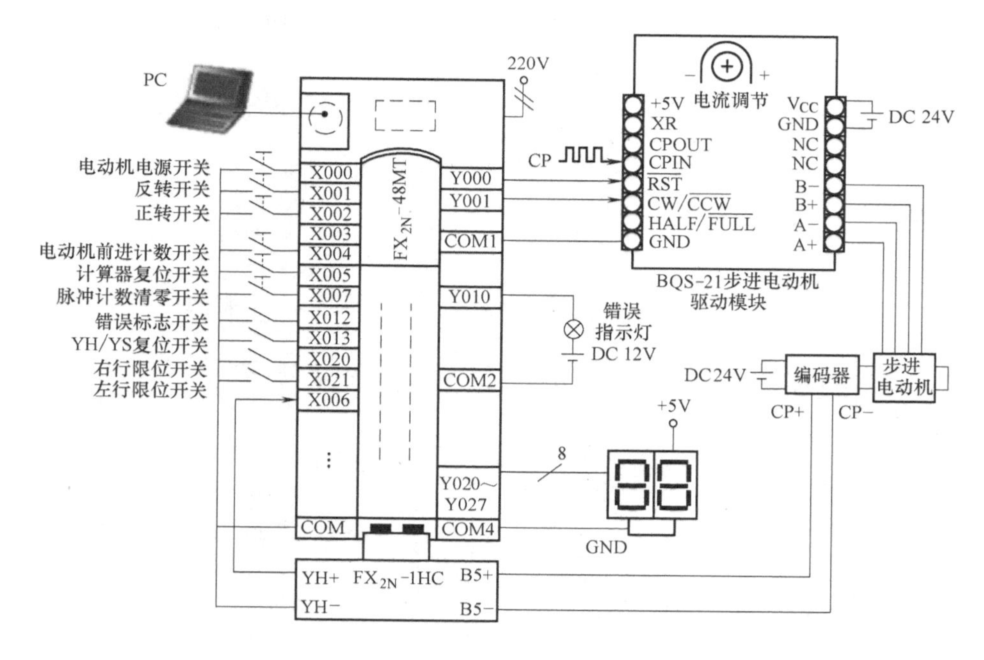

图 10-31　单轴数控装置 I/O 电气接口图

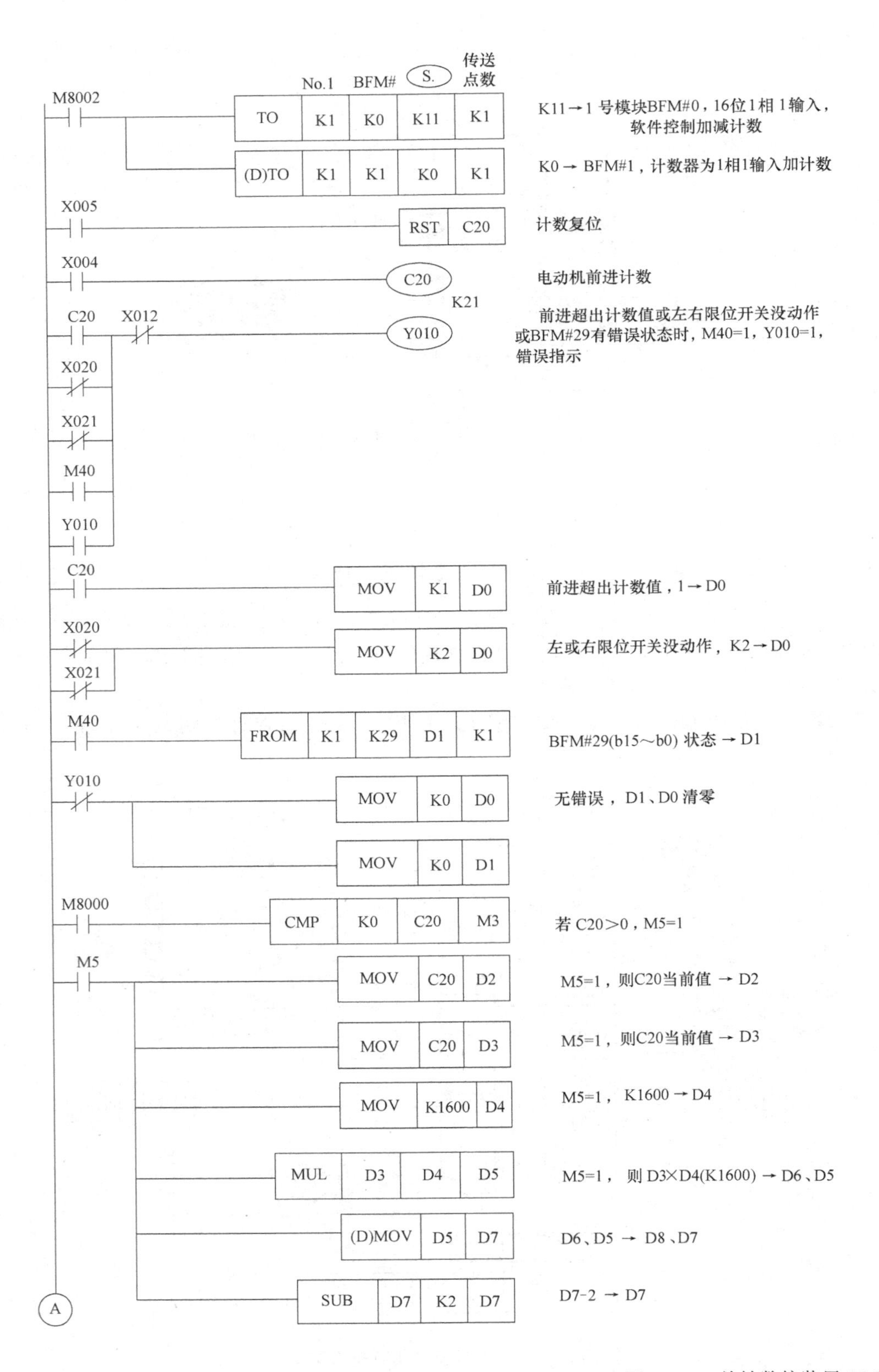

图 10-32 单轴数控装置 PLC

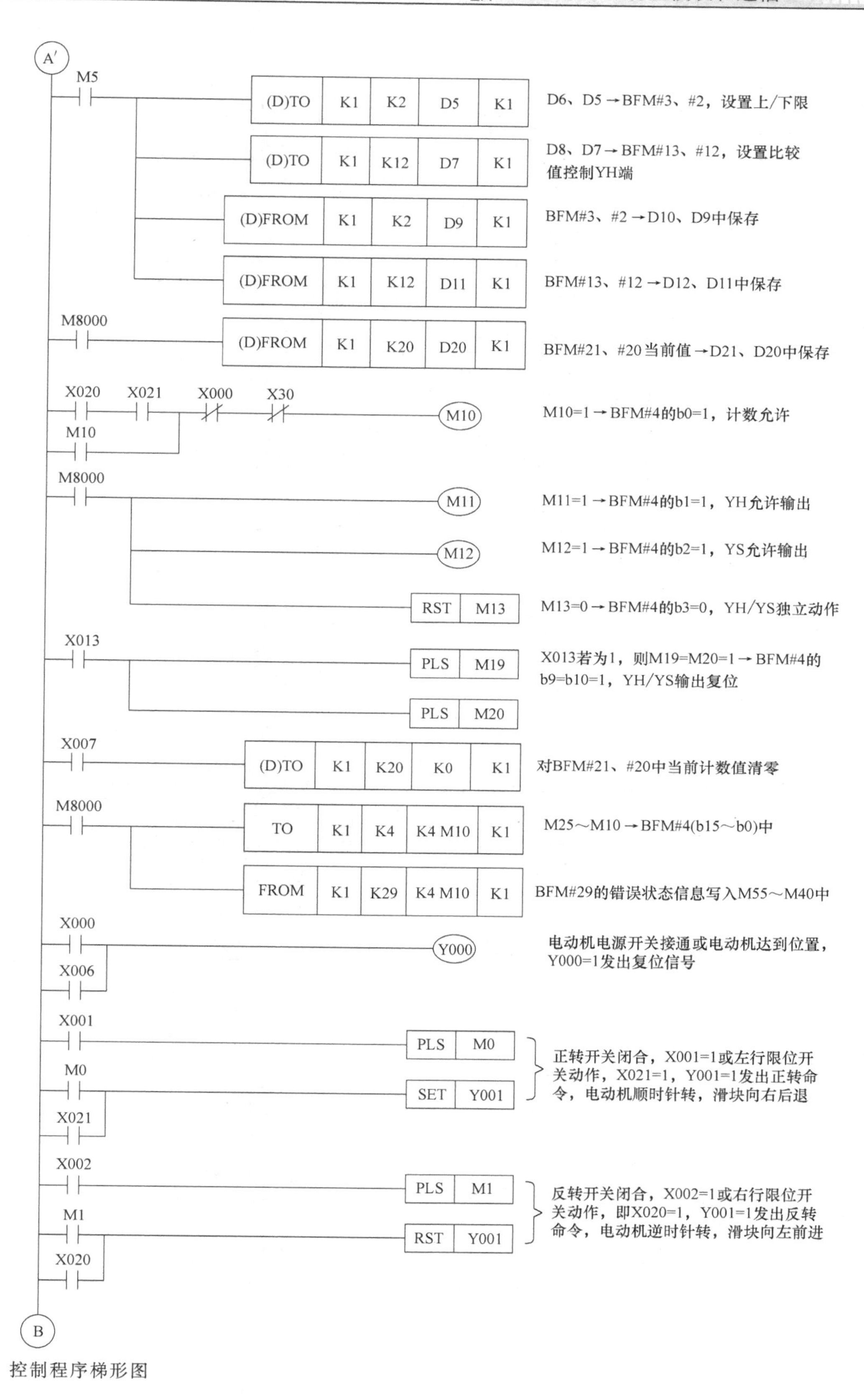
A′
M5
(D)TO K1 K2 D5 K1
D6、D5→BFM#3、#2，设置上/下限
(D)TO K1 K12 D7 K1
D8、D7→BFM#13、#12，设置比较值控制YH端
(D)FROM K1 K2 D9 K1
BFM#3、#2→D10、D9中保存
(D)FROM K1 K12 D11 K1
BFM#13、#12→D12、D11中保存
M8000
(D)FROM K1 K20 D20 K1
BFM#21、#20当前值→D21、D20中保存
X020 X021 X000 X30
M10
M10
M10=1→BFM#4的b0=1，计数允许
M8000
M11
M11=1→BFM#4的b1=1，YH允许输出
M12
M12=1→BFM#4的b2=1，YS允许输出
RST M13
M13=0→BFM#4的b3=0，YH/YS独立动作
X013
PLS M19
X013若为1，则M19=M20=1→BFM#4的b9=b10=1，YH/YS输出复位
PLS M20
X007
(D)TO K1 K20 K0 K1
对BFM#21、#20中当前计数值清零
M8000
TO K1 K4 K4 M10 K1
M25～M10→BFM#4(b15～b0)中
FROM K1 K29 K4 M10 K1
BFM#29的错误状态信息写入M55～M40中
X000
X006
Y000
电动机电源开关接通或电动机达到位置，Y000=1发出复位信号
X001
PLS M0
M0
X021
SET Y001
正转开关闭合，X001=1或左行限位开关动作，X021=1，Y001=1发出正转命令，电动机顺时针转，滑块向右后退
X002
PLS M1
M1
X020
RST Y001
反转开关闭合，X002=1或右行限位开关动作，即X020=1，Y001=1发出反转命令，电动机逆时针转，滑块向左前进
B

控制程序梯形图

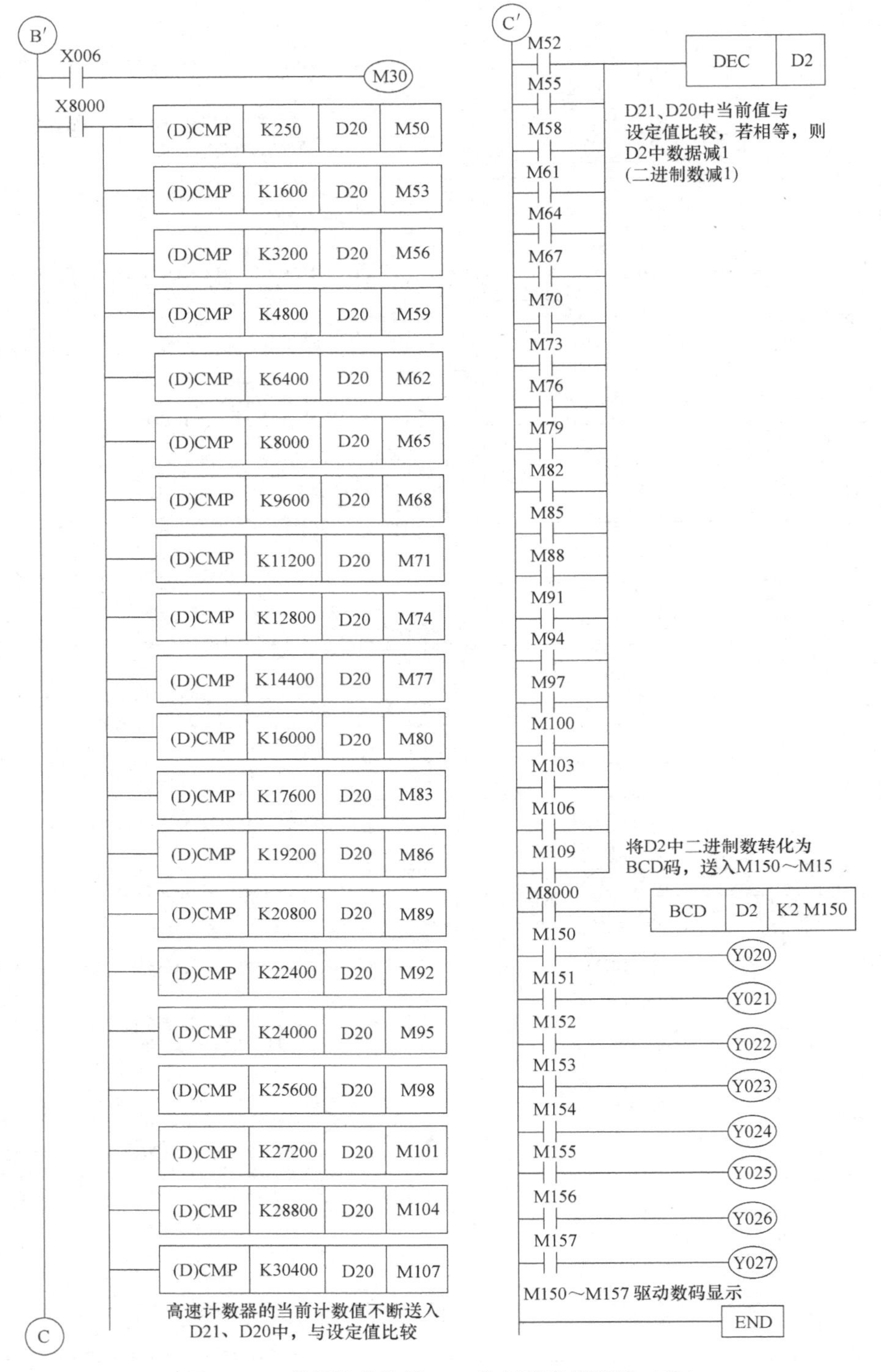

图 10-32 单轴数控装置 PLC 控制程序梯形图（续）

10.3 其他特殊功能模块

FX_{2N} 系列 PLC 的其他特殊扩展设备见表 10-14。

表 10-14 FX_{2N}系列 PLC 的其他特殊扩展设备

种类	区别	型号	功能模型
脉冲输出定位控制模块	B	FX_{2N}-1PG	脉冲输出模块，单轴用最大输出脉冲频率为 100kHz
	B	FX_{2N}-10PG	脉冲输出模块，单轴用最大输出脉冲频率为 1MHz
	B	FX_{2N}-10GM	定位控制器，单轴控制最大输出脉冲串为 200kHz
	B	FX_{2N}-20GM	定位控制器，双轴控制（行插补功能）最大输出脉冲频率为 200kHz
可编程凸轮开关	B	FX_{2N}-1RM-SET	高精度角度位置检测，可与 FX_{2N} 系列 PLC 联用，也可以单独使用
通信用功能扩展板	A	FX_{2N}-232-BD	RS-232C 通信用功能扩展板，用于连接各种 RS-232C 设备
	A	FX_{2N}-422-BD	RS-422 通信用功能扩展板，用于连接 PLC 外部设备
	A	FX_{2N}-485-BD	RS-485 通信用功能扩展板，用于计算机链路，PLC 间并联链路
	A	FX_{2N}-CNV-BD	连接特殊适配器的功能扩展板，可用于 FX_N 与 FX_{0N} 转换器的连接
通信模块	B	FX_{2N}-232IF	RS-232C 通信接口模块，1 通道
	B	FX_{2N}-16CCL-M	CC-Link（开放式网络）系统主站模块
	B	FX_{2N}-16LNK-M	MELSEC I/O Link 远程 I/O 连接系统主站模块
	B	FX_{2N}-32 CCL	CC-Link 系统通信接口模块，用于与主站 PLC 或远程 PLC 之间连接
	B	FX_{2N}-32DP-IF	PROFIBUS 接口模块，FX_{2N} 的 I/O 专用模块与 PROFIBUS-DP 网络连接
接口变换器	计算机	FX-485PC-IF-SE	RS-485/232C 变换接口，用于 RS-485 信号转换为 RS-232C 信号

注：区别一列中，A 表示通信用功能扩展板由 PLC 基本单元供给电源；B 表示特殊模块电源由 PLC 供给。

10.3.1 通信功能扩展板和通信模块

为了适应 PLC 网络化的要求，扩大联网功能，几乎所有 PLC 厂家都为 PLC 开发了与上位计算机通信的接口或专用的通信模块。一般在小型 PLC 机上都设有 RS-422 通信接口或 RS-232C 通信接口；在大中型 PLC 上都设有专用的通信模块。PLC 与计算机之间的通信正是通过 PLC 上的 RS-422 或 RS-232C 接口和计算机上的 RS-232C 接口进行的。PLC 与计算机之间的信息交换方式，一般采用字符串、全双工或半双工、异步、串行通信方式。因此，凡具有 RS-232C 接口并能输入、输出字符串的计算机都可以和 PLC 通信。

利用 PLC 基本单元上的 RS-232C 或 RS-422 通信接口，可以很容易地配置一个 PLC 与外部计算机进行通信的系统。该系统中 PLC 接收控制系统中的各种控制信息，分析处理后转化为 PLC 中软元件的状态和数据；PLC 又将所有软元件的数据和状态送入计算机，由计算机采集这些数据，进行分析及运行状态监测，用计算机改变 PLC 的初始值和设定值，从而实现计算机对 PLC 的直接控制。

计算机与 PLC，PLC 与 PLC 之间的信息交换，通常采用通信接口模块来实现。若通信口不够用，就要使用通信扩展板来扩展通信口，若各个设备的接口标准不同，要采用通信用的适配器进行信息变换。下面介绍 FX 系列 PLC 常用的通信模块、通信功能扩展板和通信用适配器。

1. FX_{2N}-232-BD

FX_{2N} 系列 PLC 基本单元内可安装一块 FX_{2N}-232-BD 通信功能扩展板，它的接口可与外部各种设备的 RS-232C 接口连接进行通信。FX_{2N}-232-BD 的传输距离为 15m，通信方式为全双工双向（2.00 版通信协议），最大传输速率为 19200bit/s。除了与各种 RS-232C 设备通信外，通过 FX_{2N}-232-BD，个人计算机的专用编程软件可向 FX_{2N} 系列 PLC 传送程序，或通过它监视 PLC 的运行状态。要注意的是，一个 FX_{2N} 基本单元只能连接一块 FX_{2N}-232-BD，并且 FX_{2N}-232-BD 不能和 FX_{2N}-485-BD 或 FX_{2N}-422-BD 一起使用。应用中，当需要两个或多个 RS-232C 单元连接在一起使用时，必须使用 FX_{2N}-232IF 通信特殊模块。

2. FX_{2N}-232IF

FX_{2N}-232IF 可以作为特殊模块扩展的 RS-232C 通信用接口，可以在通信中与扩展板一起用。在传送和接收信息时，可对十六进制数和 ASCII 码自动换算。一台 FX_{2N} 系列 PLC 上最多可连接 8 块 FX_{2N}-232IF，它用光电耦合器隔离，可用 FROM/TO 指令收发数据。

将 FX_{2N}-232IF 通信接口模块和功能扩展板连接到 PLC 上，它作为具有 RS-232C 通信接口的特殊模块，可以与个人计算机、打印机、条形码读出器等装有 RS-232C 的外部设备通信，通信时可使用 FX_{2N} 的串行数据传送指令（FNC80，RS）。串行通信接口的波特率、数据长度、奇偶性等可由特殊数据寄存器（D8120）设置。

FX_{2N}-232IF 通信接口最大传输距离为 15m，通信方式为全双工，最大传输速率为 19.2kbit/s，占用 8 个 I/O 点，与 PLC 通信需要用 FX_{2N}-CNV-IF 连接头转换适配器。

3. FX_{2N}-422-BD

FX_{2N}-422-BD 通信功能扩展板可连接到 FX_{2N} 系列 PLC，并作为编程或监控工具的一个端口，可与具有 RS-422 端口的外部设备通信，FX_{2N}-422-BD 可安装在 PLC 内，不需要外部安装空间，传送距离为 50m，通信方式为半双工，最大传输速率为 19.2kbit/s。要注意的是，只能有一个 FX_{2N}-422-BD 接到 FX_{2N} 基本单元上，而且不能与 FX_{2N}-485-BD 或 FX_{2N}-232-BD 一起使用。

4. FX-485PC-IF

若 PLC 是 RS-485 接口信号，可通过 FX-485PC-IF 转为 RS-232C 信号，以便与 RS-232C 接口的计算机通信，一台计算机最多可与 16 台 PLC 通信，传输距离为 500m（RS-485，RS-422）/15m（RS-232C），通信方式为半双工，最大传输速率为 19.2kbit/s。

5. **RS-485 通信用适配器和通信用功能扩展板**

（1）FX_{0N}-485-ADP

FX_{0N}-485-ADP 是一种光电隔离型通信适配器，除了 FX_{2NC} 之外的 PLC 之间都要用该适配器连接。FX_{0N}-485-ADP 不用通信协议就能完成数据传输功能，传输距离为 500m，通信方式为半双工，最大传输速率为 19.2kbit/s（并联），一台 FX_{0N} 型 PLC 可安装一块 FX_{0N}-485-ADP，可实现两台 PLC 并行工作，也可用于 N：N 网络连接。

（2）FX_{2N}-485-BD

FX_{2N} 系列 PLC 基本单元内可以安装一块 FX_{2N}-485-BD 通信接口功能扩展板，使用无协议数据传送，可在各种带有 RS-232C 单元的设备之间进行数据通信，采用 RS 指令就可完成外部设备间的数据传输功能。也可使用专用协议，由一台微机通过 FX_{2N}-485-BD 对 100 个辅助继电器和 10 个数据寄存器进行数据传输，传输距离为 50m，最大传输速率为 19.2kbit/s（并联）。

通过 FX_{2N}-485-BD 可以在两台 FX_{2N} 系列 PLC 之间实现双机并联（即 1∶1 连接）。

使用 FX_{2N}-485-BD 和 RS-485-ADP，将计算机作为主站，通过 FX-485PC-IF 与 N 台 FX、A 系列 PLC（从站）进行连接，形成通信网络（即 1∶N）连接，实现生产线、车间或整个工厂的监视和自动化，如图 10-33 所示。

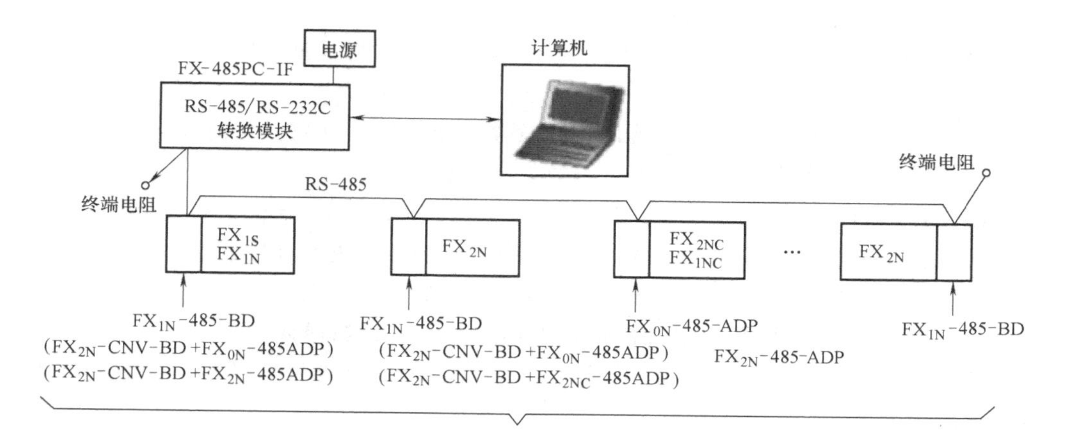

图 10-33　使用 RS-485 通信的 1∶N 网络连接

也可以将若干台 FX_{0N}或 FX_{2N} 系列 PLC 通过 FX_{0N}-485ADP 或 FX_{2N}-485-BD 并联，组成 N∶N（总线上 N 个 PLC）的 RS-485 通信网络（最多 8 台）。

RS-485 的最长通信距离为 500m。若连接了功能扩展板，最长通信距离将缩短为 50m。

10.3.2　网络通信特殊功能模块

1. FX_{2N}-16CCL-M CC-Link（开放式网络）系统主站模块

该通信模块的特点如下：

1）多达 7 个远程 I/O 站以及 8 个远程设备站可以连接到主站上。

2）允许 FX 系列 PLC 在 CC-Link 中作为主站使用。

3）FX 系列 PLC 可以在 CC-Link 中作为远程设备站，用 CC-Link 接口 FX_{2N}-32CCL 进行连接。

4）CC-Link 占用 FX 系列 PLC 8 个 I/O 地址。

采用 FX_{2N}-16CCL-M 组成的 CC-Link 网络系统如图 10-34 所示。

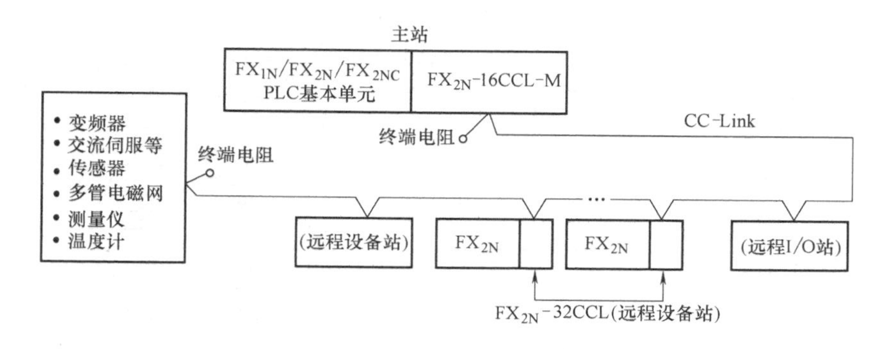

图 10-34　CC-Link 网络系统

2. FX_{2N}-32CCL CC-Link 接口模块

1）该模块在 CC-Link 系统中，允许一台 FX 系列 PLC 作为一个远程设备站被连接。

2）FX_{2N}-32CCL 模块和 CC-Link 系统主站模块 FX_{2N}-16CCL-M 组合使用，可以实现 FX 系列 PLC 的 CC-Link 系统。

3）该模块占用 8 个 I/O 地址单元。

3. FX_{2N}-16CCL-M MELSEC（三菱数据通信）I/O Link 远程 I/O 连接系统主站模块

1）该模块最大支持 128 点。

2）主站模块以及远程 I/O 单元可以用双绞电缆或者橡胶绝缘电缆进行连接。

3）整个系统中所允许的扩展距离总长最大为 200m。

4）即使其中的一个远程 I/O 单元出现故障，也不影响整个系统。

5）通用设备的输入（X）和输出（Y）分配到每一个远程 I/O 单元上。

6）该远程 I/O 单元可用于三菱公司的 A 系列 PLC。

4. FX_{2N}-32DP-IF PROFIBUS（欧洲标准现场总线）接口模块

1）该模块可以用于将一个 FX_{2N} 数字 I/O 专用功能模块直接连接到一个现存 PRO FI-BUS-DP 网络上。

2）一个 PROFIBUS-DP 主站上的数字量可以由任意提供的 I/O 模块和专用功能模块进行接收或发送。

3）高达 256 个 I/O 点或者 8 个专用功能模块可以连接到该单元上，仅仅会受到主站数据运送能力和供电能力的限制。

4）可以提供高达 12Mbit/s 的速度。

10.4 PLC 通信的基本概念

PLC 通信是指 PLC 与计算机、PLC 与 PLC、PLC 与现场设备或远程 I/O 之间的信息交换。例如，PLC 编程就是计算机输入程序到 PLC 及计算机从 PLC 中读取程序的简单 PLC 通信。通常把具有一定编码要求的数字信号称为数据信息。显然，PLC 与计算机都属于数字设备，它们之间交换的数据都是“0”和“1”表示的数字信号，因此，PLC 通信属于数据通信。

10.4.1 通信系统的基本组成

通信系统由传送设备（发送设备、接收设备)、传送控制设备（通信软件、通信协议）和通信介质（总线）等部分组成，如图 10-35 所示。

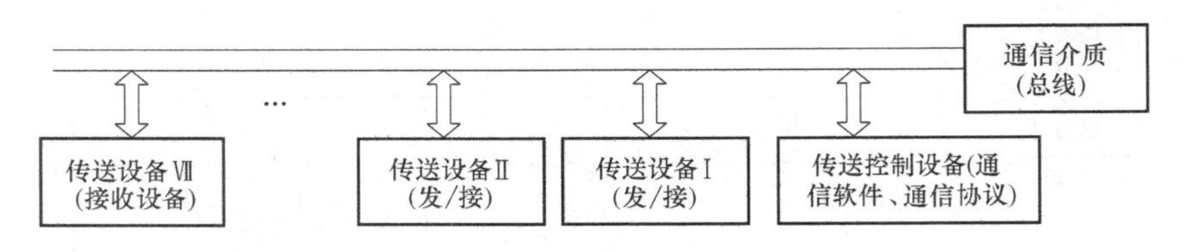

图 10-35 通信系统的基本组成框图

其中，传送设备至少两个，一个是发送设备，一个是接收设备。对于多台设备之间的数据传送，有时还有主、从之分。主设备起控制、发送和处理信息的主导作用，从设备被动地接收、监视和执行主设备的信息。在PLC通信系统中，传送设备可以是PLC、计算机或各种外部设备。

传送控制设备主要用于控制发送与接收之间的同步协调，以保证信息发送与接收的一致性。这种一致性靠通信协议和通信软件来保证。通信协议是指通信过程中必须严格遵守的数据传送规则，是通信得以进行的法规。通信软件用于对通信硬、软件进行统一调度、控制和管理。

10.4.2　通信方式

数据通信方式有两种：并行通信方式和串行通信方式。

1. 并行通信方式

并行通信是通过多条传输线，一次可以传送一个或 n 个字节的数据。其优点是传输速度快，缺点是每一位对应一根传输线、成本相对较高，因此这种通信方式适合近距离通信。如芯片内部的数据传送，同一块电路板上芯片与芯片之间的数据传送，以及同一系统中的电路板与电路板之间的数据传送，大多是采用并行通信方式。

2. 串行通信方式

串行通信是在一条传输线上，数据依次从低位到高位一位一位地传送，因此串行通信比并行通信成本低，但缺点是速度慢，所以串行通信适合远距离通信。PC与PLC的通信，PLC与现场设备、远程I/O的通信都采用串行通信方式。

在串行通信中，根据通信线路的数据传送方向，可分为单工、半双工和全双工三种通信方式。

单工通信方式如图10-36a所示。其特点是通信双方，一方为发送设备，另一方为接收设备，传输线只有一条，数据只按一个固定的方向传送。

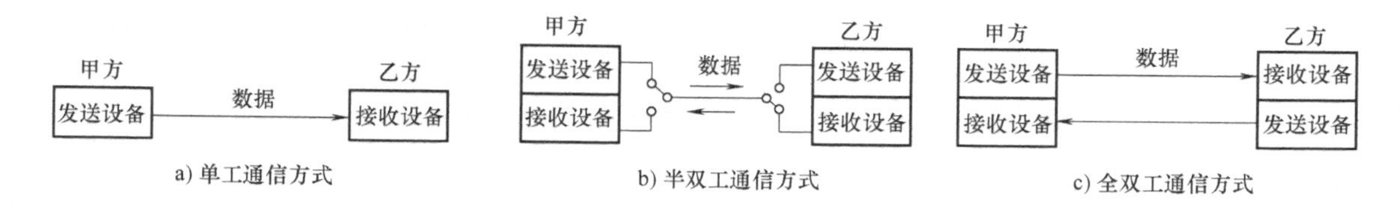

图10-36　串行通信的传输方式

半双工通信方式如图10-36b所示。其特点是通信双方既有发送设备，也有接收设备，传输线只有一条，只允许一方发送，另一方接收；通过发送和接收开关，控制通信线路上数据的传送方向。通信系统中，对任何一方而言，发送信息和接收信息不能同时进行，而只能采用分时占用通信线路的方法。

全双工通信方式如图10-36c所示。其特点是有两条通信线，通信双方既有发送设备，也有接收设备，并且允许双方同时在两条传输线上发送和接收数据。

在串行通信中，为了保证发送数据和接收数据的一致性，采用了同步通信和异步通信两种通信技术。

异步通信方式是指将被传送的数据编码成一串脉冲，按照一定位数分组，在每组数据由起始位、字符数据、奇偶校验位和停止位组成。每传送一组数据，以起始位作为开始标志，以停止位作为结束标志，字符之间的间隔（空闲）传送高电平。串行异步通信的数据格式如图 10-37 所示。以这种特定的方式，发送设备一组一组地发送数据，接收设备一组一组地接收，在开始位和停止位的控制下，保证数据传送不会出错。由于每一组数据都要加入开始位、校验位和停止位，传送效率低，因此，异步通信主要用于中、低速数据通信。

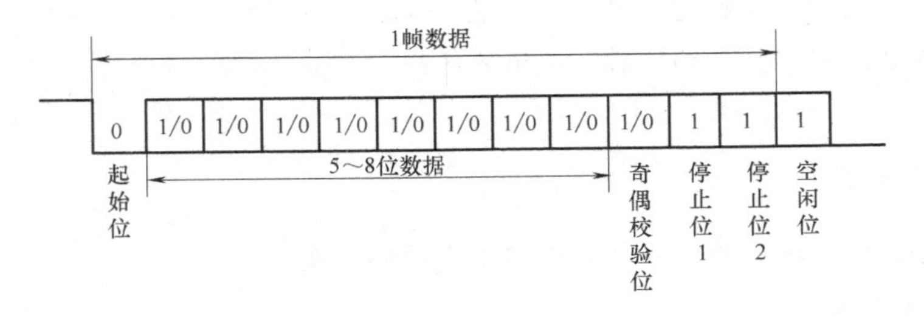

图 10-37　串行异步通信的数据格式

同步通信方式与异步通信方式的不同之处在于它以数据块为单位，数据块中，没有起始位和停止位，传输效率较高。在传送前，先按照设定的数据格式，将各种信息装配成一个数据块，每个数据块的开始处加入一个或两个同步字符，其后是需要传送的 n 个字符（n 的大小由用户设定），每个字符数据前后不需要加开始位、校验位和停止位标记，最后是两个校验字符。串行同步通信的数据格式如图 10-38 所示。可见，同步传送克服了异步传送效率低的特点，但是所需要的软、硬件成本较高，所以通常只用在传输速率超过 20kbit/s 的系统中。

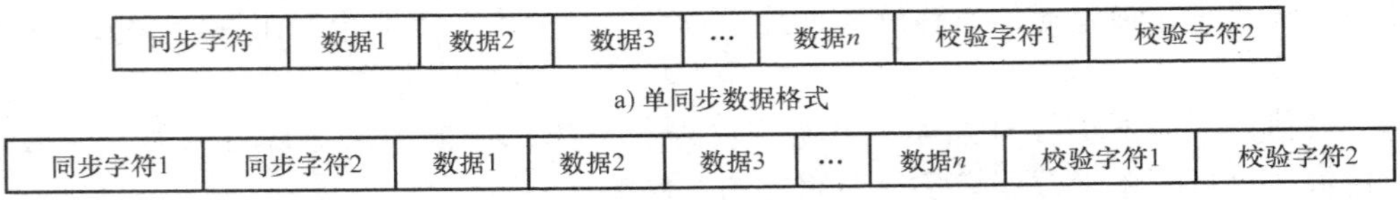

同步字符	数据1	数据2	数据3	…	数据n	校验字符1	校验字符2

a) 单同步数据格式

同步字符1	同步字符2	数据1	数据2	数据3	…	数据n	校验字符1	校验字符2

b) 双同步数据格式

图 10-38　串行同步通信的数据格式

PLC 的通信方式通常采用半双工或全双工异步串行通信方式。

10.4.3　通信介质

通信介质是 PLC 与通用计算机及外部设备之间相互联系的桥梁。PLC 通常使用的通信介质有同轴电缆（带屏蔽）、光纤、双绞线等。

PLC 对通信介质的基本要求是传输速率高、能量损耗小、抗干扰能力强、性价比高等特性。目前，同轴电缆和带屏蔽的双绞线在 PLC 通信中广泛使用。

10.4.4　通信接口

FX 系列 PLC 串行异步通信接口主要有 RS-232C、RS-422 和 RS-485 等。

1. RS-232C 通信接口

RS-232C 是美国电子工业协会（EIA）制定的一种国际通用的串行接口标准，这个标准规定了通信设备之间信息交换的方式与功能。它采用按位串行通信的方式传送数据，波特率规定为 19.2kbit/s、9.6kbit/s、4.8kbit/s 等几种。

电气特性上，RS-232C 采用负逻辑，规定逻辑“1”电平在-15～-5V 范围内；逻辑“0”电平在 5～15V 范围内，具有较强的抗干扰能力。

机械性能上，RS-232C 接口有 DB25（25 针）和 DB9（9 针）两种连接器。外形如图 10-39 所示。

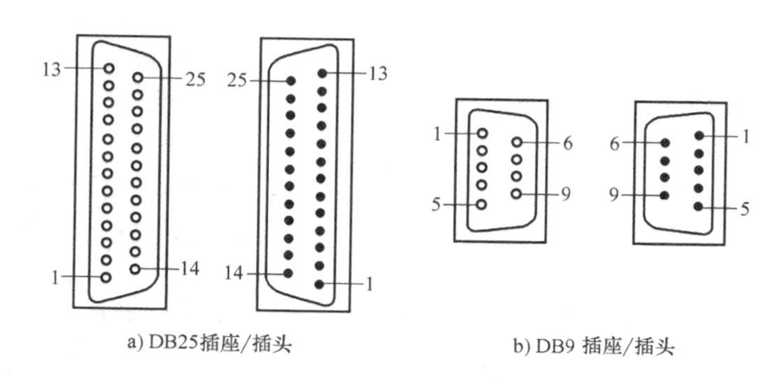

a) DB25插座/插头　　b) DB9 插座/插头

图 10-39　DB25 和 DB9 插座/插头外形

RS-232C 通信标准规定所能直接连接的最长通信距离不大于 15m。

2. RS-422 通信接口

RS-422 标准全称是“平衡电压数字接口电路的电气特性”，它定义了 RS-232 所没有的 10 种电路功能，规定用 37 脚的连接器，采用差动发送、差动接收的工作方式，发送设备、接收设备使用+5V 的电源，最大传输距离为 1219m，最大传输速率为 10Mbit/s，在通信速率、通信距离、抗共模干扰等方面较 RS-232C 有较大的提高。

3. RS-485 通信接口

由于 RS-422 接口标准采用四线制，为了在距离较远的情况下进一步节省电缆的费用，推出了 RS-485 接口标准。RS-485 接口标准采用两线制。由于 RS-485 是从 RS-422 基础上发展而来的，所以 RS-485 的许多电气规定与 RS-422 相似，如都采用平衡传输方式，都需要在传输线上接终端电阻等。

RS-485 与 RS-422 的不同之处在于其共模输出电压，RS-485 的在-7～+12V 之间，而 RS-422 的在-7～+7V 之间；RS-485 接收设备最小输入阻抗为 12kΩ，而 RS-422 是 4kΩ。它们的接口基本没有区别，仅仅是 RS-485 在发送端增加了使能控制。因为 RS-485 满足所有 RS-422 的规范，所以 RS- 485 驱动器可以在 RS- 422 网络中应用。

10.4.5　通信协议

所谓通信协议即是数据通信时所必须遵守的各种规则和协议，是由国际公认的标准化组织或其他专业团体集体制定的。目前有四家：

第一是国际标准化组织（International Standard Organization，ISO），制定了开放系统互连（Open System Interconnection，OSI）协议；第二是国际电子电气工程师协会（Institute of Electrical and Electronic Engineer，IEEE），制定了 IEEE-802 通信协议标准；第三是美国高级研究计划局 ARPA（Advanced Research Projects Agency，ARPA），是美国国防部的标准化组织，主要开发了 TCP/IP 与 FTP 通信协议，这个协议已成为当今国际互联网的通信标准；第四是美国通用汽车（General Motor，GM）公司，该公司制定了制造自动化协议（Manufacture Automation Protocol，MAP），使不同厂家的PLC、工控机、计算机、自动化仪表、设备和控制系统连成一个整体。MAP协议是一个高效能、低价格的通信标准，是组成计算机集成制造的基本原则。

目前，PLC与PC之间的通信可以按照标准协议进行，但PLC之间、PLC与远程I/O通信协议还没有标准化。

10.5 PLC与计算机的通信

PLC与计算机通信是PLC通信中最简单、最直接的一种通信方式。与PLC通信的计算机称之为上位机，PLC与计算机之间的通信又叫上位通信。PLC与计算机通信后，在计算机上可以实现以下8个基本功能。

1）可以在计算机上编写、调试、修改程序。PLC与计算机通信后，利用辅助编程软件，直接在计算机上编写梯形图、功能图或指令表程序，它们之间可以相互转换。此外，还有自动查错、自动监控等功能。

2）可用图形、图像、图表的形式在计算机上对整个生产过程进行运行状态的监视。

3）可对PLC进行全面的系统管理，包括数据处理、生成报表、参数修改、数据查询等。

4）可对PLC实施直接控制。PLC直接接收现场控制信号，经分析、处理转化为PLC内部软元件的状态信息，计算机不断采集这些数据，进行分析与监测，随时调整PLC的初始值和设定值，实现对PLC的直接控制。

5）可以实现对生产过程的模拟仿真。

6）可以打印用户程序和各种管理信息资料。

7）可以利用各种可视化编程语言在计算机上编制多种组态软件。

8）由于互联网的发展，通过计算机可以随时随地获得网上有用的信息和其他PLC厂家、用户的PLC控制信息，也可以将本地PLC控制信息发送上网，实现控制系统的资源共享。

10.5.1 通信连接

PLC与计算机通信主要通过RS-232C或RS-422接口进行。计算机上的通信接口是标准的RS-232C接口，若PLC上的通信接口也是RS-232C，PLC与计算机连接可以直接使用适配电缆进行连接，实现通信，如图10-40a所示。若PLC上的通信接口是RS-422时，必须在PLC与计算机之间增加一个FX-232AW接口转换模块，再用适配电缆进行连接就可以实现通信了，如图10-40b所示。若1台计算机要与多台RS-485接口的PLC（不超过16台）进行通信的话，可以通过FX-485PC-IF通信接口模块实现，如图10-40c所示。

图10-41为FX-232AW与计算机通信时的接口引线连接图。

在图10-41中，由于计算机的RS-232C口的4、5引脚已经短接，所以对计算机发送数据来说，好像PLC总是处于数据准备就绪状态，计算机在任何时候都有可能将数据传送到PLC中；但由于RS-232C口的20、6引脚交叉连接，对计算机来说就必须检测PLC是否处于准备就绪状态，即检测引脚6是否为高电平。当引脚6为高电平时，表示PLC准备就绪，可以接收数据，计算机就可以发送数据了；当引脚6为低电平时，表示PLC与计算机不能

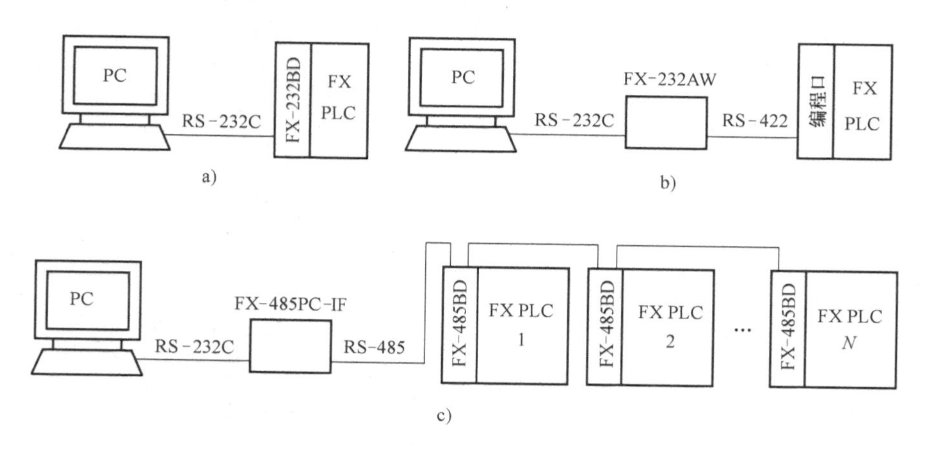

图 10-40　PLC 与计算机通信接口示意图

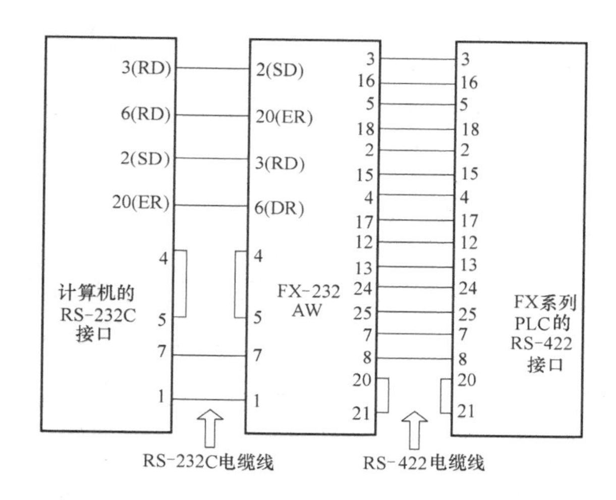

图 10-41　FX-232AW 与计算机通信的接口引线连接图

通信。

10.5.2　通信协议

FX 系列 PLC 与计算机之间的通信若采用 RS-232C 标准，数据交换格式为字符串方式，如图 10-42 所示。在字符串格式中，左边第一位为开始位，中间 7 位是数据位，必须用字符的 ASCII 码来表示，这里所用到的字符及其 ASCII 码的对应关系见表 10-15，右边 2 位是奇偶校验位（采用偶校验）和停止位。

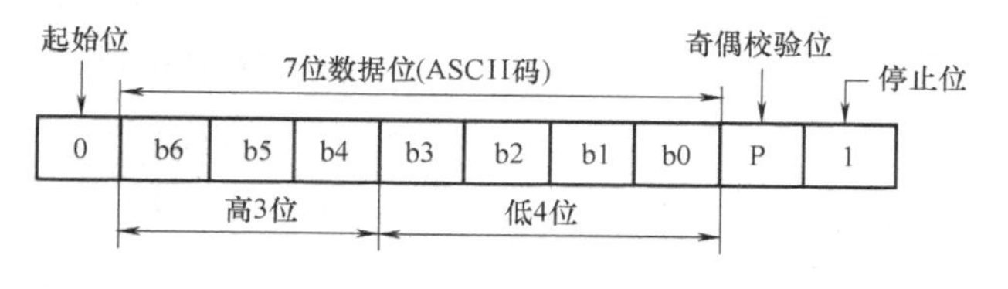

图 10-42　数据格式的规定

表 10-15 FX 系列 PLC 与计算机之间通信所用的字符与 ASCII 码对应关系

控制字符	ASCII 码	数据格式	功能说明
ENQ	05H	1100001010	PC 发出请求
ACK	06H	1100001100	PLC 对 ENQ 的确认回答
NAK	15H	1100101010	PLC 对 ENQ 的否认回答
STX	02H	1100000100	信息帧开始标志
ETX	03H	1100000110	信息帧结束标志

在 FX 系列 PLC 与计算机的通信中，数据是以帧为单位发送和接收的，每一帧为 10 个字符。其中控制字符 ENQ、ACK 或 NAK，可以构成单字符帧。其余的字符在发送或接收时必须用字符 STX 和 ETX 分别表示该字符帧的起始标志和结束标志，否则将不能同步，产生错帧。多字符传送时构成多字符帧，一个多字符帧由字符 STX、命令码、数据、字符 ETX 以及和校验值五部分组成，由图 10-43 所示，其中和校验值是将命令码到 ETX 之间所有字符的 ASCII 码（十六进制数）相加，取所得和的最低两位数。命令码只有“0”“1”“7”“8”四个数字，对应的功能为：“0”表示读 PLC 软元件数据；“1”表示写 PLC 软元件数据；“7”表示对 PLC 软元件强制置“1”；“8”表示对 PLC 软元件强制置“0”。命令码的主要操作对象是 PLC 的 X、Y、M、S、T、C 等软元件，“0”“1”还可以对数据寄存器 D 操作。

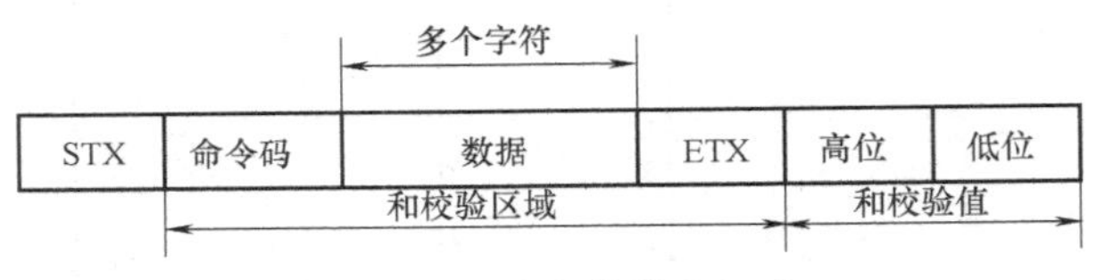

图 10-43 多字符帧的组成

在 FX 系列 PLC 与计算机之间的通信中，PLC 始终处于“被动响应”的地位，无论是数据的读或写，都是由计算机发出信号。开始通信时，计算机首先发送一个控制字符 ENQ，去查询 PLC 是否做好通信的准备，同时也可检查计算机与 PLC 的连接是否正确。当 PLC 接收到该字符后，如果处在 RUN 状态，则要等到本次扫描周期结束（即扫描到 END 指令）时才应答；如果它处在 STOP 状态，则马上应答。若通信正常，则应答字符为 ACK；若通信有错，则应答字符为 NAK。如果计算机发送一个控制字符 ENQ，经过 5s 后，什么信号也没有收到，此时计算机将再发送第二次控制字符 ENQ，如果还是什么信号也没收到，则连接有错。当计算机接收到来自 PLC 的应答字符 ACK 后，就可以进入数据通信了。

当计算机发送数据时，其 RS-232C 接口上的 ER 端为高电平，与其相连接的 FX-232AW 接口模块上的 DR 端也为高电平，表示计算机的数据就绪，PLC 可以接收数据了。此时，PLC 被强制处于接收数据状态。当计算机发送完数据后，必须将 ER 端置为低电平，保证计算机处在接收数据的状态，以读取 PLC 的应答信号。当计算机收到 PLC 的应答信号后，复位通信线路，表示本次通信完成。

10.5.3 计算机与多台 PLC 的连接

一台计算机与多台 PLC 连接通信，称为 1 : N 网络，一台计算机最多可连接 16 台 PLC。每一台 PLC 上都有相应的 RS-485 接口适配器或接口功能扩展板，通过数据连接线与计算机之间进行信息、数据交换。

1）接口模块与计算机连接。计算机与多台 PLC 连接，需要通过 FX-485PC-IF 通信接口模块，完成 RS-232C 与 RS-485 之间的信号转换，其硬件连线如图 10-44 所示。

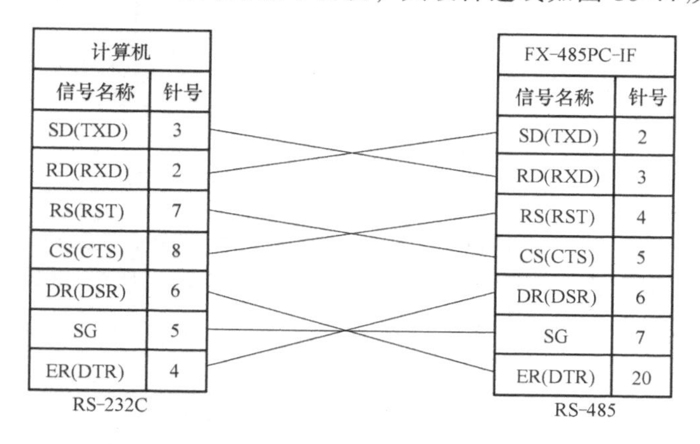

图 10-44 RS-232C 与 FX-485PC-IF 的硬件连接

2）接口模块与 PLC 的连接。FX-485PC-IF 通信接口模块与 PLC 的连接可以根据其用途选择一对或两对导线进行连接，选择方法见表 10-16。

表 10-16 连接方法选择表

连接导线选择	一对导线	两对导线
有必要使信号等待 70ms（或更短）	×	○
无必要使信号等待 70ms（或更短）	●	○
使用接通要求功能	×	○

注：●表示推荐使用；○表示可能使用；×表示不能使用。

FX_{2N} 系列 PLC 与 FX_{2N}-485-BD 一起使用，可以进行全双工通信，而 FX_{2N} 系列 PLC 与其他通信模块相配置则不能进行全双工通信。

3）一对导线的连接方式。一对导线连接示意图如图 10-45 所示。图中连接端子 SDA、SDB 或 RDA、RDB 之间的 R 是终端电阻，阻值为 110Ω，屏蔽双绞线的屏蔽层必须要接地。

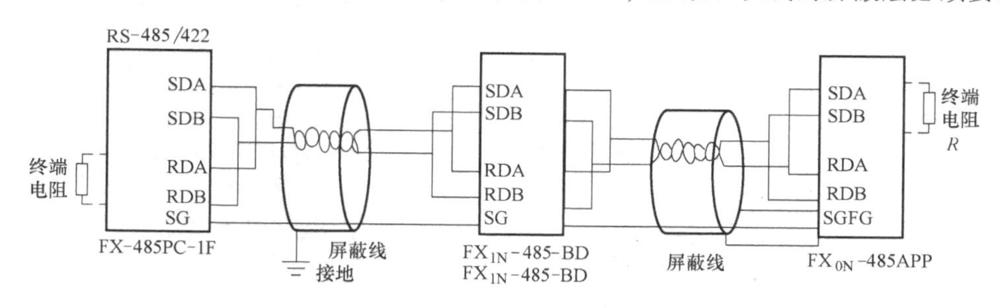

图 10-45 一对导线连接示意图

4）两对导线的连接方式。两对导线的连接示意图如图 10-46 所示。图中，连接端子 SDA、SDB 或 RDA、RDB 之间的 R 是终端电阻，阻值为 330Ω，屏蔽双绞线的屏蔽层必须要接地。

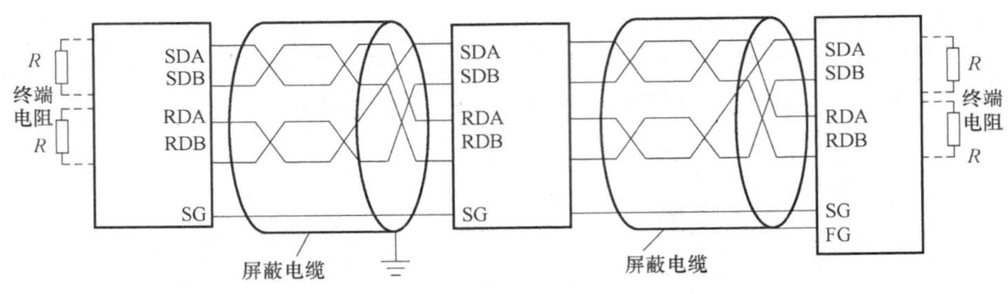

图 10-46　两对导线连接示意图

5）通信格式。通信格式采用 PLC 中的特殊数据寄存器 D8120 来进行设置，在 D8120 中分别把数据长度、奇偶校验、波特率等参数设定后，计算机与 PLC 的通信格式就确定了。多台 PLC 连接时，还要由 D8121 特殊数据寄存器设置 PLC 的站点号。特殊数据寄存器 D8120 的通信格式定义见表 10-17。

表 10-17　D8120 通信格式定义表

位号	名称	功能说明	
		位为 OFF(=0)	位为 ON(=1)
b0	数据长度	7 位	8 位
b1 b2	奇偶	(b2,b1) (0,0):无 (0,1):奇 (1,1):偶	
b3	停止位	1 位	2 位
b4 b5 b6 b7	波特率/(bit/s)	(b7,b6,b5,b4) (0,0,1,1):300　(0,1,1,0):2400 (0,1,0,0):600　(0,1,1,1):4800 (0,1,0,1):1200　(1,0,0,0):9600	
b8[1]	标题	无	有效(D8124)默认:STX(02H)
b9[1]	终结符	无	有效(D8125)默认:ETX(02H)
b10 b11 b12	控制线	无协议 计算机连接	(b12,b11,b10) (0,0,0):无作用(RS-232C 接口) (0,0,1):端子(RS-232C 接口) (0,1,0):互连模式(RS-232C 接口) (0,1,1):普通模式 1(RS-232C 接口), [RS-485(422)接口][3] (1,0,1):普通模式 2(RS-232C 接口)
b13[2]	和校验	没有添加和校验码	自动添加校验码
b14[2]	协议	无协议	专用协议
b15[2]	传输控制协议	协议格式 1	协议格式 4

① 当使用计算机与 PLC 连接时，置“0”。

② 当使用无协议通信时，置“0”。

③ 当使用 RS-485（422）接口时，控制线就照此进行设置。而当不使用控制线操作时，控制线通信是一样的。FX_{0S}、FX_{1S}、FX_{1N}、FX_{2N} 系列 PLC 均支持此 RS-485 连接。

6）通信协议。为了与计算机通信要求一致，在 PLC 的程序中必须对 D8120、D8121 和 D8129 设置数据。D8120 是一个 16 位的特殊数据寄存器，通过对其设定来判断和计算机通信的详细协议，具体可设置通信长度、校验形式、传送速度和协议方式等，如图 10-47 所示。其含义为采用格式 1 的协议标准，1 位停止位，奇校验、传送数据长度为 7 位，通信速率为 9.6kbit/s 和数据检验。

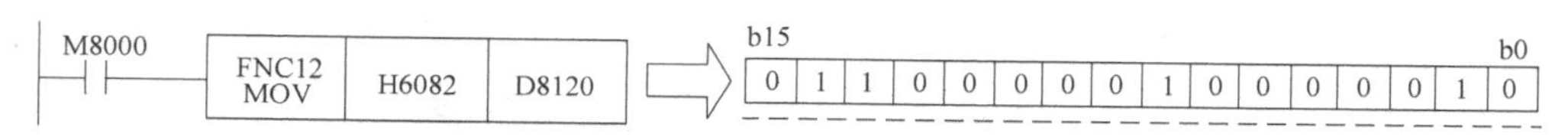

图 10-47　D8120 特殊数据寄存器的通信格式设置

D8121 用于设置站号。站号由链路中的各台 PLC 设置，用于计算机访问。站号设置范围为 00~07H。

D8129 设置检验时间。检验时间为从传送开始至接收最后一个字符所等待的时间，单位为 10ms。

计算机向 PLC 的 CPU 传送的字符串格式如图 10-48 所示。图中的字符串格式中，是否需要和校验码，可由 D8120 特殊数据寄存器 b13 位来设置；在字符串末尾是否需要添加控制码 CR/LF 由 D8120 数据寄存器 b12~b10 位来设置，计算机与 PLC 之间的通信数据均以 ASCII 码进行。

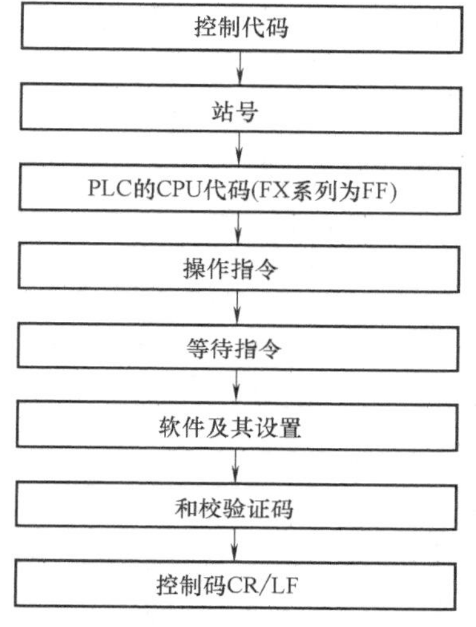

图 10-48　字符串格式

操作指令有：BR 和 WR 为读出 PLC 的软元件的状态，BW 和 WW 是由计算机向 PLC 写入软元件的状态，RR 和 RS 分别控制远距离 PLC 的运行和停止，TT 为回馈检测，计算机将数据送往 PLC，再从 PLC 接收数据以验证通信是否正确。

10.6　PLC 之间的通信

在工业控制系统中，对于多控制任务的复杂控制系统，不可能单靠增大 PLC 点数或改进机型来实现复杂的控制功能，而是采用多台 PLC 连接通信来实现。PLC 与 PLC 之间的通信称为同位通信，即 $N:N$ 网络，三菱 FX_{2N} 系列 PLC 与 PLC 之间的系统连接框图如图 10-49 所示。图中，PLC 与 PLC 之间使用 RS-485 通信用的 FX_{2N}-485-BD 功能扩展板或特殊适配器连接，可以通过简单的程序数据连接 2~8 台 PLC，这种连接又称并联。在各站之间，位软元件（0~64 点）和字软元件（4~8 点）被自动数据连接，通过分配到本站上的软元件，可以知道其他站的 ON/OFF 状态和数据寄存器数值。并联时，其内部的特殊辅助继电器不能作为其他用途。这种连接适用于生产线的分布控制和集中管理等场合。

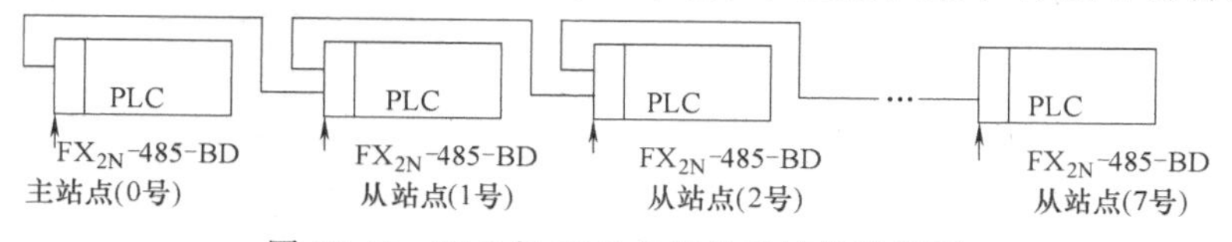

图 10-49　PLC 与 PLC 之间的系统连接框图

图 10-50 中，0 号 PLC 称为主站点，其余称之为从站点，它们之间的数据通过 FX_{2N}-485-BD 上的通信接口进行连接。站点号的设定数据存在特殊寄存器 D8176 中，主站点为 0，从站点为 1~7，站点总数存在 D8177 中。*N*：*N* 网络通信中的相关标志与对应的辅助寄存器见表 10-18 所示。

表 10-18　FX_{2N} *N*：*N* 网络通信中相关标志与对应辅助寄存器功能表

特性	辅助继电器	名　称	功能	影响站点
只读	D8038	*N*：*N* 网络参数设置	设置网络参数	主、从站
只读	D8183	主站点的通信错误	主站点通信错误时为 ON	从站
只读	D8184~D8190	从站点的通信错误	从站点通信错误时为 ON	主、从站
只读	D8191	数据通信	与其他站点数据通信时为 ON	主、从站

从表 10-20 可看出，在 CPU 出错或程序有错或在停止状态下，对每一站点处产生的通信，错误数目不能计数。此外，PLC 内部辅助寄存器与从站号是一一对应的。例如，对于 FX_{2N} 系列 PLC 来说，1 号从站是 M8184，2 号从站是 M8185，…，7 号从站是 M8190。PLC 数据寄存器的功能及意义见表 10-19。

表 10-19　FX_{2N} *N*：*N* 网络各数据寄存器功能及意义表

特性	辅助继电器	名　称	描　　述	响应类型
只读	D8173	站点号	存储自己的站点号	主、从站
只读	D8174	从站点总数	存储从站点总数	主、从站
只读	D8175	刷新范围	存储刷新范围数	主、从站
只写	D8176	站点号设置	设置自己的站点号	主、从站
只写	D8177	总从站点数设置	设置从站点的总数	主站
只写	D8178	刷新范围设置	设置刷新范围	主站
读写	D8179	重试次数设置	设置重试次数	主站
读写	D8180	通信超时设置	设置通信超时数	主站
只读	D8201	当前网络扫描时间	存储当前网络扫描时间	主、从站
只读	D8202	最大网络扫描时间	存储最大网络扫描时间	主、从站
只读	D8203	主站点通信错误数目	主站点的通信错误数目	从站
只读	D8204~D8210	从站点通信错误数目	从站点的通信错误数目	主、从站
只读	D8211	主站点通信错误代码	主站点的通信错误代码	从站
只读	D8212~D8218	从站点通信错误代码	从站点的通信错误代码	主、从站

D8176 为本站的站点号设置数据寄存器。若（D8176）中为 0，表示本站为主站点，若（D8176）= 1~7，表示本站的从站站点号。

D8177 为设定从站点总数数据寄存器，当（D8177）= 1 时，即为 1 个从站点…，当（D8177）= 7 时，即为 7 个从站点；不设定时，默认值为 7。

D8178 为设定刷新范围（0~2）数据寄存器。当（D8178）= 0 时，即为模式 0；当（D8178）= 1 时，即为模式 1；当（D8178）= 2 时，即为模式 2。

模式 0 时，对 FX_{2N} 系列 PLC 来说，0~7 号站点的位软元件不刷新，只对每站 4 点字软元件刷新，即对 0 号的 D0～D3、1 号的 D10～D13，…，7 号的 D70～D73 进行刷新。

模式 1 时，对 FX_{2N} 系列 PLC 来说，可对每站 32 点位软元件、4 点字软元件的进行刷新，即可对 0 号站的 M1000～M1031、D0～D3，1 号站的 D1064～M1095、D10～D13，2 号站的 M1128～M1159、D20～D23，…，7 号站的 M1448～M1479、D70～D73 刷新。

模式 2 时，对 FX_{2N} 系列 PLC 来说，可对每站 64 点位软元件、8 点字软元件的进行刷新，即可对 0 号站的 M1000～M1063、D0～D7，1 号站的 D1064～M1127、D10～D17，…，7 号站的 M1448～M1511、D70～D77 刷新。

三种模式的刷新范围见表 10-20。

表 10-20　三种模式刷新范围

站点号		软元件号	
		位软元件(M)0 点	字软元件(D)4 点
模式 0 (FX_{0N}/FX_{1S}/FX_{1N}/FX_{2N}/FX_{2NC})PLC 字软元件(D)4 点	0 号		D0～D3
	1 号		D10～D13
	2 号		D20～D23
	3 号		D30～D33
	4 号		D40～D43
	5 号		D50～D53
	6 号		D60～D63
	7 号		D70～D73
模式 1(FX_{1N}/FX_{2N}/FX_{2NC})PLC 位软元件(M)32 点，字软元件(D)4 点	0 号	M1000～M1031	D0～D3
	1 号	M1064～M1095	D10～D13
	2 号	M1128～M1159	D20～D23
	3 号	M1192～M1223	D30～D33
	4 号	M1256～M1287	D40～D43
	5 号	M1320～M1351	D50～D53
	6 号	M1384～M1415	D60～D63
	7 号	M1448～M1479	D70～D73
模式 2(FX_{1N}/FX_{2N}/FX_{2NC})PLC 位软元件(M)64 点，字软元件(D)8 点	0 号	M1000～M1063	D0～D7
	1 号	M1064～M1127	D10～D17
	2 号	M1128～M1191	D20～D27
	3 号	M1192～M1255	D30～D37
	4 号	M1256～M1319	D40～D47
	5 号	M1320～M1383	D50～D57
	6 号	M1384～M1447	D60～D67
	7 号	M1448～M1511	D70～D77

D8179 为重试次数数据寄存器，可设定为 0～10 数值，默认值为 3。

D8180 为通信超时设定数据寄存器。通信超时是主站点与从站点之间的通信驻留时间。设定值范围为 5～55，默认值为 5。该值乘以 10（单位为 ms），即为通信超时的持续时间。

当程序运行或 PLC 电源打开时，$N:N$ 网络的每一个设置都变为有效。

例如，3 台 FX_{2N}系列 PLC 采用 FX_{2N}-485-BD 内置通信板连接，构成 $N:N$ 网络。要求将 FX_{2N}-80MT 设置为主站，从站数为 2，数据更新采用模式 1，重试次数为 3，公共暂停时间为50ms。试设计满足下列要求的主站和从站程序。

（1）0号主站的控制要求

1）将0号主站的输入信号X000~X003作为网络共享资源。

2）将1号从站的输入信号X000~X003通过主站的输出端Y014~Y017输出。

3）将2号从站的输入信号X000~X003通过主站的输出端Y020~Y023输出。

4）将数据寄存器D1的值，作为网络共享资源；当1号从站的计数器C1触点闭合时，主站的输出端Y005=ON。

5）将数据寄存器D2的值，作为网络共享资源；当2号从站的计数器C2触点闭合时，主站的输出端Y006=ON。

6）将数值10送入数据寄存器D3和D0中，作为网络共享资源。

（2）1号从站的控制要求

首先进行站号的设置，然后完成以下控制任务。

1）将0号主站的输入信号X000~X003通过主站的输出端Y010~Y013输出。

2）将1号从站的输入信号X000~X003作为网络共享资源。

3）将2号从站的输入信号X000~X003通过1号从站的输出端Y020~Y023输出。

4）将1号主站的数据寄存器D1的值，作为1号从站计数器C1的设定值；当1号从站的计数器C1触点闭合时，使1号从站的Y005输出，并将C1的状态作为网络共享资源。

5）当2号从站的计数器C2触点闭合时，1号从站的输出端Y006=ON。

6）将数值10送入数据寄存器D10中，作为网络共享资源。

7）将0号主站数据寄存器D0的值和2号从站数据寄存器D20的值相加结果存入1号从站的数据寄存器D11中。

（3）2号从站的控制要求

首先进行站号的设置，然后完成一些控制任务。

1）将0号主站的输入信号X000~X003通过2号从站的输出端Y010~Y013输出。

2）将1号从站的输入信号X000~X003通过2号从站的输出端Y014~Y017输出。

3）将2号从站的输入信号X000~X003作为网络共享资源。

4）当1号从站的计数器C1触点闭合时，2号从站的输出端Y005=ON。

5）将0号主站数据寄存器D2的值，作为2号从站计数器C2的设定值；当2号从站的计数器C2触点闭合时，使2号从站的Y006输出，并将C2的状态作为网络共享资源。

N∶*N*网络连接如图10-50所示。

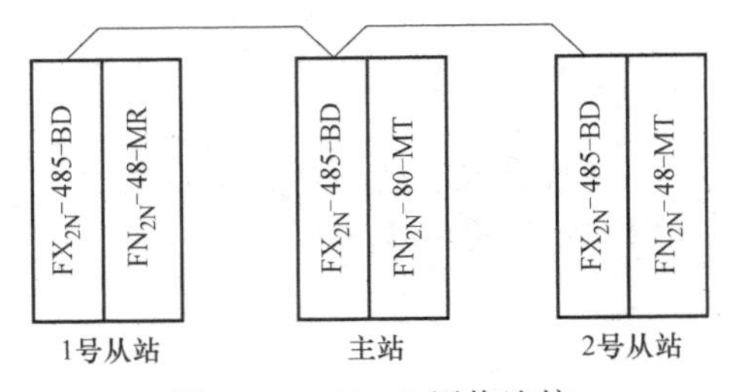

图10-50　*N*∶*N*网络连接

6）将数值10送入数据寄存器D20中，作为网络共享资源。

7）将0号主站的数据寄存器D3的值和1号从站数据寄存器D10的值相加结果存入2号从站的数据寄存器D21中。

在以上分析详列的基础上再分别完成该题的网络参数的设置、通信系统出现错误的提示、主站的控制程序和从站的控制程序。

（4）*N*∶*N*网络通信参数的设置

主要由主站完成，不需要从站的参与，单站号的设置由每个站自己完成。本例中 $N:N$ 网络通信参数的设置见表 10-21。对应的设置程序（写入 FX_{2N}-80MT 主站中）如图 10-51 所示。

表 10-21　$N:N$ 网络通信参数设置

寄存编号	主站 No. 0	1 号从站 No. 1	2 号从站 No. 2	说明
D8176	K0	K1	K2	PLC 站号的设置
D8177	K2			从站的数量设置
D8178	K1			数据的更新范围设置
D8179	K3			网络中的通信重试次数
D8180	K5			网络中的通信公共等待时间

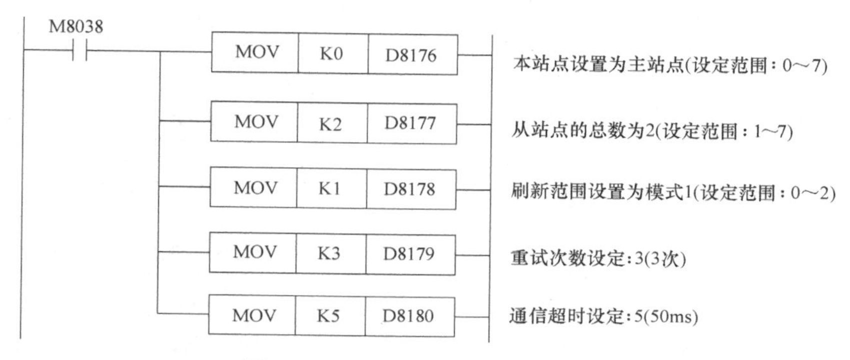

图 10-51　$N:N$ 网络参数设置程序

（5）通信系统的错误报警

由于 PLC 对本身的一些通信错误不能记录，因此该程序可写在主站和从站中，但不必要在每个站中都写入该程序。网络通信错误的报警程序如图 10-52 所示。

（6）主站和从站的控制程序

0 号主站的控制程序如图 10-53 所示。1 号从站的控制程序如图 10-54 所示。2 号从站的控制程序如图 10-55 所示。

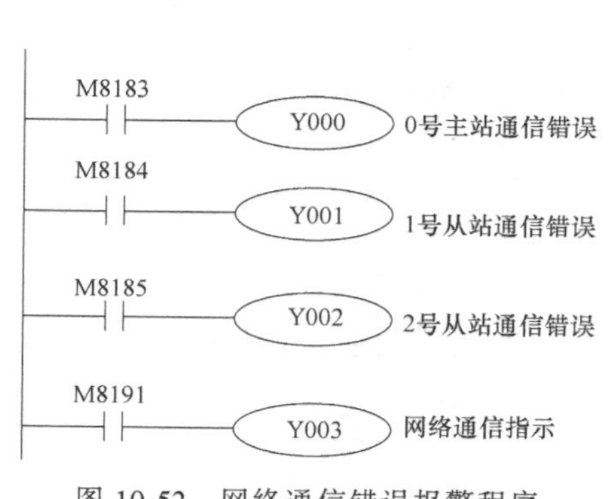

图 10-52　网络通信错误报警程序

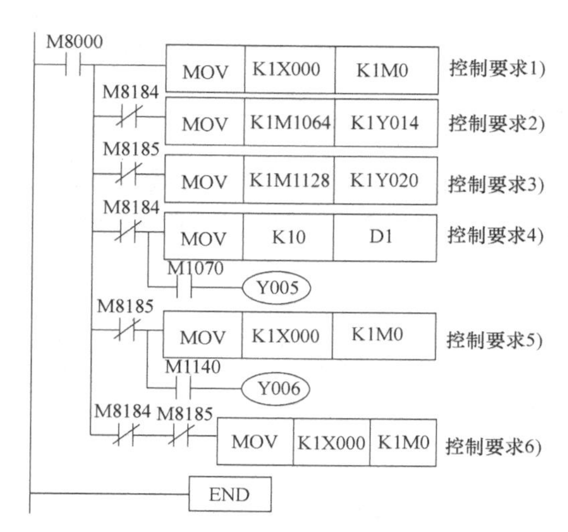

图 10-53　0 号主站控制程序

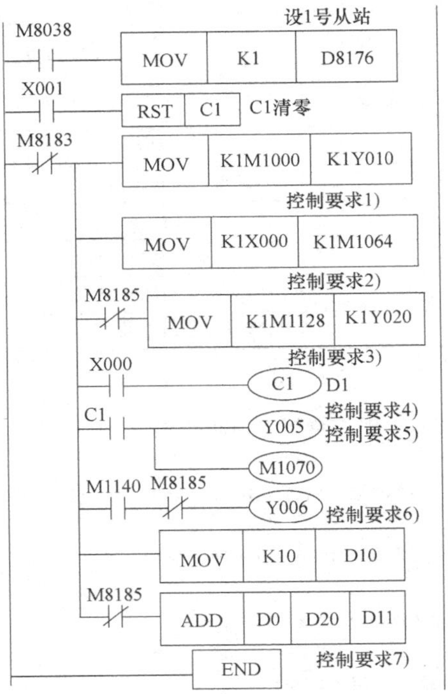

设1号从站
M8038
MOV
K1
D8176
X001
RST
C1
C1清零
M8183
MOV
K1M1000
K1Y010
控制要求1)
MOV
K1X000
K1M1064
控制要求2)
M8185
MOV
K1M1128
K1Y020
控制要求3)
X000
C1
D1
C1
Y005
控制要求4)
控制要求5)
M1070
M1140
M8185
Y006
控制要求6)
MOV
K10
D10
M8185
ADD
D0
D20
D11
END
控制要求7)

图 10-54　1 号从站控制程序

设2号从站
M8038
MOV
K2
D8176
X001
RST
C2
C2清零
M8183
MOV
K1M1000
K1Y010
控制要求1)
MOV
K1X000
K1M128
控制要求3)
M8184
MOV
K1M1064
K1Y014
控制要求2)
X000
C2
D2
控制要求5)
C2
Y006
M1140
控制要求4)
M1070
M8184
Y006
控制要求6)
MOV
K10
D20
M8184
ADD
D3
D10
D21
控制要求7)
END

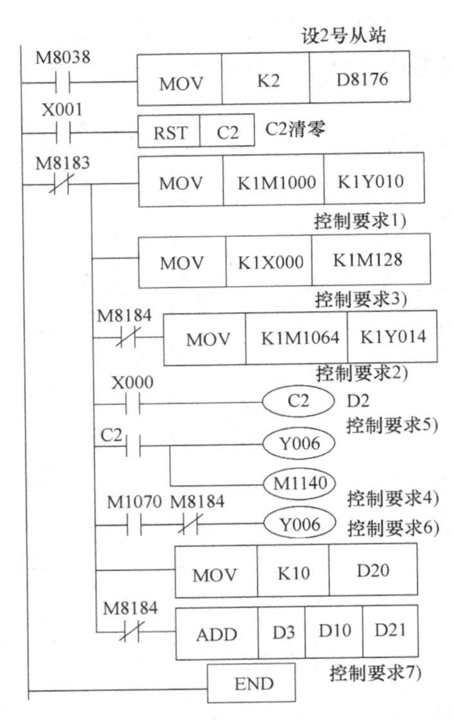

图 10-55　2 号从站控制程序

10.7　PLC 的网络简介

随着计算机、自动化技术的飞速发展，PLC 通信在工厂自动化（FA）中发挥着越来越重要的作用。目前，各生产厂家生产的 PLC 主单元上都加有具有网络功能的硬件和软件，还有各种功能的通信模块，用以实现 PLC 之间的方便连接，构成各种形式的网络。由上位机、PLC、远程 I/O 相互连接所形成的分布式控制系统网络、现场总线控制系统网络已被广泛应用，成为目前 PLC 网络化的主要方向。

10.7.1　PLC 网络结构

根据 PLC 网络系统的连接方式，可将其网络结构分为三种基本形式：总线型结构、环形结构和星形结构，如图 10-56 所示。每种结构都有优缺点，可根据具体情况选择。总线型

从站
从站
从站
主站
总线
从站
从站
主站
从站
从站
总线
从站
从站
从站
从站
从站
主站
从站
从站
从站

a) 总线型结构　　b) 环形结构　　c) 星形结构

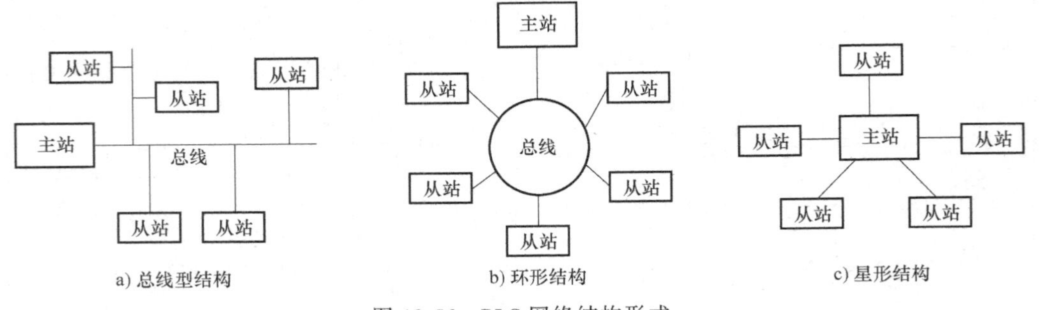

图 10-56　PLC 网络结构形式

结构和环形结构以其结构简单、可靠性高、易于扩展的性能被广泛使用。星形结构由于在结构上布线繁多，在PLC控制网络中用得很少。

PLC网络的信息通信方式是为辅助继电器（M）、数据寄存器（D）专门开辟一个地址区域，将它们按特定的编号分配给其他各台PLC，并指定一台PLC可以写其中的某些元件，而其他PLC可以读这些元件，然后用这些元件的状态去驱动其本身的软元件，以达到通信的目的。而各主站之间的元件状态信息的交换，则由PLC的网络软件（或硬件）自己去完成，不需要由用户编程。

10.7.2　三菱PLC网络

1. MELSEC Net

MELSEC Net是为三菱PLC开发的数据通信网络。它不仅可以执行数据控制和数据管理功能，而且也能完成工厂自动化所需要的绝大部分功能，是一种大型的网络控制系统，具有如下特点。

（1）具有构成多层数据通信系统的能力

主站可以通过光缆或同轴电缆与64个本地子站或远程I/O站进行通信，每个子站又可以作为下一级通信系统的主控站，再连接64个下级子站。这样整个网络系统可达三层，最多可设置4097个子站，如图10-57所示。如果它与MELSEC Net/Mini网络系统连接，则可与F系列、F1系列、F2系列、FX系列、A系列等PLC及交流变频调速装置连接成功能强大的通信系统。

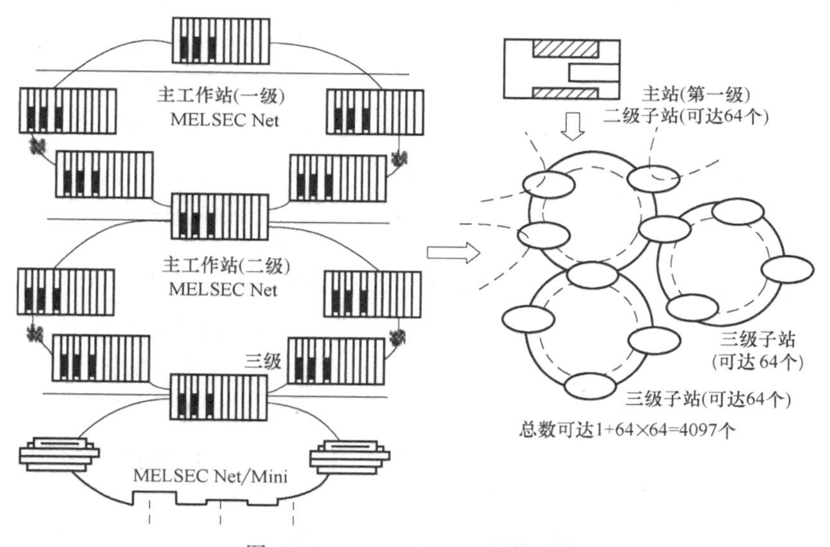

图10-57　MELSEC Net网络系统

（2）可靠性高

MELSEC Net是由两个数据通信环路构成，反向工作，互为备用。每一时刻只允许有一个环路工作，该环路此时称为主环路，另一个环路备用，此时的备用环称为副环路，如图10-58a所示。当主环路或子站发生故障时，系统的“回送功能”将通信自动切换到副环路，并将子站故障断开，如图10-58b所示；如果主副环路均发生故障，它又把主副环路在故障处自动接通，形成回路，实现“回送功能”，如图10-58c所示。这样，可以保证在任何故障下整个通信系统不发生中断而可靠工作。另外，系统还具有电源瞬间断电校正功能，保证了通信的可靠。

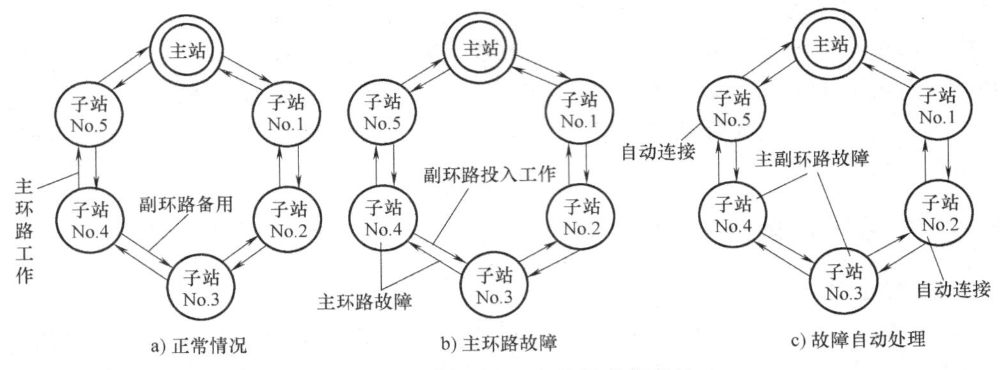

图 10-58　MELSEC Net 数据通信系统

（3）具有良好的通信监测功能

任何子站的运行和通信状态都可以用主站或子站上所连接的图形编程器进行监控，还可以通过主站对任何子站进行存取访问，执行上载（PLC 程序读入计算机）、下载（计算机程序写入 PLC）、监控及测试功能。

（4）编程方便

网络中有 1024 个通信继电器和 1024 个通信寄存器，可在所有站中适当地分配使用，便于用户编写通信程序。传输速率可达 1.25MB/s，保证了 MELSEC Net 网络的公共数据通信。

2. MELSEC Net/Mini 网络

对于自动化要求较低的地方，考虑到经济成本，有时不必采用很大的网络系统，但希望将小型 PLC 以及其他控制装置综合起来，构成集散控制系统。MELSEC Net/Mini 网络就是三菱公司为满足此要求而开发的小型网络系统，具有以下特点：

1）MELSEC Net/Mini 网络系统允许挂接 64 个子站，可控制 512 个远程 I/O 点，同时对子站连接的模块数没有限制。

2）远程 I/O 站的输入、输出点数设置范围更广。用 AOJ2 时，可以 8 点输入、8 点输出，也可以 32 点输入、24 点输出；用 A1N、A2N、A3N 时，则按需要配置 I/O 模块。该网络系统也是高速数据传输系统，最大传输速率可达 1.5MB/s。

3）丰富的数据通信模块，方便地实现了不同系列 PLC 之间的连接。例如，F-16NP 通信模块可用于以光纤为传输介质的 F1、F2、FX 系列 PLC 上；F-16NT 通信模块可用于以同轴电缆为传输介质的 F1、F2、FX 系列 PLC 上；AJ71P32 通信模块，可用于以光纤为传输介质的 A 系列 PLC 上；AJ71P32 通信模块，可用于以同轴电缆为传输介质的 A 系列 PLC 上。还有适用于 FX_2、FX_{2C} 系列 PLC 的通信模块，FX-16NP/NT（输入 16 点、输出 8 点）和 FX-16NP/NT-S3（输入 28 字，输出 28 字，16 位数据的传送可通过 FX 系列 PLC 的 FROM/TO 指令实现）等。

本章小结

本章主要介绍了三菱 FX_{2N} 系列 PLC 的特殊功能模块，包括模拟量输入和输出模块、高速计数模块、脉冲输出定位模块、网络通信特殊功能模块等，并通过实例让读者学会怎样正确使用这些模块；最后介绍了 PLC 通信的基本概念、PLC 与计算机以及 PLC 与 PLC 之间的连接、PLC 网络的基本概念。

习题与思考题

10-1　PLC 网络系统的基本结构形式有哪几种？网络的信息通信方式是如何进行的？

10-2　FX_{2N}-4AD 模拟量输入模块与 FX_{2N}-48MR 连接，仅开通 CH1、CH2 两个通道，一个作为电压输入，另一个作为电流输入，要求 3 点采样，并求其平均值，结果存入 PLC1 的 D0、D1 中，试编写梯形图程序。

10-3　FX_{2N}-4DA 模拟量输出模块连接在 FX_{2N}-64MR 的 2 号位置，CH1 设定为电压输出，CH2 设定为电流输出，并要求当 PLC 从 RUN 状态转为 STOP 状态后，最后的输出值保持不变，试编写梯形图程序。

附　录

附录 A　常用低压电器的图形符号及文字符号

电器名称	图形符号	文字符号	电器名称	图形符号	文字符号
三极刀开关		QS	过电流继电器线圈	I>	KI
高压负荷开关		QL	欠电压继电器线圈	U<	KV
隔离开关		QS	中间继电器线圈		KA
带自动释放功能的负荷隔离开关			继电器触点		KI、KV、KA
三相笼型异步电动机	M 3～	M	断路器	(单极) (三极)	QF
单相笼型异步电动机	M 1～	M	熔断器		FU
三相绕线转子异步电动机	M 3～	M	时间继电器	通电延时型线圈： 断电延时型线圈：	KT
带间隙铁心的双绕组变压器		T	时间继电器	延时闭合的常开（动合）触点： 延时断开的常开（动合）触点： 延时闭合的常闭（动断）触点： 延时断开的常闭（动断）触点：	KT
接触器	线圈：	KM			
接触器	主触点：	KM			
接触器	辅助触点：	KM			

（续）

电器名称	图形符号	文字符号	电器名称	图形符号	文字符号
速度继电器触点		KS	行程开关、接近开关	常开（动合）触点：	SQ
常开（动合）按钮（不闭锁）		SB		常闭（动断）触点：	
常闭（动断）按钮（不闭锁）				对两个独立电路作双向机械操作的位置或限制开关：	
旋钮开关、旋转开关（闭锁）		SA	热继电器	热元件：	FR
				常闭（动断）触点：	

附录B FX系列PLC特殊辅助继电器/数据寄存器表

表B-1 PLC基本运行状态信息（辅助继电器）

地址	功能	PLC型号			
		FX_{1S}	FX_{1N}	FX_{2N}	FX_{3U}
M8000	PLC运行指示（常开触点），PLC运行时为“1”	○	○	○	○
M8001	PLC运行指示（常闭触点），PLC运行时为“0”	○	○	○	○
M8002	PLC初始脉冲（常开触点），PLC运行的第1循环周期为“1”	○	○	○	○
M8003	PLC初始脉冲（常闭触点），PLC运行的第1循环周期为“0”	○	○	○	○
M8004	PLC出错指示，当M8060、M8061、M8063~M8067中任何一个为“1”，本信号即为“1”	○	○	○	○
M8005	电池电压过低报警	—	—	○	○
M8006	电池电压过低状态寄存	—	—	○	○
M8007	电源瞬时停电检测①	—	—	○	○
M8008	电源瞬时停电检测中	—	—	○	○
M8009	扩展单元、扩展模块24V故障	—	—	○	○

① 可以通过对PLC特殊数据寄存器D8008内容的修改，改变AC 200V输入型PLC的允许电网瞬时断电的时间，此时时间可以在10~100ms的范围内进行调整。对于DC 24V型PLC，一般来说允许电网瞬时断电的时间固定为5ms，原则上不可以修改。当电网瞬时断电时，M8007将自动产生脉冲宽度为1个PLC循环周期的脉冲输出，M8008状态自动变为“1”。当电网瞬时断电时间小于D8008设定的值，PLC将继续运行；超过时，PLC将自动停止。

表 B-2 PLC 基本运行状态信息（数据寄存器）

地址	功能	PLC 型号			
		FX_{1S}	FX_{1N}	FX_{2N}	FX_{3U}
D8000	PLC 运行时间监控，各型号 PLC 的初始设定时间	200ms	200ms	200ms	200ms
D8001	PLC 型号与软件版本①	○	○	○	○
D8002	PLC 程序存储器容量(单位:千步)	○	○	○	○
D8003	存储器类型②	○	○	○	○
D8004	PLC 出错指示，显示对应的特殊内部继电器编号 8060~8068	○	○	○	○
D8005	现行的电池电压实际值(单位:0.1V)	—	—	○	○
D8006	电池电压过低报警检测值设定(单位:0.1V)	—	—	○	○
D8007	电源瞬时停电次数记忆	—	—	○	○
D8008	瞬时停电允许时间设定	—	—	○	○
D8009	24V 故障的扩展单元/扩展模块的输入点首地址	—	—	○	○

① PLC 的型号，与软件版本以 5 位数字□□□□□显示，含义如下：

前两位（■■□□□）：PLC 型号，FX_{1S} 为 22，FX_{1N} 为 26，FX_{2N}/FX_{3U} 为 24。

后三位（□□■■■）：PLC 软件版本，如 100 代表版本 V1.00 等。

② PLC 的存储器类型以 2 位十六进制数字□□显示，含义如下：

00H：RAM 选件；01H：EPROM 选件；02H：EEPROM 选件（FXIN-EEPROM-8L），且保护开关已经“OFF”；0AH：EEPROM 选件（FXIN-EEPROM-8L），且保护开关已经“ON”；10H：PLC 内置存储器。

表 B-3 PLC 运算与处理结果

地址	功能	PLC 型号			
		FX_{1S}	FX_{1N}	FX_{2N}	FX_{3U}
M8020	加、减运算结果为“0”	○	○	○	○
M8021	减法运算结果溢出	○	○	○	○
M8022	加法运算结果溢出	○	○	○	○
M8030	电池电压过低报警被关闭	—	—	○	○
M8034	PLC 全部输出禁止	○	○	○	○
M8040	禁止步进梯形图程序的状态转换	○	○	○	○
D8010	PLC 累计执行时间(计时单位 0.1ms)	○	○	○	○
D8011	PLC 最小循环时间(计时单位 0.1ms)	○	○	○	○
D8012	PLC 最大循环时间(计时单位 0.1ms)	○	○	○	○
D8020	PLC 输入 X0~X17 的滤波时间	○	○	○	○

表 B-4 PLC 警告信息显示（辅助继电器）

地址	功能	PROG-E 指示灯状态	PLC 状态	PLC 型号			
				FX_{1S}	FX_{1N}	FX_{2N}	FX_{3U}
M8060	I/O 连接出错	OFF	RUN	○	○	○	○
M8061	PLC 硬件出错	闪烁	STOP	○	○	○	○
M8062	PLC 通信出错	OFF	RUN	○	○	○	○
M8063	RS-232 通信出错	OFF	RUN	○	○	○	○

（续）

地址	功能	PROG-E 指示灯状态	PLC 状态	PLC 型号			
				FX_{1S}	FX_{1N}	FX_{2N}	FX_{3U}
M8064	PLC 参数出错	闪烁	STOP	○	○	○	○
M8065	用户程序语法出错	闪烁	STOP	○	○	○	○
M8066	用户程序梯形图设计出错	闪烁	STOP	○	○	○	○
M8067	PLC 应用指令出错	OFF	RUN	○	○	○	○
M8068	PLC 运算出错记忆	OFF	RUN	○	○	○	○
M8069	I/O 总线连接出错	—	—	—	—	○	○
M8109	输出刷新出错	OFF	RUN	—	—	○	○

注：1. 在以上警告中，当出现 M9060～M8067（M8062 除外）警告时，对应的地址（如 8060）将被传送到 D8004 中，同时特殊内部继电器 M8004 为“1”。当出现多个警告时，D8004 将记忆最小的警告地址。

2. 当 PLC 出现 M8069 总线警告时，在 D8061 中显示出错代码 6103，且同时使得 M8061 为“1”。

3. PLC 运算出错，M8065、M8066、M8067 可以通过特殊数据寄存器 D8068、D8069 的状态，显示出错的“程序步”号，以进一步缩小检查范围。

4. PLC 程序出错，M8067 可以通过 PLC STOP→RUN 状态的转换清除，但 M8068 状态只能通过 PLC 关机进行清除。

表 B-5　PLC 警告信息显示（数据寄存器）

地址	功能	PLC 型号			
		FX_{1S}	FX_{1N}	FX_{2N}	FX_{3U}
D8060	I/O 连接出错的 I/O 起始地址号	○	○	○	○
D8061	PLC 硬件出错代码	○	○	○	○
D8062	PLC 通信出错代码	○	○	○	○
D8063	RS-232 通信出错代码	○	○	○	○
D8064	PLC 参数出错代码	○	○	○	○
D8065	用户程序语法出错代码	○	○	○	○
D8066	用户程序梯形图设计出错代码	○	○	○	○
D8067	PLC 应用指令出错代码	○	○	○	○
D8068	PLC 运算出错步号	○	○	○	○
D8069	PLC 程序出错步号	○	○	○	○
D8109	输出刷新出错的地址号			○	○

表 B-6　PLC 通信出错信息显示（辅助继电器）

地址	功能	PLC 型号			
		FX_{1S}	FX_{1N}	FX_{2N}	FX_{3U}
M8183	PLC 主站通信出错	M504	○	○	○
M8184	PLC1 号站通信出错	M505	○	○	○
M8185	PLC2 号站通信出错	M506	○	○	○
M8186	PLC3 号站通信出错	M507	○	○	○

（续）

地址	功能	PLC 型号			
		FX_{1S}	FX_{1N}	FX_{2N}	FX_{3U}
M8187	PLC4 号站通信出错	M508	○	○	○
M8188	PLC5 号站通信出错	M509	○	○	○
M8189	PLC6 号站通信出错	M510	○	○	○
M8190	PLC7 号站通信出错	M511	○	○	○

注：FX_{1S} 用于通信出错警告的内部特殊继电器，地址与 FX_{1N}、FX_{2N} 等不同，表中为对应的特殊内部继电器号。

表 B-7 PLC 通信出错信息显示（数据寄存器）

地址	功能	PLC 型号			
		FX_{1S}	FX_{1N}	FX_{2N}	FX_{3U}
D8203	PLC 主站通信出错计数值	D203	○	○	○
D8204	PLC1 号站通信出错计数值	D204	○	○	○
D8205	PLC2 号站通信出错计数值	D205	○	○	○
D8206	PLC3 号站通信出错计数值	D206	○	○	○
D8207	PLC4 号站通信出错计数值	D207	○	○	○
D8208	PLC5 号站通信出错计数值	D208	○	○	○
D8209	PLC6 号站通信出错计数值	D209	○	○	○
D8210	PLC7 号站通信出错计数值	D210	○	○	○
D8211	PLC 主站通信出错代码	D211	○	○	○
D8212	PLC1 号站通信出错代码	D212	○	○	○
D8213	PLC2 号站通信出错代码	D213	○	○	○
D8214	PLC3 号站通信出错代码	D214	○	○	○
D8215	PLC4 号站通信出错代码	D215	○	○	○
D8216	PLC5 号站通信出错代码	D216	○	○	○
D8217	PLC6 号站通信出错代码	D217	○	○	○
D8218	PLC7 号站通信出错代码	D218	○	○	○

注：FX_{1S} 用于通信出错警告的内部特殊数据寄存器，地址与 FX_{1N}、FX_{2N} 等不同，表中为对应的特殊内部数据寄存器号。

表 B-8 PLC 其他出错信息与处理

出错显示	代码寄存器	错误代码	错误内容	错误处理
M8060	D8060	annn	对未安装的 I/O 模块进行了编程。“a”：模块类型，“1”表示输入模块，“0”表示输出模块；nnn：出错模块的首地址	安装需要的 I/O、模块，修改 PLC 程序
M8061	D8061	0000	PLC 正常工作	—
		6101	RAM 出错	检查 PLC 安装、连接；检查扩展单元、扩展模块的连接
		6102	PLC 连接、运算出错	
		6103	I/O 总线连接出错	
		6104	扩展单元连接出错	
		6105	PLC 循环时间超过	

（续）

出错显示	代码寄存器	错误代码	错误内容	错误处理
M8062	D8062	0000	PLC 正常工作	—
		6201	奇偶校验出错、溢出	检查接口安装、连接；检查通信设定参数；检查通信指令
		6202	字符传送出错	
		6203	求和校验出错	
		6204	数据格式出错	
		6205	传送指令出错	
M8063	D8063	0000	PLC 正常工作	检查接口安装、连接；检查通信设定参数；检查通信指令；检查通信设备电源
		6301	RS-232C 奇偶校验出错、溢出	
		6302	RS-232C 字符传送出错	
		6303	RS-232C 求和校验出错	
		6304	RS-232C 数据格式出错	
		6305	RS-232C 传送指令出错	
		6312	并联字符传送出错	
		6313	并联求和校验出错	
		6314	并联数据格式出错	
M8064	D8064	0000	PLC 正常工作	停止 PLC 运行，重新设定 PLC 参数
		6401	PLC 程序求和除错	
		6402	存储器容量设定出错	
		6403	停电保持区域设定出错	
		6404	指令区域设定出错	
		6405	文件寄存器设定出错	
		6409	其他设定出错	
M8065	D8065	0000	PLC 正常工作	—
		6501	指令地址、符号错误	停止 PLC 运行，修改 PLC 程序
		6502	定时器、计数器缺少 OUT 指令	
		6503	定时器、计数器缺少操作数 应用指令缺少操作数	
		6504	编号重复　中断输入与高速计数输入重复	
		6505	地址范围不正确	
		6506	使用了未定义的指令	
		6507	跳转指针 P 定义不正确	
		6508	中断输入定义不正确	
		6509	其他出错	
		6510	主控线圈设定不正确	
		6511	中断输入与高速计数输入重复	
M8066	D8066	0000	PLC 正常工作	—
		6601	LD、LDI 连续使用次数超过 9 次	停止 PLC 运行，修改 PLC 程序

（续）

出错显示	代码寄存器	错误代码	错误内容	错误处理
M8066	D8066	6602	缺少 LD、LDI 指令 缺少输出线圈 LD、LDI、ANB、ORB 编程错误 STL、RET、MCR、P、中断输入、EI、DI、SRET、IRET、FOR、NEXT、FEND、END 等指令未与母线连接 缺少 MPP 指令等	停止 PLC 运行，修改 PLC 程序
		6603	MPS 指令连续使用超过 12 次	
		6604	MPS 与 MRD、MPP 的关系不正确	
		6605	STL 指令连续使用超过 9 次 STL 中出现 MC、MCR、中断输入、SRET 指令 RET 指令位置错误	
		6606	缺少指针 P、中断输入 I 缺少 SRET/IRET 指令 主程序中出现中断输入、SRET、IRET 指令 子程序与中断程序中编入了 STL、RET、MC、MCR 指令	
		6607	FOR、NEXT 编程不正确，嵌套超过 6 重 FOR、NEXT 指令间编入了 STL、RET、MC、MCR、IRET、SRET、FEND、END 指令	
		6608	MC、MCR 编程不正确 缺少 MCR0 指令 MC、MCR 间编入了 SRET、IRET、中断输入指令	
		6609	其他出错	
		6610	LD、LDI 连续使用次数超过 9 次	
		6611	ANB、ORB 指令过多，缺少 LD、LDI 指令	
		6612	ANB、ORB 指令过少，LD、LDI 指令太多	
		6613	MPS 指令连续使用超过 12 次	
		6614	缺少 MPS 指令	
		6615	缺少 MPP 指令	
		6616	MPS、MRD、MPP 间的线圈不正确	
		6617	STL、RET、MCR、P、中断输入、EI、DI、SRET、IRET、FOR、NEXT、FEND、END 等指令未与母线连接	
		6618	在子程序、中断程序中编入了 STL、MC、MCR 指令	
		6619	在 FOR、NEXT 中编入了 STL、RET、MC、MCR、IRET、中断输入等指令	
		6620	FOR、NEXT 嵌套超过规定	
		6621	FOR、NEXT 未对应	
		6622	缺少 NEXT 指令	

（续）

出错显示	代码寄存器	错误代码	错误内容	错误处理
M8066	D8066	6623	缺少 MC 指令	停止 PLC 运行，修改 PLC 程序
		6624	缺少 MCR 指令	
		6625	STL 使用次数超过 9 次	
		6626	STL、RET 间使用了 MC、MCR、SRET、IRET、中断输入指令	
		6627	缺少 RET 指令	
		6628	在主程序中使用了 SRET、IRET、中断输入指令	
		6629	缺少指针 P、中断输入	
		6630	缺少 SRET、IRET 指令	
		6631	SRET 指令编程错误	
		6632	FEND 指令编程错误	
M8067	D8067	0000	PLC 正常工作	停止 PLC 运行，修改 PLC 程序正确使用应用指令
		6701	CJ、CALL 指令编程错误 END 指令编程错误 FOR、NEXT 间有单独的标记	
		6702	CALL 嵌套超过 6 重	
		6703	中断嵌套超过 3 重	
		6704	FOR、NEXT 嵌套超过 6 重	
		6705	应用指令的操作数编程错误	
		6706	应用指令的操作数地址错误	
		6707	文件寄存器未设定	
		6708	FROM/TO 指令编程错误	
		6709	其他出错	
		6730	PID 调节采样时间小于 0	
		6732	PID 调节输入滤波时间设定错误	
		6733	PID 调节增益小于 0	
		6734	PID 调节积分时间小于 0	
		6735	PID 调节微分增益设定错误	
		6736	PID 调节微分时间小于 0	
		6740	PID 调节采样时间小于运算周期	
		6742	PID 调节测量值变化量溢出	
		6743	PID 调节偏差溢出	
		6744	PID 调节积分计算值溢出	
		6745	PID 调节微分增益溢出	
		6746	PID 调节微分计算值溢出	
		6747	PID 调节运算结果溢出	
		6750	自动调谐结果不正确	

（续）

出错显示	代码寄存器	错误代码	错误内容	错误处理
M8067	D8067	6751	自动调谐方向不正确	停止 PLC 运行，修改 PLC 程序正确使用应用指令
		6752	自动调谐动作无法正常进行	
		6753	自动调谐输出设定错误	
		6754	自动调谐 PV 值内容设定错误	
		6755	自动调谐编程元件错误	
		6756	超过自动调谐测定时间	
		6757	自动调谐比例增益设定错误	
		6758	自动调谐积分时间溢出	
		6759	自动调谐微分时间溢出	
		6760	伺服驱动连接错误	
		6762	变频器接口连接错误	
		6763	DSZR、DVIT、ZRN 输入定义错误	
		6764	脉冲输出定义错误	
		6765	应用指令使用次数不正确	
		6770	闪存卡写入不良	
		6771	闪存卡未安装	
		6772	闪存卡写入保护	
		6773	闪存卡存/取异常	

附录 C　FX 系列 PLC 应用指令总表

指令代号	指令代码	指令名称	适用 PLC 系列		
			FX_{1S}/FX_{1N}	FX_{2N}	FX_{3U}
FNC 00	CJ	条件跳转	●	●	●
FNC 01	CALL	子程序调用	●	●	●
FNC 02	SRET	子程序返回	●	●	●
FNC 03	IRET	中断返回	●	●	●
FNC 04	EI	中断许可	●	●	●
FNC 05	DI	中断禁止	●	●	●
FNC 06	FREN	主程序结束	●	●	●
FNC 07	WDT	监控定时器	●	●	●
FNC 08	FOR	循环开始	●	●	●
FNC 09	NEXT	循环结束	●	●	●
FNC 10	CMP	比较指令	●	●	●
FNC 11	ZCP	区域比较指令	●	●	●
FNC 12	MOV	传送	●	●	●

（续）

指令代号	指令代码	指令名称	适用 PLC 系列		
			FX_{1S}/FX_{1N}	FX_{2N}	FX_{3U}
FNC 13	SMOV	移位传送	×	●	●
FNC 14	CML	倒转传送指令	×	●	●
FNC 15	BMOV	一并传送指令	●	●	●
FNC 16	FMOV	多点传送指令	×	●	●
FNC 17	XCH	数据交换	×	●	●
FNC 18	BCD	BCD 转换	●	●	●
FNC 19	BIN	BIN 转换	●	●	●
FNC 20	ADD	BIN 加法指令	●	●	●
FNC 21	SUB	BIN 减法指令	●	●	●
FNC 22	MUL	BIN 乘法指令	●	●	●
FNC 23	DIV	BIN 除法指令	●	●	●
FNC 24	INC	BIN 加 1 指令	●	●	●
FNC 25	DEC	BIN 减 1 指令	●	●	●
FNC 26	WAND	逻辑字与指令	●	●	●
FNC 27	WOR	逻辑字或指令	●	●	●
FNC 28	WXOR	逻辑字异或指令	●	●	●
FNC 29	NEG	求补码指令	×	●	●
FNC 30	ROR	循环右移	×	●	●
FNC 31	ROL	循环左移	×	●	●
FNC 32	RCR	带进位的循环右移	×	●	●
FNC 33	RCL	带进位的循环左移	×	●	●
FNC 34	SFTR	位右移	●	●	●
FNC 35	SFTL	位左移	●	●	●
FNC 36	WSFR	字右移	×	●	●
FNC 37	WSFL	字左移	×	●	●
FNC 38	SFWR	移位写入	●	●	●
FNC 39	SFRD	移位读出（按 SFWR 指令先进先出）	●	●	●
FNC 40	ZRST	区间复位指令	●	●	●
FNC 41	DECO	译码指令	●	●	●
FNC 42	ENCO	编码指令	●	●	●
FNC 43	SUM	ON 位统计	×	●	●
FNC 44	BON	ON 位检测	×	●	●
FNC 45	MEAN	平均值指令	×	●	●
FNC 46	ANS	信号 ON 延时警告	×	●	●
FNC 47	ANR	警告复位	×	●	●
FNC 48	SQR	BIN 开方指令	×	●	●

（续）

指令代号	指令代码	指令名称	适用 PLC 系列		
			FX_{1S}/FX_{1N}	FX_{2N}	FX_{3U}
FNC 49	FLT	BIN 整数→二进制浮点数转换指令	×	●	●
FNC 50	REF	I/O 刷新指令	●	●	●
FNC 51	REFF	刷新及滤波时间调整指令	×	●	●
FNC 52	MTR	矩阵扫描面板输入处理	●	●	●
FNC 53	HSCS	高速置位指令	●	●	●
FNC 54	HSCR	高速复位指令	●	●	●
FNC 55	HSZ	高速比较指令	×	●	●
FNC 56	SPD	速度测量指令	●	●	●
FNC 57	PLSY	脉冲输出指令	●	●	●
FNC 58	PWM	脉宽调制指令	●	●	●
FNC 59	PLSR	带加/减速的高速脉冲输出指令	●	●	●
FNC 60	IST	状态元件的初始化	●	●	●
FNC 61	SER	数据查找	×	●	●
FNC 62	ABSD	凸轮控制(绝对方式)	●	●	●
FNC 63	INCD	凸轮控制(增量方式)	●	●	●
FNC 64	TTMR	定时器延时的按键调节	×	●	●
FNC 65	STMR	延时方式转换	×	●	●
FNC 66	ALT	交替输出	●	●	●
FNC 67	RAMP	斜坡信号	●	●	●
FNC 68	ROTC	旋转工作台控制	×	●	●
FNC 69	SORT	数据排列	×	●	●
FNC 70	TKY	十进制数字输入键处理	×	●	●
FNC 71	HKY	十六进制数字输入键处理	×	●	●
FNC 72	DSW	BCD 编码开关输入处理	●	●	●
FNC 73	SEGD	单只七段数码管显示	×	●	●
FNC 74	SEGL	七段数码管成组显示	×	●	●
FNC 75	ARWS	数值增/减输入与七段数码管成组显示	×	●	●
FNC 76	ASC	8 字符 ASCII 码直接转换	×	●	●
FNC 77	PR	8 字符 ASCII 码直接输出	×	●	●
FNC 78	FROM	BFM 读出	●	●	●
FNC 79	TO	BFM 写入	●	●	●
FNC 80	RS	串行数据传送	●	●	●
FNC 81	PRUN	八进制位传送	●	●	●
FNC 82	ASCI	任意长度的 ASCII 码转换	●	●	●
FNC 83	HEX	任意长度的 ASCII 码逆变换	●	●	●
FNC 84	CCD	数据块的字节求和与校验	●	●	●

（续）

指令代号	指令代码	指令名称	适用 PLC 系列		
			FX_{1S}/FX_{1N}	FX_{2N}	FX_{3U}
FNC 85	VRRD	内置式扩展板电位器数值读出	●	●	×
FNC 86	VRSC	内置式扩展板电位器刻度读出	●	●	×
FNC 87	RS2	串行数据传送 2	×	×	●
FNC 88	PID	PID 运算	●	●	●
FNC 102	ZPUSH	变址寄存器内容保存	×	×	●
FNC 103	ZPOP	变址寄存器内容恢复	×	×	●
FNC 110	ECMP	二进制浮点数比较	×	●	●
FNC 111	EZCP	二进制浮点数区间比较	×	●	●
FNC 112	EMOV	二进制浮点数传送	×	×	●
FNC 116	ESTR	带浮点数变换功能的 ASCII 转换	×	×	●
FNC 117	EVAL	带浮点数变换功能的 ASCII 逆变换	×	×	●
FNC 118	EBCD	二进制浮点数转换为十进制浮点数	×	●	●
FNC 119	EBIN	十进制浮点数转换为二进制浮点数	×	●	●
FNC 120	EADD	二进制浮点数加法	×	●	●
FNC 121	ESUB	二进制浮点数减法	×	●	●
FNC 122	EMUL	二进制浮点数乘法	×	●	●
FNC 123	EDIV	二进制浮点数除法	×	●	●
FNC 124	EXP	浮点数指数运算	×	×	●
FNC 125	LOGE	浮点数自然对数运算	×	×	●
FNC 126	LOG10	浮点数常用对数运算	×	×	●
FNC 127	ESOR	二进制浮点数开方	×	●	●
FNC 128	ENEG	二进制浮点数符号变换	×	×	●
FNC 129	INT	二进制浮点数-BIN 整数转换	×	●	●
FNC 130	SIN	浮点数正弦运算	×	●	●
FNC 131	COS	浮点数余弦运算	×	●	●
FNC 132	TAN	浮点数正切运算	×	●	●
FNC 133	ASIN	浮点数反正弦运算	×	×	●
FNC 134	ACOS	浮点数反余弦运算	×	×	●
FNC 135	ATAN	浮点数反正切运算	×	×	●
FNC 136	RAD	浮点数转换为弧度	×	×	●
FNC 137	DEG	浮点数转换为角度	×	×	●
FNC 140	WSUM	数据块的字或双字求和	×	×	●
FNC 141	WTOB	数据块的字节分离	×	×	●
FNC 142	BTOW	数据块的字节组合	×	×	●
FNC 143	UNI	数据块的半字节组合	×	×	●
FNC 144	DIS	数据的半字节分离	×	×	●

（续）

指令代号	指令代码	指令名称	适用 PLC 系列		
			FX_{1S}/FX_{1N}	FX_{2N}	FX_{3U}
FNC 147	SWAP	上下字节变换	×	●	●
FNC 149	SORT2	数据排列 2	×	×	●
FNC 150	DSZR	零脉冲回原点	×	×	●
FNC 151	DVIT	中断控制的定长定位	×	×	●
FNC 152	TBL	表格型多点定位	×	×	●
FNC 155	ABS	ABS 数据读入	●	×	●
FNC 156	ZRN	原点回归	●	×	●
FNC 157	PLSY	可变速的脉冲输出	●	×	●
FNC 158	DRVI	相对定位	●	×	●
FNC 159	DRVA	绝对定位	●	×	●
FNC 160	TCMP	时钟数据比较	●	●	●
FNC 161	TZCP	时钟数据区间比较	●	●	●
FNC 162	TADD	时钟数据加法	●	●	●
FNC 163	TSUB	时钟数据减法	●	●	●
FNC 164	HTOS	时钟换算	×	×	●
FNC 165	STOH	时钟换算	×	×	●
FNC 166	TRD	时钟数据读出	●	●	●
FNC 167	TWR	时钟数据写入	●	●	●
FNC 169	HOUR	计时仪	●	●	●
FNC 170	GRY	格雷码变换	×	●	●
FNC 171	GBIN	格雷码逆变换	×	●	●
FNC 176	RD3A	FX_{0N}-3A 模块 A/D 转换数据读出	●	●	●
FNC 177	WR3A	FX_{0N}-3A 模块 D/A 转换数据写入	●	●	●
FNC 182	COMRD	注释读出	×	×	●
FNC 184	RND	随机数据生成	×	×	●
FNC 186	DUTY	PLC 循环时钟脉冲	×	×	●
FNC 188	CRC	CRC 运算	×	×	●
FNC 189	HCOMV	高速计数器传送	×	×	●
FNC 192	BK+	数据块加法	×	×	●
FNC 193	BK-	数据块减法	×	×	●
FNC 194	BKCMP=	数据块或等于比较	×	×	●
FNC 195	BKCMP>	数据块或大于比较	×	×	●
FNC 196	BKCMP<	数据块小于比较	×	×	●
FNC 197	BKCMP<>	数据块不等于比较	×	×	●
FNC 198	BKCMP≤	数据块小于或等于比较	×	×	●
FNC 199	BKCMP≥	数据块大于或等于比较	×	×	●

（续）

指令代号	指令代码	指令名称	适用 PLC 系列		
			FX_{1S}/FX_{1N}	FX_{2N}	FX_{3U}
FNC 200	STR	带小数变换功能的 ASCII 码转换	×	×	●
FNC 201	VAL	带小数变换功能的 ASCII 逆转换	×	×	●
FNC 202	$ +	ASCII 码合并	×	×	●
FNC 203	LEN	ASCII 码长度检测	×	×	●
FNC 204	RIGHT	右侧 ASCII 码部分传送	×	×	●
FNC 205	LEFT	左侧 ASCII 码部分传送	×	×	●
FNC 206	MIDR	中间 ASCII 码部分传送	×	×	●
FNC 207	MIDW	ASCII 码替换	×	×	●
FNC 208	INSTR	ASCII 码检索	×	×	●
FNC 209	$ MOV	ASCII 码全部传送	×	×	●
FNC 210	FDEL	数据表中的数据删除	×	×	●
FNC 211	FINS	数据表中的数据插入	×	×	●
FNC 212	POP	移位读出(按 SFWR 指令后进先出)	×	×	●
FNC 213	SFR	含进位的任意位右移	×	×	●
FNC 214	SFL	含进位的任意位左移	×	×	●
FNC 224	LD =	相等判别	●	●	●
FNC 225	LD>	大于判别	●	●	●
FNC 226	LD<	小于判别	●	●	●
FNC 228	LD<>	不等于判别	●	●	●
FNC 229	LD≤	小于或等于判别	●	●	●
FNC 230	LD≥	大于或等于判别	●	●	●
FNC 232	AND =	相等“与”	●	●	●
FNC 233	AND>	大于“与”	●	●	●
FNC 234	AND<	小于“与”	●	●	●
FNC 236	AND<>	不等于“与”	●	●	●
FNC 237	AND≤	小于或等于“与”	●	●	●
FNC 238	AND≥	大于或等于“与”	●	●	●
FNC 240	OR =	相等“或”	●	●	●
FNC 241	OR>	大于“或”	●	●	●
FNC 242	OR<	小于“或”	●	●	●
FNC 244	OR<>	不等于“或”	●	●	●
FNC 245	OR≤	小于或等于“或”	●	●	●
FNC 246	OR≥	大于或等于“或”	●	●	●
FNC 256	LIMIT	输出上下限控制	×	×	●
FNC 257	BAND	输入死区控制	×	×	●
FNC 258	ZONE	偏移调整	×	×	●

（续）

指令代号	指令代码	指令名称	适用 PLC 系列		
			FX_{1S}/FX_{1N}	FX_{2N}	FX_{3U}
FNC 259	SCL	坐标型数据转换	×	×	●
FNC 260	DABIN	十进制 ASCII 码转换为二进制整数	×	×	●
FNC 261	BINDA	二进制整数转换为十进制 ASCII 码	×	×	●
FNC 262	SCL2	双轴坐标型数据转换	×	×	●
FNC 270	IVCK	变频器监控	×	×	●
FNC 271	IVDR	变频器控制	×	×	●
FNC 272	IVRD	变频器参数读出	×	×	●
FNC 273	IVWR	变频器参数写入	×	×	●
FNC 278	RBFM	BFM 分割读出	×	×	●
FNC 279	WBFM	BFM 分割写入	×	×	●
FNC 280	HSCT	高速计数成批比较	×	×	●
FNC 290	LOADR	扩展数据寄存器装载	×	×	●
FNC 291	SAVER	扩展数据寄存器保存	×	×	●
FNC 292	INITR	同时进行 R 与 ER 区数据初始化	×	×	●
FNC 293	LOGR	R 与 ER 区数据登入	×	×	●
FNC 294	RWER	任意长度的扩展数据寄存器 R 保存	×	×	●
FNC 295	INITER	单独进行存储器盒 ER 区初始化	×	×	●

参 考 文 献

[1] 倪远平. 现代低压电器及其控制技术 [M]. 重庆. 重庆大学出版社，2003.

[2] 王仁祥. 常用低压电器原理及其控制技术 [M]. 北京：机械工业出版社，2001.

[3] 王天乐. 可编程控制器应用与实践教程 [M]. 上海：上海交通大学出版社，2007.

[4] 史国生. 电气控制与可编程控制器技术 [M]. 3 版. 北京：化学工业出版社，2010.

[5] 陆运华. 图解电器及 PLC 控制技术 [M]. 北京：机械工业出版社，2011.

[6] 韩相争. 三菱 FX 系列 PLC 编程速成全图解 [M]. 北京：化学工业出版社，2015.

[7] 宋德玉，等. 可编程序控制器原理及应用系统设计技术 [M]. 2 版. 北京：冶金工业出版社，2006.

[8] 三菱电机（中国）有限公司. FX 系列特殊功能模块用户手册 [Z]. 2017.

[9] 于庆广. 可编程控制器原理及系统设计 [M]. 北京：清华大学出版社，2004.

[10] 徐桂敏，杨正祥. 现代电气控制及 PLC 应用技术：项目教程 [M]. 成都：西南交通大学出版社，2017.